AutoCAD

2019 宝典

龙马高新教育◎编著

北京大学出版社
PEKING UNIVERSITY PRESS

内 容 提 要

本书以服务零基础读者为宗旨，通过精选大量的案例，系统、全面地介绍了 AutoCAD 2019 软件的相关知识和应用方法，引导读者深入学习。

全书分为5篇，共22章。第1篇为基础篇，主要介绍 AutoCAD 2019 入门和基本设置等；第2篇为二维绘图篇，主要介绍绘制基本二维图形、编辑二维图形对象、绘制和编辑复杂二维对象、图层、图块、文字和表格、尺寸标注、智能标注和编辑标注及查询与参数化设置等；第3篇为三维建模篇，主要介绍三维建模基础、三维建模、编辑三维模型及渲染等；第4篇为拓展篇，主要介绍3D打印、中望 CAD 2018、AutoCAD 2019 与 Photoshop 的配合使用等；第5篇为案例篇，主要介绍小区居民住宅楼平面布置图、电气施工平面图、别墅绿化平面图及智能机器人三维模型。

在本书附赠的学习资源中，包含了23小时与本书内容同步的视频教程及所有案例的配套素材文件和结果文件。此外，还赠送了大量相关的模板及扩展电子书等。

本书既适合 AutoCAD 2019 初、中级用户学习，也可以作为各类院校相关专业学生和计算机培训班学员的教材或辅导用书。

图书在版编目（CIP）数据

AutoCAD 2019 宝典 / 龙马高新教育编著 . — 北京：北京大学出版社，2019.11
ISBN 978–7–301–30614–7

Ⅰ . ① A… Ⅱ . ①龙… Ⅲ . ① AutoCAD 软件 Ⅳ . ① TP391.72

中国版本图书馆 CIP 数据核字 (2019) 第 162609 号

书　　　名	AutoCAD 2019 宝典
	AUTOCAD 2019 BAODIAN
著作责任者	龙马高新教育　编著
责 任 编 辑	吴晓月
标 准 书 号	ISBN 978–7–301–30614–7
出 版 发 行	北京大学出版社
地　　　址	北京市海淀区成府路 205 号　100871
网　　　址	http://www.pup.cn　　新浪微博：@ 北京大学出版社
电 子 信 箱	pup7@ pup.cn
电　　　话	邮购部 010–62752015　发行部 010–62750672　编辑部 010–62570390
印 刷 者	北京溢漾印刷有限公司
经 销 者	新华书店
	787 毫米 ×1092 毫米　16 开本　36 印张　760 千字
	2019 年 11 月第 1 版　2019 年 11 月第 1 次印刷
印　　　数	1–4000 册
定　　　价	99.00 元

前言 INTRODUCTION

AutoCAD 是由美国 Autodesk 公司开发的通用 CAD（Computer Aided Design，计算机辅助设计）软件。随着计算机技术的迅速发展，计算机绘图技术被广泛应用在机械、建筑、家居、纺织和地理信息等行业，并发挥着越来越大的作用。本书从实用的角度出发，结合实际应用案例，模拟真实的工作环境，介绍 AutoCAD 2019 的使用方法与技巧，旨在帮助读者全面、系统地掌握 AutoCAD 的应用。

一、读者定位

本书系统详细地讲解了 AutoCAD 2019 的相关知识和应用技巧，适合有以下需求的读者学习。

➢ 对 AutoCAD 2019 零基础，或者在某方面略懂，想学习其他方面的知识。

➢ 想快速掌握 AutoCAD 2019 的某方面技能，如编辑二维图形、三维建模、3D 打印等。

➢ 在 AutoCAD 2019 使用的过程中，遇到了难题不知如何解决。

➢ 想找本书自学，在以后的工作和学习过程中方便查阅知识或技巧。

➢ 觉得看书学习太枯燥、学不会，希望通过视频课程进行学习。

➢ 没有大块的完整时间学习，想通过手机利用碎片化时间进行学习。

➢ 担心看书自学效率不高，希望有同学、老师、专家指点迷津。

二、本书特色

◈ 简单易学，快速上手

本书以丰富的教学和出版经验为基础，学习结构切合初学者的学习特点和习惯，模拟真实的工作学习环境，帮助读者快速学习和掌握。

◈ 图文并茂，一步一图

本书图文对应，整齐美观，所有讲解的每一步操作均配有对应的插图和注释，具有一看即会、易学易懂的效果。

◈ 边学边练，快速掌握

通过"练一练"栏目，为读者精选了与内容匹配的实战练习，从而帮助读者快速巩固已学知识和提高应用能力。

♦ 大神支招，高效实用

本书每章均提供大量的实用技巧，既能满足读者的阅读需求，也能帮助读者积累实际应用中的妙招，扩展思路。

三、学习结构图

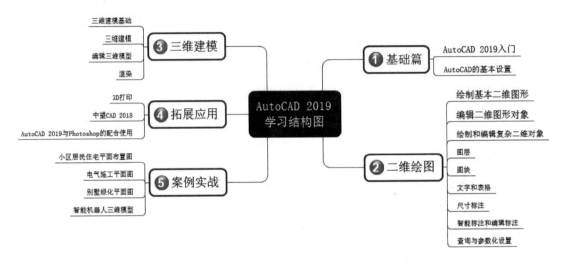

四、适用版本

本书所有操作均基于 AutoCAD 2019，但本书介绍的方法和设计精髓同时也适用于 AutoCAD 2014/2015/2016/2017/2018 及以后的 AutoCAD 版本。

五、赠送资源

为了方便读者学习，本书配备了多种学习资源，供读者选择。

♦ 配套素材和超值资源

本书配送了 10 小时高清同步教学视频、本书素材和结果文件，以及通过互联网获取学习资源和解题方法、AutoCAD 行业图纸模板、AutoCAD 设计源文件、AutoCAD 图块集模板、《高效人士效率倍增手册》等超值资源。

（1）下载地址。

读者用微信扫一扫下方二维码，关注"博雅读书社"微信公众账号，并输入资源下载码"12580"，即可获取本书赠送资源的下载地址及密码。另外，在微信公众号中，还为读者提供了丰富的图文教程，为你的职场工作排忧解难！

资源下载

（2）使用方法。

下载配套资源到计算机端，打开相应的文件夹可查看对应的资源。每一章所用到的素材文件均在"本书实例的素材文件、结果文件\素材\CH*"文件夹中。读者在操作时可随时取用。

♦ **扫描二维码观看同步视频**

使用微信"扫一扫"功能，扫描每节对应的二维码，根据提示进行操作，关注"千聊"公众号，点击"购买系列课￥0"按钮，支付成功后返回视频页面，即可观看相应的教学视频。

六、作者团队

本书由龙马高新教育编著。

在编写过程中，我们竭尽所能地为您呈现最好、最全的实用功能，但难免有疏漏和不妥之处，敬请广大读者不吝指正。若您在学习过程中产生疑问或有任何建议，可以通过 E-mail 与我们联系。

读者邮箱：2751801073@qq.com

投稿邮箱：pup7@pup.cn

目录 CONTENTS

第1篇 基础篇

第1章 AutoCAD 2019 入门..........002

1.1 初识 AutoCAD.....................003
1.2 AutoCAD 的版本演化与行业
应用.................................004
 1.2.1 AutoCAD 的版本演化.........004
 1.2.2 AutoCAD 的行业应用.........005
1.3 安装与启动 AutoCAD 2019.........007
 1.3.1 AutoCAD 2019 对系统的
  需求.............................007
🖱️练一练——安装 AutoCAD 2019.....008
 1.3.2 启动与退出 AutoCAD 2019....010
🖱️练一练——"开始"选项卡的操作... 011
1.4 AutoCAD 2019 的工作界面........012
 1.4.1 应用程序菜单..................013
 1.4.2 菜单栏.........................013
 1.4.3 切换工作空间.................014
🖱️练一练——切换工作空间................014
 1.4.4 选项卡与面板.................015
 1.4.5 绘图窗口......................015
 1.4.6 命令行与文本窗口............016
 1.4.7 状态栏.........................017
 1.4.8 坐标系.........................017
1.5 命令的调用方法...................019

 1.5.1 输入命令......................019
 1.5.2 命令行提示....................019
 1.5.3 退出命令......................020
 1.5.4 重复执行命令.................020
 1.5.5 透明命令......................021
1.6 AutoCAD 图形文件管理...........021
 1.6.1 新建图形文件.................021
🔍重点——新建一个样板为"acadiso.
dwt"的图形文件.................022
 1.6.2 打开图形文件.................023
🔍重点——打开"企鹅"图形文件.......024
🖱️练一练——打开多个图形文件..........024
 1.6.3 保存图形文件.................025
🔍重点——保存"屏风"图形文件.......026
 1.6.4 关闭图形文件.................027
🔍重点——关闭"大理石拼花"图形
文件.............................027
 1.6.5 将文件输出保存为其他
  格式.............................028
🖱️练一练——将文件输出保存为 PDF
格式.............................029
🖱️练一练——管理图形文件..............029
1.7 AutoCAD 2019 的坐标系统.........030
 1.7.1 了解坐标系统.................030

1.7.2 坐标值的几种输入方式........030

🔍 重点——绝对直角坐标的输入 030

🔍 重点——相对直角坐标的输入 031

🔍 重点——绝对极坐标的输入 032

🔍 重点——相对极坐标的输入 032

🎯 练一练——利用输入坐标值绘制不规

则图形 033

1.8 AutoCAD 2019 新增功能.............033

1.8.1 DWG 比较 033

1.8.2 共享视图增强功能.............034

1.8.3 二维图形增强功能.............035

1.9 实例——编辑挂件图形并将其

输出保存为 PDF 文件...................035

⚙ 技 巧 036

1. 巧妙打开备份文件和临时

文件 036

2. 命令行无法拖动的解决办法.....036

3. 轻松解决启动 AutoCAD 时不显

示"开始"选项卡的问题.......037

4. 选项卡和面板的灵活显示.........038

第 2 章 AutoCAD 的基本设置.......039

2.1 绘图单位设置 040

2.2 系统选项设置 040

2.2.1 显示设置 041

2.2.2 打开和保存设置 043

2.2.3 绘图设置 044

2.2.4 用户系统配置 046

🎯 练一练——关联标注和非关联标注的

比较 047

2.2.5 选择集设置 048

2.2.6 三维建模设置 049

🔍 重点——设置绘图环境...............051

2.3 草图设置 052

2.3.1 捕捉和栅格设置 053

2.3.2 极轴追踪设置 055

2.3.3 对象捕捉设置 055

🔍 重点——绘制五角星图形............057

2.3.4 三维对象捕捉设置 057

🎯 练一练——简单装配机械模型.........058

2.3.5 选择循环设置 060

🎯 练一练——删除多余圆弧及直线 060

2.3.6 动态输入设置 061

2.3.7 快捷特性设置 062

2.4 打印设置 062

2.4.1 选择打印机 063

2.4.2 设置图纸尺寸和打印比例...064

2.4.3 打印区域 064

2.4.4 更改图形方向 065

2.4.5 切换打印样式表 065

2.4.6 打印预览 066

🔍 重点——打印建筑平面布置图........067

2.5 实例——创建样板文件...............068

⚙ 技 巧 069

1.AutoCAD 版本与对应的保存

格式 069

2. 打印自己的专属图纸................070

3. 巧用临时捕捉 071

4. 鼠标中键的灵活运用...............072

第2篇 二维绘图篇

第3章 绘制基本二维图形............074

3.1 绘制点 075
   3.1.1 设置点样式 075
   3.1.2 单点与多点 075
🎣 练一练——创建单点与多点对象 076
   3.1.3 定数等分点 076
🔍 重点——绘制燃气灶开关和燃气孔 ...077
   3.1.4 定距等分点 078
🔍 重点——为圆弧对象进行定距等分 ...078
3.2 绘制直线 078
🎣 练一练——绘制直线对象 079
🎣 练一练——绘制窗花图形 080
3.3 绘制射线 080
🎣 练一练——绘制射线对象 081
3.4 绘制构造线 081
🎣 练一练——绘制构造线对象 082
3.5 绘制矩形和正多边形 082
   3.5.1 矩形 082
🎣 练一练——绘制矩形对象 084
   3.5.2 多边形 084
🔍 重点——绘制多边形对象 084
3.6 绘制圆弧 085
🔍 重点——绘制圆弧对象 088
🎣 练一练——绘制梅花图形 089
3.7 绘制椭圆和椭圆弧 089
   3.7.1 椭圆 090
🔍 重点——绘制椭圆对象 090
   3.7.2 椭圆弧 091
🔍 重点——绘制椭圆弧对象 092

3.8 绘制圆 092
🔍 重点——绘制圆形对象 094
🎣 练一练——绘制章鱼图形 094
3.9 绘制圆环 095
🎣 练一练——绘制圆环对象 096
3.10 实例——绘制洗手盆平面图 096
📖 技 巧 098
   1. 圆弧绘制要素及流程图 098
   2. 轻松控制正多边形底边与水平方
      向的夹角角度 098
   3. 配合鼠标精确绘制直线段 099
   4. 用构造线等分已知角 100

第4章 编辑二维图形对象............101

4.1 选取对象 102
   4.1.1 选取单个对象 102
🎣 练一练——选取直线对象 102
   4.1.2 选取多个对象 103
🔍 重点——对多个图形对象同时进行
   选取 103
4.2 复制类编辑对象 104
   4.2.1 复制 104
🎣 练一练——通过复制命令完善花窗
   图形 105
   4.2.2 镜像 106
🎣 练一练——绘制简易窗户图形 106
   4.2.3 偏移 107
🔍 重点——绘制扬声器图形 107
   4.2.4 阵列 108

重点——通过阵列命令创建图形

对象 109

练一练——绘制餐桌椅平面图 111

4.3 调整对象的大小或位置 112

　　4.3.1 移动 112

练一练——移动图形对象 ...112

　　4.3.2 修剪 113

重点——修剪图形对象 114

　　4.3.3 延伸 114

重点——对图形对象进行延伸操作 115

　　4.3.4 缩放 116

重点——缩放图形对象 116

　　4.3.5 旋转 117

练一练——旋转图形对象 117

　　4.3.6 拉伸 118

重点——对图形对象进行拉伸操作 ...119

　　4.3.7 拉长 120

重点——对图形对象进行拉长操作 ...120

练一练——完善轴承图形 121

4.4 构造类编辑对象 121

　　4.4.1 倒角 121

练一练——创建倒角对象 122

　　4.4.2 圆角 123

练一练——创建圆角对象 123

练一练——绘制读卡器图形 124

　　4.4.3 合并 124

练一练——合并图形对象 125

　　4.4.4 有间隙的打断 125

重点——创建有间隙的打断 ...126

　　4.4.5 无间隙的打断——打断

于点 127

重点——创建无间隙的打断 ...127

4.5 分解和删除对象 128

　　4.5.1 分解 128

练一练——分解书本图块 128

　　4.5.2 删除 129

练一练——删除花朵图形中的多余

花瓣 129

4.6 实例——绘制定位压盖 130

技 巧 134

　　1. 轻松找回误删除的对象 134

　　2. 巧用"圆角"命令延伸对象 135

　　3. 箭头的简便绘制方法 135

　　4. 巧用"打断"命令创建无间隙

的打断 136

第 5 章 绘制和编辑复杂二维

对象 137

5.1 创建和编辑多段线 138

　　5.1.1 多段线 138

重点——创建多段线对象 138

　　5.1.2 编辑多段线 139

重点——编辑多段线对象 141

练一练——绘制楼梯轮廓图形 142

5.2 创建和编辑多线 142

　　5.2.1 多线样式 142

练一练——设置多线样式 143

　　5.2.2 多线 144

练一练——创建多线对象 144

练一练——绘制交换机立面图形 144

　　5.2.3 编辑多线 145

重点——编辑多线对象 146

5.3 创建和编辑样条曲线 147

　　5.3.1 样条曲线 147

练一练——创建样条曲线对象 148

　　5.3.2 编辑样条曲线 148

重点——编辑样条曲线对象 149

练一练——绘制有线声卡图形..........150

5.4 创建面域和边界.......................150

　　5.4.1 面域.......................150

练一练——创建面域对象..........151

　　5.4.2 边界.......................151

练一练——创建边界对象.......152

5.5 创建和编辑图案填充.......153

　　5.5.1 图案填充.......................153

重点——创建图案填充对象..........154

　　5.5.2 编辑图案填充.......................155

重点——编辑图案填充对象.......155

5.6 使用夹点编辑对象.......156

练一练——使用夹点编辑对象.......156

5.7 实例——绘制墙体外轮廓及
　　填充.......................160

技 巧.......................164

　　1. 巧妙屏蔽不需要显示的对象.....164

　　2. 巧用多线绘制同心五角星........164

　　3. 多线对象与样条曲线对象的
　　　转换操作.......................164

　　4. 轻松填充个性化图案.......166

第6章 图层.......................167

6.1 图层特性管理器.......................168

　　6.1.1 创建新图层.......................168

练一练——新建一个名称为"轮廓线"
　　的图层.......................168

　　6.1.2 更改图层颜色.......................169

练一练——更改"手柄"图层的
　　颜色.......................169

　　6.1.3 更改图层线型.......................170

练一练——更改"点画线"图层的

线型.......................171

　　6.1.4 更改图层线宽.......171

练一练——更改"花盆"图层的
　　线宽.......................172

6.2 更改图层的控制状态.......................173

　　6.2.1 打开 / 关闭图层.......173

练一练——关闭"手提包"图层.......173

　　6.2.2 冻结 / 解冻图层.......174

练一练——冻结"叶子"图层.......174

　　6.2.3 锁定 / 解锁图层.......175

练一练——锁定"桌子"图层.........175

　　6.2.4 打印 / 不打印图层.............176

练一练——使"旗杆"图层处于不打印
　　状态.......................176

6.3 管理图层.......................177

　　6.3.1 切换当前层.......................177

重点——将"轮胎"图层置为当前 ...177

　　6.3.2 改变图形对象所在图层.......178

重点——改变细实线对象所在图层 ...178

　　6.3.3 删除图层.......................179

练一练——删除"天花板"图层.......179

练一练——编辑音箱图层 180

6.4 实例——创建电脑桌图层.......181

技 巧.......................182

　　1. 轻松匹配对象属性.......182

　　2. 轻松删除顽固图层.......183

　　3. 如何控制线型的显示效果.......184

　　4. 在同一图层上显示不同的图形
　　　属性.......................184

第7章 图块.......................187

7.1 创建内部块和全局块.......................188

　　7.1.1 创建内部块.......................188

练一练——创建"婴儿车"图块 189

　　7.1.2 创建全局块（写块）...........190

练一练——创建环岛行驶标识图块 ... 191

7.2 插入块 192

练一练——插入窗户图块 193

7.3 创建和编辑带属性的块 195

　　7.3.1 定义属性 195

重点——创建带属性的块............196

　　7.3.2 修改属性定义 198

重点——修改"粗糙度"图块属性
定义 198

练一练——添加文字说明 199

7.4 图块管理 200

　　7.4.1 分解块 200

练一练——分解盆景图块 201

练一练——重定义"电机"图块 202

　　7.4.2 块编辑器 203

重点——编辑图块内容 203

7.5 实例——创建并插入带属性的"粗
糙度"图块 204

技 巧 206

　　1. 轻松打开无法修复的文件 206

　　2. 图块的快速创建方法 207

　　3. 完美分解"无法分解"的
图块 207

　　4. 自定义动态块 208

第 8 章 文字和表格 211

8.1 创建文字样式 212

练一练——创建文字样式 212

8.2 输入与编辑单行文字 213

　　8.2.1 单行文字 213

练一练——创建单行文字对象 214

8.2.2 编辑单行文字 215

重点——编辑单行文字对象 215

练一练——标注对象名称 216

8.3 输入与编辑多行文字 216

　　8.3.1 多行文字 217

练一练——创建多行文字对象 217

　　8.3.2 编辑多行文字 218

重点——编辑多行文字对象 218

练一练——添加技术说明 219

8.4 创建表格 220

　　8.4.1 表格样式 220

练一练——创建表格样式 220

　　8.4.2 创建表格 222

重点——创建表格对象 222

　　8.4.3 编辑表格 224

重点——编辑表格对象 224

8.5 实例——创建明细栏并添加文字
说明 225

技 巧 227

　　1. 输入的文字显示为"？？？"的
解决方法 227

　　2. 轻松替换原文件中不存在的
字体 227

　　3. 为什么输入的文字高度不可
更改 227

　　4. 在 AutoCAD 文件中轻
松调用 Excel 表格 227

第 9 章 尺寸标注 229

9.1 尺寸标注的规则和组成 230

　　9.1.1 尺寸标注的规则 230

　　9.1.2 尺寸标注的组成 230

9.2 尺寸标注样式管理器 231

练一练——设置家具标注样式.........232

9.3 尺寸标注.........................233

  9.3.1 线性标注.....................233

  重点——创建线性标注对象.....234

  9.3.2 对齐标注.....................234

  重点——创建对齐标注对象.....235

  9.3.3 半径标注.....................236

  重点——创建半径标注对象.....236

  9.3.4 直径标注.....................236

  重点——创建直径标注对象.....237

  9.3.5 角度标注.....................237

  重点——创建角度标注对象.....238

  9.3.6 弧长标注.....................238

练一练——创建弧长标注对象.....239

  9.3.7 连续标注.....................239

练一练——创建连续标注对象.....240

  9.3.8 基线标注.....................240

练一练——创建基线标注对象.....241

  9.3.9 折弯标注.....................242

  重点——创建折弯标注对象.....242

  9.3.10 坐标标注....................243

练一练——创建坐标标注对象.....243

  9.3.11 快速标注....................244

练一练——创建快速标注对象.....245

  9.3.12 折弯线性标注..............245

  重点——创建折弯线性标注对象.....246

  9.3.13 圆心标记....................246

练一练——创建圆心标记对象.....247

练一练——创建轨迹点.............247

  9.3.14 检验标注....................248

练一练——创建检验标注对象.....248

练一练——利用尺寸标注功能创建方向
标识.............................249

9.4 尺寸公差和形位公差标注...........250

  9.4.1 标注尺寸公差...............250

  重点——创建尺寸公差对象.....250

  9.4.2 标注形位公差...............253

  重点——创建形位公差对象.....253

9.5 多重引线标注.....................254

  9.5.1 多重引线样式...............254

  重点——设置多重引线样式.....255

  9.5.2 多重引线.....................257

  重点——创建多重引线标注.....257

  9.5.3 多重引线的编辑............258

  重点——编辑多重引线对象.....259

9.6 实例——标注机械图形...........261

技 巧.............................267

  1. 巧用标注功能绘制装饰图案.....267

  2. 模型空间和布局空间不一样的
标注.............................267

  3. 大于180°的角的标注方法.....268

  4. 尺寸公差和形位公差的区别.....268

第 10 章 智能标注和编辑标注.......269

10.1 智能标注——dim 命令.............270

练一练——使用智能标注功能标注图形
对象.............................271

10.2 编辑标注........................271

  10.2.1 DIMEDIT（DED）编辑
标注.............................271

  重点——编辑标注对象.............272

  10.2.2 标注打断处理...............274

  重点——对标注进行打断处理.....274

练一练——创建装饰图案.............276

  10.2.3 文字对齐方式...............276

  重点——对标注对象进行文字对齐...277

10.2.4 标注间距调整...................278

○ 重点——调整标注间距............278

10.2.5 使用夹点编辑标注............279

❀ 练一练——使用夹点功能编辑标注
对象...................................280

10.3 实例——给弯头图形添加
标注.................................281

❀ 技 巧.................................283

1. 关联的中心标记和中心线......283

2. 编辑标注关联性...................285

3. 如何轻松选择标注打断点.......287

4. 仅移动标注对象的文字部分....287

第 11 章 查询与参数化设置...........289

11.1 查询对象信息.......................290

11.1.1 查询距离............290

○ 重点——查询对象距离信息.............290

11.1.2 查询半径.............291

○ 重点——查询对象半径信息.............291

11.1.3 查询角度.............292

○ 重点——查询对象角度信息.............292

11.1.4 查询体积.............293

❀ 练一练——查询对象体积信息.........293

11.1.5 查询面积和周长.............294

○ 重点——查询对象面积和周长信息...295

11.1.6 查询质量特性....................295

❀ 练一练——查询对象质量特性.........296

11.1.7 查询点坐标....................297

○ 重点——查询点坐标信息.............297

11.1.8 查询图纸绘制时间............297

❀ 练一练——查询图纸绘制时间相关
信息.............................298

11.1.9 查询对象列表....................299

❀ 练一练——查询对象列表信息.........299

11.1.10 查询图纸状态....................300

❀ 练一练——查询图纸状态相关信息...300

11.2 参数化操作............................301

11.2.1 自动约束....................301

❀ 练一练——创建自动约束............302

11.2.2 标注约束....................302

○ 重点——创建标注约束............303

11.2.3 几何约束....................305

○ 重点——创建几何约束............306

❀ 练一练——修改音乐播放器图形......309

11.3 实例——给灯具平面图添加
约束............................309

❀ 技 巧............................312

1.LIST 和 DBLIST 命令的
差异............................312

2. 两条直线在哪些情况下不能被
垂直约束............................312

3. 核查和修复............................313

4. 有效利用尺寸的函数关系........314

第 3 篇　三维建模篇

第 12 章 三维建模基础.................316

12.1 三维建模空间与三维视图.........317

12.1.1 三维建模空间....................317

12.1.2 三维视图............................317

12.2 视觉样式.................................318

12.2.1 视觉样式的分类............318

重点——在不同视觉样式下对三维模型进行观察 319

12.2.2 视觉样式管理器 320

12.3 坐标系 321

12.3.1 创建 UCS（用户坐标系）...322

重点——创建用户自定义 UCS 322

12.3.2 重命名 UCS（用户坐标系）...323

练一练——对用户自定义 UCS 进行重命名操作 323

12.4 实例——对三维模型进行观察 324

技 巧 325

1. 坐标系自动变化的原因 325

2. 自定义观察角度 326

3. 右手定则 326

4. 多方向同时观察模型 326

第 13 章 三维建模 327

13.1 三维实体建模 328

13.1.1 长方体建模 328

重点——创建长方体几何模型 328

13.1.2 圆柱体建模 329

重点——创建圆柱体几何模型 329

13.1.3 圆锥体建模 330

重点——创建圆锥体几何模型 330

13.1.4 球体建模 331

重点——创建球体几何模型 331

13.1.5 楔体建模 332

练一练——创建楔体几何模型 332

13.1.6 圆环体建模 332

重点——创建圆环体几何模型 333

13.1.7 棱锥体建模 333

练一练——创建棱锥体几何模型 334

13.1.8 多段体建模 334

练一练——创建多段体几何模型 335

13.2 三维曲面建模 336

13.2.1 长方体曲面建模 336

重点——创建长方体曲面模型 336

13.2.2 圆柱体曲面建模 337

重点——创建圆柱体曲面模型 337

13.2.3 球体曲面建模 338

重点——创建球体曲面模型 338

13.2.4 圆锥体曲面建模 339

练一练——创建圆锥体曲面模型 339

13.2.5 圆环体曲面建模 340

重点——创建圆环体曲面模型 340

13.2.6 楔体曲面建模 341

练一练——创建楔体曲面模型 341

13.2.7 棱锥体曲面建模 342

练一练——创建棱锥体曲面模型 342

13.2.8 直纹曲面建模 343

重点——创建直纹曲面模型 343

13.2.9 平移曲面建模 344

重点——创建平移曲面模型 344

13.2.10 旋转曲面建模 345

重点——创建旋转曲面模型 345

13.2.11 边界曲面建模 346

重点——创建边界曲面模型 347

13.2.12 平面曲面建模 347

重点——创建平面曲面模型 348

13.2.13 网络曲面建模 348

重点——创建网络曲面模型 349

13.2.14 三维面建模 349

练一练——创建三维面模型 349

13.2.15 截面平面建模 350

练一练——使用截面平面建模.........351

13.3 由二维图形创建三维图形.........352

  13.3.1 拉伸成型.........................352

重点——通过拉伸创建实体模型.......353

练一练——创建微型报警器模型.......354

  13.3.2 旋转成型.........................355

重点——通过旋转创建实体模型.......355

  13.3.3 放样成型.........................356

重点——通过放样创建实体模型.......357

  13.3.4 扫掠成型.........................357

重点——通过扫掠创建实体模型.......358

13.4 实例——创建三维活动柜.........358

技 巧.....................................360

  1. 橄榄球体和苹果造型的快速

    绘制.................................360

  2. 更改线框密度.....................361

  3. 轻松标注三维模型.................361

  4. 利用"楔体"命令快速绘制等腰

    直角三角形面域.....................362

第 14 章 编辑三维模型...................363

14.1 三维实体边编辑..........................364

  14.1.1 圆角边.........................364

重点——对三维实体对象进行圆角边

操作...364

  14.1.2 倒角边.........................365

重点——对三维实体对象进行倒角边

操作...365

  14.1.3 复制边.........................366

练一练——对三维实体对象进行复制边

操作...366

  14.1.4 偏移边.........................367

练一练——对三维实体对象进行偏移边

操作...367

  14.1.5 压印边.........................368

练一练——对三维实体对象进行压印边

操作...369

  14.1.6 着色边.........................369

练一练——对三维实体对象进行着色边

操作...370

  14.1.7 提取边.........................371

练一练——对三维实体对象进行提取边

操作...371

  14.1.8 提取素线.......................372

练一练——对三维实体对象进行提取素

线操作.......................................372

14.2 三维实体面编辑..........................373

  14.2.1 拉伸面.........................373

重点——对三维实体对象进行拉伸面

操作...374

  14.2.2 复制面.........................374

重点——对三维实体对象进行复制面

操作...375

  14.2.3 移动面.........................375

重点——对三维实体对象进行移动面操作

....376

  14.2.4 旋转面.........................377

重点——对三维实体对象进行旋转面

操作...377

  14.2.5 偏移面.........................378

练一练——对三维实体对象进行偏移面

操作...378

  14.2.6 着色面.........................379

练一练——对三维实体对象进行着色面
操作 379
　　14.2.7　倾斜面 380

重点——对三维实体对象进行倾斜面
操作 380
　　14.2.8　删除面 381

练一练——对三维实体对象进行删除面
操作 382

14.3　三维实体体编辑 382
　　14.3.1　剖切 382

重点——对三维实体对象进行剖切
操作 383
　　14.3.2　分割 384

练一练——对三维实体对象进行分割
操作 384
　　14.3.3　加厚 385

重点——对三维实体对象进行加厚
操作 385
　　14.3.4　抽壳 385

练一练——对三维实体对象进行抽壳
操作 386

14.4　布尔运算和干涉检查 387
　　14.4.1　并集运算 387

重点——对三维模型进行并集运算 ...387

练一练——圆珠笔建模 388
　　14.4.2　差集运算 388

重点——对三维模型进行差集运算 ...388
　　14.4.3　交集运算 389

重点——对三维模型进行交集运算 ...389
　　14.4.4　干涉检查 390

重点——对三维模型进行干涉检查 ...390

14.5　三维图形的操作 391
　　14.5.1　三维旋转 391

重点——对三维模型进行三维旋转
操作 391
　　14.5.2　三维对齐 392

重点——对三维模型进行三维对齐
操作 393
　　14.5.3　三维镜像 394

重点——对三维模型进行三维镜像
操作 394

14.6　实例——插卡音响建模 395

技　巧 399
　　1. 可用于三维空间的二维编辑
　　　 命令 399
　　2. 设置光标颜色 399
　　3. "分割"命令的注意事项 400
　　4. 通过布局空间向模型空
　　　 间绘制图形 400

第15章　渲染 401

15.1　渲染的基本概念 402
　　15.1.1　渲染的功能 402
　　15.1.2　窗口渲染 402

练一练——为三维模型进行窗口
渲染 405
　　15.1.3　高级渲染设置 405

15.2　材质 407
　　15.2.1　材质浏览器 407

重点——附着材质 408
　　15.2.2　材质编辑器 409
　　15.2.3　设置贴图 410

15.3　创建光源 411
　　15.3.1　点光源 411

🔍 重点——新建点光源 412

　15.3.2 平行光 413

🔍 重点——新建平行光 413

　15.3.3 聚光灯 414

🔍 重点——新建聚光灯 414

　15.3.4 光域网灯光 415

🔍 重点——新建光域网灯光 416

15.4 实例——渲染书桌模型 417

🎈 技 巧 419

　1. 渲染背景色的设置方法 419

　2. 渲染时计算机"假死"的解决

　　方法 421

　3. 渲染环境和曝光 421

　4. 如何清楚了解各材质的用途 422

第4篇　拓展篇

第 16 章 3D 打印 424

16.1 3D 打印的定义 425

　16.1.1 3D 打印与普通打印的

　　区别 425

　16.1.2 3D 打印的成型方式 426

16.2 3D 打印材料的选择 427

🎮 练一练——安装 3D 打印软件 429

16.3 实例——打印温莎椅模型 432

　16.3.1 将 dwg 格式转换为 stl

　　格式 432

　16.3.2 Repetier Host 打印设置 433

🎈 技 巧 439

　1. 如何让 3D 打印机发挥更好的

　　性能 439

　2. 如何让 3D 打印模型更逼真 440

　3. 使用 3D 打印机的注意事项 440

　4. 3D 打印取小模型的技巧 440

第 17 章 中望 CAD 2018 441

17.1 中望 CAD 软件特色 442

🎮 练一练——中望 CAD 2018 的安装 ... 442

17.2 中望 CAD 2018 的工作界面 443

🎮 练一练——功能区的显示与隐藏 444

🎮 练一练——更改视口显示 444

🎮 练一练——显示三维图形 445

17.3 实例——绘制三角支架图形 446

🎈 技 巧 450

　1. 删除重复对象及合并相连对象 ... 450

　2. 自定义符合标准的标题栏 451

　3. 单行文字与多行文字的互转

　　操作 451

　4. 快速统计工程图中的材料 452

第 18 章 AutoCAD 2019 与 Photoshop

　的配合使用 453

18.1 AutoCAD 与 Photoshop 的配合

　使用 454

18.2 Photoshop 常用功能介绍 454

　18.2.1 创建新图层 454

🎮 练一练——创建新图层 455

　18.2.2 矩形选框工具 455

🎮 练一练——矩形选框工具 456

18.2.3 魔棒工具 457

🖝 练一练——魔棒工具 457

18.2.4 移动选区 458

🖝 练一练——移动选区 458

18.3 实例——网络机顶盒效果图
设计 459

18.3.1 网络机顶盒效果图设计
思路 459

18.3.2 使用 AutoCAD 2019 绘制
网络机顶盒模型 459

18.3.3 使用 Photoshop 制作网络机
顶盒效果图 465

◎ 技 巧 467

1. 精准光标的获取方法 467

2. 快速改变部分图形颜色 467

3. 设置画布颜色的快捷方法 467

4. 快速定位中心点 467

第5篇 案例篇

第 19 章 小区居民住宅平面
布置图 470

19.1 设置绘图环境 471

19.2 绘制墙体 474

19.2.1 绘制墙线 474

19.2.2 绘制门洞及窗洞 475

19.3 绘制门窗 476

19.3.1 绘制门 476

19.3.2 绘制窗 478

19.4 布置房间 480

19.5 添加文字注释 489

第 20 章 电气施工平面图 491

20.1 设置绘图环境 492

20.2 绘制电气符号 494

20.2.1 绘制灯具符号 494

20.2.2 绘制插座符号 501

20.2.3 绘制开关符号 504

20.3 完善细节 511

第 21 章 别墅绿化平面图 513

21.1 设置绘图环境 514

21.2 绘制别墅绿化平面图 515

21.2.1 绘制围墙 515

21.2.2 绘制水景 517

21.2.3 绘制道路系统及铺地 519

21.2.4 绘制花圃平面图 525

21.2.5 绘制凉亭 528

21.2.6 绘制石阶 531

21.2.7 插入植物图块 535

21.2.8 创建文字注释 541

第 22 章 智能机器人三维模型.......543

22.1 绘制头部模型...............................544

22.1.1 绘制头部整体模型.............544

22.1.2 绘制细节部分.....................547

22.2 绘制躯干模型...............................548

22.3 绘制四肢模型...............................550

22.3.1 绘制上肢模型.....................550

22.3.2 绘制下肢模型.....................553

第 1 篇

基础篇

第 1 章

AutoCAD 2019 入门

内容简介

"工欲善其事，必先利其器。"要想学好 AutoCAD 2019，首先需要了解 AutoCAD 的入门知识，包括软件的安装、启动、退出、工作界面及一些基本操作等。

内容要点

- AutoCAD 的行业应用
- AutoCAD 的安装、启动及退出
- AutoCAD 的工作界面
- AutoCAD 的基本操作
- AutoCAD 2019 的新增功能

案例效果

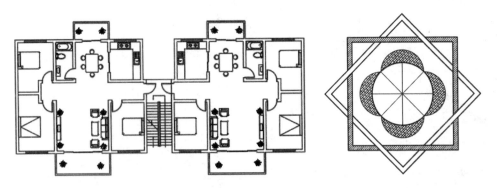

1.1 初识 AutoCAD

AutoCAD 由 Autodesk 公司开发于 1982 年，主要用于二维绘图、基本三维设计、详细绘制和多文档设计。AutoCAD 是一款自动计算机辅助设计软件，具有良好的用户界面（图 1-1），使用简单，易于掌握，通过它无须懂得编程，即可自动制图，因此得到了设计师的广泛认可，现已成为国际上广为流行的绘图工具。

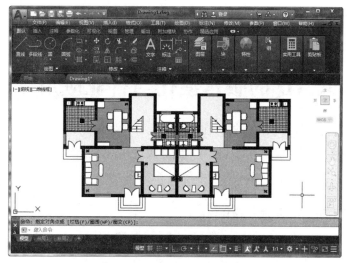

图 1-1 AutoCAD 2019 软件界面

AutoCAD 有以下功能和特点。

1. 完善的图形绘制功能

（1）能够以多种方式创建点、直线、正多边形、椭圆、圆弧、圆、样条曲线、多段线等基本图形对象，同时也可以利用对象捕捉、追踪功能及正交功能快速进行图形绘制，另外还可以进行文字书写及尺寸标注，从而保证了用户可以根据需求轻松地进行平面图、立面图、剖面图、大样图、节点图等各种相关图形的精确绘制。

（2）可以创建三维实体及表面模型。

2. 强大的图形编辑功能

（1）可以对二维图形直接进行编辑操作，如移动、旋转、缩放、拉伸、打断、延伸、修剪、合并、阵列、镜像等。另外 AutoCAD 还具有图形管理功能，可以使具有相同特性（如颜色、线型、线宽等）的对象都位于同一个图层上，便于管理及修改。

（2）可以根据需要直接对三维模型的边、面、体进行编辑操作，还可以对三维模型进行布尔运算、干涉检查等多种操作。

3.其他功能特点

（1）AutoCAD 提供了多种图形对象数据交换格式及相应命令，可以进行多种图形格式的转换，具有较强的数据交换能力。

（2）可以将图形对象在网络上发布，或者通过网络访问 AutoCAD 资源。

（3）可以采用多种方式进行二次开发或用户定制，AutoCAD 不仅允许用户定制菜单和工具栏，还能够利用内嵌语言 AutoLISP、Visual LISP 等进行二次开发。

（4）支持多种硬件设备。

（5）支持多种操作平台（各种操作系统支持的微型计算机和工作站）。

（6）具有通用性、易用性，适合各类用户使用。

1.2 AutoCAD 的版本演化与行业应用

AutoCAD 同其他设计类软件一样，在不断地完善和强化自身功能，每一次版本的更新都在完善原有功能和增加新功能，因为其自身不断地改进和创新，最终赢得了广大设计者的认可，成为众多设计师的首选，使其在多个行业中得到了广泛应用。

1.2.1 AutoCAD 的版本演化

AutoCAD 从最早的 V1.0 版发展到现在的 2019 版，经历了数十次的改版，取得了非常大的突破，功能已经变得非常强大且实用，界面更加人性化且易于操作。

1.AutoCAD 2004 及之前的版本

AutoCAD 2004 及之前的版本安装包都比较小，启动速度快，功能可以满足基本设计需求，适用于 Windows XP 系统。AutoCAD 2004 及之前版本最经典的界面是 R14 界面和 AutoCAD 2004 界面，如图 1-2 和图 1-3 所示。

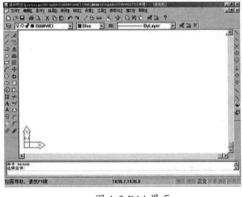

图 1-2 R14 界面

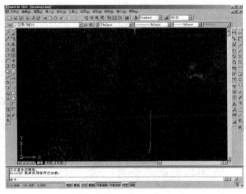

图 1-3 AutoCAD 2004 界面

2.AutoCAD 2005~AutoCAD 2009 版本

AutoCAD 2005~AutoCAD 2009 版本安装包比 AutoCAD 2004 及之前的版本大很多，相同计算机配置的情况下，启动速度要慢很多，而且 .net 运行库必须强制安装。其中 AutoCAD 2008 开始有 64 位系统专用版本（但只有英文版）。AutoCAD 2005~AutoCAD 2009 增强了三维建模功能。

AutoCAD 2004~AutoCAD 2008 和之前版本的界面没有太大区别，依旧延续使用菜单栏和工具条的结构，但 AutoCAD 2009 的界面却发生了很大变化，采用了菜单栏和选项卡的全新结构，如图 1-4 所示。

3.AutoCAD 2010~AutoCAD 2019 版本

从 AutoCAD 2010 版本开始 AutoCAD 加入了参数化功能。AutoCAD 2013 版本增加了从三维模型转换为二维图形的功能，AutoCAD 2016 版本增加了智能标注功能。AutoCAD 2010~AutoCAD 2019 版本的界面没有太大区别，与 AutoCAD 2009 的界面类似，AutoCAD 2019 的界面如图 1-5 所示。

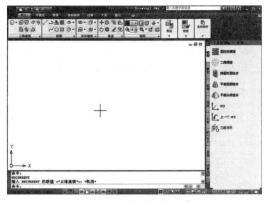

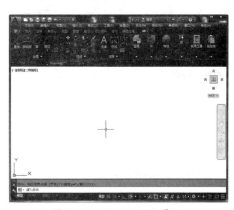

图 1-4 AutoCAD 2009 界面　　　　　　图 1-5 AutoCAD 2019 界面

1.2.2 AutoCAD 的行业应用

随着计算机在各行业中的普遍应用、AutoCAD 功能的不断完善，CAD 软件在各行业中得到了广泛应用。CAD 软件是一个集成化、智能化、体系结构开放的软件系统，使用方便，易于掌握，主要应用于机械、建筑、电子、纺织、轻工、造船、土木工程、石油化工、航天、地质、冶金和商业等领域。

1.AutoCAD 在建筑行业中的应用

现代 CAD 技术已经应用到建筑行业的各个领域，传统的手工计算及绘制等设计方法，无论是设计速度还是设计质量方面都已经无法满足当前建筑行业的需求，而通过 CAD 软件的运用，设计师只需要借助一台计算机就可以设计出大量的建筑图纸，速度快并且易于修改，在降低工作强度的同时极大地提高了工作效率。图 1-6 所示的是用 AutoCAD 绘制的建筑图。

2.AutoCAD 在机械行业中的应用

CAD 软件在机械行业中起着举足轻重的作用，为机械行业的发展起到了不可替代的作用。机械行业的图纸比较复杂，尺寸、形状、位置及其对应的精度等级、公差等都要求较高，使用 CAD 软件不仅可以满足这些设计需求，而且准确度高、出图速度快。AutoCAD 还具备将三维模型转换为二维工程图的功能，这使得设计师的设计过程更加灵活，工作起来更加得心应手。图 1-7 所示的是用 AutoCAD 绘制的机械图。

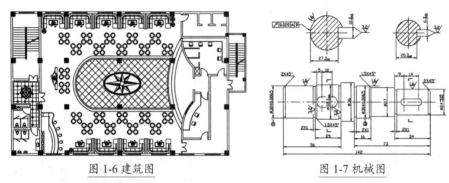

图 1-6 建筑图　　　　　　　图 1-7 机械图

3.AutoCAD 在轻工纺织行业中的应用

CAD 软件在轻工纺织领域融款式、结构设计、样板设计、数据库和计算机图形学为一体，具有响应速度快、便于修改等特点。服装 CAD 技术中的样纸设计模块可以完成任意线条的绘制，灵活、方便，并且易于修改和调整，设计师可以根据客户需求快速设计出不同款式、不同类型的服装产品，不但可以有效代替原有的手工打版，还可以缩短设计周期，提高产品竞争力。图 1-8 所示的是用 AutoCAD 绘制的服装图。

4.AutoCAD 在电子电气行业中的应用

利用 CAD 软件设计出的电路图清晰明了，另外还可以根据模拟线路的运行状况对电路中的各元器件进行监控，从而确保电路的正确性和稳定性。CAD 技术在电子电气领域的应用逐渐升级，为电子电气行业的飞速发展提供了不可缺少的助力。图 1-9 所示的是用 AutoCAD 绘制的电路图。

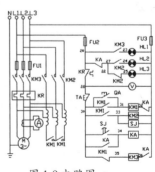

图 1-8 服装图　　　　　　　图 1-9 电路图

5. AutoCAD 在娱乐行业中的应用

在文化娱乐方面，使用 CAD 技术可以模拟各种场景，并且可以创造出各种逼真造型，如原始动物、未来生物等，不仅效果奇特，而且还可以降低电影的制作成本，如今这一技术已得到了广泛应用。图 1-10 所示的是用 AutoCAD 绘制的影院图。

图 1-10 影院图

1.3 安装与启动 AutoCAD 2019

在计算机上正常使用 AutoCAD 2019 的前提是正确地安装该应用软件，本节将介绍如何安装、启动以及退出 AutoCAD 2019。

1.3.1 AutoCAD 2019 对系统的需求

AutoCAD 2019 同其他软件一样，在安装之前需要确认计算机是否能够满足需求，只有满足需求的计算机才可以进行正确安装。对于 Windows 操作系统的用户来讲，其安装 AutoCAD 2019 对系统的需求如表 1-1 所示。

表 1-1　AutoCAD 2019 对系统的需求

说　明	计算机需求
操作系统	Microsoft Windows 7 SP1 Microsoft Windows 8/8.1 （含更新 KB2919355） Microsoft Windows10
处理器	1 GHz 或更高频率的 32 位（x86）或 64 位（x64）处理器
内存	2 GB RAM （建议使用 4 GB）
显示器分辨率	1360 × 768 （建议使用 1600 × 1050 或更高）真彩色 125% 桌面缩放 （120 DPI）或更少（建议）
磁盘空间	6.0 GB

续表

说　明	计算机需求
定点设备	MS-Mouse 兼容设备
浏览器	Windows Internet Explorer 9（或更高版本）
.NET Framework	.NET Framework 4.60
三维建模的其他需求	8 GB RAM 或更大 6 GB 可用硬盘空间（不包括安装需要的空间） 1600×1050 或更高的真彩色视频显示适配器，128 MB VRAM 或更高，Pixel Shader 3.0 或更高版本，支持 Direct3D 的工作站级图形卡

Tips

表 1-1 是针对 32 位系统的要求，如果要安装 64 位系统的 AutoCAD 2019，内存应为 4GB（建议 8GB）。

练一练——安装 AutoCAD 2019

素材文件：无

结果文件：无

在确认计算机配置满足 AutoCAD 2019 安装需求的情况下，便可以安装 AutoCAD 2019 软件了。

【操作步骤】

（1）将安装光盘放入计算机光驱中，系统会自动弹出安装初始化进度窗口，如图 1-11 所示。如果没有自动弹出，双击"我的电脑"中的光盘图标即可，或者双击安装光盘内的 setup.exe 文件。

（2）安装初始化完成后，系统会弹出安装向导主界面，选择安装语言后单击"安装 在此计算机上安装"按钮，如图 1-12 所示。

图 1-11 安装初始化进度窗口

图 1-12 安装向导主界面

（3）确定安装要求后，会弹出"许可协议"界面，选中"我接受"单选按钮后，单击"下一步"
    按钮，如图 1-13 所示。

（4）在"配置安装"界面中，选择要安装的组件以及软件的安装路径后单击"安装"按钮，
    如图 1-14 所示。

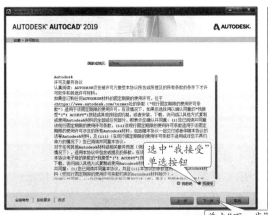

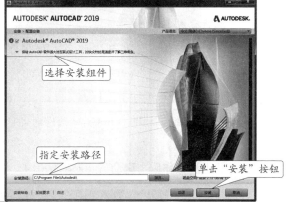

选择安装组件

指定安装路径

选中"我接受"
单选按钮

单击"安装"按钮

图 1-13 "许可协议"界面 单击"下一步"

图 1-14 "配置安装"界面

（5）在"安装进度"界面中，显示各个组件的安装进度，如图 1-15 所示。

（6）AutoCAD 2019 安装完成后，在"安装完成"界面中单击"完成"按钮，退出安装向导界
    面，如图 1-16 所示。

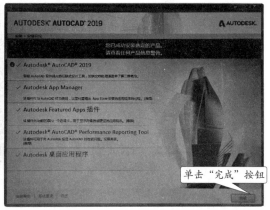

单击"完成"按钮

图 1-15 "安装进度"界面

图 1-16 "安装完成"界面

教你一招

（1）如果计算机上要同时安装多个版本的 AutoCAD，一定要先安装低版本的，再安装高版本的。

（2）这里介绍的是光盘安装，如果用户需要采用硬盘安装，在安装前首先要把压缩程序
解压到一个不含中文字符的文件夹中，然后再进行安装，安装过程和光盘安装相同。

（3）成功安装 AutoCAD 2019 后，还应进行产品注册。

1.3.2 启动与退出 AutoCAD 2019

1. 启动 AutoCAD 2019

AutoCAD 2019 的常用启动方法有 3 种，下面将分别进行介绍。

【执行方式】

● 在"开始"菜单中选择"所有程序"→"Autodesk"→"AutoCAD 2019-Simplified Chinese"→"AutoCAD 2019"命令。

● 双击桌面上的快捷图标 A 。

● 打开已经创建的 AutoCAD 文件。

【操作步骤】

执行上述操作后会启动 AutoCAD 2019，并弹出"开始"选项卡界面，如图 1-17 所示。

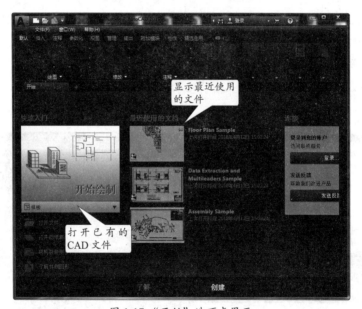

图 1-17 "开始"选项卡界面

【选项说明】

"开始"选项卡中"了解"和"创建"按钮的功能如下。

单击"了解"按钮，即可观看"新特性"和"快速入门"等视频，如图 1-18 所示。

单击"创建"按钮，然后单击"快速入门"下的"开始绘制"图标，即可进入 AutoCAD 2019 工作界面，如图 1-19 所示。

图 1-18 单击"了解"按钮后的界面

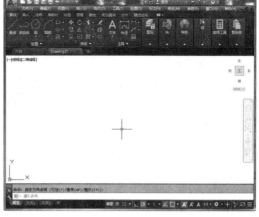

图 1-19 AutoCAD 2019 工作界面

2. 退出 AutoCAD 2019

AutoCAD 2019 的常用退出方法有 5 种，下面将分别进行介绍。

【执行方式】

● 单击标题栏中的"关闭"按钮▓，或在标题栏空白位置处右击，在弹出的快捷菜单中
选择"关闭"选项。

● 在命令行中输入"QUIT"命令，按"Enter"键确认。

● 使用"Alt+F4"组合键。

● 单击"应用程序菜单"按钮，在弹出的菜单中单击"退出 Autodesk AutoCAD 2019"按
钮 退出 Autodesk AutoCAD 2019 。

● 双击"应用程序菜单"按钮▲。

✍ 练一练——"开始"选项卡的操作

素材文件：无

结果文件：无

下面将利用"开始"选项卡观看"新增功能""创建二维对象""修改二维对象"等视频。

【操作步骤】

（1）启动 AutoCAD 2019，在"开始"选项卡中单击"了解"按钮，如图 1-20 所示。

（2）单击"新增功能"区域中的"AutoCAD 新功能概述"图标，观看新增功能视频，如图 1-21
所示。

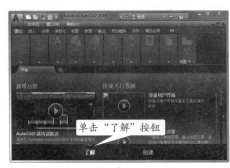

图 1-20 单击"了解"按钮

图 1-21 观看新增功能视频

（3）单击"快速入门视频"区域中的"创建二维对象"图标，观看创建二维对象的视频，如图 1-22 所示。

（4）单击"快速入门视频"区域中的"修改二维对象"图标，观看修改二维对象的视频，如图 1-23 所示。

图 1-22 观看创建二维对象视频

图 1-23 观看修改二维对象视频

1.4 AutoCAD 2019 的工作界面

AutoCAD 2019 的工作界面由应用程序菜单、标题栏、快速访问工具栏、菜单栏、功能区、绘图窗口、命令行和状态栏等组成，如图 1-24 所示。

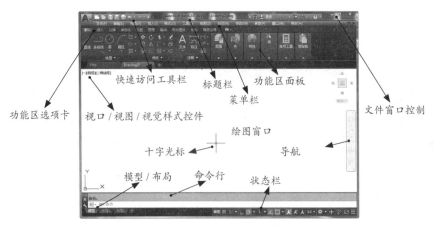

图 1-24 AutoCAD 2019 的工作界面

1.4.1 应用程序菜单

在应用程序菜单中可以搜索命令、访问常用工具并浏览文件。

【执行方式】

● 在 AutoCAD 2019 界面左上方，单击"应用程序菜单"按钮 ▲ 即可。

【操作步骤】

执行上述操作后会弹出应用程序菜单，如图 1-25 所示。

【选项说明】

可以在应用程序菜单中快速创建、打开、保存、核查、修复和清除文件，打印或发布图形，还可以单击右下方的"选项"按钮打开"选项"对话框或退出 AutoCAD。在应用程序菜单上方的搜索框中输入搜索字段，按"Enter"键确认，下方将显示搜索到的选项，如图 1-26 所示。

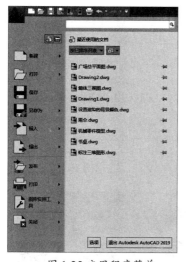

图 1-25 应用程序菜单

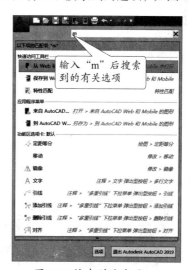

图 1-26 搜索到的选项

1.4.2 菜单栏

在 AutoCAD 2019 中可以根据需要显示或隐藏菜单栏，如图 1-27 所示。显示出来的菜单栏默认显示在绘图区域的顶部，是各类命令的集合，同时也是 AutoCAD 中最常用的命令调用方式之一，如图 1-28 所示。

图 1-27 显示或隐藏菜单栏

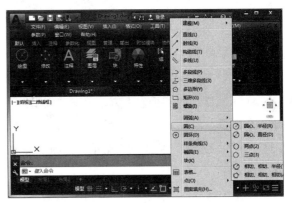

图 1-28 菜单栏

1.4.3 切换工作空间

AutoCAD 2019 包括"草图与注释""三维基础"和"三维建模"3 种工作空间类型，用户可以根据需要对工作空间进行切换。

【执行方式】

- 单击工作界面右下角中的"切换工作空间"按钮 ⚙ ，在弹出的菜单中选择相应的工作空间，如图 1-29 所示。
- 在快速访问工具栏中选择相应的工作空间，如图 1-30 所示。
- 选择菜单栏中的"工具"→"工作空间"命令，然后选择相应的工作空间。

图 1-29 切换工作空间

图 1-30 切换工作空间

🖱️ 练一练——切换工作空间

素材文件：无

结果文件：无

下面将"草图与注释"工作空间切换为"三维建模"工作空间，如图 1-32 所示。

【操作步骤】

（1）启动 AutoCAD 2019，默认为"草图与注释"工作空间，如图 1-31 所示。

（2）选择"工具"→"工作空间"→"三维建模"命令，工作空间切换为"三维建模"工作空间，如图 1-32 所示。

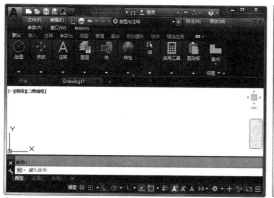

图 1-31　"草图与注释"工作空间　　　　图 1-32　"三维建模"工作空间

1.4.4　选项卡与面板

AutoCAD 2019 根据任务标记将许多面板组织集中到某个选项卡中，面板包含的很多工具和控件与工具栏和对话框中的相同，如"参数化"选项卡中的"几何"面板如图 1-33 所示。

图 1-33　"几何"面板

1.4.5　绘图窗口

在 AutoCAD 中，绘图窗口是绘图的工作区域，如图 1-34 所示。所有的绘图结果都反映在这个窗口中，另外该窗口还显示了当前使用的坐标系类型和坐标原点，以及 X 轴、Y 轴、Z 轴的方向等。默认情况下，坐标系为世界坐标系。如果需要增大绘图空间，则可以适当关闭其周围和里面的各个工具栏。如果图纸比较大，需要查看未显示部分时，则可以单击窗口右边与下边滚动条上的箭头，或拖动滚动条上的滑块来移动图纸。

绘图窗口的下方有"模型"和"布局"选项卡，可用于在模型空间或布局空间之间进行切换。

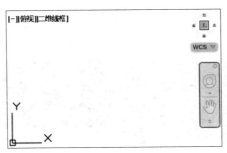

图 1-34 绘图窗口

1.4.6 命令行与文本窗口

1. 命令行

"命令行"窗口位于绘图窗口的底部，用于输入命令并显示 AutoCAD 提供的信息。

【执行方式】

● 命令行：COMMANDLINEHIDE。

● 菜单栏：选择菜单栏中的"工具"→"命令行"命令。

● 快捷键："Ctrl+9"组合键。

【操作步骤】

执行上述操作后会显示或隐藏"命令行"窗口，显示的"命令行"窗口如图 1-35 所示。

【选项说明】

"命令行"窗口可以拖放为浮动窗口，处于浮动状态的"命令行"窗口随拖放位置的不同，其标题显示的方向也不同。

2.AutoCAD 文本窗口

AutoCAD 文本窗口是记录 AutoCAD 命令的窗口，是放大的"命令行"窗口，它记录了已执行的命令，也可以用来输入新命令。

【执行方式】

● 命令行：TEXTSCR。

● 菜单栏：选择菜单栏中的"视图"→"显示"→"文本窗口"命令。

● 快捷键："Ctrl+F2"组合键。

【操作步骤】

执行上述操作后会打开 AutoCAD 文本窗口，如图 1-36 所示。

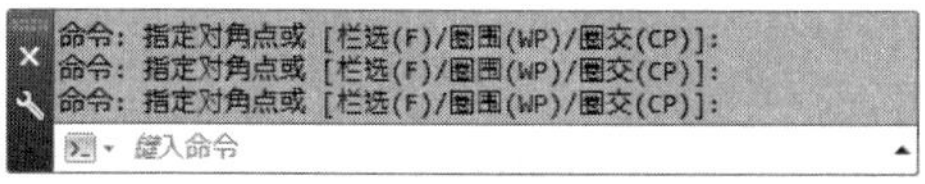

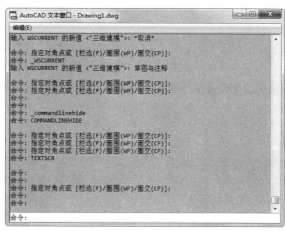

图 1-35 "命令行"窗口　　　　　　图 1-36 AutoCAD 文本窗口

1.4.7 状态栏

状态栏用来显示 AutoCAD 当前的状态，如是否使用正交模式、是否启用对象捕捉、是否使用栅格、是否显示线宽等，其位于 AutoCAD 界面的底部，如图 1-37 所示。

图 1-37 状态栏

> **Tips**
>
> 单击状态栏最右端的自定义按钮"≡"，在弹出的菜单中可以选择显示或关闭状态栏的选项，如图 1-38 所示。

图 1-38 自定义选项

1.4.8 坐标系

在 AutoCAD 中有两个坐标系，一个是 WCS（World Coordinate System），即世界坐标系；另一个是 UCS（User Coordinate System），即用户坐标系。

1. 世界坐标系

启动 AutoCAD 2019，在绘图区的左下角会看到一个坐标，即默认的二维世界坐标系（WCS），包含 X 轴和 Y 轴，如图 1-39 所示。如果是三维空间则还有一个 Z 轴，并且沿 X、Y、Z 轴的方向规定为正方向，如图 1-40 所示。

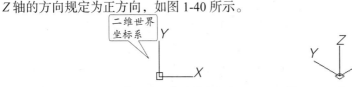

图 1-39 二维世界坐标系　　　　图 1-40 三维世界坐标系

2. 用户坐标系

坐标系可以根据需要对原点和方向进行设置和修改，即将世界坐标系更改为用户坐标系。更改为用户坐标系后的 X、Y、Z 轴仍然互相垂直，但是其方向和位置可以任意指定，有了很大的灵活性。

【执行方式】

- 命令行：UCS。
- 菜单栏：选择菜单栏中的"工具"→"新建 UCS"命令，然后选择一个适当的选项。
- 功能区：单击"可视化"选项卡"坐标"面板中的适当按钮即可。

【操作步骤】

执行上述操作后会显示命令行提示。

命令：UCS

当前 UCS 名称：*世界*

指定 UCS 的原点或 [面 (F)/ 命名 (NA)/ 对象 (OB)/ 上一个 (P)/ 视图 (V)/ 世界 (W)/X/Y/Z/Z 轴 (ZA)] <世界>：

【选项说明】

命令行中各选项的含义如下。

指定 UCS 的原点：重新指定 UCS 的原点以确定新的 UCS。

面：将 UCS 与三维实体的选定面对齐。

命名：按名称保存、恢复或删除常用的 UCS 方向。

对象：指定一个实体以定义新的坐标系。

上一个：恢复上一个 UCS。

视图：将新的 UCS 的 XY 平面设置在与当前视图平行的平面上。

世界：将当前的 UCS 设置成 WCS。

X/Y/Z：确定当前的 UCS 绕 X、Y 和 Z 轴中的某一轴旋转一定的角度以形成新的 UCS。

Z轴：将当前 UCS 沿 Z 轴的正方向移动一定的距离。

1.5 命令的调用方法

命令的调用方法有多种，通过菜单栏、功能区选项板以及工具栏调用的方法基本相同，找到相应按钮或选项后单击即可。另外还可以通过命令行调用，在命令行输入相应指令，并配合"Space"（或"Enter"）键执行。下面具体介绍 AutoCAD 2019 中命令的调用、退出、重复执行以及透明命令的使用方法。

1.5.1 输入命令

在命令行中输入命令即输入相关图形的命令，如点的命令为 POINT（或 PO），多段线的命令为 PLINE（或 PL）等。输入完相应命令后按"Enter"键或"Space"键即可对指令执行操作。表 1-2 提供了部分较为常用的图形命令及其缩写供用户参考。

表 1-2　常用图形命令及其缩写

命令全名	缩写	对应操作	命令全名	缩写	对应操作
POINT	PO	绘制点	LINE	L	绘制直线
XLINE	XL	绘制构造线	PLINE	PL	绘制多段线
MLINE	ML	绘制多线	SPLINE	SPL	绘制样条曲线
POLYGON	POL	绘制正多边形	RECTANGLE	REC	绘制矩形
CIRCLE	C	绘制圆	ARC	A	绘制圆弧
DONUT	DO	绘制圆环	ELLIPSE	EL	绘制椭圆
REGION	REG	面域	MTEXT	MT/T	多行文本
BLOCK	B	块定义	INSERT	I	插入块
WBLOCK	W	定义块文件	DIVIDE	DIV	定数等分
BHATCH	H	填充	COPY	CO/CP	复制
MIRROR	MI	镜像	ARRAY	AR	阵列
OFFSET	O	偏移	ROTATE	RO	旋转
MOVE	M	移动	EXPLODE	X	分解
TRIM	TR	修剪	EXTEND	EX	延伸
STRETCH	S	拉伸	SCALE	SC	比例缩放
BREAK	BR	打断	CHAMFER	CHA	倒角
PEDIT	PE	编辑多段线	DDEDIT	ED	修改文本
PAN	P	平移	ZOOM	Z	视图缩放

1.5.2 命令行提示

AutoCAD 命令的调用方法虽然有多种，但是调用后的结果都是相同的。执行相关命令后命令行都会出现相关提示及选项供用户操作。下面以执行多线命令为例进行详细介绍。

【执行方式】

- 命令行：MLINE/ML。
- 菜单栏：选择菜单栏中的"绘图"→"多线"命令。

【操作步骤】

执行上述操作后会显示命令行提示。

命令：_mline

当前设置：对正 = 上，比例 = 20.00，样式 = STANDARD

指定起点或 [对正 (J)/ 比例 (S)/ 样式 (ST)]：

【选项说明】

命令行提示指定多线起点，并附有相应选项"对正 (J)/ 比例 (S)/ 样式 (ST)"。指定相应坐标点即可指定多线起点。在命令行中输入相应选项代码，如"比例"选项代码"S"后按"Enter"键确认，即可执行比例设置。

1.5.3 退出命令

退出命令一般分为两种情况，一种是命令执行完成后退出命令，可通过按"Space"键、"Enter"键或"Esc"键来完成操作；另一种是调用命令后不执行（直接退出命令），可通过按"Esc"键来完成操作。用户可以根据实际情况选择合适的命令退出方式。

1.5.4 重复执行命令

如果重复执行的是刚结束的上个命令，直接按"Enter"键或"Space"键即可完成此操作。此外还可以通过下面的方法重复执行命令。

【执行方式】

- 右击，通过选择"重复"或"最近输入的"选项可以重复执行最近执行的命令，如图 1-41 所示。
- 单击命令行"最近使用的命令"的下拉按钮，在弹出的菜单中选择最近执行的命令，如图 1-42 所示。

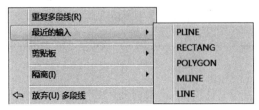

图 1-41 通过右击方式

图 1-42 通过"最近使用的命令"按钮

1.5.5 透明命令

对于透明命令而言，可以在不中断其他正在执行的命令的状态下进行调用。该命令可以极大的方便用户的操作，尤其体现在对当前所绘制图形的即时观察方面。

【执行方式】

- 选择相应的菜单命令。
- 单击工具栏中的相应按钮。
- 通过命令行。

AutoCAD 中有许多透明命令，表 1-3 提供了部分透明命令供用户参考，需要注意的是，所有透明命令前面都带有符号"′"。

表 1-3　透明命令及对应操作

透明命令	对应操作	透明命令	对应操作	透明命令	对应操作
′ Color	设置当前对象颜色	′ Dist	查询距离	′ Layer	管理图层
′ Linetype	设置当前对象线型	′ ID	点坐标	′ PAN	实时平移
′ Lweight	设置当前对象线宽	′ Time	时间查询	′ Redraw	重画
′ Style	文字样式	′ Status	状态查询	′ Redrawall	全部重画
′ Dimstyle	标注样式	′ Setvar	设置变量	′ Zoom	缩放
′ Ddptype	点样式	′ Textscr	文本窗口	′ Units	单位控制
′ Base	基点设置	′ Thickness	厚度	′ Limits	模型空间界限
′ Adcenter	CAD 设计中心	′ Matchprop	特性匹配	′ Help 或′?	CAD 帮助
′ Adcclose	CAD 设计中心关闭	′ Filter	过滤器	′ About	关于 CAD
′ Script	执行脚本	′ Cal	计算器	′ Osnap	对象捕捉
′ Attdisp	属性显示	′ Dsettlngs	草图设置	′ Plinewid	多段线变量设置
′ Snapang	十字光标角度	′ Textsize	文字高度	′ Cursorsize	十字光标大小
′ Filletrad	倒圆角半径	′ Osmode	对象捕捉模式	′ Clayer	设置当前层

1.6 AutoCAD 图形文件管理

在 AutoCAD 中，图形文件管理一般包括新建图形文件、打开图形文件、保存图形文件、关闭图形文件以及将图形文件输出为其他格式等。

1.6.1 新建图形文件

下面将对在 AutoCAD 2019 中新建图形文件的方法进行介绍。

【执行方式】

♦ 命令行：NEW。

♦ 菜单栏：选择菜单栏中的"文件"→"新建"命令。

♦ 应用程序菜单：选择"应用程序菜单"中的"新建"→"图形"命令。

♦ 快速访问工具栏：单击快速访问工具栏中的"新建"按钮。

♦ 组合键：Ctrl+N。

【操作步骤】

执行上述操作后会打开"选择样板"对话框，如图 1-43 所示。

【选项说明】

在"选择样板"对话框中选择对应的样板后（初学者一般选择样板文件 acadiso.dwt 即可），单击"打开"按钮，就会以对应的样板为模板建立新图形文件。

🔍 重点——新建一个样板为"acadiso.dwt"的图形文件

素材文件：无

结果文件：无

下面将新建一个样板为"acadiso.dwt"的图形文件，如图 1-44 所示。

【操作步骤】

（1）启动 AutoCAD 2019，选择"文件"→"新建"命令，弹出"选择样板"对话框，如图 1-43 所示。

（2）在"选择样板"对话框中选择"acadiso.dwt"样板，单击"打开"按钮完成操作，如图 1-44 所示。

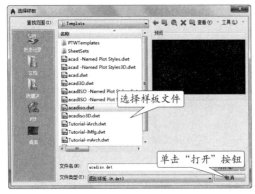
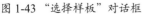

图 1-43 "选择样板"对话框

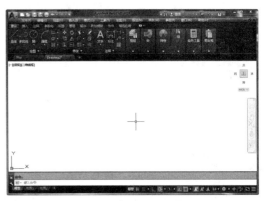

图 1-44 新建的图形文件

1.6.2 打开图形文件

下面将对在 AutoCAD 2019 中打开图形文件的方法进行介绍。

【执行方式】

● 命令行：OPEN。

● 菜单栏：选择菜单栏中的"文件"→"打开"命令。

● 应用程序菜单：选择"应用程序菜单"中的"打开"→"图形"命令。

● 快速访问工具栏：单击快速访问工具栏中的"打开"按钮　。

● 组合键：Ctrl+O。

【操作步骤】

执行上述操作后会打开"选择文件"对话框，如图 1-45 所示。

图 1-45 "选择文件"对话框

【选项说明】

选择要打开的图形文件，单击"打开"按钮即可打开该图形文件。

另外，利用"打开"命令可以打开和加载局部图形，包括特定视图或图层中的几何图形。在"选择文件"对话框中单击"打开"下拉按钮，在弹出的下拉菜单中可以选择"局部打开"或"以只读方式局部打开"选项，如图 1-46 所示。

选择"局部打开"选项，将显示"局部打开"对话框，如图 1-47 所示。

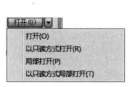

图 1-46 选项选择　　　　图 1-47 "局部打开"对话框

🔍 重点——打开"企鹅"图形文件

素材文件：素材 \CH01\ 企鹅 .dwg

结果文件：无

下面将在 AutoCAD 2019 中打开"企鹅"图形文件，如图 1-49 所示。

【操作步骤】

（1）启动 AutoCAD 2019，选择"文件"→"打开"命令，在弹出的"选择文件"对话框中浏览到随书配套资源中的"素材 \CH01\ 企鹅 .dwg"文件，单击"打开"按钮，如图 1-48 所示。

（2）打开的文件如图 1-49 所示。

图 1-48 选择"企鹅 .dwg"文件　　　　图 1-49 文件打开结果

🖱 练一练——打开多个图形文件

素材文件：素材 \CH01\ 飞机 .dwg、酒杯 .dwg、水壶 .dwg

结果文件：无

下面将同时打开"飞机""酒杯""水壶"等多个文件。

【操作步骤】

（1）调用"打开"命令，在"选择文件"对话框中浏览到随书配套资源中的"素材\CH01"文件夹，配合"Ctrl"键选择"飞机""酒杯""水壶"文件，单击"打开"按钮，如图 1-50 所示。

（2）打开的文件如图 1-51 所示。

图 1-50 选择素材文件

图 1-51 文件打开结果

1.6.3 保存图形文件

下面将对在 AutoCAD 2019 中保存图形文件的方法进行介绍。

【执行方式】

- 命令行：QSAVE。
- 菜单栏：选择菜单栏中的"文件"→"保存"命令。
- 应用程序菜单：选择"应用程序菜单"中的"保存"命令。
- 快速访问工具栏：单击快速访问工具栏中的"保存"按钮■。
- 组合键：Ctrl+S。

【操作步骤】

执行上述操作后，如果图形是第一次被保存，则会弹出"图形另存为"对话框，如图 1-52 所示，需要用户指定文件名称及保存位置；如果图形已经保存过，只是在原有图形基础上重新对图形进行保存，则直接保存而不弹出"图形另存为"对话框。

图 1-52 "图形另存为"对话框

经验传授

如果需要将已经命名的图形以新名称进行命名保存时，可以执行"另存为"命令。

【执行方式】

♦ 命令行：SAVEAS。

♦ 菜单栏：选择菜单栏中的"文件"→"另存为"命令。

♦ 应用程序菜单：选择"应用程序菜单"中的"另存为"命令。

♦ 快速访问工具栏：单击快速访问工具栏中的"另存为"按钮。

🔍 重点——保存"屏风"图形文件

素材文件：素材 \CH01\ 屏风 .dwg

结果文件：结果 \CH01\ 屏风 .dwg

下面将对"屏风"图形文件修改后进行保存，关于"选取对象"详见 4.1 节内容，关于"删除对象"详见 4.5 节内容。

【操作步骤】

（1）打开随书配套资源中的"素材 \CH01\ 屏风 .dwg"文件，如图 1-53 所示。

（2）在绘图区域中将光标移至如图 1-54 所示的竖直直线段上面。

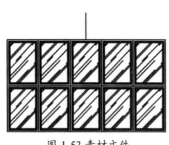

图 1-53 素材文件

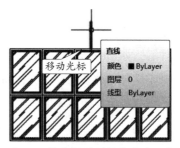

图 1-54 将光标移到竖直直线段上面

（3）单击将该直线段选中，如图 1-55 所示。

（4）按"Del"键将所选直线段删除，如图 1-56 所示。

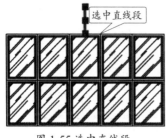

图 1-55 选中直线段

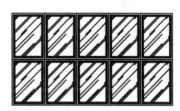

图 1-56 删除直线段

（5）选择"文件"→"保存"命令，完成操作。

1.6.4　关闭图形文件

下面将对在 AutoCAD 2019 中关闭图形文件的方法进行介绍。

【执行方式】

● 命令行：CLOSE。

● 菜单栏：选择菜单栏中的"文件"→"关闭"命令。

● 应用程序菜单：选择"应用程序菜单"中的"关闭"→"当前图形"命令。

● 在绘图窗口中单击"关闭"按钮██。

【操作步骤】

如果对当前图形文件执行过操作的话，调用"关闭"命令后会打开"AutoCAD"提示窗口，如图 1-57 所示。

图 1-57 AutoCAD 提示窗口

【选项说明】

在"AutoCAD"提示窗口中单击"是"按钮，AutoCAD 会保存改动后的图形并关闭该图形；单击"否"按钮，将不保存图形并关闭该图形；单击"取消"按钮，将放弃当前操作。

🔍 重点——关闭"大理石拼花"图形文件

素材文件：素材 \CH01\ 大理石拼花 .dwg

结果文件：无

下面将对"大理石拼花"文件进行查看，查看完成后可以将其关闭。

【操作步骤】

（1）打开随书配套资源中的"素材 \CH01\ 大理石拼花 .dwg"文件，如图 1-58 所示。

（2）滚动鼠标滚轮，将"大理石拼花"图形放大查看，如图 1-59 所示。

图 1-58 素材文件

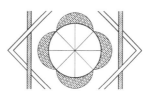

图 1-59 放大查看

（3）在绘图窗口中单击"关闭"按钮 ，在弹出的"AutoCAD"提示窗口中单击"否"按钮，
完成操作。

1.6.5 将文件输出保存为其他格式

AutoCAD 文件除了保存为".dwg"格式外，还可以通过"输出"命令将其保存为其他格式。

【执行方式】

♠ 命令行：EXPORT。

♠ 菜单栏：选择菜单栏中的"文件"→"输出"命令。

♠ 应用程序菜单：选择"应用程序菜单"中的"输出"命令，然后选择一种格式。

【操作步骤】

调用方式不一样，打开的对话框也会略有差别，在这里采用菜单栏方式调用该命令，打开
"输出数据"对话框，如图 1-60 所示。

图 1-60 "输出数据"对话框

【选项说明】

可以使用的输出类型如表 1-4 所示。

表 1-4 输出类型

格式	说明	相关命令
三维 DWF (*.dwf) DWFx (*.dwfx)	Autodesk Web 图形格式	3DDWF
ACIS (*.sat)	ACIS 实体对象文件	ACISOUT
位图 (*.bmp)	与设备无关的位图文件	BMPOUT
块 (*.dwg)	图形文件	WBLOCK
DXX 提取 (*.dxx)	属性提取 DXF ™ 文件	ATTEXT
封装的 PS (*.eps)	封装的 PostScript 文件	PSOUT
IGES (*.iges; *.igs)	IGES 文件	IGESEXPORT
FBX 文件 (*.fbx)	Autodesk® FBX 文件	FBXEXPORT
平版印刷 (*.stl)	实体对象光固化快速成型文件	STLOUT
图元文件 (*.wmf)	Microsoft Windows® 图元文件	WMFOUT
V7 DGN (*.dgn)	MicroStation DGN 文件	DGNEXPORT
V8 DGN (*.dgn)	MicroStation DGN 文件	DGNEXPORT

练一练——将文件输出保存为 PDF 格式

素材文件：素材 \CH01\ 室内平面布置图 .dwg

结果文件：结果 \CH01\ 室内平面布置图 .pdf

下面将"室内平面布置图 .dwg"文件输出保存为 PDF 格式。

【操作步骤】

（1）打开随书配套资源中的"素材 \CH01\ 室内平面布置图 .dwg"文件，如图 1-61 所示。

（2）单击"应用程序菜单"按钮 **A**，在弹出菜单中选择"输出"→"PDF"选项，弹出"另存为 PDF"对话框，如图 1-62 所示。

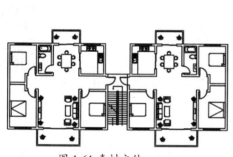

图 1-61 素材文件　　　　　　　图 1-62 "另存为 PDF"对话框

（3）指定当前文件的保存路径及名称，单击"保存"按钮完成操作。

练一练——管理图形文件

素材文件：素材 \CH01\ 摩托车 .dwg

结果文件：结果 \CH01\ 摩托车 .pdf

下面修改"摩托车 .dwg"文件并输出保存为 PDF 格式。

【操作步骤】

（1）打开随书配套资源中的"素材 \CH01\ 摩托车 .dwg"文件，如图 1-63 所示。

（2）选择最外侧的矩形，如图 1-64 所示。

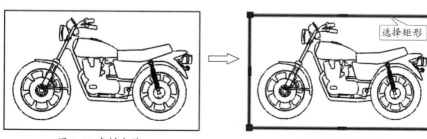

选择矩形

图 1-63 素材文件　　　　　　　图 1-64 选择矩形

（3）按"Del"键将所选矩形删除，如图 1-65 所示。

（4）将其余部分图形输出保存为 PDF 格式，如图 1-66 所示。

图 1-65 删除矩形

图 1-66 输出保存为 PDF 格式

1.7 AutoCAD 2019 的坐标系统

下面对 AutoCAD 2019 的坐标系统及坐标值的几种输入方式进行介绍。

1.7.1 了解坐标系统

在 AutoCAD 2019 中，所有对象都是依据坐标系进行准确定位的，为了满足用户的不同需求，坐标系又分为世界坐标系和用户坐标系。无论是世界坐标系还是用户坐标系，其坐标值的输入方式是相同的，即都可以采用绝对直角坐标、绝对极坐标、相对直角坐标、相对极坐标中的任意一种方式进行坐标值的输入。需要注意，无论是采用世界坐标系还是采用用户坐标系，其坐标值的大小都是依据坐标系的原点进行确定的，坐标系的原点为（0，0），坐标轴的正方向取正值，反方向取负值。

1.7.2 坐标值的几种输入方式

🔍 重点——绝对直角坐标的输入

素材文件：无

结果文件：结果 \CH01\ 绝对直角坐标 .dwg

下面利用绝对直角坐标输入的方式绘制一条直线段，如图 1-68 所示。关于直线命令详见 3.2 节内容。

【操作步骤】

（1）新建一个图形文件，在命令行输入"L"，按"Enter"键调用直线命令，在命令行输入"-600，500"，命令行提示如下：

命令：_line

指定第一个点：–600,500

（2）按"Enter"键确认，如图 1-67 所示。

（3）在命令行输入"1500,–1400"，命令行提示如下：

指定下一点或 [放弃 (U)]: 1500,–1400

（4）按两次"Enter"键结束直线命令，如图 1-68 所示。

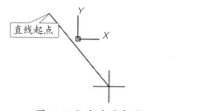
图 1-67 指定直线起点

图 1-68 直线绘制结果

💻 经验传授

绝对直角坐标是从原点出发的位移，其表示方式为（X，Y），其中 X、Y 分别对应坐标轴上的数值。

🔍 重点——相对直角坐标的输入

素材文件：无

结果文件：结果 \CH01\ 相对直角坐标 .dwg

下面利用相对直角坐标输入的方式绘制一条直线段，如图 1-70 所示。

【操作步骤】

（1）新建一个图形文件，在命令行输入"L"按"Enter"键调用直线命令，在绘图区域中任意单击一点作为直线的起点，如图 1-69 所示。

（2）在命令行输入"@1300,1300"，命令行提示如下：

指定下一点或 [放弃 (U)]: @1300,1300

（3）按两次"Enter"键结束直线命令，如图 1-70 所示。

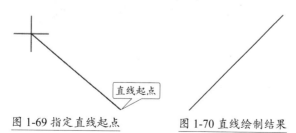

图 1-69 指定直线起点　　　　图 1-70 直线绘制结果

重点——绝对极坐标的输入

素材文件：无

结果文件：结果 \CH01\ 绝对极坐标 .dwg

下面利用绝对极坐标输入的方式绘制一条直线段，如图 1-72 所示。

【操作步骤】

（1）新建一个图形文件，在命令行输入"L"按"Enter"键调用直线命令，在命令行输入"0,0"，命令行提示如下：

> 命令：_line
>
> 指定第一个点：0,0

（2）按"Enter"键确认，如图 1-71 所示。

（3）在命令行输入"2300<120"，其中 2300 确定直线的长度，120 确定直线和 X 轴正方向的夹角角度。命令行提示如下：

> 指定下一点或 [放弃 (U)]: 2300<120

（4）按两次"Enter"键结束直线命令，如图 1-72 所示。

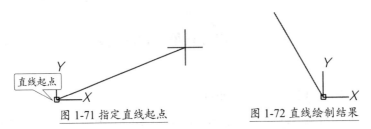

图 1-71 指定直线起点   图 1-72 直线绘制结果

重点——相对极坐标的输入

素材文件：无

结果文件：结果 \CH01\ 相对极坐标 .dwg

下面利用相对极坐标输入的方式绘制一条直线段，如图 1-74 所示。

【操作步骤】

（1）新建一个图形文件，在命令行输入"L"按"Enter"键调用直线命令，在绘图区域中任意单击一点作为直线的起点，如图 1-73 所示。

（2）在命令行输入"@900<45"，命令行提示如下：

> 指定下一点或 [放弃 (U)]: @900<45

（3）按两次"Enter"键结束直线命令，如图 1-74 所示。

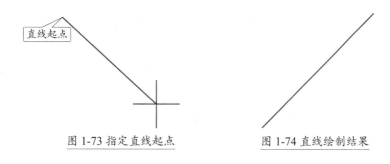

图 1-73 指定直线起点　　　　图 1-74 直线绘制结果

练一练——利用输入坐标值绘制不规则图形

素材文件：无

结果文件：结果 \CH01\ 不规则图形 .dwg

下面利用输入坐标值绘制一个不规则图形。

【操作步骤】

（1）新建一个图形文件，调用直线命令，在命令行输入坐标值，如图 1-75 所示。

（2）结束直线命令后，不规则图形绘制结果如图 1-76 所示。

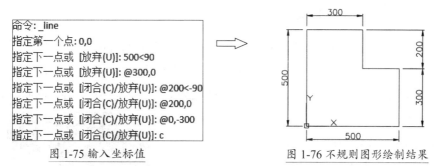

图 1-75 输入坐标值　　　　图 1-76 不规则图形绘制结果

1.8 AutoCAD 2019 新增功能

AutoCAD 2019 增加和改进了许多功能，如 DWG 比较、共享视图增强功能和二维图形增强功能等。

1.8.1 DWG 比较

图形比较功能可以重叠两个图形，并突出显示两者的不同之处，以方便查看并了解两个图形之间的差别及相同之处。

【执行方式】

● 命令行：COMPARE。

● 功能区：单击"协作"选项卡"比较"面板中的"DWG 比较"按钮。

【操作步骤】

执行上述操作后会打开"DWG 比较"对话框，如图 1-77 所示。

【选项说明】

选择需要比较的两个 DWG 图形之后，系统会在两个图形不同之处的四周自动生成修订云线，方便用户导航至高亮显示的变化处。图形一的不同之处以绿色突出显示，图形二的不同之处以红色突出显示，图形一和图形二的共同之处以灰色显示，如图 1-78 所示。

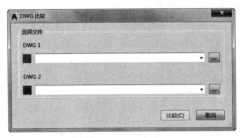

图 1-77 "DWG 比较"对话框

图 1-78 DWG 比较结果

1.8.2 共享视图增强功能

借助"共享视图"功能，订购用户无须共享实际的 DWG 文件即可发布视图并收集来自客户和利益相关方的反馈，订购客户登录后即可访问共享视图。用户可以控制在视图中共享的内容，视图利用后台线程在本地生成，可以大幅提升速度，并可以让用户在等待的同时继续工作。

【执行方式】

● 命令行：SHAREDVIEWS。

● 功能区：单击"协作"选项卡"共享"

面板中的"共享视图"按钮。

【操作步骤】

执行上述操作后会打开"共享的视图"选项板，对于新用户而言，需要创建 Autodesk 账户并进行登录，如图 1-79 所示。

图 1-79 "共享的视图"选项板

1.8.3 二维图形增强功能

二维图形增强功能可以更快速地缩放、平移及更改绘图次序和图层特性。

【执行方式】

● 命令行：GRAPHICSCONFIG。

● 状态栏：右击状态栏中的 按钮。

【操作步骤】

执行上述操作后会打开"图形性能"对话框，如图 1-80 所示。在该对话框中可以轻松配置二维图形的性能。

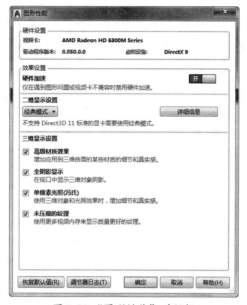

图 1-80 "图形性能"对话框

1.9 实例——编辑挂件图形并将其输出保存为 PDF 文件

下面综合利用 AutoCAD 2019 的打开、保存、输出、关闭等功能对挂件图形进行编辑及输出操作。

（1）打开随书配套资源中的"素材 \CH01\ 挂件 .dwg"文件，如图 1-81 所示。

（2）选择最外侧的椭圆形，如图 1-82 所示。

（3）按"Del"键将所选椭圆形删除，如图 1-83 所示。

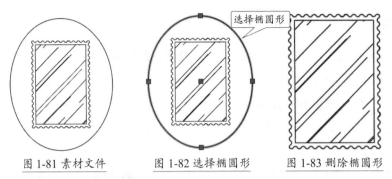

图 1-81 素材文件　　　图 1-82 选择椭圆形　　　图 1-83 删除椭圆形

（4）单击"应用程序菜单"按钮，在弹出的菜单中选择"输出"→"PDF"选项，弹出"另存为 PDF"对话框，如图 1-84 所示。

（5）指定当前文件的保存路径及名称，单击"保存"按钮完成输出操作。

图 1-84　"另存为 PDF"对话框

（6）选择"文件"→"保存"命令，完成保存操作。在绘图窗口中单击"关闭"按钮，关闭该图形文件。

技 巧

1. 巧妙打开备份文件和临时文件

CAD 中备份文件的扩展名为".bak"，将备份文件的扩展名改为".dwg"即可打开备份文件。

CAD 中临时文件的扩展名为".ac$"，找到临时文件将它复制到其他位置，再将扩展名改为".dwg"即可打开该文件。

2. 命令行无法拖动的解决办法

AutoCAD 2019 中的命令行默认情况下是可以拖动的，如图 1-85 所示。选择"窗口"→"锁定位置"→"全部"→"锁定"命令后，命令行将无法拖动，如图 1-86 所示。选择"窗口"→"锁定位置"→"全部"→"解锁"命令后，命令行恢复到正常拖动状态，如图 1-87 所示。

图 1-85 命令行可以拖动

图 1-86 命令行无法拖动

图 1-87 命令行恢复到正常拖动状态

3. 轻松解决启动 AutoCAD 时不显示"开始"选项卡的问题

当 STARTMODE 的值为 0 时,不显示"开始"选项卡,如图 1-88 所示;当 STARTMODE 的值为 1 时,显示"开始"选项卡,如图 1-89 所示。

图 1-88 不显示"开始"选项卡

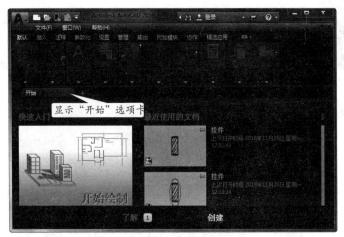

图 1-89 显示"开始"选项卡

4. 选项卡和面板的灵活显示

AutoCAD 2019 的选项卡和面板可以根据自己的习惯控制哪些选项卡和面板显示，哪些不显示。在功能区的空白位置处右击，在弹出的快捷菜单中选择"显示选项卡"选项，在其级联菜单中进行选中或取消选中操作，被选中的选项会显示在选项卡中，没有被选中的选项不会显示在选项卡中，如图 1-90 所示。在功能区的空白位置处右击，在弹出的快捷菜单中选择"显示面板"选项，在其级联菜单中进行选中或取消选中操作，被选中的选项会显示在面板中，没有被选中的选项不会显示在面板中，如图 1-91 所示。

图 1-90 显示选项卡

图 1-91 显示面板

第 2 章

AutoCAD 的基本设置

内容简介

在 AutoCAD 中辅助绘图设置主要包括绘图单位设置、系统选项设置、草图设置和打印设置等，通过这些设置用户可以更加方便地绘制图形。我们在绘图前，要先了解 AutoCAD 的基本设置。

内容要点

- 绘图单位设置
- 系统选项设置
- 草图设置
- 打印设置

案例效果

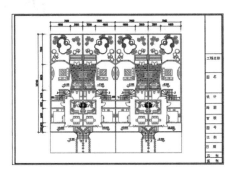
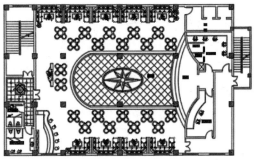

2.1 绘图单位设置

AutoCAD 使用笛卡尔坐标系来确定图形坐标点的位置，两个点之间的距离以绘图单位来度量。所以，在绘图前，首先要确定绘图使用的单位。

用户在绘图时可以将绘图单位视为被绘制对象的实际单位，如毫米（mm）、米（m）和千米（km）等，在国内工程制图中最常用的单位是毫米（mm）。

一般情况下，在 AutoCAD 中采用实际的测量单位来绘制图形，等完成图形绘制后，再按一定的缩放比例来输出图形。

【执行方式】

- 命令行：UNITS/UN。
- 菜单栏：选择菜单栏中的"格式"→"单位"命令。
- 应用程序菜单：选择"应用程序菜单"中的"图形实用工具"→"单位"命令。

【操作步骤】

执行上述操作后会打开"图形单位"对话框，如图 2-1 所示。

图 2-1 "图形单位"对话框

2.2 系统选项设置

系统选项用于对系统进行优化设置，包括显示设置、打开和保存设置、绘图设置、用户系统配置设置、选择集设置和三维建模设置。

【执行方式】

- 命令行：OPTIONS/OP。
- 菜单栏：选择菜单栏中的"工具"→"选项"命令。
- 应用程序菜单：选择"应用程序菜单"中的"选项"命令。

【操作步骤】

执行上述操作后会打开"选项"对话框，如图 2-2 所示。

图 2-2 "选项"对话框

2.2.1 显示设置

用于设置窗口的明暗、背景颜色、字体样式、显示性能及十字光标的大小等。

【执行方式】

● 在"选项"对话框中的"显示"选项卡下可以进行显示设置,如图 2-3 所示。

图 2-3 "显示"选项卡

【选项说明】

"窗口元素"选项区域中各选项的含义如下。

配色方案:用于设置窗口(如状态栏、标题栏、功能区和应用程序菜单边框)的明亮程度,在"显示"选项卡下单击"配色方案"下拉按钮,在下拉列表框中可以设置配色方案为"明"或"暗"。

在图形窗口中显示滚动条:选中该复选框,将在绘图区域的底部和右侧显示滚动条,如图 2-4 所示。

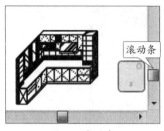

图 2-4 滚动条

在工具栏中使用大按钮：该功能在 AutoCAD 经典工作环境下有效，默认情况下的按钮是以 16 像素 ×16 像素显示的，选中该复选框后将以 32 像素 ×32 像素的格式显示按钮。

将功能区图标调整为标准大小：当功能区图标不符合标准图标的大小时，将功能区小图标缩放为 16 像素 ×16 像素，将功能区大图标缩放为 32 像素 ×32 像素。

显示工具提示：选中该复选框后将鼠标指针移动到功能区、菜单栏、功能面板和其他用户界面上，将出现提示信息，如图 2-5 所示。

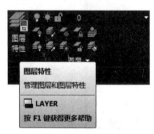

图 2-5 提示信息

显示前的秒数：设置工具提示的初始延迟时间。

在工具提示中显示快捷键：在工具提示中显示快捷键（Alt + 按键）及（Ctrl + 按键）。

显示扩展的工具提示：控制扩展工具提示的显示。

延迟的秒数：设置显示基本工具提示与显示扩展工具提示之间的延迟秒数。

显示鼠标悬停工具提示：控制当光标悬停在对象上时鼠标悬停工具提示的显示，如图 2-6 所示。

图 2-6 鼠标悬停工具提示

显示文件选项卡：显示位于绘图区域顶部的"文件"选项卡。取消选中该复选框后，将隐藏"文件"选项卡，选中该复选框的效果如图 2-7 所示，取消选中该复选框的效果如图 2-8 所示。

图 2-7 选中"显示文件选项卡"的效果

图 2-8 取消选中"显示文件选项卡"的效果

颜色：单击该按钮，弹出"图形窗口颜色"
对话框，在该对话框中可以设置窗口的背景
颜色、光标颜色、栅格颜色等，如图 2-9 所示，
将二维模型空间的统一背景色设置为白色。

图 2-9 设置二维模型空间统一背景为白色

字体：单击该按钮，弹出"命令行窗口
字体"对话框，此对话框可以指定命令行窗
口文字字体，如图 2-10 所示。

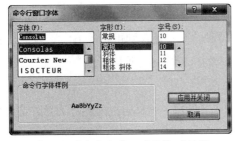

图 2-10 "命令行窗口字体"对话框

2.2.2 打开和保存设置

用于设置文件保存格式及间隔时间等。

【执行方式】

● 在"选项"对话框中的"打开和保存"选项卡下可以进行打开和保存设置，如图 2-13 所示。

"十字光标大小"选项区域的设置如下。

在"十字光标大小"选项区域中可以对
十字光标大小进行设置，图 2-11 所示的是"十
字光标"为 5% 的效果，图 2-12 所示的是"十
字光标"为 30% 的效果。

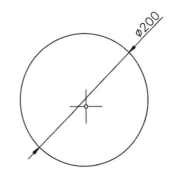

图 2-11 "十字光标"为 5% 的效果

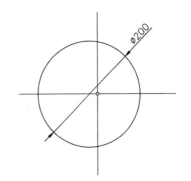

图 2-12 "十字光标"为 30% 的效果

图 2-13 "打开和保存"选项卡

【选项说明】

"文件保存"选项区域中主要选项的含义如下。

另存为：该选项可以设置文件保存的格式和版本。这里的另存为格式一旦设定将被作为默认保存格式一直沿用下去，直到下次修改为止。

缩略图预览设置：单击该按钮，弹出"缩略图预览设置"对话框，此对话框控制保存图形时是否更新缩略图预览。

增量保存百分比：设置图形文件中潜在浪费空间的百分比。完全保存将消除浪费的空间。增量保存较快，但会增加图形的大小。如果将"增量保存百分比"设置为 0，则每次保存都是完全保存。要优化性能，可将此值设置为 50。如果硬盘空间不足，则可将此值设置为 25。如果将此值设置为 20 或更小，则 SAVE 和 SAVEAS 命令的执行速度将明显变慢。

"文件安全措施"选项区域中主要选项的含义如下。

自动保存：选中该复选框可以设置保存文件的间隔分钟数，这样可以避免因为意外造成数据丢失。

每次保存时均创建备份副本：提高增量保存的速度，特别是对于大型图形。当保存的源文件出现错误时，可以通过备份文件来恢复。

数字签名：保存图形时将提供用于附着数字签名的选项，要添加数字签名，首先需要到 Autodesk 官方网站获取数字签名 ID。

2.2.3 绘图设置

可以设置绘制二维图形时的相关设置，包括自动捕捉设置、自动捕捉标记大小、对象捕捉选项及靶框大小等。

【执行方式】

● 在"选项"对话框中的"绘图"选项卡下可以进行绘图设置，如图 2-14 所示。

图 2-14 "绘图"选项卡

【选项说明】

"自动捕捉设置"选项区域中可以控制自动捕捉标记、工具提示和磁吸的显示。

选中"磁吸"复选框，绘图时当光标靠近对象时，按"Tab"键可以切换对象所有可用的捕捉点，即使不靠近该点，也可以捕捉该点使之成为一个端点，如图 2-15 所示。

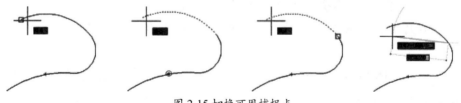

图 2-15 切换可用捕捉点

"对象捕捉选项"选项区域中，"忽略图案填充对象"可以在捕捉对象时忽略填充的图案，这样就不会捕捉到填充图案中的点，如图 2-16 所示。

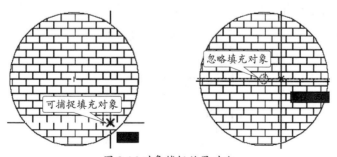

图 2-16 对象捕捉效果对比

2.2.4 用户系统配置

可以设置是否采用 Windows 标准操作、插入比例、坐标数据输入的优先级、关联标注、块编辑器设置、线宽设置、默认比例列表等。

【执行方式】

● 在"选项"对话框中的"用户系统配置"选项卡下可以进行用户系统设置，如图 2-17 所示。

图 2-17 "用户系统配置"选项卡

【选项说明】

"Windows 标准操作"选项区域中各选项的含义如下。

双击进行编辑：选中该复选框后直接双击图形就会弹出相应的图形编辑对话框，可以对图形进行编辑操作。=

绘图区域中使用快捷菜单：选中该复选框后在绘图区域右击会弹出相应的快捷菜单。如果取消选中该复选框，则下面的"自定义右键单击"按钮将不可用，CAD 直接默认右击相当于重复上一次命令。

自定义右键单击：该按钮控制在绘图区域中右击是显示快捷菜单还是与按"Enter"键的效果相同，单击"自定义右键单击"按钮，弹出"自定义右键单击"对话框，如图 2-18 所示。

图 2-18 "自定义右键单击"对话框

"关联标注"选项区域中，选中"使新标注可关联"复选框后，当图形发生变化时，标注尺寸也随着图形的变化而变化。当取消选中该复选框后，再进行标注的尺寸，当图形修改后尺寸不再随着图形变化。

练一练——关联标注和非关联标注的比较

素材文件：素材 \CH02\ 关联标注 .dwg

结果文件：结果 \CH02\ 关联标注 .dwg

利用多边形尺寸标注对关联标注和非关联标注进行比较。

【操作步骤】

（1）打开随书配套资源中的"素材 \CH02\ 关联标注 .dwg"文件，如图 2-19 所示。

（2）选择"标注"→"对齐"命令，为左边的多边形添加对齐标注，如图 2-20 所示。

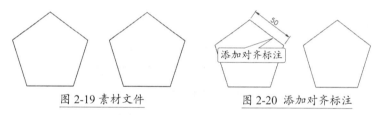

图 2-19 素材文件　　　　　图 2-20 添加对齐标注

> **Tips**
>
> 关于尺寸标注详见 9.3 节内容。

（3）选择刚标注的多边形，用鼠标按住夹点并拖动，在合适的位置放开鼠标，按"Esc"键退出夹点编辑，尺寸标注发生了变化，如图 2-21 所示。

（4）选择"工具"→"选项"命令，在弹出的"选项"对话框中选择"用户系统配置"选项卡，取消选中"关联标注"选项区域中的"使新标注可关联"复选框，如图 2-22 所示。

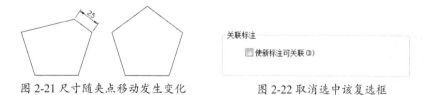

图 2-21 尺寸随夹点移动发生变化　　　　图 2-22 取消选中该复选框

> **Tips**
>
> 关于选取对象详见 4.1 节内容。
>
> 关于使用夹点编辑对象详见 5.6 节内容。

（5）重复步骤（2）对右侧的多边形进行标注，如图 2-23 所示。

（6）重复步骤（3）对右侧的多边形使用夹点进行编辑，结果标注尺寸没有随多边形的变化而变化，如图 2-24 所示。

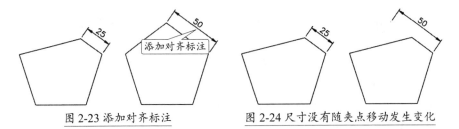

图 2-23 添加对齐标注　　　　　　图 2-24 尺寸没有随夹点移动发生变化

2.2.5 选择集设置

选择集设置主要包含选择模式的设置和夹点的设置。

【执行方式】

♦ 在"选项"对话框中的"选择集"选项卡下可以进行选择集设置，如图 2-25 所示。

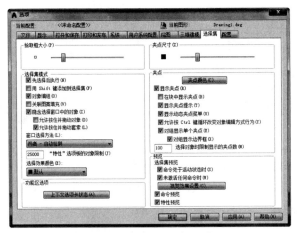

图 2-25 "选择集"选项卡

【选项说明】

"选择集模式"选项区域中各选项的含义如下。

先选择后执行：选中该复选框后，允许先选择对象（这时选择的对象有夹点），然后再调用命令。如果取消选中该复选框，则只能先调用命令，然后再选择对象（这时选择的对象没有夹点，一般会以虚线或加亮显示）。

用"Shift"键添加到选择集：选中该复选框后只有按住"Shift"键才能进行多项选择。

对象编组：该复选框是针对编组对象的，选中了该复选框，只要选择编组对象中的任意一个，则整个对象都会被选中。利用 GROUP 命令可以创建编组。

隐含选择窗口中的对象：在对象外选择了一点时，初始化选择对象中的图形。

窗口选择方法：窗口选择方法有 3 个选项，即两次单击、按住并拖动和两者 - 自动检测，默认选项为"两者 - 自动检测"。

"夹点"选项区域中各选项的含义如下。

夹点颜色：单击该按钮，弹出"夹点颜色"对话框，在该对话框中可以更改夹点显示的颜色，如图 2-26 所示。

图 2-26 "夹点颜色"对话框

显示夹点：选中该复选框后在没有任何命令执行的时候选择对象，将在对象上显示夹点，否则将不显示夹点。

在块中显示夹点：该复选框控制在没有命令执行时选择图块是否显示夹点，选中该复选框则显示，否则不显示。

显示夹点提示：当光标悬停在支持夹点提示自定义对象的夹点上时，显示夹点的特定提示。

显示动态夹点菜单：控制将光标悬停在多功能夹点上时显示动态菜单，如图 2-27 所示。

图 2-27 动态菜单显示

允许按"Ctrl"键循环改变对象编辑方式行为：允许多功能夹点按"Ctrl"键循环改变对象的编辑方式。如图 2-27 所示，选中该夹点，按"Ctrl"键，可以在"拉伸拟合点""添加拟合点"和"删除拟合点"选项之间循环选择执行方式。

2.2.6 三维建模设置

主要用于设置三维绘图时的操作习惯和显示效果，其中较为常用的有视口控件的显示、曲面的素线显示和鼠标滚轮缩放方向。

【执行方式】

♦ 在"选项"对话框中的"三维建模"选项卡下可以进行三维建模设置，如图 2-28 所示。

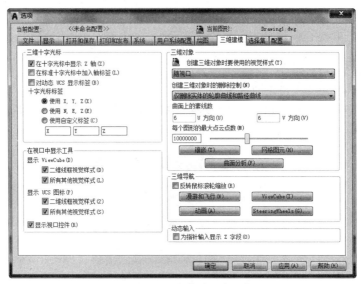

图 2-28 "三维建模"选项卡

【选项说明】

显示视口控件：可以控制视口控件是否在绘图窗口显示，当选中该复选框时显示视口控件，取消选中该复选框则不显示视口控件，图 2-29 所示为显示视口控件的绘图界面，图 2-30 所示为不显示视口控件的绘图界面。

图 2-29 显示视口控件

图 2-30 不显示视口控件

曲面上的素线数：主要是控制曲面的 U 方向和 V 方向的线数，图 2-31（a）所示的平面曲面 U 方向和 V 方向线数都为 6，图 2-31（b）所示的平面曲面 U 方向的线数为 3，V 方向的线数为 4。

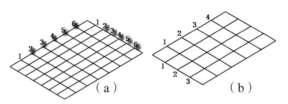

图 2-31 曲面上的素线数

反转鼠标滚轮缩放：CAD 默认向上滚动鼠标滚轮放大图形，向下滚动鼠标滚轮缩小图形，这可能和一些其他三维软件中的设置相反，对于习惯向上滚动鼠标滚轮缩小图形，向下滚动鼠标滚轮放大图形的用户，可以选中"反转鼠标滚轮缩放"复选框，改变默认设置即可。

🔍 重点——设置绘图环境

素材文件：无

结果文件：无

利用"选项"对话框设置绘图环境。

【操作步骤】

（1）新建一个 AutoCAD 文件，选择"工具"→"选项"命令，弹出"选项"对话框，选择"显示"选项卡，将"窗口元素"选项区域中的"配色方案"设置为"明"，如图 2-32 所示。

（2）单击"窗口元素"选项区域中的"颜色"按钮，弹出"图形窗口颜色"对话框，将"二维模型空间"→"统一背景"设置为"白色"，单击"应用并关闭"按钮，如图 2-33 所示。

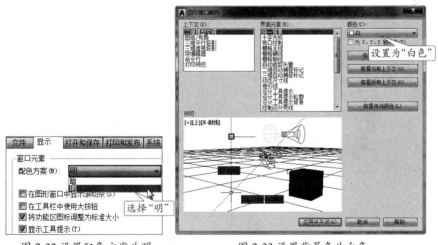

图 2-32 设置配色方案为明　　图 2-33 设置背景色为白色

（3）将"十字光标大小"设置为"100"，如图 2-34 所示。

（4）选择"打开和保存"选项卡，将"文件安全措施"选项区域中的"保存间隔分钟数"设置为"5"，如图 2-35 所示。

（5）选择"用户系统配置"选项卡，单击"Windows 标准操作"选项区域中的"自定义右键单击"
按钮，弹出"自定义右键单击"对话框，在"命令模式"选项区域中选中"确认"单选按钮，
单击"应用并关闭"按钮，如图 2-36 所示。

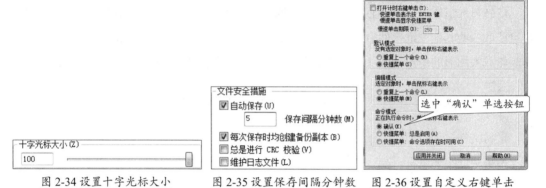

图 2-34 设置十字光标大小　　图 2-35 设置保存间隔分钟数　　图 2-36 设置自定义右键单击

（6）在"选项"对话框中单击"确定"按钮，结果如图 2-37 所示。

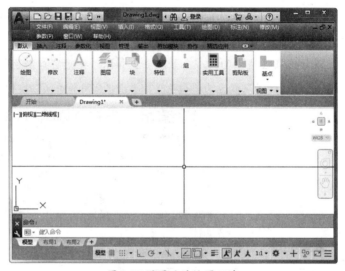

图 2-37 设置后的绘图环境

2.3 草图设置

在 AutoCAD 中绘制图形时，可以使用系统提供的极轴追踪、对象捕捉和正交等功能进行
精确定位，使用户在不知道坐标值的情况下也可以精确绘制图形。

【执行方式】

● 命令行：DSETTINGS/DS/SE/OS。

● 菜单栏：选择菜单栏中的"工具"→
  "绘图设置"命令。

【操作步骤】

执行上述操作后会打开"草图设置"对
话框，如图 2-38 所示。

图 2-38 "草图设置"对话框

2.3.1 捕捉和栅格设置

主要用于设置捕捉间距、捕捉类型、栅格样式和栅格间距，并控制是否启用间距捕捉和栅格模式。

【执行方式】

● 在"草图设置"对话框中的"捕捉和栅格"选项卡下可以进行捕捉和栅格设置，如图
  2-39 所示。

图 2-39 "捕捉和栅格"选项卡

【选项说明】

"启用捕捉"栏中各选项的含义如下。

启用捕捉：打开或关闭捕捉模式。也可以通过单击状态栏上的"捕捉"按钮或按"F9"键，来打开或关闭捕捉模式。

捕捉间距：控制捕捉位置的不可见矩形栅格，以限制光标仅在指定的 X 轴和 Y 轴间距内移动。

捕捉 X 轴间距：指定 X 方向的捕捉间距。间距值必须为正实数。

捕捉 Y 轴间距：指定 Y 方向的捕捉间距。间距值必须为正实数。

X 轴间距和 Y 轴间距相等：为捕捉间距和栅格间距强制使用同一 X 和 Y 间距值。捕捉间距可以与栅格间距不同。

极轴间距：控制极轴捕捉增量距离。

极轴距离：选中"捕捉类型"下的"PolarSnap"单选按钮时，设置捕捉增量距离。如果该值为 0，则 PolarSnap 距离采用"捕捉 X 轴间距"的值。"极轴距离"设置与极坐标追踪和（或）对象捕捉追踪结合使用。如果两个追踪功能都未启用，则"极轴距离"设置无效。

栅格捕捉：设定栅格捕捉类型。如果指定点，光标将沿垂直或水平栅格点进行捕捉。

矩形捕捉：将捕捉样式设置为标准"矩形"捕捉模式。当捕捉类型设置为"栅格"并且打开捕捉模式时，光标将捕捉矩形捕捉栅格。

等轴测捕捉：将捕捉样式设置为"等轴测"捕捉模式。当捕捉类型设置为"栅格"并且打开捕捉模式时，光标将捕捉等轴测捕捉栅格。

PolarSnap：将捕捉类型设置为"PolarSnap"。如果启用了捕捉模式并在极轴追踪打开的情况下指定点，光标将沿在"极轴追踪"选项卡上相对于极轴追踪起点设置的极轴对齐角度进行捕捉。

"启用栅格"栏中各选项的含义如下。

启用栅格：打开或关闭栅格模式。也可以通过单击状态栏上的"栅格"按钮或按"F7"键，或使用 GRIDMODE 系统变量，来打开或关闭栅格模式。

二维模型空间：将二维模型空间的栅格样式设定为点栅格。

块编辑器：将块编辑器的栅格样式设定为点栅格。

图纸 / 布局：将图纸和布局的栅格样式设定为点栅格。

栅格间距：控制栅格的显示，有助于形象化显示距离。

栅格 X 轴间距：指定 X 轴方向上的栅格间距。如果该值为 0，则栅格采用"捕捉 X 轴间距"的值。

栅格 Y 轴间距：指定 Y 轴方向上的栅格间距。如果该值为 0，则栅格采用"捕捉 Y 轴间距"的值。

每条主线之间的栅格数：指定主栅格线相对于次栅格线的频率。VSCURRENT 设置为除二维线框之外的任何视觉样式时，将显示栅格线而不是栅格点。

栅格行为：控制当 VSCURRENT 设置为除二维线框之外的任何视觉样式时，所显示栅格线的外观。

自适应栅格：缩小时，限制栅格密度。允许以小于栅格间距的间距再拆分。放大时，生成更多间距更小的栅格线。主栅格线的频率确定这些栅格线的频率。

允许以小于栅格间距的间距再拆分：放大时，生成更多间距更小的栅格线。主栅格线的频率确定这些栅格线的频率。

显示超出界线的栅格：显示超出 LIMITS 命令指定区域的栅格。

遵循动态 UCS：更改栅格平面以跟随动态 UCS 的 *XY* 平面。

2.3.2　极轴追踪设置

主要用于设置极轴追踪的角度并控制是否启用极轴追踪。

【执行方式】

● 在"草图设置"对话框中的"极轴追踪"选项卡下可以进行极轴追踪设置，如图 2-40 所示。

图 2-40　"极轴追踪"选项卡

【选项说明】

"极轴追踪"选项卡中各选项的含义如下。

启用极轴追踪：只有选中该复选框，下面的设置才起作用。

增量角：用于设置极轴追踪对齐路径的极轴角度增量，可以直接输入角度值，也可以从中选择 90°、45°、30° 或 22.5° 等常用角度。当启用极轴追踪功能之后，系统将自动追踪该角度整数倍的方向。

附加角：选中此复选框，然后单击"新建"按钮，可以在左侧窗口中设置增量角之外的附加角度。附加的角度系统只追踪该角度，不追踪该角度的整数倍的角度。

极轴角测量：用于选择极轴追踪对齐角度的测量基准，若选中"绝对"单选按钮，则将以当前用户坐标系（UCS）的 *X* 轴正向为基准确定极轴追踪的角度；若选中"相对上一段"单选按钮，则将根据上一次绘制线段的方向为基准确定极轴追踪的角度。

2.3.3　对象捕捉设置

在绘图过程中，经常要指定一些已有对象上的点，如端点、圆心和两个对象的交点等。对象捕捉功能可以迅速、准确地捕捉到某些特殊点，从而精确地绘制图形。

【执行方式】

● 在"草图设置"对话框中的"对象捕捉"选项卡下可以进行对象捕捉设置，如图 2-41 所示。

图 2-41 "对象捕捉"选项卡

【选项说明】

"对象捕捉"选项卡中各选项的含义如下。

端点：捕捉到圆弧、椭圆弧、直线、多线、多段线线段、样条曲线等的最近点。

中点：捕捉到圆弧、椭圆、椭圆弧、直线、多线、多段线线段、面域、实体、样条曲线或参照线的中点。

圆心：捕捉到圆心。

几何中心点：捕捉到多段线、二维多段线和二维样条曲线的几何中心点。

节点：捕捉到点对象、标注定义点或标注文字起点。

象限点：捕捉到圆弧、圆、椭圆或椭圆弧的象限点。

交点：捕捉到圆弧、圆、椭圆、椭圆弧、直线、多线、多段线、射线、面域、样条曲线或参照线的交点。

延长线：当光标经过对象的端点时，显示临时延长线或圆弧，以便用户在延长线或圆弧上指定点。

插入点：捕捉到属性、块、形或文字的插入点。

垂足：捕捉圆弧、圆、椭圆、椭圆弧、直线、多线、多段线、射线、面域、实体、样条曲线或参照线的垂足。

切点：捕捉到圆弧、圆、椭圆、椭圆弧或样条曲线的切点。

最近点：捕捉到圆弧、圆、椭圆、椭圆弧、直线、多线、点、多段线、射线、样条曲线或参照线的最近点。

外观交点：捕捉到不在同一平面但是可能看起来在当前视图中相交的两个对象的外观交点。

平行线：将直线段、多段线线段、射线或构造线限制为与其他线性对象平行。

🔍 重点——绘制五角星图形

素材文件：素材 \CH02\ 五角星 .dwg

结果文件：结果 \CH02\ 五角星 .dwg

利用直线、删除及对象捕捉功能绘制五角星图形，如图 2-45 所示。关于直线命令详见 3.2 节内容，关于删除命令详见 4.5 节内容。

【操作步骤】

（1）打开随书配套资源中的"素材 \CH02\ 五角星 .dwg"文件，如图 2-42 所示。

（2）选择"工具"→"绘图设置"命令，弹出"草图设置"对话框，进行相关设置，如图 2-43 所示。

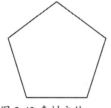

图 2-42 素材文件

图 2-43 对象捕捉设置

（3）选择"绘图"→"直线"命令，以点 1 作为直线起点，分别以点 2、点 3、点 4、点 5 作为直线下一点，在命令行输入"C"，按"Enter"键结束直线命令，如图 2-44 所示。

（4）选择外侧的多边形，按"Del"键将其删除，如图 2-45 所示。

图 2-44 绘制五角星

图 2-45 删除多边形

2.3.4　三维对象捕捉设置

使用三维对象捕捉功能可以控制三维对象的捕捉点设置。选择多个选项后，将应用选定的捕捉模式，以返回距离靶框中心最近的点。

【执行方式】

● 在"草图设置"对话框中的"三维对象捕捉"选项卡下可以进行三维对象捕捉设置，

如图 2-46 所示。

图 2-46 "三维对象捕捉"选项卡

【选项说明】

"三维对象捕捉"选项卡中各选项的含义如下。

顶点：捕捉到三维对象的最近顶点。

边中心：捕捉到面边的中心。

面中心：捕捉到面的中心。

节点：捕捉到样条曲线上的节点。

垂足：捕捉到垂直于面的点。

最靠近面：捕捉到最靠近三维对象面的点。

节点：捕捉到点云中最近的点。

交点：捕捉到界面线矢量的交点。

边：捕捉到两个平面的相交线最近的点。

角点：捕捉到三条线段的交点。

最靠近平面：捕捉到点云的平面线段上最近的点。

垂直于平面：捕捉到与点云的平面线段垂直的点。

垂直于边：捕捉到与两个平面的相交线垂直的点。

中心线：捕捉到推断圆柱体中心线的最近点。

"全部选择"按钮：打开所有三维对象捕捉模式。

"全部清除"按钮：关闭所有三维对象捕捉模式。

练一练——简单装配机械模型

素材文件：素材 \CH02\ 机械模型 .dwg

结果文件：结果 \CH02\ 机械模型 .dwg

利用移动及三维对象捕捉功能装配机械模型，如图 2-51 所示。关于移动命令详见 4.3.1 节内容。

【操作步骤】

（1）打开随书配套资源中的"素材 \CH02\ 机械模型 .dwg"文件，如图 2-47 所示。

（2）选择"工具"→"绘图设置"命令，弹出"草图设置"对话框，进行相关设置，如图 2-48 所示。

图 2-47 素材文件　　　　　　　图 2-48 三维对象捕捉设置

（3）选择"修改"→"移动"命令，将下箱体作为需要移动的对象，捕捉如图 2-49 所示的三维中心点作为移动基点。

（4）选择"视图"→"动态观察"→"受约束的动态观察"命令，调整视图观察方向，按"Esc"键退出动态观察，选择如图 2-50 所示的三维中心点作为移动位移第二点。

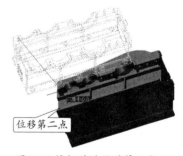

图 2-49 捕捉移动基点　　　　　　图 2-50 捕捉移动位移第二点

（5）选择"视图"→"三维视图"→"西南等轴测"命令，调整视图观察方向，如图 2-51 所示。

图 2-51 三维移动结果

2.3.5 选择循环设置

选择循环对于重合的对象或非常接近的对象难以准确选择其中之一时尤为有用。

【执行方式】

● 在"草图设置"对话框中的"选择循环"选项卡下可以进行选择循环设置，如图2-52所示。

图 2-52 "选择循环"选项卡

【选项说明】

显示标题栏：若要节省屏幕空间，则可以关闭标题栏。

练一练——删除多余圆弧及直线

素材文件：素材 \CH02\ 删除多余对象 .dwg

结果文件：结果 \CH02\ 删除多余对象 .dwg

利用选择循环功能选择多余圆弧及直线并删除。关于删除命令详见 4.5.2 节内容。

【操作步骤】

（1）打开随书配套资源中的"素材 \CH02\删除多余对象 .dwg"文件，如图 2-53 所示。

（2）选择"工具"→"绘图设置"命令，弹出"草图设置"对话框，进行相关设置，如图 2-54
所示。

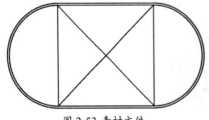

图 2-53 素材文件

图 2-54 选择循环设置

（3）在绘图区域中选择圆弧，在弹出的"选择集"对话框中选择外侧圆弧，如图 2-55 所示。

（4）按"Del"键将所选圆弧删除，如图 2-56 所示。

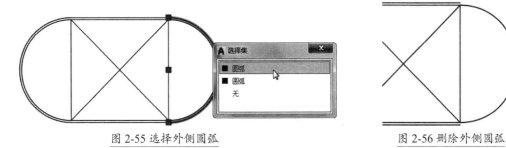

图 2-55 选择外侧圆弧   图 2-56 删除外侧圆弧

（5）重复步骤（3）~（4）的操作，删除外侧的另外一段圆弧和两条直线段，如图 2-57 所示。

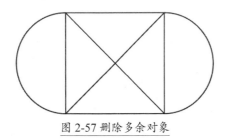

图 2-57 删除多余对象

2.3.6 动态输入设置

打开动态输入功能，在输入文字时就能看到光标附近的动态输入提示框。动态输入适用于输入命令、对提示进行响应以及输入坐标值。

【执行方式】

◆ 在"草图设置"对话框中的"动态输入"选项卡下可以进行动态输入设置，如图 2-58 所示。

图 2-58 "动态输入"选项卡

【选项说明】

默认的动态输入设置能确保把工具栏提示中的输入解释为相对极轴坐标。但是，有时需要为单个坐标改变动态输入设置。在输入时可以在 X 坐标前加上一个符号来改变动态输入设置。AutoCAD 提供了 3 种方法来改变动态输入设置。

绝对坐标：输入"#"，可以将默认的相对坐标改变为输入绝对坐标。例如，输入"#10,10"，那么所指定的就是绝对坐标点（10,10）。

相对坐标：输入"@"，可以将事先设置的绝对坐标改变为相对坐标。例如，输入"@4,5"。

世界坐标：如果在创建一个自定义坐标系之后又想输入一个世界坐标系的坐标值，则可以在 X 轴坐标值之前加一个"*"。

2.3.7 快捷特性设置

用于显示"快捷特性"选项板的设置。

【执行方式】

♦ 在"草图设置"对话框中的"快捷特性"选项卡下可以进行快捷特性设置，如图 2-59 所示。

图 2-59 "快捷特性"选项卡

【选项说明】

选择时显示快捷特性选项板：在选择对象时显示"快捷特性"选项板，具体取决于对象类型。勾选"草图设置"对话框中"选择时显示快捷特性选项板"复选框后选择对象，即可此时显示快捷特性选项板，如图 2-60 所示。

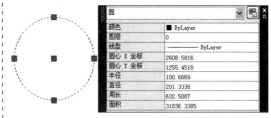

图 2-60 "快捷特性"选项板

2.4 打印设置

用户在使用 AutoCAD 创建图形以后，通常要将其打印到图纸上。打印的图形可以是包含图形的单一视图，也可以是更为复杂的视图排列。应根据不同的需要来设置选项，以决定打印的内容和图形在图纸上的布置。

【执行方式】

● 命令行：PRINT/PLOT。

● 菜单栏：选择菜单栏中的"文件"→"打印"命令。

● 功能区：单击"输出"选项卡"打印"面板中的"打印"按钮。

● 应用程序菜单：选择"应用程序菜单"中的"打印"→"打印"命令。

● 快速访问工具栏：单击快速访问工具栏中的"打印"按钮。

● 组合键：Ctrl+P。

【操作步骤】

执行上述操作后会打开"打印 - 模型"对话框，如图 2-61 所示。

图 2-61 "打印 - 模型"对话框

2.4.1 选择打印机

用于选择已安装的打印机。

【执行方式】

● 在"打印 - 模型"对话框中"打印机 / 绘图仪"选项区域的"名称"下拉列表中可以选择已安装的打印机，如图 2-62 所示。

图 2-62 选择已安装的打印机

2.4.2 设置图纸尺寸和打印比例

用于选择适当的纸张尺寸和打印比例。

【执行方式】

- 在"打印 - 模型"对话框的"图纸尺寸"下拉列表中可以选择适合打印机所使用的纸张尺寸，如图 2-63 所示。

- 在"打印 - 模型"对话框中"打印比例"选项区域的"比例"下拉列表中可以设置图形输出比例，如图 2-64 所示。假如选中"布满图纸"复选框，则可以将图形布满图纸打印。

图 2-63 图纸尺寸选择

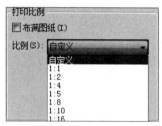

图 2-64 打印比例设置

2.4.3 打印区域

用于指定图形的打印输出部分。

【执行方式】

- 在"打印 - 模型"对话框的"打印范围"下拉列表中可以选择打印区域，如图 2-65 所示。

图 2-65 打印区域设置

【选项说明】

窗口打印：最常用的打印范围类型为"窗口"，选择"窗口"类型打印时系统会提示指定打印区域的两个对角点，如图 2-66 所示。

居中打印：在"打印偏移"选项区域中选中"居中打印"复选框，可以将图形居中打印，如图 2-67 所示。

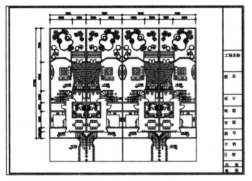

图 2-66 指定打印区域

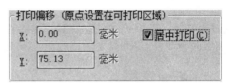

图 2-67 居中打印

2.4.4　更改图形方向

用于指定图形的输出方向。

【执行方式】

● 在"打印 - 模型"对话框的"图形方向"选项区域中可以选择图形方向，如图 2-68 所示。

图 2-68 图形方向

2.4.5　切换打印样式表

用于指定打印样式并且可以对其进行编辑操作。

【执行方式】

● 在"打印 - 模型"对话框的"打印样式表（画笔指定）"选项区域中可以选择需要的打印样式，如图 2-69 所示。

【操作步骤】

执行上述操作后会打开"问题"对话框，如图 2-70 所示。

【选项说明】

选择打印样式表后，其文本框右侧的"编辑"按钮由原来的不可用状态变为可用状态，单击此按钮，打开"打印样式表编辑器"对话框，在该对话框中可以编辑打印样式，如图 2-71 所示。

图 2-69 打印样式表

图 2-70 "问题"对话框

图 2-71 "打印样式表编辑器"对话框

经验传授

如果使用黑白打印机,则选择"monochrome.ctb",选择之后不需要任何改动。因为 AutoCAD
默认该打印样式下所有对象的颜色均为黑色。

2.4.6 打印预览

同其他软件的打印操作一样,AutoCAD 在打印之前可以先进行预览。

【执行方式】

● 在"打印 - 模型"对话框中单击"预览"按钮可以对打印效果进行预览。

【操作步骤】

执行上述操作后会弹出打印预览界面,如图 2-72 所示。

图 2-72 打印预览界面

【选项说明】

如果预览后没问题,单击"打印"按钮🖶即可打印,如果对打印设置不满意,则单击"关
闭预览"按钮⊗回到"打印 - 模型"对话框重新设置。

📺 **教你一招**

按住鼠标中键，可以拖动预览图形，上下滚动鼠标中键，可以放大缩小预览图形。

🔍 重点——打印建筑平面布置图

素材文件：素材 \CH02\ 建筑平面布置图 .dwg

结果文件：无

利用"打印"命令打印建筑平面布置图。

【操作步骤】

（1）打开随书配套资源中的"素材 \CH02\ 建筑平面布置图 .dwg"文件，如图 2-73 所示。

（2）选择"文件"→"打印"命令，在弹出的"打印 - 模型"对话框中选择一个适当的打印机，如图 2-74 所示。

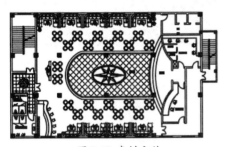

图 2-73 素材文件

图 2-74 选择打印机

（3）"打印范围"选择"窗口"，在绘图区域中指定打印区域，如图 2-75 所示。

（4）返回"打印 - 模型"对话框，在"打印偏移"选项区域中选中"居中打印"复选框，在"打印比例"选项区域中选中"布满图纸"复选框，"图形方向"选择"横向"，单击"预览"按钮，如图 2-76 所示。

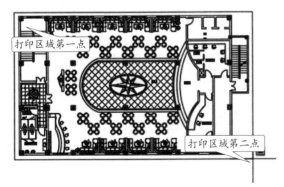

图 2-75 指定打印区域

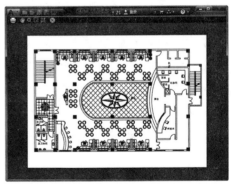

图 2-76 打印预览

（5）右击，在弹出的快捷菜单中选择"打印"选项完成操作。

2.5 实例——创建样板文件

用户可以根据绘图习惯进行绘图环境的设置，将完成设置的文件保存为".dwt"（样板文件的格式）文件即可创建样板文件。

（1）新建一个 AutoCAD 文件，选择"工具"→"选项"命令，在弹出的"选项"对话框中选择"显示"选项卡，单击"颜色"按钮，在弹出的"图形窗口颜色"对话框中将二维模型空间的统一背景改为白色，如图 2-77 所示。

（2）单击"应用并关闭"按钮，返回"选项"对话框，单击"确定"按钮，回到绘图界面后，按"F7"键将栅格关闭，如图 2-78 所示。

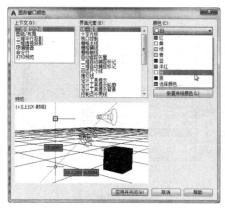

图 2-77 设置背景颜色

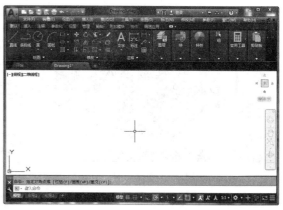

图 2-78 关闭栅格

（3）选择"工具"→"绘图设置"命令，在弹出的"草图设置"对话框中进行相关设置，如图 2-79 所示。

图 2-79 "草图设置"对话框

（4）单击"确定"按钮，返回绘图界面后选
　　择"文件"→"打印"命令，在弹出的
　　"打印 - 模型"对话框中进行相关设置，
　　如图 2-80 所示。

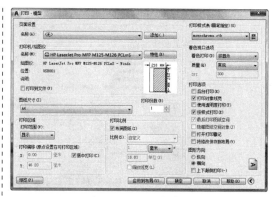

图 2-80 设置打印参数

（5）单击"应用到布局"按钮，然后单击"确定"按钮，关闭"打印 - 模型"对话框。选择"文
　　件"→"保存"命令，在弹出的"图形另存为"对话框中选择文件类型为"AutoCAD 图
　　形样板（*.dwt）"，然后输入样板的名称，单击"保存"按钮即可创建一个样板文件。
　　如图 2-81 所示。

（6）在弹出的"样板选项"对话框中设置测量单位，单击"确定"按钮，如图 2-82 所示。

图 2-81 指定文件类型和名称

图 2-82 设置测量单位

（7）创建完成后，再次启动 AutoCAD，单击"新建"按钮，在弹出的"选择样板"对话框
　　中选择刚才创建的样板文件新建 AutoCAD 文件即可。

⚙ 技 巧

1.AutoCAD 版本与对应的保存格式

AutoCAD 有多种保存格式，在保存文件时单击文件类型的下拉列表即可看到各种保存格
式，如图 2-83 所示。

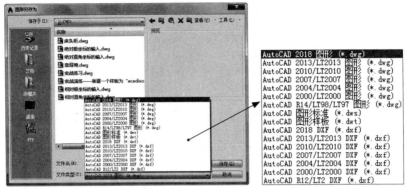

图 2-83 各种保存格式

并不是每个版本都对应一个保存格式，AutoCAD 保存格式与版本之间的对应关系如表 2-1 所示。

表 2-1　保存格式及适用版本

保存格式	适用版本
AutoCAD 2000	AutoCAD 2000~ 2002
AutoCAD 2004	AutoCAD 2004~ 2006
AutoCAD 2007	AutoCAD 2007~2009
AutoCAD 2010	AutoCAD 2010 ~2012
AutoCAD 2013	AutoCAD 2013 ~2017
AutoCAD 2018	AutoCAD 2018 ~2019

2. 打印自己的专属图纸

用户可以将自己的名字或特殊标记在输出图形的时候打印到图纸上，打印自己的专属图纸。

（1）选择"文件"→"打印"命令，在弹出的"打印 - 模型"对话框中选中"打开打印戳记"
复选框，单击 ▇ 按钮，如图 2-84 所示。

（2）弹出的"打印戳记"对话框中，单击"用户定义的字段"选项区域中的"添加 / 编辑"按钮，
如图 2-85 所示。

图 2-84 打开打印戳记

图 2-85 添加用户定义的字段

（3）弹出"用户定义的字段"对话框，单击"添加"按钮，在"名称"文本框中输入用户自
定义的特定字符，如"王五"，单击"确定"按钮，如图 2-86 所示。

（4）返回"打印戳记"对话框，进行简单设置，单击"用户定义的字段"下拉按钮，选择"王五"，单击"确定"按钮，如图 2-87 所示。

图 2-86 输入特定字符

图 2-87 选择用户定义的字段

（5）返回"打印 - 模型"对话框，适当设置打印参数，如选择打印机、设置打印比例等。输出图形时，即可将"王五"输出到图纸上，如图 2-88 所示。

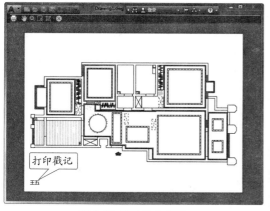

图 2-88 图形输出预览

3. 巧用临时捕捉

当需要临时捕捉某点时，可以按"Shift"键或"Ctrl"键并右击，弹出对象捕捉快捷菜单，如图 2-89 所示。从中选择需要的命令，再把光标移到要捕捉对象的特征点附近，即可捕捉到相应的对象特征点。

图 2-89 可捕捉的对象特征点

下面对"对象捕捉"的各个选项进行具体介绍。

● "临时追踪点" ⟶：创建对象捕捉所使用的临时点。

● "自" ：从临时参考点偏移。

● "端点" ：捕捉到线段等对象的端点。

● "中点" ：捕捉到线段等对象的中点。

● "交点" ：捕捉到各对象之间的交点。

● "外观交点" ：捕捉两个对象的外观交点。

● "延长线" ：捕捉到直线或圆弧的延长线上的点。

● "圆心" ：捕捉到圆或圆弧的圆心。

- "象限点" ⊕：捕捉到圆或圆弧的象限点。
- "切点" ⊙：捕捉到圆或圆弧的切点。
- "垂直" ⊥：捕捉到垂直于线或圆上的点。
- "平行线" ∥：捕捉到与指定线平行的线上的点。
- "节点" ⊙：捕捉到节点对象。
- "插入点" 品：捕捉块、图形、文字或属性的插入点。
- "最近点" ⚲：捕捉离拾取点最近的线段、圆、圆弧等对象上的点。
- "无" ⚏：关闭对象捕捉模式。
- "对象捕捉设置" ⚏：设置自动捕捉模式。

4. 鼠标中键的灵活运用

用户可以根据需要灵活运用鼠标中键。

- 按住中键可以平移图形，如图 2-90 所示。

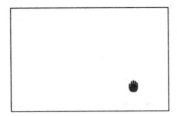

图 2-90 平移图形

- 滚动中键可以缩放图形。
- 双击中键，可以全屏显示图形，如图 2-91 所示。

图 2-91 全屏显示

- Shift + 中键，可以受约束的动态观察图形，如图 2-92 所示。

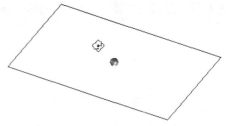

图 2-92 受约束的动态观察

- Ctrl + 中键，可以自由动态观察图形，如图 2-93 所示。

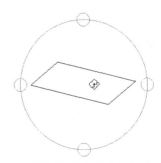

图 2-93 自由动态观察

2

第 2 篇

二维绘图篇

第 3 章

绘制基本二维图形

内容简介

　　绘制二维图形是 AutoCAD 的核心功能，任何复杂的图形都是由点、线等基本二维图形组合而成的。对基本二维图形进行合理的绘制与布置后，将有利于提高复杂二维图形绘制的准确度，同时提高绘图效率。

内容要点

- 绘制点
- 绘制直线、射线及构造线
- 绘制矩形和正多边形
- 绘制圆、圆弧、椭圆和椭圆弧
- 绘制圆环

案例效果

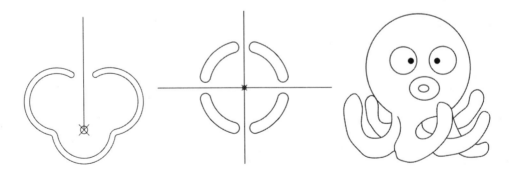

3.1 绘制点

点是绘图的基础，通常可以这样理解：点构成线，线构成面，面构成体。在 AutoCAD 2019 中，点可以作为绘制复杂图形的辅助点使用，也可以作为某项标识使用，还可以作为直线、圆、矩形、圆弧、椭圆的相应特征的划分点使用。

3.1.1 设置点样式

AutoCAD 中有多种点样式供用户选择。

【执行方式】

● 命令行：DDPTYPE/ PTYPE。

● 菜单栏：选择菜单栏中的"格式"→
"点样式"命令。

● 功能区：单击"默认"选项卡"实用
工具"面板中的"点样式"按钮 ✐ 。

【操作步骤】

执行上述操作后会打开"点样式"对话框，
如图 3-1 所示。

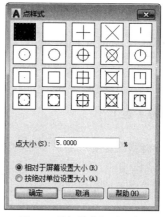

图 3-1 "点样式"对话框

【选项说明】

"点样式"对话框中各选项的含义如下。

点大小：用于设置点在屏幕中显示的大小比例。

相对于屏幕设置大小：选中此单选按钮，点的大小比例将相对于计算机屏幕，不随图形的缩放而改变。

按绝对单位设置大小：选中此单选按钮，点的大小表示点的绝对尺寸，当对图形进行缩放时，点的大小也随之变化。

3.1.2 单点与多点

调用一次"单点"命令只能绘制一个点，调用一次"多点"命令可以绘制多个点，按"Esc"键可以结束"多点"命令。

1. 单点

【执行方式】

⬥ 命令行：POINT/PO。

⬥ 菜单栏：选择菜单栏中的"绘图"→"点"→"单点"命令。

2. 多点

【执行方式】

⬥ 菜单栏：选择菜单栏中的"绘图"→"点"→"多点"命令。

⬥ 功能区：单击"默认"选项卡"绘图"面板中的"多点"按钮██。

🐾 练一练——创建单点与多点对象

素材文件：素材 \CH03\ 单点与多点 .dwg

结果文件：结果 \CH03\ 单点与多点 .dwg

利用"单点与多点"命令分别创建单点与多点对象。

【操作步骤】

（1）打开随书配套资源中的"素材 \CH03\ 单点与多点 .dwg"文件，如图 3-2 所示。

（2）选择"绘图"→"点"→"单点"命令，在绘图区域中单击指定点的位置，如图 3-3 所示。

（3）选择"绘图"→"点"→"多点"命令，在绘图区域中分别单击指定点的位置，按"Esc"
键结束"多点"命令，如图 3-4 所示。

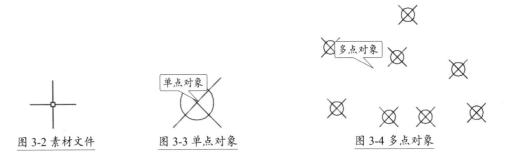

图 3-2 素材文件　　　图 3-3 单点对象　　　图 3-4 多点对象

3.1.3 定数等分点

定数等分点可以将等分对象的长度或周长等间隔排列，所生成的点通常被用作对象捕捉点
或某种标识使用的辅助点。对于闭合图形（如圆），等分点数和等分段数相等；对于开放图形，
等分点数为等分段数 n 减去 1。

【执行方式】

♦ 命令行：DIVIDE/DIV。

♦ 菜单栏：选择菜单栏中的"绘图"→"点"→"定数等分"命令。

♦ 功能区：单击"默认"选项卡"绘图"面板中的"定数等分"按钮。

🔍 重点——绘制燃气灶开关和燃气孔

素材文件：素材 \CH03\ 燃气灶 .dwg

结果文件：结果 \CH03\ 燃气灶 .dwg

利用多点及定数等分点功能绘制燃气灶开关和燃气孔，结果如图 3-9 所示。

【操作步骤】

（1）打开随书配套资源中的"素材 \CH03\ 燃气灶 .dwg"文件，如图 3-5 所示。

（2）选择"绘图"→"点"→"多点"命令，在绘图区域中分别捕捉两个圆的圆心定义点的
位置，按"Esc"键结束"多点"命令，如图 3-6 所示。

（3）选择"绘图"→"点"→"定数等分"命令，在绘图区域中选择左侧大圆作为需要定数
等分的对象，将线段数目设置为"16"，按"Enter"键确认，如图 3-7 所示。

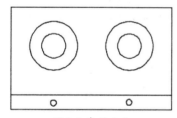
图 3-5 素材文件

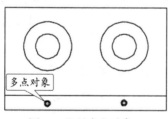
图 3-6 绘制多点对象

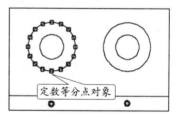
图 3-7 定数等分（1）

（4）重复步骤（3），在绘图区域中对右侧大圆进行定数等分，将线段数目设置为"16"，如
图 3-8 所示。

（5）重复步骤（3），在绘图区域中分别对两个小圆进行定数等分，将线段数目设置为"10"，
如图 3-9 所示。

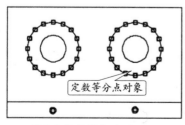
图 3-8 定数等分（2）

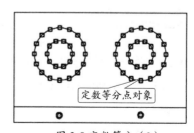
图 3-9 定数等分（3）

资源下载码：12580

3.1.4 定距等分点

通过定距等分可以从选定对象的一个端点划分出相等的长度。对线段、样条曲线等非闭合图形进行定距等分时需要注意光标点选对象的位置，此位置即为定距等分的起始位置，当不能完全按输入的距离进行等分时，最后一段的距离通常会小于等分距离。

【执行方式】

● 命令行：MEASURE/ME。

● 菜单栏：选择菜单栏中的"绘图"→"点"→"定距等分"命令。

● 功能区：单击"默认"选项卡"绘图"面板中的"定距等分"按钮。

🔍 重点——为圆弧对象进行定距等分

素材文件：素材 \CH03\ 定距等分 .dwg

结果文件：结果 \CH03\ 定距等分 .dwg

利用定距等分点功能为圆弧对象定距等分，结果如图 3-12 所示。

【操作步骤】

（1）打开随书配套资源中的"素材 \CH03\ 定距等分 .dwg"文件，如图 3-10 所示。

（2）选择"绘图"→"点"→"定距等分"命令，在绘图区域中单击选择圆弧对象作为需要定距等分的对象，如图 3-11 所示。

（3）在命令行中指定线段长度为"50"，按"Enter"键确认，如图 3-12 所示。

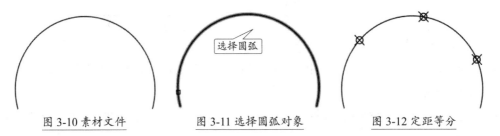

图 3-10 素材文件　　　　图 3-11 选择圆弧对象　　　　图 3-12 定距等分

3.2 绘制直线

使用"直线"命令，可以创建一系列连续的线段，在一个由多条线段连接而成的简单图形中，每条线段都是一个单独的直线对象。

【执行方式】

● 命令行：LINE/L。

- 菜单栏：选择菜单栏中的"绘图"→"直线"命令。
- 功能区：单击"默认"选项卡"绘图"面板中的"直线"按钮╱。

【操作步骤】

执行上述操作后命令行提示如下。

命令：_line

指定第一个点：

AutoCAD 中默认的直线绘制方法是两点绘制，即连接任意两点即可绘制一条直线。除了通过连接两点绘制直线外，还可以通过输入绝对坐标、相对直角坐标、相对极坐标等方法来绘制直线。具体绘制方法如表 3-1 所示。

表 3-1　直线的绘制方法

绘制方法	绘制步骤	结果图形	相应命令行显示
通过输入绝对坐标绘制直线	（1）指定第一个点（或输入绝对坐标确定第一个点）；（2）依次输入第二点、第三点……的绝对坐标	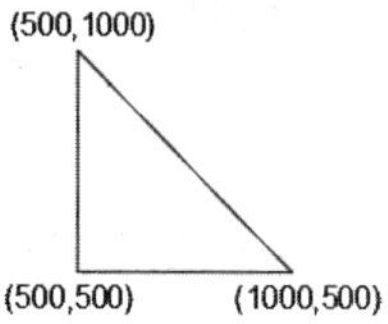 (500,1000) (500,500)　　(1000,500)	命令：_LINE 指定第一个点：500,500 指定下一点或 [放弃 (U)]: 500,1000 指定下一点或 [放弃 (U)]: 1000,500 指定下一点或 [闭合 (C)/ 放弃 (U)]: c // 闭合图形

通过输入相对直角坐标绘制直线	（1）指定第一个点（或输入绝对坐标确定第一个点）；（2）依次输入第二点、第三点……的相对前一点的直角坐标	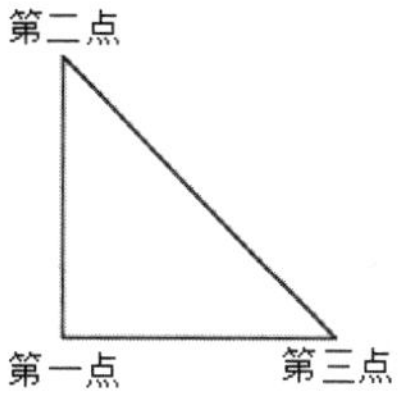 第二点
		第一点　　第三点
			命令：_LINE
			指定第一个点：
			// 任意单击一点作为第一点
			指定下一点或 [放弃 (U)]: @0,500
			指定下一点或 [放弃 (U)]: @500,-500
			指定下一点或 [闭合 (C)/ 放弃 (U)]: c
			// 闭合图形

通过输入相对极坐标绘制直线	（1）指定第一个点（或输入绝对坐标确定第一个点）；（2）依次输入第二点、第三点……的相对前一点的极坐标	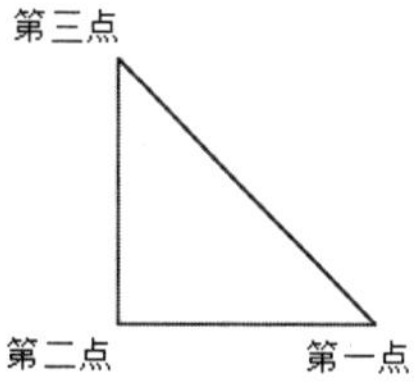 第三点
		第二点　　第一点
			命令：_LINE
			指定第一个点：
			// 任意单击一点作为第一点
			指定下一点或 [放弃 (U)]: @500<180
			指定下一点或 [放弃 (U)]: @500<90
			指定下一点或 [闭合 (C)/ 放弃 (U)]: c
			// 闭合图形

练一练——绘制直线对象

素材文件：素材 \CH03\ 直线 .dwg

结果文件：结果 \CH03\ 直线 .dwg

利用"直线"命令绘制如图 3-14 所示的直线对象。

【操作步骤】

（1）打开随书配套资源中的"素材 \CH03\ 直线 .dwg"文件，如图 3-13 所示。

（2）选择"绘图"→"直线"命令，分别捕捉两个端点作为直线的第一个点和下一个点，按"Enter"键确认，如图 3-14 所示。

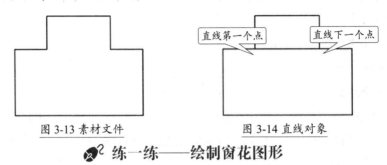

图 3-13 素材文件　　　　　　　图 3-14 直线对象

🖋 练一练——绘制窗花图形

素材文件：素材 \CH03\ 窗花 .dwg

结果文件：结果 \CH03\ 窗花 .dwg

利用"直线"命令绘制如图 3-16 所示的窗花图形。

【操作步骤】

（1）打开随书配套资源中的"素材 \CH03\ 窗花 .dwg"文件，如图 3-15 所示。

（2）调用"直线"命令，分别连接两个正六边形的对应端点绘制 6 条直线，如图 3-16 所示。

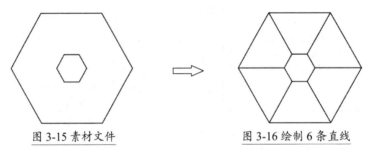

图 3-15 素材文件　　　　　　　图 3-16 绘制 6 条直线

3.3　绘制射线

　　射线是一端固定，另一端无限延伸的直线。使用"射线"命令，可以创建一系列始于一点的射线。

【执行方式】

● 命令行：RAY。

● 菜单栏：选择菜单栏中的"绘图"→"射线"命令。

● 功能区：单击"默认"选项卡"绘图"面板中的"射线"按钮╱。

【操作步骤】

执行上述操作后命令行提示如下。

命令：_ray 指定起点：

Tips

　射线有起点，但是没有终点。绘制射线时，指定的第一个点就是射线的起点。

练一练——绘制射线对象

素材文件：素材 \CH03\ 射线 .dwg

结果文件：结果 \CH03\ 射线 .dwg

利用"射线"命令绘制如图 3-18 所示的射线对象。

【操作步骤】

（1）打开随书配套资源中的"素材 \CH03\ 射线 .dwg"文件，如图 3-17 所示。

（2）选择"绘图"→"射线"命令，捕捉节点作为射线的起点，并在垂直方向上单击指定射线的通过点，按"Enter"键确认，如图 3-18 所示。

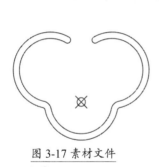

图 3-17 素材文件

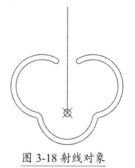

图 3-18 射线对象

3.4　绘制构造线

　　构造线是两端无限延伸的直线，可以用来作为创建其他对象时的参考线，在执行一次"构造线"命令时，可以连续绘制多条通过一个公共点的构造线。

【执行方式】

● 命令行：XLINE/XL。

● 菜单栏：选择菜单栏中的"绘图"→"构造线"命令。

● 功能区：单击"默认"选项卡"绘图"面板中的"构造线"按钮。

【操作步骤】

执行上述操作后命令行提示如下。

命令：_xline

指定点或 [水平 (H)/ 垂直 (V)/ 角度 (A)/ 二等分 (B)/ 偏移 (O)]:

> ### Tips
> 构造线没有起点，但是有中点。绘制构造线时，指定的第一点就是构造线的中点。

练一练——绘制构造线对象

素材文件：素材 \CH03\ 构造线 .dwg

结果文件：结果 \CH03\ 构造线 .dwg

利用 "构造线" 命令绘制如图 3-20 所示的构造线对象。

【操作步骤】

（1）打开随书配套资源中的 "素材 \CH03\ 构造线 .dwg" 文件，如图 3-19 所示。

（2）选择 "绘图" → "构造线" 命令，捕捉节点作为构造线的中点，分别在水平方向和垂直方向上单击指定构造线的通过点，按 "Enter" 键确认，如图 3-20 所示。

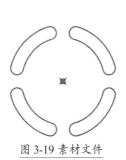

图 3-19 素材文件

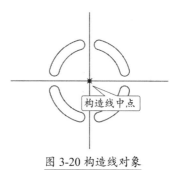

图 3-20 构造线对象

3.5 绘制矩形和正多边形

下面对矩形和正多边形的绘制方法进行介绍。

3.5.1 矩形

矩形是 4 条线段首尾相接且 4 个角均为直角的四边形。

【执行方式】

- 命令行：RECTANG/REC。
- 菜单栏：选择菜单栏中的 "绘图" → "矩形" 命令。
- 功能区：单击 "默认" 选项卡 "绘图" 面板中的 "矩形" 按钮□。

【操作步骤】

执行上述操作后命令行提示如下。

命令：_rectang

指定第一个角点或 [倒角 (C)/ 标高 (E)/ 圆角 (F)/ 厚度 (T)/ 宽度 (W)]:

默认的绘制矩形的方式为指定两点绘制矩形，除此以外，AutoCAD 还提供了面积绘制、尺寸绘制和旋转绘制等绘制方法，具体的绘制方法如表 3-2 所示。

表 3-2　矩形的绘制方法

绘制方法	绘制步骤	结果图形	相应命令行显示
面积绘制法	（1）指定第一个角点； （2）输入"a"选择面积绘制法； （3）输入绘制矩形的面积值； （4）指定矩形的长或宽	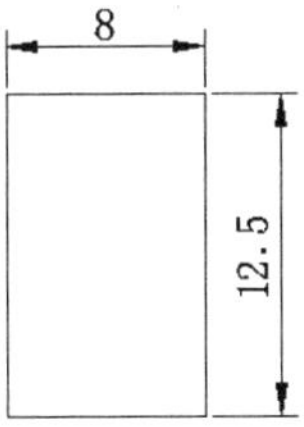 8 12.5	命令：_RECTANG 指定第一个角点或 [倒角 (C)/ 标高 (E)/ 圆角 (F)/ 厚度 (T)/ 宽度 (W)]: // 单击指定第一个角点 指定另一个角点或 [面积 (A)/ 尺寸 (D)/ 旋转 (R)]: a 输入以当前单位计算的矩形面积 <100.0000>: // 按"Space"键接受默认值 计算矩形标注时依据 [长度 (L)/ 宽度 (W)] < 长度 >: // 按"Space"键接受默认值 输入矩形长度 <10.0000>: 8
尺寸绘制法	（1）指定第一个角点； （2）输入"d"选择尺寸绘制法； （3）指定矩形的长度和宽度； （4）拖动鼠标指定矩形的放置位置	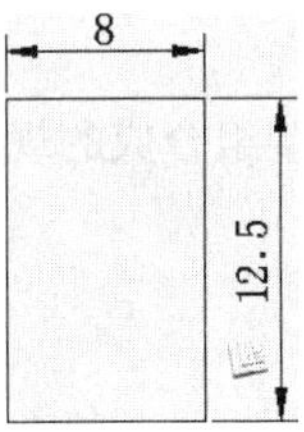 8 12.5	命令：_RECTANG 指定第一个角点或 [倒角 (C)/ 标高 (E)/ 圆角 (F)/ 厚度 (T)/ 宽度 (W)]: // 单击指定第一个角点 指定另一个角点或 [面积 (A)/ 尺寸 (D)/ 旋转 (R)]: d 指定矩形的长度 <8.0000>: 8 指定矩形的宽度 <12.5000>: 12.5 指定另一个角点或 [面积 (A)/ 尺寸 (D)/ 旋转 (R)]: // 拖动鼠标指定矩形的放置位置
旋转绘制法	（1）指定第一个角点； （2）输入"r"选择旋转绘制法； （3）输入旋转的角度； （4）拖动鼠标指定矩形的另一个角点，或者输入"a"或"d"，通过面积或尺寸确定矩形的另一个角点	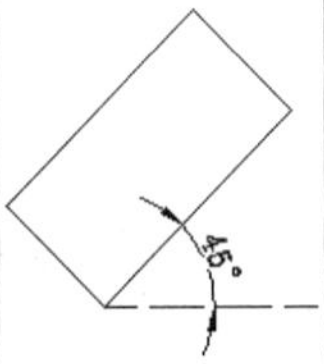 45°	命令：_RECTANG 指定第一个角点或 [倒角 (C)/ 标高 (E)/ 圆角 (F)/ 厚度 (T)/ 宽度 (W)]: // 单击指定第一个角点 指定另一个角点或 [面积 (A)/ 尺寸 (D)/ 旋转 (R)]: r 指定旋转角度或 [拾取点 (P)] <0>: 45 指定另一个角点或 [面积 (A)/ 尺寸 (D)/ 旋转 (R)]: // 拖动鼠标指定矩形的另一个角点

🏀 练一练——绘制矩形对象

素材文件：素材 \CH03\ 矩形 .dwg

结果文件：结果 \CH03\ 矩形 .dwg

利用"矩形"命令绘制如图 3-22 所示的矩形对象。

【操作步骤】

（1）打开随书配套资源中的"素材 \CH03\ 矩形 .dwg"文件，如图 3-21 所示。

（2）选择"绘图"→"矩形"命令，分别捕捉 A 点和 B 点作为矩形的两个对角点，即可绘制
出矩形对象，如图 3-22 所示。

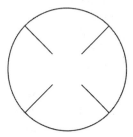

图 3-21 素材文件

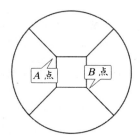

图 3-22 矩形对象

3.5.2 多边形

正多边形是由至少 3 条线段首尾相接组合成的规则图形。

【执行方式】

● 命令行：POLYGON/POL。

● 菜单栏：选择菜单栏中的"绘图"→"多边形"命令。

● 功能区：单击"默认"选项卡"绘图"面板中的"多边形"按钮⬠。

【操作步骤】

执行上述操作后命令行提示如下。

命令：_polygon 输入侧面数 <4>:

多边形的绘制方法可以分为外切于圆和内接于圆两种。外切于圆是将多边形的边与圆相切，
而内接于圆则是将多边形的顶点与圆相接。

🔍 重点——绘制多边形对象

素材文件：素材 \CH03\ 多边形 .dwg

结果文件：结果 \CH03\ 多边形 .dwg

利用"多边形"命令绘制如图 3-25 所示的正多边形对象。

【操作步骤】

（1）打开随书配套资源中的"素材 \CH03\ 多边形 .dwg"文件，如图 3-23 所示。

（2）选择"绘图"→"多边形"命令，使用"内接于圆"方式绘制正多边形，命令行提示如下。

> 命令：_polygon 输入侧面数 <4>: 6
>
> 指定正多边形的中心点或 [边 (E)]: // 捕捉左侧圆形的中心点
>
> 输入选项 [内接于圆 (I)/ 外切于圆 (C)] <I>: i
>
> 指定圆的半径：200

（3）绘制正多边形如图 3-24 所示。

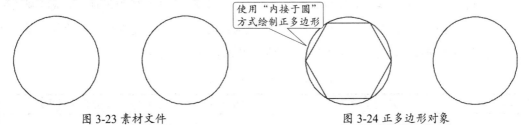

图 3-23 素材文件　　　　　　　　　　　　图 3-24 正多边形对象

使用"内接于圆"方式绘制正多边形

（4）重复调用"多边形"命令，使用"外切于圆"方式绘制正多边形，命令行提示如下。

> 命令：_polygon 输入侧面数 <6>: 6
>
> 指定正多边形的中心点或 [边 (E)]: // 捕捉右侧圆形的中心点
>
> 输入选项 [内接于圆 (I)/ 外切于圆 (C)] <I>: c
>
> 指定圆的半径：200

（5）绘制正多边形，如图 3-25 所示。

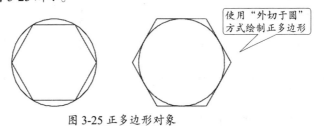

使用"外切于圆"方式绘制正多边形

图 3-25 正多边形对象

3.6 绘制圆弧

绘制圆弧的默认方法是通过确定 3 点来绘制圆弧。此外，圆弧还可以通过设置起点、方向、中点、角度和弦长等参数来绘制。

【执行方式】

- 命令行：ARC/A。
- 菜单栏：选择菜单栏中的"绘图"→"圆弧"命令，然后选择一种绘制圆弧的方法。
- 功能区：单击"默认"选项卡"绘图"面板中的"圆弧"按钮，然后选择一种绘制圆弧的方法。

【操作步骤】

执行上述操作后命令行提示如下。

命令 : ARC

指定圆弧的起点或 [圆心 (C)]:

绘制圆弧时，输入的半径值和圆心角有正负之分。当输入的半径值为正时，生成的圆弧是劣弧；反之，生成的是优弧。对于圆心角，当角度为正值时，系统沿逆时针方向绘制圆弧；反之，则沿顺时针方向绘制圆弧。表 3-3 所示的是圆弧的各种绘制方法。

表 3-3 圆弧的各种绘制方法

绘制方法	绘制步骤	结果图形	相应命令行显示
三点绘制法	（1）调用"三点"画圆弧命令； （2）指定 3 个不在同一条直线上的 3 个点即可完成圆弧的绘制	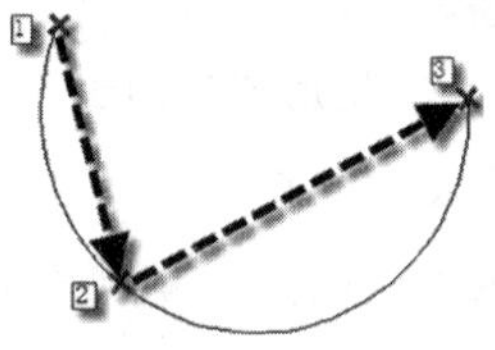	命令 : _arc 指定圆弧的起点或 [圆心 (C)]: 指定圆弧的第二个点或 [圆心 (C)/ 端点 (E)]: 指定圆弧的端点 :
起点、圆心、端点绘制法	（1）调用"起点、圆心、端点"画圆弧命令； （2）指定圆弧的起点； （3）指定圆弧的圆心； （4）指定圆弧的端点	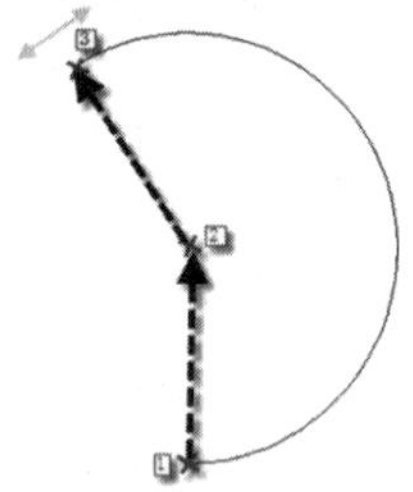	命令 : _arc 指定圆弧的起点或 [圆心 (C)]: 指定圆弧的第二个点或 [圆心 (C)/ 端点 (E)]: _c 指定圆弧的圆心 : 指定圆弧的端点或 [角度 (A)/ 弦长 (L)]:
起点、圆心、角度绘制法	（1）调用"起点、圆心、角度"画圆弧命令； （2）指定圆弧的起点； （3）指定圆弧的圆心； （4）指定圆弧所包含的角度。 提示：当输入的角度为正值时圆弧沿起点方向逆时针生成；当角度为负值时，圆弧沿起点方向顺时针生成	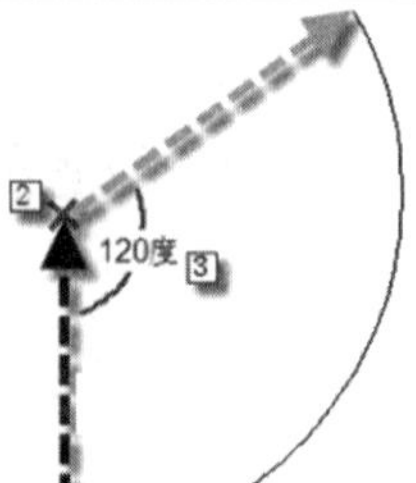	命令 : _arc 指定圆弧的起点或 [圆心 (C)]: 指定圆弧的第二个点或 [圆心 (C)/ 端点 (E)]: _c 指定圆弧的圆心 : 指定圆弧的端点或 [角度 (A)/ 弦长 (L)]: _a 指定包含角 :120

绘制方法	绘制步骤	结果图形	相应命令行显示
起点、圆心、长度绘制法	（1）调用"起点、圆心、长度"画圆弧命令； （2）指定圆弧的起点； （3）指定圆弧的圆心； （4）指定圆弧的弦长。 提示：弦长为正值时，得到的弧为劣弧（小于180°）；当弦长为负值时，得到的弧为优弧（大于180°）		命令：_arc 指定圆弧的起点或 [圆心 (C)]： 指定圆弧的第二个点或 [圆心 (C)/ 端点 (E)]：_c 指定圆弧的圆心： 指定圆弧的端点或 [角度 (A)/ 弦长 (L)]：_l 指定弦长：30
起点、端点、角度绘制法	（1）调用"起点、端点、角度"画圆弧命令； （2）指定圆弧的起点； （3）指定圆弧的端点； （4）指定圆弧的角度。 提示：当输入的角度为正值时，起点和端点沿圆弧成逆时针关系；当角度为负值时，起点和端点沿圆弧成顺时针关系		命令：_arc 指定圆弧的起点或 [圆心 (C)]： 指定圆弧的第二个点或 [圆心 (C)/ 端点 (E)]：_e 指定圆弧的端点： 指定圆弧的圆心或 [角度 (A)/ 方向 (D)/ 半径 (R)]：_a 指定包含角：137
起点、端点、方向绘制法	（1）调用"起点、端点、方向"画圆弧命令； （2）指定圆弧的起点； （3）指定圆弧的端点； （4）指定圆弧的起点切向		命令：_arc 指定圆弧的起点或 [圆心 (C)]： 指定圆弧的第二个点或 [圆心 (C)/ 端点 (E)]：_e 指定圆弧的端点： 指定圆弧的圆心或 [角度 (A)/ 方向 (D)/ 半径 (R)]：_d 指定圆弧的起点切向：
起点、端点、半径绘制法	（1）调用"起点、端点、半径"画圆弧命令； （2）指定圆弧的起点； （3）指定圆弧的端点； （4）指定圆弧的半径。 提示：当输入的半径值为正值时，得到的圆弧是劣弧；当输入的半径值为负值时，输入的弧为优弧		命令：_arc 指定圆弧的起点或 [圆心 (C)]： 指定圆弧的第二个点或 [圆心 (C)/ 端点 (E)]：_e 指定圆弧的端点： 指定圆弧的圆心或 [角度 (A)/ 方向 (D)/ 半径 (R)]：_r 指定圆弧的半径：140
圆心、起点、端点绘制法	（1）调用"圆心、起点、端点"画圆弧命令； （2）指定圆弧的圆心； （3）指定圆弧的起点； （4）指定圆弧的端点		命令：_arc 指定圆弧的起点或 [圆心 (C)]：_c 指定圆弧的圆心： 指定圆弧的起点： 指定圆弧的端点或 [角度 (A)/ 弦长 (L)]：

续表

绘制方法	绘制步骤	结果图形	相应命令行显示
圆心、起点、角度绘制法	（1）调用"圆心、起点、角度"画圆弧命令； （2）指定圆弧的圆心； （3）指定圆弧的起点； （4）指定圆弧的角度		命令：_arc 指定圆弧的起点或 [圆心 (C)]: _c 指定圆弧的圆心： 指定圆弧的起点： 指定圆弧的端点或 [角度 (A)/ 弦长 (L)]: _a 指定包含角：170
圆心、起点、长度绘制法	（1）调用"圆心、起点、长度"画圆弧命令； （2）指定圆弧的圆心； （3）指定圆弧的起点； （4）指定圆弧的弦长。 提示：弦长为正值时，得到的弧为劣弧（小于 180°）；当弦长为负值时，得到的弧为优弧（大于 180°）		命令：_arc 指定圆弧的起点或 [圆心 (C)]: _c 指定圆弧的圆心： 指定圆弧的起点： 指定圆弧的端点或 [角度 (A)/ 弦长 (L)]: _l 指定弦长：60

🔍 重点——绘制圆弧对象

素材文件：素材 \CH03\ 圆弧 .dwg

结果文件：结果 \CH03\ 圆弧 .dwg

利用"圆弧"命令绘制如图 3-28 所示的圆弧对象。

【操作步骤】

（1）打开随书配套资源中的"素材 \CH03\ 圆弧 .dwg"文件，如图 3-26 所示。

（2）选择"绘图"→"圆弧"→"起点、端点、半径"命令，在绘图区域中分别捕捉相应的点作为圆弧的起点及端点，将圆弧的半径值指定为"200"，绘制两段圆弧，如图 3-27 所示。

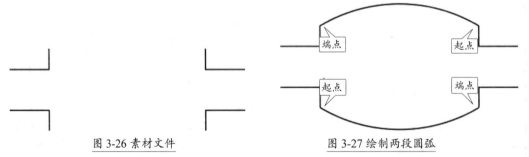

图 3-26 素材文件　　　　　　　　　　图 3-27 绘制两段圆弧

（3）重复步骤（2）的操作，绘制另外两段圆弧，圆弧的半径值为"50"，如图 3-28 所示。

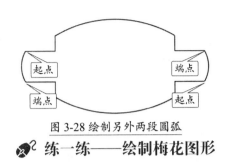

图 3-28 绘制另外两段圆弧

✎² 练一练——绘制梅花图形

素材文件：素材 \CH03\ 梅花 .dwg

结果文件：结果 \CH03\ 梅花 .dwg

利用"圆弧"命令绘制如图 3-32 所示的梅花图形。

【操作步骤】

（1）打开随书配套资源中的"素材 \CH03\ 梅花 .dwg"文件，如图 3-29 所示。

（2）利用三点画圆弧方式，捕捉相应节点绘制圆弧对象，如图 3-30 所示。

（3）继续绘制其他圆弧，如图 3-31 所示。

（4）选择所有节点对象，将其删除，如图 3-32 所示。

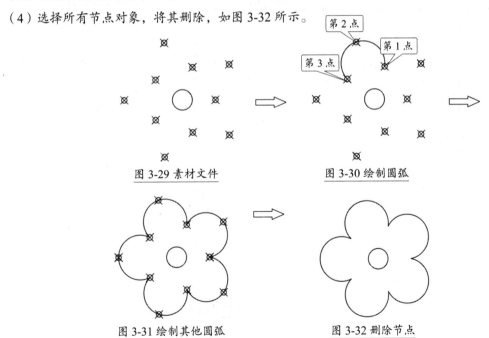

图 3-29 素材文件　　　　图 3-30 绘制圆弧

图 3-31 绘制其他圆弧　　　　图 3-32 删除节点

3.7 绘制椭圆和椭圆弧

椭圆和椭圆弧类似，都是到两点之间的距离之和为定值的点集合而成。

3.7.1 椭圆

下面将对椭圆的绘制方法进行详细介绍。

【执行方式】

- 命令行：ELLIPSE/EL。
- 菜单栏：选择菜单栏中的"绘图"→"椭圆"命令，然后选择一种绘制椭圆的方式。
- 功能区：单击"默认"选项卡"绘图"面板中的"椭圆"按钮⬡，然后选择一种绘制椭圆的方式。

【操作步骤】

执行上述操作后命令行提示如下。

命令：ELLIPSE

指定椭圆的轴端点或 [圆弧 (A)/ 中心点 (C)]:

椭圆的各种绘制方法如表 3-4 所示。

表 3-4 椭圆的各种绘制方法

绘制方法	绘制步骤	结果图形	相应命令行显示
指定圆心创建椭圆	（1）指定椭圆的中心； （2）指定一条轴的端点； （3）指定或输入另一条半轴的长度	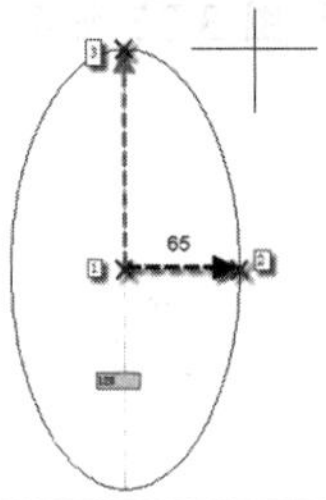	命令：ELLIPSE 指定椭圆的轴端点或 [圆弧 (A)/ 中心点 (C)]: 指定轴的另一个端点： 指定另一条半轴长度或 [旋转 (R)]: 65
指定"轴、端点"创建椭圆	（1）指定一条轴的端点； （2）指定该条轴的另一端点； （3）指定或输入另一条半轴的长度	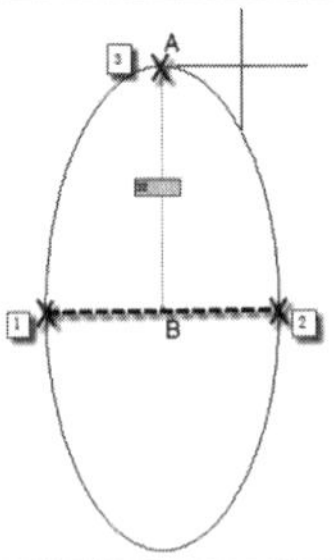	命令：_ellipse 指定椭圆的轴端点或 [圆弧 (A)/ 中心点 (C)]: 指定轴的另一个端点： 指定另一条半轴长度或 [旋转 (R)]: 32

🔍 重点——绘制椭圆对象

素材文件：素材 \CH03\ 椭圆 .dwg

结果文件：结果 \CH03\ 椭圆 .dwg

利用"椭圆"命令绘制如图 3-35 所示的椭圆对象。

【操作步骤】

（1）打开随书配套资源中的"素材\CH03\椭圆.dwg"文件，如图3-33所示。

（2）选择"绘图"→"椭圆"→"圆心"命令，在绘图区域中捕捉圆心点 *A* 作为椭圆的中心点，捕捉象限点 *B* 作为轴的端点，捕捉象限点 *C* 以指定另一条半轴长度，如图3-34所示。

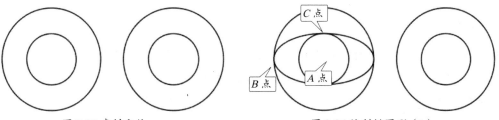

图3-33 素材文件   图3-34 绘制椭圆形（1）

（3）选择"绘图"→"椭圆"→"轴、端点"命令，在绘图区域中捕捉象限点 *D* 作为椭圆的轴端点，捕捉象限点 *E* 作为轴的另一个端点，捕捉象限点 *F* 以指定另一条半轴长度，如图3-35所示。

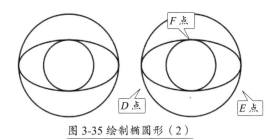

图3-35 绘制椭圆形（2）

3.7.2 椭圆弧

椭圆弧为椭圆上的一段，在绘制椭圆弧前必须先绘制一个椭圆。

【执行方式】

- 命令行：ELLIPSE/EL，然后输入"a"绘制圆弧。
- 菜单栏：选择菜单栏中的"绘图"→"椭圆"→"圆弧"命令。
- 功能区：单击"默认"选项卡"绘图"面板中的"椭圆弧"按钮 ⬭。

【操作步骤】

执行上述操作后命令行提示如下。

命令：_ellipse

指定椭圆的轴端点或 [圆弧 (A)/ 中心点 (C)]: _a

指定椭圆弧的轴端点或 [中心点 (C)]:

🔍 重点——绘制椭圆弧对象

素材文件：素材 \CH03\ 椭圆弧 .dwg

结果文件：结果 \CH03\ 椭圆弧 .dwg

利用"椭圆弧"命令绘制如图 3-37 所示的椭圆弧对象。

【操作步骤】

（1）打开随书配套资源中的"素材 \CH03\ 椭圆弧 .dwg"文件，如图 3-36 所示。

（2）选择"绘图"→"椭圆"→"圆弧"命令，命令行提示如下。

命令：_ellipse

指定椭圆的轴端点或 [圆弧 (A)/ 中心点 (C)]：_a

指定椭圆弧的轴端点或 [中心点 (C)]： // 捕捉象限点 A

指定轴的另一个端点 : // 捕捉象限点 B

指定另一条半轴长度或 [旋转 (R)]： // 捕捉象限点 C

指定起点角度或 [参数 (P)]：0

指定端点角度或 [参数 (P)/ 夹角 (I)]：270

（3）结果如图 3-37 所示。

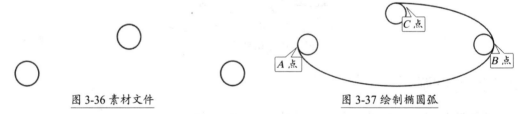

图 3-36 素材文件　　　　　　　　　图 3-37 绘制椭圆弧

3.8 绘制圆

创建圆的方法有 6 种，可以通过指定圆心和半径、圆心和直径、直径上两点、圆周上三点、圆与其他两个对象的切点和半径、圆与其他三个对象的切点等不同的方法绘制。

【执行方式】

● 命令行：CIRCLE/C。

● 菜单栏：选择菜单栏中的"绘图"→"圆"命令，然后选择一种绘制圆的方式。

● 功能区：单击"默认"选项卡"绘图"面板中的"圆"按钮⊙，然后选择一种绘制圆的方式。

【操作步骤】

执行上述操作后命令行提示如下。

命令：CIRCLE

指定圆的圆心或 [三点 (3P)/ 两点 (2P)/ 切点、切点、半径 (T)]:

圆的各种绘制方法如表 3-5 所示（"相切、相切、相切"绘圆命令只能通过菜单命令或面板调用，命令行无这一选项）。

表 3-5　圆的各种绘制方法

绘制方法	绘制步骤	结果图形	相应命令行显示
圆心、半径 / 直径绘制法	（1）指定圆心； （2）输入圆的半径 / 直径	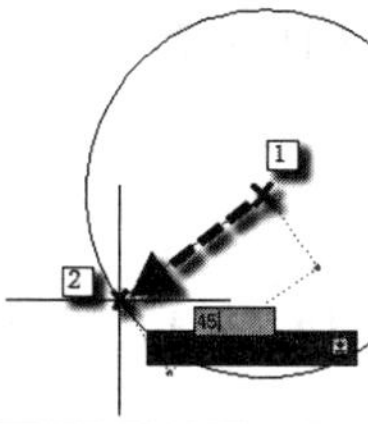	命令：_ CIRCLE 指定圆的圆心或 [三点 (3P)/ 两点 (2P)/ 切点、切点、半径 (T)]: 指定圆的半径或 [直径 (D)]: 45
两点绘圆绘制法	（1）调用"两点"绘圆命令； （2）指定直径上的第一点； （3）指定直径上的第二点或输入直径长度	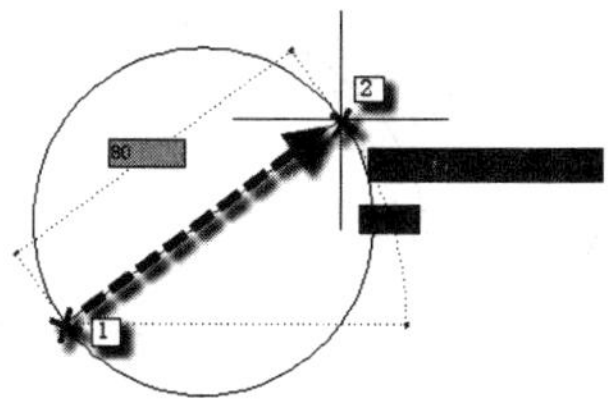	命令：_circle 指定圆的圆心或 [三点 (3P)/ 两点 (2P)/ 切点、切点、半径 (T)]: _2p 指定圆直径的第一个端点：//指定第一点 指定圆直径的第二个端点：80// 输入直径长度或指定第二点
三点绘圆绘制法	（1）调用"三点"绘圆命令； （2）指定圆周上第一个点； （3）指定圆周上第二个点； （4）指定圆周上第三个点	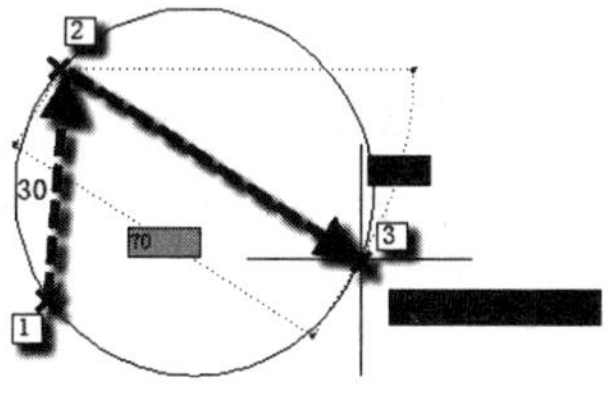	命令：_circle 指定圆的圆心或 [三点 (3P)/ 两点 (2P)/ 切点、切点、半径 (T)]: _3p 指定圆上的第一个点： 指定圆上的第二个点： 指定圆上的第三个点：
相切、相切、半径绘制法	（1）调用"相切、相切、半径"绘圆命令； （2）选择与圆相切的两个对象； （3）输入圆的半径	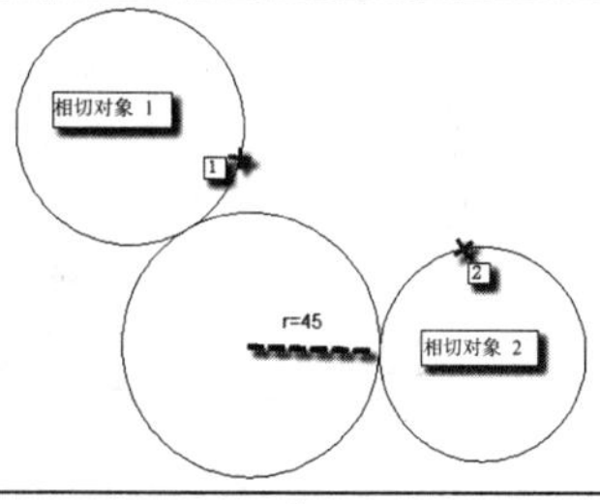	命令：_circle 指定圆的圆心或 [三点 (3P)/ 两点 (2P)/ 切点、切点、半径 (T)]: _ttr 指定对象与圆的第一个切点： 指定对象与圆的第二个切点： 指定圆的半径 <35.0000>: 45
相切、相切、相切绘制法	（1）调用"相切、相切、相切"绘圆命令； （2）选择与圆相切的 3 个对象	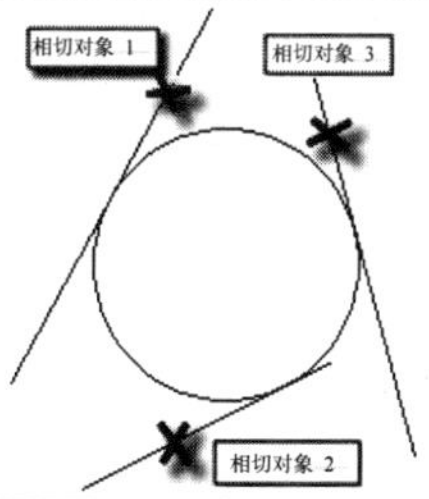	命令：_circle 指定圆的圆心或 [三点 (3P)/ 两点 (2P)/ 切点、切点、半径 (T)]: _3p 指定圆上的第一个点：_tan 到 指定圆上的第二个点：_tan 到 指定圆上的第三个点：_tan 到

重点——绘制圆形对象

素材文件：素材 \CH03\ 圆形 .dwg

结果文件：结果 \CH03\ 圆形 .dwg

利用"圆"命令绘制如图 3-43 所示的圆形对象。

【操作步骤】

（1）打开随书配套资源中的"素材 \CH03\ 圆形 .dwg"文件，如图 3-38 所示。

（2）选择"绘图"→"圆"→"两点"命令，分别捕捉端点 A 和端点 B 绘制一个圆形，如图 3-39 所示。

（3）选择"绘图"→"圆"→"相切、相切、相切"命令，在绘图区域中单击指定第一个切点，如图 3-40 所示。

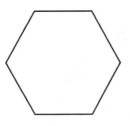

图 3-38 素材文件

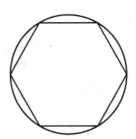

图 3-39 绘制圆形

图 3-40 指定第一个切点

（4）在绘图区域中单击指定第二个切点，如图 3-41 所示。

（5）在绘图区域中单击指定第三个切点，如图 3-42 所示。

（6）结果如图 3-43 所示。

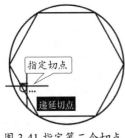

图 3-41 指定第二个切点

图 3-42 指定第三个切点

图 3-43 圆形绘制结果

练一练——绘制章鱼图形

素材文件：素材 \CH03\ 章鱼 .dwg

结果文件：结果 \CH03\ 章鱼 .dwg

利用"圆弧""椭圆"命令绘制如图 3-47 所示的章鱼图形。

【操作步骤】

（1）打开随书配套资源中的"素材 \CH03\ 章鱼 .dwg"文件，如图 3-44 所示。

（2）调用"三点"画圆弧命令，分别捕捉节点 1、节点 2、节点 3 作为圆弧的 3 个点，绘制一
段圆弧，如图 3-45 所示。

（3）在适当的位置分别绘制两个圆形及两个椭圆形，如图 3-46 所示。

（4）删除所有节点，如图 3-47 所示。

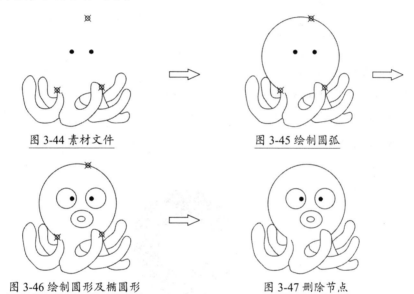

图 3-44 素材文件   图 3-45 绘制圆弧

图 3-46 绘制圆形及椭圆形   图 3-47 删除节点

3.9 绘制圆环

圆环是填充环或实体填充圆，即带有宽度的闭合多段线。

【执行方式】

- 命令行：DONUT/DO。
- 菜单栏：选择菜单栏中的"绘图"→"圆环"命令。
- 功能区：单击"默认"选项卡"绘图"面板中的"圆环"按钮◎。

【操作步骤】

执行上述操作后命令行提示如下。

命令：_donut

指定圆环的内径 <0.5000>:

【选项说明】

若指定圆环内径为 0，则可绘制实体填充圆。

练一练——绘制圆环对象

素材文件：无

结果文件：结果 \CH03\ 圆环 .dwg

利用"圆环"命令创建如图 3-48 所示的圆环对象。

【操作步骤】

（1）新建一个 AutoCAD 文件，选择"绘图"→"圆环"命令，命令行提示如下。

命令：_donut

指定圆环的内径 <0.5000>: 7 // 指定圆环的内径

指定圆环的外径 <1.0000>: 15 // 指定圆环的外径

指定圆环的中心点或 < 退出 >: // 绘图区域中单击任意一点作为圆环的中心点

指定圆环的中心点或 < 退出 >: // 按"Enter"键退出该命令

（2）结果如图 3-48 所示。

图 3-48 圆环对象

3.10 实例——绘制洗手盆平面图

洗手盆在日常生活中比较常见，使用非常广泛。本例主要会应用到"圆""椭圆""直线""多点"等命令，绘制洗手盘的平面图。

（1）新建一个 AutoCAD 文件，选择"绘图"→"圆"→"圆心、半径"命令，以坐标系原点为圆心，绘制两个半径分别为 15 和 40 的圆，如图 3-49 所示。

（2）选择"绘图"→"椭圆"→"圆心"命令，命令行提示如下。

命令：_ellipse

指定椭圆的轴端点或 [圆弧 (A)/ 中心点 (C)]: _c

指定椭圆的中心点：   （以坐标原点为中心点）

指定轴的端点：210,0

指定另一条半轴长度或 [旋转 (R)]: 145

（3）椭圆绘制结果如图 3-50 所示。

（4）选择"绘图"→"椭圆"→"轴、端点"命令，命令行提示如下。

命令：_ellipse

指定椭圆的轴端点或 [圆弧 (A)/ 中心点 (C)]: 265,0

指定轴的另一个端点：–265,0

指定另一条半轴长度或 [旋转 (R)]: 200

（5）椭圆绘制结果如图 3-51 所示。

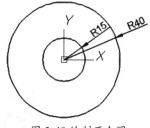
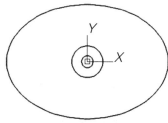
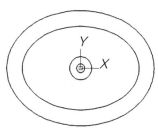

图 3-49 绘制两个圆　　　　图 3-50 绘制椭圆（1）　　　　图 3-51 绘制椭圆（2）

（6）选择"绘图"→"直线"命令，命令行提示如下。

命令：_line

指定第一点：–360,–100

指定下一点或 [放弃 (U)]: –360,250

指定下一点或 [放弃 (U)]: 360,250

指定下一点或 [闭合 (C)/ 放弃 (U)]: 360,–100

指定下一点或 [闭合 (C)/ 放弃 (U)]:　　✓

（7）直线绘制结果如图 3-52 所示。

（8）选择"绘图"→"圆弧"→"起点、端点、半径"命令，分别捕捉 A 点和 B 点为起点和端点，然后输入半径值 500，如图 3-53 所示。

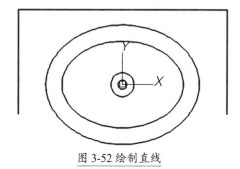
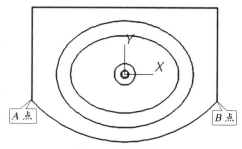

图 3-52 绘制直线　　　　　　　图 3-53 绘制圆弧

（9）选择"格式"→"点样式"命令，在弹出的"点样式"对话框中进行相应的设置，如图 3-54 所示。

（10）选择"绘图"→"点"→"多点"命令，绘制 3 个点，坐标分别为（-60,160）、（0,170）和（60,160），如图 3-55 所示。

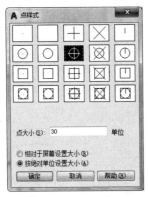

图 3-54 设置点样式

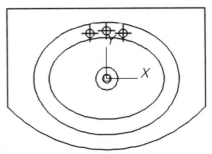

图 3-55 绘制多点

⚙ 技 巧

1. 圆弧绘制要素及流程图

图 3-56 所示的是绘制圆弧时可以使用的各种要素，图 3-57 所示的是绘制圆弧的流程图。

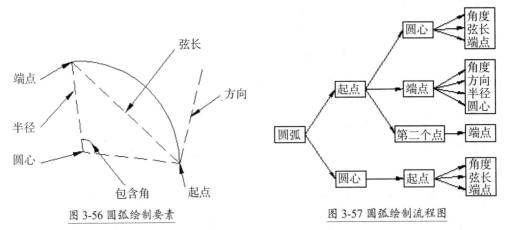

图 3-56 圆弧绘制要素

图 3-57 圆弧绘制流程图

2. 轻松控制正多边形底边与水平方向的夹角角度

通过输入半径值绘制多边形时，所绘制的多边形底边都与水平方向平齐，这是因为多边形底边自动与事先设定好的捕捉旋转角度对齐，这个角度 AutoCAD 默认为 0°。而通过输入半径值绘制底边不与水平方向平齐的多边形，有两种方法：一种是通过输入相对极坐标绘制，另一种是通过修改系统变量来绘制。下面就绘制一个外切圆半径为 200，底边与水平方向夹角为

30° 的正六边形。

（1）新建一个 AutoCAD 文件，在命令行输入"Pol"按"Space"键，根据命令行提示进行如下操作。

> 命令：POLYGON
>
> 输入侧面数 <4>：6
>
> 指定正多边形的中心点或 [边 (E)]：// 任意单击一点作为圆心
>
> 输入选项 [内接于圆 (I)/ 外切于圆 (C)] <I>：c
>
> 指定圆的半径：@200<60

（2）正六边形绘制完成后，结果如图 3-58 所示。

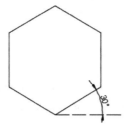

图 3-58 正六边形绘制结果

Tips

　　除了输入极坐标的方法外，通过修改系统参数"SNAPANG"也可以完成上述多边形的绘制，操作步骤如下。

　　（1）在命令行输入"SNAPANG"命令并按"Space"键，将新的系统值设置为 30°。

> 命令：SNAPANG
>
> 输入 SNAPANG 的新值 <0>：30

　　（2）在命令行输入"Pol"命令并按"Space"键，AutoCAD 提示如下。

> 命令：POLYGON 输入侧面数 <4>：6
>
> 指定正多边形的中心点或 [边 (E)]：　　　// 单击任意一点作为多边形的中心
>
> 输入选项 [内接于圆 (I)/ 外切于圆 (C)] <I>：c
>
> 指定圆的半径：200

---

3. 配合鼠标精确绘制直线段

拖动鼠标指定直线段的方向，然后在命令行输入直线段长度，即可精确绘制直线段。

新建一个 AutoCAD 文件，选择"绘图"→"直线"命令，在绘图区域的任意位置单击指定直线起点，按"F8"键开启正交功能，向上垂直拖动鼠标，在命令行输入 100，按"Enter"键确认；向右水平拖动鼠标，在命令行输入 200，按"Enter"键确认；向下垂直拖动鼠标，在命令行输入 100，按"Enter"键确认；向左水平拖动鼠标，在命令行输入 200，按两次"Enter"键结束直线命令。绘制的矩形如图 3-59 所示。

图 3-59 直线段绘制结果

4. 用构造线等分已知角

下面将介绍用"构造线"命令绘制角度平分线的方法。

（1）打开随书配套资源中的"素材\CH03\角度平分线.dwg"文件，如图 3-60 所示。

（2）在命令行输入"XL"按"Space"键调用"构造线"命令，命令行提示如下。

命令：XLINE

指定点或 [水平 (H)/ 垂直 (V)/ 角度 (A)/ 二等分 (B)/ 偏移 (O)]: b

指定角的顶点：// 捕捉角的顶点

指定角的起点：// 捕捉一条边上的任意一点

指定角的端点：// 捕捉另一条边上的任意一点

指定角的端点：// 按"Space"键结束命令

（3）构造线绘制完成后，结果如图 3-61 所示。

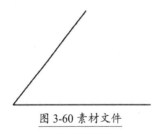

图 3-60 素材文件

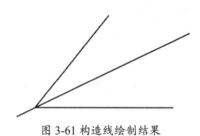

图 3-61 构造线绘制结果

第4章

编辑二维图形对象

内容简介

单纯地使用绘图命令，只能创建一些基本的图形对象。如果要绘制复杂的图形，则在很多情况下必须借助图形编辑命令。AutoCAD 2019 提供了强大的图形编辑功能，可以帮助用户合理地构造和组织图形，既保证了绘图的精确性，又简化了绘图操作，从而极大地提高了绘图效率。

内容要点

- 选取对象
- 复制类编辑对象
- 调整对象的大小或位置
- 构造类编辑对象
- 分解和删除对象

案例效果

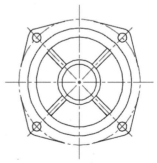

4.1 选取对象

在 AutoCAD 中创建的每个几何图形都是一个 AutoCAD 对象类型。AutoCAD 对象类型具有很多形式。例如，直线、圆、标注、文字、多边形和矩形等都是对象。无论执行任何编辑命令都必须选取对象，因此选取命令会频繁使用。

4.1.1 选取单个对象

将光标移至需要选取的图形对象上单击即可选中该对象。

选取对象时可以选取单个对象，也可以通过多次选取单个对象实现多个对象的选取，对于重叠对象可以利用"选择循环"功能进行相应对象的选取，如图 4-1 所示。

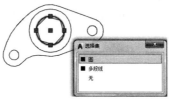

图 4-1 选择循环

练一练——选取直线对象

素材文件：素材 \CH04\ 选取对象 .dwg

结果文件：无

利用单个选取对象功能选取直线对象，如图 4-4 所示。

【操作步骤】

（1）打开随书配套资源中的"素材 \CH04\ 选取对象 .dwg"文件，如图 4-2 所示。

（2）将光标移动到直线对象上，该对象会被亮显，如图 4-3 所示。

（3）单击即可选中该对象，选中对象后对象呈夹点显示，如图 4-4 所示。

图 4-2 素材文件　　　图 4-3 对象被亮显　　　图 4-4 选取直线对象

（4）按"Esc"键即可取消对象选取。

4.1.2 选取多个对象

可以采用窗口选取和交叉选取两种方法中的任意一种。窗口选取对象时，只有整个对象都在选取框中时，对象才会被选中；而交叉选取对象时，只要对象和选择框相交就都会被选中。

在操作时，可能会不慎将选取好的对象放弃，如果选取对象很多，一个个重新选取则太烦琐，这时可以在输入操作命令后提示选取时输入"P"，重新选取上一步的所有选取对象。

🔍 重点——对多个图形对象同时进行选取

素材文件：素材\CH04\选取对象.dwg

结果文件：无

分别利用"窗口选取"和"交叉选取"方式选取多个图形对象。

【操作步骤】

1. 窗口选取

（1）打开随书配套资源中的"素材\CH04\选取对象.dwg"文件，如图4-5所示。

（2）在绘图区域左边空白处单击，确定矩形窗口第一点，如图4-6所示。

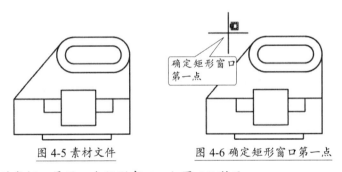

图4-5 素材文件　　　　图4-6 确定矩形窗口第一点

（3）从左向右拖动鼠标，展开一个矩形窗口，如图4-7所示。

（4）单击后，完全位于窗口内的对象即被选中，如图4-8所示。

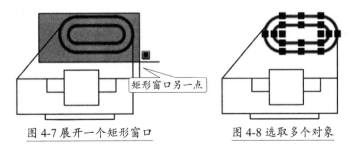

图4-7 展开一个矩形窗口　　　　图4-8 选取多个对象

2. 交叉选取

（1）打开随书配套资源中的"素材\CH04\选取对象.dwg"文件，如图4-9所示。

（2）在绘图区域右边空白处单击，确定矩形窗口第一点，如图 4-10 所示。

图 4-9 素材文件

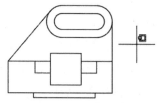

图 4-10 确定矩形窗口第一点

（3）从右向左拖动鼠标，展开一个矩形窗口，如图 4-11 所示。

（4）单击后，凡是和选取框接触的对象全部被选中，如图 4-12 所示。

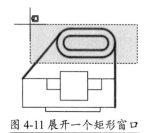

图 4-11 展开一个矩形窗口

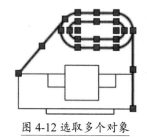

图 4-12 选取多个对象

4.2 复制类编辑对象

下面将对 AutoCAD 2019 中复制类图形对象编辑方法进行详细介绍，包括"复制""镜像""偏移"和"阵列"等。

4.2.1 复制

复制，通俗地讲就是把原对象变成多个完全一样的对象。这和现实当中复印身份证和求职简历是一个道理。例如，通过"复制"命令，可以很轻松地由单个餐桌复制出多个餐桌以实现一个完整餐厅的效果。

【执行方式】

● 命令行：COPY/CO/CP。

● 菜单栏：选择菜单栏中的"修改"→"复制"命令。

● 功能区：单击"默认"选项卡"修改"面板中的"复制"按钮 ⅜。

● 选取对象后右击，在快捷菜单中选择"复制"命令。

【操作步骤】

执行上述操作后命令行提示如下。

命令：_copy

选择对象:

执行一次"复制"命令,可以实现连续多次复制同一个对象的结果,退出"复制"命令后终止复制操作。

练一练——通过复制命令完善花窗图形

素材文件:素材 \CH04\ 复制 .dwg

结果文件:结果 \CH04\ 复制 .dwg

利用"复制"命令完善如图 4-17 所示的花窗图形。

【操作步骤】

(1)打开随书配套资源中的"素材 \CH04\ 复制 .dwg"文件,如图 4-13 所示。

(2)选择"修改"→"复制"命令,在绘图区域中选取如图 4-14 所示的图形对象作为需要复制的对象,按"Enter"键确认。

(3)在绘图区域中捕捉如图 4-15 所示的中点作为复制对象的基点。

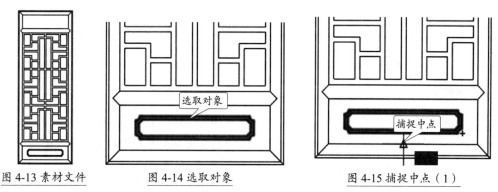

图 4-13 素材文件　　　　图 4-14 选取对象　　　　图 4-15 捕捉中点（1）

(4)在绘图区域中捕捉如图 4-16 所示的中点作为复制后的第二个点,按"Enter"键确认,结果如图 4-17 所示。

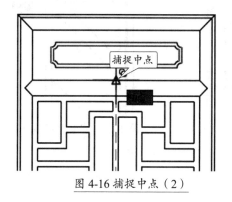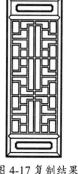

图 4-16 捕捉中点（2）　　　　图 4-17 复制结果

4.2.2 镜像

镜像对创建对称的对象非常有用。通常可以快速地绘制半个对象，然后将其镜像，而不必绘制整个对象。

【执行方式】

● 命令行：MIRROR/MI。

● 菜单栏：选择菜单栏中的"修改"→"镜像"命令。

● 功能区：单击"默认"选项卡"修改"面板中的"镜像"按钮◢◣。

【操作步骤】

执行上述操作后命令行提示如下。

命令：_mirror

选择对象：

✍ 练一练——绘制简易窗户图形

素材文件：素材 \CH04\ 简易窗户 .dwg

结果文件：结果 \CH04\ 简易窗户 .dwg

利用"镜像"命令绘制如图 4-22 所示的简易窗户图形。

【操作步骤】

（1）打开随书配套资源中的"素材 \CH04\ 简易窗户 .dwg"文件，如图 4-18 所示。

（2）选择"修改"→"镜像"命令，在绘图区域中选择全部图形对象作为需要镜像的对象，按"Enter"键确认，如图 4-19 所示。

（3）在绘图区域中捕捉端点为镜像线第一点，如图 4-20 所示。

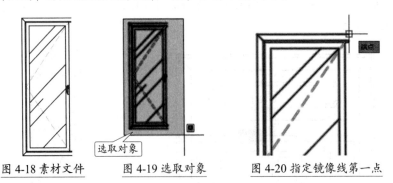

图 4-18 素材文件   图 4-19 选取对象   图 4-20 指定镜像线第一点

（4）在绘图区域中捕捉端点为镜像线第二点，如图 4-21 所示。

（5）当命令行提示是否删除"源对象"时，输入"N"并按"Enter"键确认，结果如图 4-22 所示。

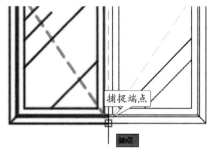

图 4-21 指定镜像线第二点

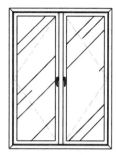

图 4-22 镜像结果

4.2.3 偏移

通过偏移可以创建与原对象造型平行的新对象。在 AutoCAD 中如果偏移对象为直线，那么偏移的结果相当于复制。偏移对象如果是圆，则偏移的结果是一个和源对象同心的同心圆，偏移距离即为两个圆的半径差。偏移的对象如果是矩形，则偏移结果是一个和源对象同中心的矩形，偏移距离即为两个矩形平行边之间的距离。

【执行方式】

● 命令行：OFFSET/O。

● 菜单栏：选择菜单栏中的"修改"→"偏移"命令。

● 功能区：单击"默认"选项卡"修改"面板中的"偏移"按钮 ⊆。

【操作步骤】

执行上述操作后命令行提示如下。

命令：_offset

当前设置：删除源 = 否 图层 = 源 OFFSETGAPTYPE=0

指定偏移距离或 [通过 (T)/ 删除 (E)/ 图层 (L)] < 通过 >:

【选项说明】

命令行中各选项的含义如下。

指定偏移距离：指定需要被偏移的距离值。

通过 (T)：可以指定一个已知点，偏移后生成的新对象将通过该点。

删除 (E)：控制是否在执行偏移命令后将源对象删除。

图层 (L)：确定将偏移对象创建在当前图层上还是源对象所在的图层上。

🔍 重点——绘制扬声器图形

素材文件：素材 \CH04\ 扬声器 .dwg

结果文件：结果 \CH04\ 扬声器 .dwg

利用"偏移"命令绘制如图 4-26 所示的扬声器图形。

【操作步骤】

（1）打开随书配套资源中的"素材 \CH04\ 扬声器 .dwg"文件，如图 4-23 所示。

（2）选择"修改"→"偏移"命令，偏移距离指定为"100"，在绘图区域中选取如图 4-24
　　 所示的图形对象作为需要偏移的对象。

（3）在偏移对象的右侧单击指定偏移方向，如图 4-25 所示。

（4）将偏移得到的圆弧对象继续向右进行偏移，按"Enter"键结束偏移命令，结果如图 4-26 所示。

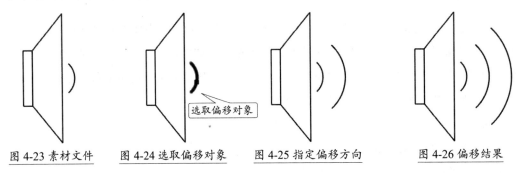

图 4-23 素材文件　　图 4-24 选取偏移对象　　图 4-25 指定偏移方向　　图 4-26 偏移结果

4.2.4 阵列

阵列功能可以将对象快速创建多个副本，在 AutoCAD 2019 中，阵列可以分为矩形阵列、
路径阵列及环形阵列（极轴阵列）。

【执行方式】

● 命令行：ARRAY/AR，选择需要阵列的对象后可以选择一种阵列方式。

● 菜单栏：选择菜单栏中的"修改"→"阵列"命令，然后选择一种阵列方式。

● 功能区：单击"默认"选项卡"修改"面板中的"阵列"按钮▦，然后选择一种阵列方式。

【操作步骤】

执行上述操作后命令行提示如下。

> 命令：ARRAY
>
> 选择对象：找到 1 个
>
> 选择对象：
>
> 输入阵列类型 [矩形 (R)/ 路径 (PA)/ 极轴 (PO)] ＜矩形＞：

【选项说明】

各种阵列方式区别如下。

矩形阵列：矩形阵列可以创建对象的多个副本，并可控制副本之间的数目和距离。

环形阵列：环形阵列也可创建对象的多个副本，并可对副本是否旋转以及旋转角度进行控制。

路径阵列：在路径阵列中，项目将均匀地沿路径或部分路径分布。

🔍 重点——通过阵列命令创建图形对象

1. 矩形阵列

素材文件：素材 \CH04\ 矩形阵列 .dwg

结果文件：结果 \CH04\ 矩形阵列 .dwg

利用"矩形阵列"命令创建如图 4-29 所示的图形对象。

【操作步骤】

（1）打开随书配套资源中的"素材 \CH04\ 矩形阵列 .dwg"文件，如图 4-27 所示。

（2）选择"修改"→"阵列"→"矩形阵列"命令，在绘图区域中选择全部图形对象作为需要矩形阵列的对象，按"Enter"键确认，在弹出的"阵列创建"选项卡中进行相应设置，如图 4-28 所示。

图 4-27 素材文件

图 4-28 参数设置

（3）单击"关闭阵列"按钮，结果如图 4-29 所示。

图 4-29 矩形阵列结果

2. 环形阵列

素材文件：素材 \CH04\ 环形阵列 .dwg

结果文件：结果 \CH04\ 环形阵列 .dwg

利用"环形阵列"命令创建如图 4-33 所示的图形对象。

【操作步骤】

（1）打开随书配套资源中的"素材 \CH04\ 环形阵列 .dwg"文件，如图 4-30 所示。

（2）选择"修改"→"阵列"→"环形阵列"命令，在绘图区域中选取如图 4-31 所示的图形对象作为需要环形阵列的对象，按"Enter"键确认，捕捉圆心作为阵列的中心点。

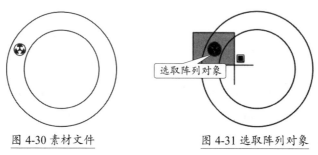

图 4-30 素材文件　　　　　　图 4-31 选取阵列对象

（3）在弹出的"阵列创建"选项卡中进行相应设置，如图 4-32 所示。

（4）单击"关闭阵列"按钮，结果如图 4-33 所示。

图 4-32 参数设置

图 4-33 环形阵列结果

3. 路径阵列

素材文件：素材 \CH04\ 路径阵列 .dwg

结果文件：结果 \CH04\ 路径阵列 .dwg

利用"路径阵列"命令创建如图 4-35 所示的图形对象。

【操作步骤】

（1）打开随书配套资源中的"素材 \CH04\ 路径阵列 .dwg"文件，如图 4-34 所示。

（2）选择"修改"→"阵列"→"路径阵列"命令，在绘图区域中选取文字对象作为需要路径阵列的对象，按"Enter"键确认，选择圆弧作为阵列的路径曲线，单击"关闭阵列"按钮，结果如图 4-35 所示。

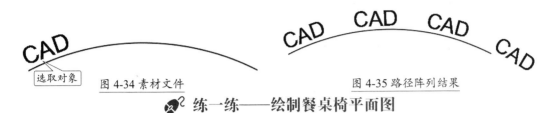

图 4-34 素材文件 图 4-35 路径阵列结果

练一练——绘制餐桌椅平面图

素材文件：素材 \CH04\ 餐桌椅 .dwg

结果文件：结果 \CH04\ 餐桌椅 .dwg

利用"路径阵列"命令创建如图 4-38 所示的图形对象。

【操作步骤】

（1）打开随书配套资源中的"素材 \CH04\ 餐桌椅 .dwg"文件，如图 4-36 所示。

（2）对下方的餐桌椅进行矩形阵列，"行数为 3，行间距为 -3000，列数为 4，列间距为 2500"，如图 4-37 所示。

（3）对上方的餐椅进行路径阵列，选择外侧圆弧作为路径阵列曲线，结果如图 4-38 所示。

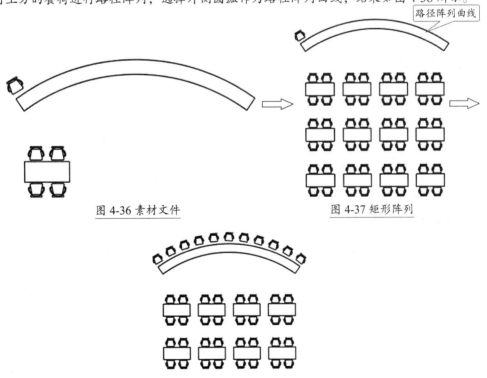

图 4-36 素材文件 图 4-37 矩形阵列

图 4-38 路径阵列

4.3 调整对象的大小或位置

下面将对 AutoCAD 2019 中调整对象大小或位置的方法进行详细介绍,包括"移动""修剪""延伸""缩放""旋转""拉伸"和"拉长"等。

4.3.1 移动

使用"移动"命令可以将源对象以指定的距离和角度移动到任何位置,从而实现对象的组合以形成一个新的对象。

【执行方式】

- ♦ 命令行:MOVE/M。
- ♦ 菜单栏:选择菜单栏中的"修改"→"移动"命令。
- ♦ 功能区:单击"默认"选项卡"修改"面板中的"移动"按钮✥。
- ♦ 选取对象后右击,在快捷菜单中选择"移动"命令。

【操作步骤】

执行上述操作后命令行提示如下。

命令:_move

选择对象:

练一练——移动图形对象

素材文件:素材 \CH04\ 移动 .dwg

结果文件:结果 \CH04\ 移动 .dwg

利用"移动"命令对树木图形进行移动操作。

【操作步骤】

(1)打开随书配套资源中的"素材 \CH04\ 移动 .dwg"文件,如图 4-39 所示。

(2)选择"修改"→"移动"命令,在绘图区域中选取左侧的树木图形作为需要移动的对象,按"Enter"键确认。指定任意一点作为移动的基点,拖动鼠标在适当的位置单击指定移动对象的第二个点,结果如图 4-40 所示。

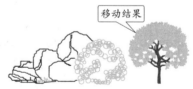

图 4-39 素材文件   图 4-40 移动结果

4.3.2 修剪

可以利用"修剪"命令对多余对象进行修剪操作。

【执行方式】

● 命令行：TRIM/TR。

● 菜单栏：选择菜单栏中的"修改"→"修剪"命令。

● 功能区：单击"默认"选项卡"修改"面板中的"修剪"按钮。

【操作步骤】

执行上述操作后命令行提示如下。

> 命令：_trim
>
> 当前设置：投影=UCS，边=无
>
> 选择剪切边 ...
>
> 选择对象或 < 全部选择 >:

对剪切边进行选择确认之后命令行提示如下。

> 选取要修剪的对象，或按住 Shift 键选择要延伸的对象，或
>
> [栏选 (F)/ 窗交 (C)/ 投影 (P)/ 边 (E)/ 删除 (R)/ 放弃 (U)]:

【选项说明】

命令行中各选项的含义如下。

选择要修剪的对象：选取需要被修剪掉的对象。

按住"Shift"键选择要延伸的对象：延伸选定对象而不执行修剪操作。

栏选 (F)：与选择栏相交的所有对象将被选择。选择栏是一系列临时线段，用两个或多个栏选点指定且不会构成闭合环。

窗交 (C)：选择矩形区域（由两点确定）内部或与之相交的对象。

投影 (P)：指定延伸对象时使用的投影方法，默认有 3 种投影选项供用户选择，分别为"无（N）""UCS（U）"和"视图（V）"。

边 (E)：确定对象是在另一对象的延长边处进行修剪，还是仅在三维空间中与该对象相交的对象处进行修剪。默认有两种模式供用户选择，分别为"延伸（E）"和"不延伸（N）"。

删除 (R)：修剪命令执行过程中可以对需要删除的部分进行有效删除，而不影响修剪命令的执行。

放弃 (U)：恢复在命令中执行的上一个操作。

重点——修剪图形对象

素材文件：素材 \CH04\ 修剪 .dwg

结果文件：结果 \CH04\ 修剪 .dwg

利用"修剪"命令对直线对象进行修剪操作。

【操作步骤】

（1）打开随书配套资源中的"素材 \CH04\ 修剪 .dwg"文件，如图 4-41 所示。

（2）选择"修改"→"修剪"命令。在绘图区域中选择两段圆弧作为要修剪的对象，按"Enter"
键确认，如图 4-42 所示。

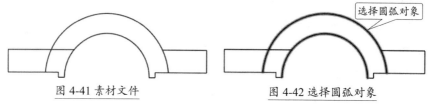

图 4-41 素材文件　　　　　　　　　　　图 4-42 选择圆弧对象

（3）在绘图区域中选择需要被修剪掉的部分对象，如图 4-43 所示。

（4）按"Enter"键确认，结果如图 4-44 所示。

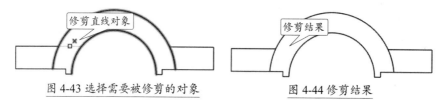

图 4-43 选择需要被修剪的对象　　　　　图 4-44 修剪结果

4.3.3 延伸

可以利用"延伸"命令将需要延长的对象延伸到选定边界。

【执行方式】

● 命令行：EXTEND/EX。

● 菜单栏：选择菜单栏中的"修改"→"延伸"命令。

● 功能区：单击"默认"选项卡"修改"面板中的"延伸"按钮-->|。

【操作步骤】

执行上述操作后命令行提示如下。

```
命令：_extend

当前设置：投影 =UCS，边 = 无

选择边界的边 ...
```

选择对象或＜全部选择＞：

对延伸边界对象进行选择确认之后命令行提示如下。

选择要延伸的对象，或按住 Shift 键选择要修剪的对象，或

[栏选 (F)/ 窗交 (C)/ 投影 (P)/ 边 (E)/ 放弃 (U)]：

【选项说明】

命令行中各选项的含义如下。

选择要延伸的对象：指定需要被延伸的对象。

按住"Shift"键选择要修剪的对象：将选定对象修剪到最近的边界而不是将其延伸。

栏选 (F)：与选择栏相交的所有对象将被选择。选择栏是一系列临时线段，用两个或多个栏选点指定且不会构成闭合环。

窗交 (C)：选择矩形区域（由两点确定）内部或与之相交的对象。

投影 (P)：指定延伸对象时使用的投影方法，默认有 3 种投影选项供用户选择，分别为"无（N）""UCS（U）"和"视图（V）"。

边 (E)：将对象延伸到另一个对象的隐含边，或者仅延伸到三维空间中与其实际相交的对象。

放弃 (U)：恢复在命令中执行的上一个操作。

🔍 重点——对图形对象进行延伸操作

素材文件：素材 \CH04\ 延伸 .dwg

结果文件：结果 \CH04\ 延伸 .dwg

利用"延伸"命令对直线对象进行延伸操作。

【操作步骤】

（1）打开随书配套资源中的"素材 \CH04\ 延伸 .dwg"文件，如图 4-45 所示。

（2）选择"修改"→"延伸"命令，在绘图区域中选择延伸边界对象，按"Enter"键确认，如图 4-46 所示。

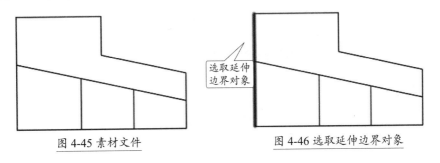

图 4-45 素材文件　　　　图 4-46 选取延伸边界对象

（3）在绘图区域中选择需要被延伸的部分对象，按"Enter"键确认，如图 4-47 所示。

（4）结果如图 4-48 所示。

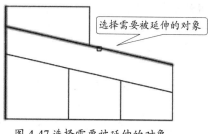

图 4-47 选择需要被延伸的对象

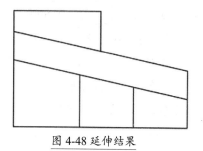

图 4-48 延伸结果

4.3.4 缩放

通过"缩放"命令可以在 X、Y 和 Z 坐标上同比例放大或缩小对象，最终使对象符合设计要求。在对对象进行缩放操作时，对象的比例保持不变，但其在 X、Y、Z 坐标上的数值将发生改变。

【执行方式】

- 命令行：SCALE/SC。
- 菜单栏：选择菜单栏中的"修改"→"缩放"命令。
- 功能区：单击"默认"选项卡"修改"面板中的"缩放"按钮 。
- 选择对象后右击，在快捷菜单中选择"缩放"命令。

【操作步骤】

执行上述操作后命令行提示如下。

命令：_scale

选择对象：

重点——缩放图形对象

素材文件：素材 \CH04\ 缩放 .dwg

结果文件：结果 \CH04\ 缩放 .dwg

利用"缩放"命令对圆形对象进行缩放操作。

【操作步骤】

（1）打开随书配套资源中的"素材 \CH04\ 缩放 .dwg"文件，如图 4-49 所示。

（2）选择"修改"→"缩放"命令，在绘图区域中选择圆形对象作为需要缩放的对象，按"Enter"键确认，如图 4-50 所示。

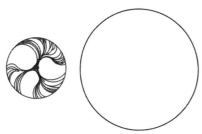

图 4-49 素材文件

图 4-50 选择圆形对象

（3）在绘图区域中捕捉圆心作为图形对象缩放的基点，如图 4-51 所示。

（4）在命令行中指定缩放比例因子为"0.5"，按"Enter"键确认，结果如图 4-52 所示。

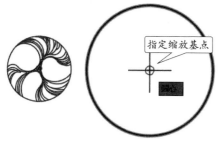

图 4-51 指定缩放基点

图 4-52 缩放结果

4.3.5 旋转

旋转是指绕指定基点旋转图形中的对象。

【执行方式】

● 命令行：ROTATE/RO。

● 菜单栏：选择菜单栏中的"修改"→"旋转"命令。

● 功能区：单击"默认"选项卡"修改"面板中的"旋转"按钮↻。

● 选择对象后右击，在快捷菜单中选择"旋转"命令。

【操作步骤】

执行上述操作后命令行提示如下。

命令：_rotate

UCS 当前的正角方向：ANGDIR= 逆时针 ANGBASE=0

选择对象：

练一练——旋转图形对象

素材文件：素材 \CH04\ 旋转 .dwg

结果文件：结果 \CH04\ 旋转 .dwg

利用"旋转"命令旋转植物图形。

【操作步骤】

（1）打开随书配套资源中的"素材 \CH04\ 旋转 .dwg"文件，如图 4-53 所示。

（2）选择"修改"→"旋转"命令，在绘图区域中选择全部图形对象作为需要旋转的对象，按"Enter"键确认，如图 4-54 所示。

图 4-53 素材文件

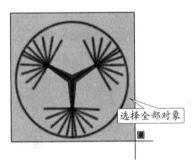

选择全部对象

图 4-54 选择全部对象

（3）在绘图区域中单击指定图形对象的旋转基点，如图 4-55 所示。

（4）在命令行中指定旋转角度为"180"，按"Enter"键确认，结果如图 4-56 所示。

指定旋转基点

图 4-55 指定旋转基点

图 4-56 旋转结果

4.3.6 拉伸

通过"拉伸"命令可改变对象的形状。在 AutoCAD 中，"拉伸"命令主要用于非等比例缩放。"缩放"命令是对对象的整体进行放大或缩小，也就是说，缩放前后对象的大小发生改变，但其形状保持不变。"拉伸"命令可以对对象进行形状的改变。

【执行方式】

● 命令行：STRETCH/S。

● 菜单栏：选择菜单栏中的"修改"→"拉伸"命令。

● 功能区：单击"默认"选项卡"修改"面板中的"拉伸"按钮。

【操作步骤】

执行上述操作后命令行提示如下。

命令：_stretch

以交叉窗口或交叉多边形选取要拉伸的对象 ...

选择对象：

在选取对象时，必须采用交叉选择的方式，全部被选取的对象将被移动，部分被选取的对象将进行拉伸。

🔍 重点——对图形对象进行拉伸操作

素材文件：素材\CH04\拉伸.dwg

结果文件：结果\CH04\拉伸.dwg

利用"拉伸"命令对矩形对象进行拉伸操作。

【操作步骤】

（1）打开随书配套资源中的"素材\CH04\拉伸.dwg"文件，如图4-57所示。

（2）选择"修改"→"拉伸"命令，在绘图区域中由右向左交叉选取要拉伸的对象，按"Enter"键确认，如图4-58所示。

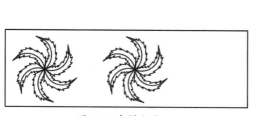

图4-57 素材文件

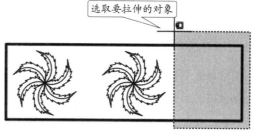

选取要拉伸的对象

图4-58 选取要拉伸的对象

（3）在绘图区域中单击指定图形对象的拉伸基点，如图4-59所示。

（4）在命令行输入"@−3,0"按"Enter"键确认，结果如图4-60所示。

指定拉伸基点

图4-59 指定拉伸基点

图4-60 拉伸结果

4.3.7 拉长

使用"拉长"命令可以通过指定百分比、增量、最终长度或角度来更改对象的长度和圆弧的包含角。

【执行方式】

- 命令行：LENGTHEN/LEN。
- 菜单栏：选择菜单栏中的"修改"→"拉长"命令。
- 功能区：单击"默认"选项卡"修改"面板中的"拉长"按钮。

【操作步骤】

执行上述操作后命令行提示如下。

命令：_lengthen

选择要测量的对象或 [增量 (DE)/ 百分比 (P)/ 总计 (T)/ 动态 (DY)] < 总计 (T)>:

在选择拉伸对象时注意选择的位置，选择的位置不同，得到的结果相反。

🔍 重点——对图形对象进行拉长操作

素材文件：素材 \CH04\ 拉长 .dwg

结果文件：结果 \CH04\ 拉长 .dwg

利用"拉长"命令对直线对象进行动态拉长操作。

【操作步骤】

（1）打开随书配套资源中的"素材 \CH04\ 拉长 .dwg"文件，如图 4-61 所示。

（2）选择"修改"→"拉长"命令，在命令行输入"DY"按"Enter"键确认，在绘图区域中选取需要修改的对象，如图 4-62 所示。

图 4-61 素材文件

图 4-62 选取直线对象

（3）在绘图区域中捕捉如图 4-63 所示的端点作为修改对象的新端点。

（4）按"Enter"键确认，结果如图 4-64 所示。

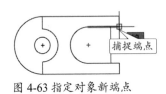
图 4-63 指定对象新端点

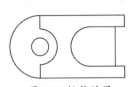
图 4-64 拉长结果

练一练——完善轴承图形

素材文件：素材 \CH04\ 轴承 .dwg

结果文件：结果 \CH04\ 轴承 .dwg

利用"拉长"和"拉伸"命令完善轴承图形，如图 4-68 所示。

【操作步骤】

（1）打开随书配套资源中的"素材 \CH04\ 轴承 .dwg"文件，如图 4-65 所示。

（2）调用"拉长"命令将竖直直线段超出部分向下拉长"10"，如图 4-66 所示。

（3）调用"旋转"命令将左侧部分图形旋转-30°，如图 4-67 所示。

（4）调用"拉伸"命令将部分图形拉伸距离"50"，如图 4-68 所示。

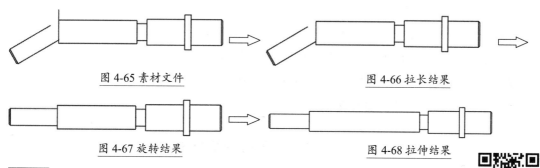

图 4-65 素材文件　　　　　　　　　　　　图 4-66 拉长结果

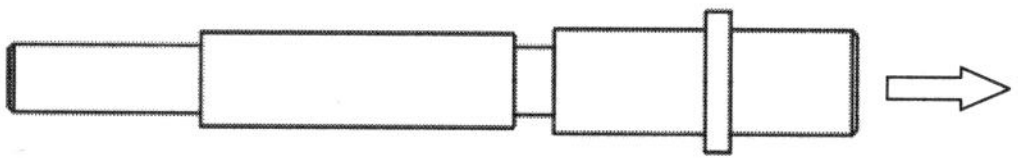

图 4-67 旋转结果　　　　　　　　　　　图 4-68 拉伸结果

4.4 构造类编辑对象

下面将对 AutoCAD 2019 中构造对象的方法进行详细介绍，包括"倒角""圆角""合并""打断"和"打断于点"等。

4.4.1 倒角

倒角操作用于连接两个对象，使它们连接或以倒角相接。

【执行方式】

● 命令行：CHAMFER/CHA。

● 菜单栏：选择菜单栏中的"修改"→"倒角"命令。

● 功能区：单击"默认"选项卡"修改"面板中的"倒角"按钮。

【操作步骤】

执行上述操作后命令行提示如下。

命令：_chamfer

（"修剪"模式）当前倒角距离 1 = 0.0000，距离 2 = 0.0000

选择第一条直线或 [放弃 (U)/ 多段线 (P)/ 距离 (D)/ 角度 (A)/ 修剪 (T)/ 方式 (E)/ 多个 (M)]:

【选项说明】

命令行中各选项的含义如下。

选择第一条直线：指定定义二维倒角所需的两条边中的第一条边，还可以选择三维实体的边进行倒角，然后从两个相邻曲面中指定其中一个作为基准曲面（在 AutoCAD LT 中不可用）。

放弃 (U)：恢复在命令中执行的上一个操作。

多段线 (P)：对整个二维多段线倒角，相交多段线线段在每个多段线顶点处被倒角，倒角成为多段线的新线段。如果多段线包含的线段过短以至于无法容纳倒角距离，则不对这些线段倒角。

距离 (D)：设定倒角至选定边端点的距离，如果将两个距离均设定为零，将延伸或修剪两条直线，以使它们终止于同一点。

角度 (A)：用第一条线的倒角距离和第二条线的角度设定倒角距离。

修剪 (T)：控制是否将选定的边修剪到倒角直线的端点。

方式 (E)：控制使用两个距离还是一个距离和一个角度来创建倒角。

多个 (M)：为多组对象的边倒角。

🖱 练一练——创建倒角对象

素材文件：素材 \CH04\ 倒角 .dwg

结果文件：结果 \CH04\ 倒角 .dwg

利用"倒角"命令创建如图 4-71 所示的倒角对象。

【操作步骤】

（1）打开随书配套资源中的"素材 \CH04\ 倒角 .dwg"文件，如图 4-69 所示。

（2）选择"修改"→"倒角"命令，将倒角距离 1、倒角距离 2 均设置为"20"，在绘图区域中选择如图 4-70 所示的两条线段作为需要倒角的对象。

（3）结果如图 4-71 所示。

图 4-69 素材文件   图 4-70 选择倒角边   图 4-71 倒角结果

4.4.2　圆角

使用"圆角"命令可以将比较尖锐的角进行圆滑处理，也可以对平行或延长线相交的边线进行圆角处理。

【执行方式】

- ● 命令行：FILLET/F。
- ● 菜单栏：选择菜单栏中的"修改"→"圆角"命令。
- ● 功能区：单击"默认"选项卡"修改"面板中的"圆角"按钮〔。

【操作步骤】

执行上述操作后命令行提示如下。

命令：_fillet

当前设置：模式＝修剪，半径＝0.0000

选择第一个对象或[放弃(U)/多段线(P)/半径(R)/修剪(T)/多个(M)]:

【选项说明】

命令行中各选项的含义如下。

选择第一个对象：选择定义二维圆角所需的两个对象中的其中一个，如果编辑对象为三维模型，则选择三维实体的边（在 AutoCAD LT 中不可用）。

放弃(U)：恢复在命令中执行的上一个操作。

多段线(P)：对整个二维多段线中两条直线段相交的顶点处均进行圆角。

半径(R)：预定义圆角半径。

修剪(T)：控制是否将选定的边修剪到圆角圆弧的端点。

多个(M)：可以为多个对象添加相同半径值的圆角。

🖎 练一练——创建圆角对象

素材文件：素材\CH04\圆角.dwg

结果文件：结果\CH04\圆角.dwg

利用"圆角"命令创建如图4-74所示的圆角对象。

【操作步骤】

（1）打开随书配套资源中的"素材\CH04\圆角.dwg"文件，如图4-72所示。

（2）选择"修改"→"圆角"命令，将圆角半径设置为"20"，在绘图区域中选择如图4-73所示的两条线段作为需要圆角的对象。

（3）结果如图 4-74 所示。

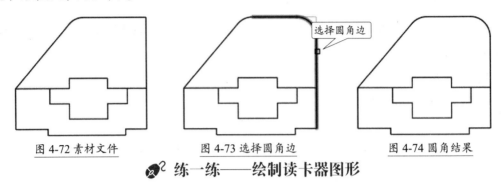

图 4-72 素材文件　　　　图 4-73 选择圆角边　　　　图 4-74 圆角结果

练一练——绘制读卡器图形

素材文件：素材 \CH04\ 读卡器 .dwg

结果文件：结果 \CH04\ 读卡器 .dwg

利用"拉伸"和"圆角"命令绘制读卡器图形，如图 4-77 所示。

【操作步骤】

（1）打开随书配套资源中的"素材 \CH04\ 读卡器 .dwg"文件，如图 4-75 所示。

（2）调用"拉伸"命令，对右侧矩形进行拉伸操作，基点任意，第二个点指定为"@15,0"，如图 4-76 所示。

（3）调用"圆角"命令，圆角半径设置为"2"，为右侧矩形创建 4 个圆角对象，如图 4-77 所示。

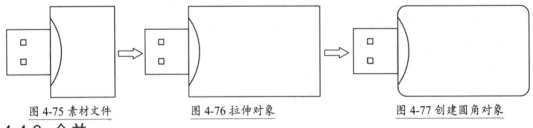

图 4-75 素材文件　　　　　图 4-76 拉伸对象　　　　　图 4-77 创建圆角对象

4.4.3 合并

使用"合并"命令可以将相似的对象合并为一个完整的对象。

【执行方式】

- 命令行：JOIN/J。
- 菜单栏：选择菜单栏中的"修改"→"合并"命令。
- 功能区：单击"默认"选项卡"修改"面板中的"合并"按钮 ➡➡ 。

【操作步骤】

执行上述操作后命令行提示如下。

命令：_join

选择源对象或要一次合并的多个对象：

合并两条或多条圆弧或椭圆弧时，将从源对象开始按逆时针方向合并圆弧。

练一练——合并图形对象

素材文件：素材 \CH04\ 合并 .dwg

结果文件：结果 \CH04\ 合并 .dwg

利用"合并"命令将直线对象合并。

【操作步骤】

（1）打开随书配套资源中的"素材 \CH04\ 合并 .dwg"文件，如图 4-78 所示。

（2）选择"修改"→"合并"命令，在绘图区域中选择如图 4-79 所示的线段对象作为合并的源对象。

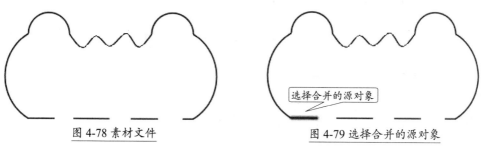

图 4-78 素材文件 图 4-79 选择合并的源对象

（3）依次选择要合并到源的对象，按"Enter"键确认，如图 4-80 所示。

（4）结果如图 4-81 所示。

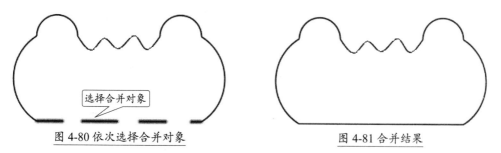

图 4-80 依次选择合并对象 图 4-81 合并结果

4.4.4 有间隙的打断

利用"打断"命令可以轻松实现在两点之间打断对象。

【执行方式】

● 命令行：BREAK/BR。

● 菜单栏：选择菜单栏中的"修改"→"打断"命令。

● 功能区：单击"默认"选项卡"修改"面板中的"打断"按钮[]。

【操作步骤】

执行上述操作后命令行提示如下。

命令：_break

选择对象：

选择需要打断的对象之后命令行提示如下。

指定第二个打断点 或 [第一点 (F)]:

【选项说明】

命令行中各选项的含义如下。

指定第二个打断点：指定第二个打断点的位置，此时系统默认以选择该对象时所单击的位置为第一个打断点。

第一点 (F)：用指定的新点替换原来的第一个打断点。

🔍 重点——创建有间隙的打断

素材文件：素材 \CH04\ 打断 .dwg

结果文件：结果 \CH04\ 打断 .dwg

利用"打断"命令为圆形对象创建有间隙的打断。

【操作步骤】

（1）打开随书配套资源中的"素材 \CH04\ 打断 .dwg"文件，如图 4-82 所示。

（2）选择"修改"→"打断"命令，在绘图区域中选择圆形对象作为需要打断的对象，如图 4-83 所示。

（3）在命令行中输入"F"按"Enter"键确认，在绘图区域中单击指定第一个打断点，如图 4-84 所示。

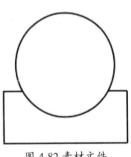

图 4-82 素材文件

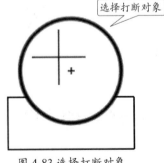

图 4-83 选择打断对象

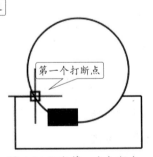

图 4-84 指定第一个打断点

（4）在绘图区域中单击指定第二个打断点，如图 4-85 所示。

（5）结果如图 4-86 所示。

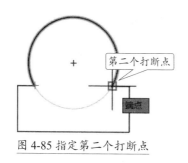

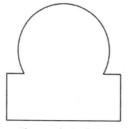

图 4-85 指定第二个打断点　　　　　图 4-86 打断结果

4.4.5 无间隙的打断——打断于点

利用"打断于点"命令可以实现将对象在一点处打断，而不存在缝隙。

【执行方式】

● 命令行：BREAK/BR。

● 菜单栏：选择菜单栏中的"修改"→"打断"命令。

● 功能区：单击"默认"选项卡"修改"面板中的"打断于点"按钮 ▣。

【操作步骤】

执行上述操作后命令行提示如下。

命令：_break

选择对象：

选择需要打断的对象之后命令行提示如下。

指定第二个打断点或[第一点(F)]：_f

指定第一个打断点：

🔍 重点——创建无间隙的打断

素材文件：素材 \CH04\ 打断于点 .dwg

结果文件：结果 \CH04\ 打断于点 .dwg

利用"打断于点"命令为直线对象创建无间隙的打断。

【操作步骤】

（1）打开随书配套资源中的"素材 \CH04\ 打断于点 .dwg"文件，如图 4-87 所示。

（2）单击"默认"选项卡"修改"面板中的"打断于点"按钮 ▣，选择直线作为要打断的对象，
　　 如图 4-88 所示。

（3）在绘图区域中单击直线中点作为打断点，如图 4-89 所示。

（4）结果如图 4-90 所示，在线段一端选择线段，可以看到线段显示为两段。

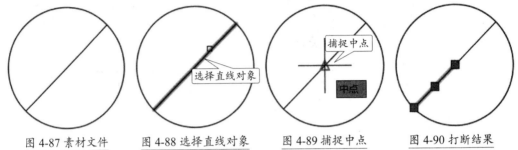

图 4-87 素材文件　　　图 4-88 选择直线对象　　　图 4-89 捕捉中点　　　图 4-90 打断结果

4.5 分解和删除对象

通过"分解"操作可以将块、面域、多段线等分解为它的组成对象，以便单独修改一个或多个对象。"删除"命令则可以按需求将多余对象从原对象中删除。

4.5.1 分解

"分解"命令主要是把单个组合的对象分解成多个单独的对象，以便对各个单独对象进行编辑。

【执行方式】

● 命令行：EXPLODE/X。

● 菜单栏：选择菜单栏中的"修改"→"分解"命令。

● 功能区：单击"默认"选项卡"修改"面板中的"分解"按钮 。

【操作步骤】

执行上述操作后命令行提示如下。

```
命令：_explode
选择对象：
```

练一练——分解书本图块

素材文件：素材 \CH04\ 书本 .dwg

结果文件：结果 \CH04\ 书本 .dwg

利用"分解"命令分解书本图块。

【操作步骤】

（1）打开随书配套资源中的"素材 \CH04\ 书本 .dwg"文件，如图 4-91 所示。

（2）选择"修改"→"分解"命令，在绘图区域中选择全部图形对象作为需要分解的对象，
如图 4-92 所示。

（3）按"Enter"键确认，选择图形，可以看到该图形被分解成了多个单体，如图 4-93 所示。

图 4-91 素材文件

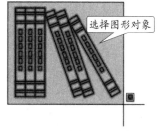

图 4-92 选择图形对象

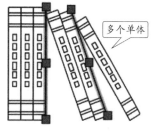

图 4-93 分解结果

4.5.2 删除

删除是把相关图形从原文档中移除，不保留任何痕迹。

【执行方式】

- 命令行：ERASE/E。
- 菜单栏：选择菜单栏中的"修改"→"删除"命令。
- 功能区：单击"默认"选项卡"修改"面板中的"删除"按钮 。
- 选择对象后右击，在快捷菜单中选择"删除"命令。
- 选择需要删除的对象，按"Del"键。

【操作步骤】

执行上述操作后命令行提示如下。

命令：_erase

选择对象：

练一练——删除花朵图形中的多余花瓣

素材文件：素材 \CH04\ 花朵 .dwg

结果文件：结果 \CH04\ 花朵 .dwg

利用"删除"命令删除花朵图形中的多余花瓣。

【操作步骤】

（1）打开随书配套资源中的"素材 \CH04\ 花朵 .dwg"文件，如图 4-94 所示。

（2）选择"修改"→"删除"命令，在绘图区域中选择如图 4-95 所示的图形对象作为需要删除的对象。

（3）按"Enter"键确认，结果如图 4-96 所示。

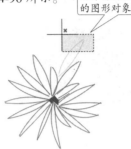

选择需要删除的图形对象

图 4-94 素材文件　　　图 4-95 选择需要删除的图形对象　　　图 4-96 删除结果

4.6 实例——绘制定位压盖

本实例将综合利用"圆""直线""阵列""偏移""修剪""旋转"和"镜像"命令绘制定位压盖零件图。

1. 绘制轮廓圆及定位圆

（1）打开随书配套资源中的"素材 \CH04\ 定位压盖 .dwg"文件，如图 4-97 所示。

（2）选择"修改"→"阵列"→"环形阵列"命令，在绘图区域选择直线作为阵列对象并捕捉直线的中点为阵列的中心，在弹出的"阵列创建"面板上将项目数设置为"4"，角度设置"45"，设置完毕后单击"关闭阵列"按钮，如图 4-98 所示。

图 4-97 素材文件　　　　　　　　　　图 4-98 环形阵列结果

（3）选择"绘图"→"圆"→"圆心、半径"命令，捕捉中心线的交点为圆心，分别绘制半径为"20""25""50""60"和"70"的圆，如图4-99所示。

（4）重复圆命令，捕捉中心线与R70的圆的交点为圆心，绘制一个半径为"5"的圆，如图4-100所示。

（5）选择"修改"→"偏移"命令，将上步绘制的圆向外偏移"5"，如图4-101所示。

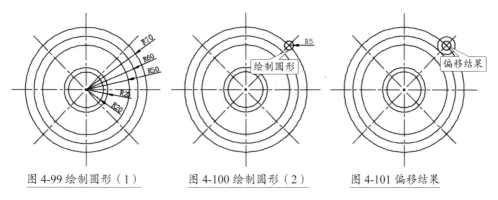

图4-99 绘制圆形（1）　　　图4-100 绘制圆形（2）　　　图4-101 偏移结果

2. 绘制凸起及螺钉孔

（1）选择"绘图"→"直线"命令，当命令行提示指定第一点时，按住Ctrl键右击，弹出临时捕捉快捷菜单，选择"切点"选项，在R70圆周上捕捉切点作为直线的第一点，如图4-102所示。

（2）重复上述操作，在偏移后的圆周上捕捉切点作为直线的第二点，如图4-103所示。

（3）直线绘制结果如图4-104所示。

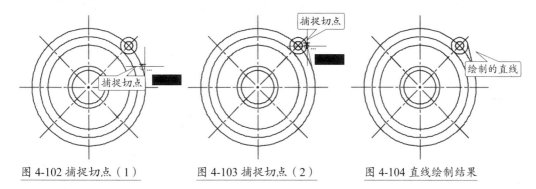

图4-102 捕捉切点（1）　　　图4-103 捕捉切点（2）　　　图4-104 直线绘制结果

（4）选择"修改"→"镜像"命令，选择刚绘制的直线为镜像对象，如图4-105所示。

（5）捕捉中心线的端点为镜像线的第一点，如图4-106所示。

（6）捕捉圆心为镜像线的第二点，如图4-107所示。

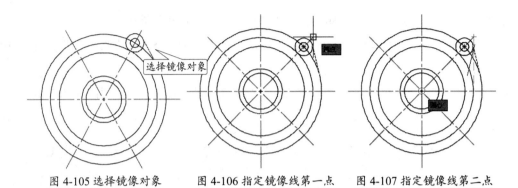

图 4-105 选择镜像对象　　图 4-106 指定镜像线第一点　　图 4-107 指定镜像线第二点

（7）选择不删除源对象，镜像结果如图 4-108 所示。

（8）选择"修改"→"修剪"命令，选择刚创建的两条直线为剪切边，如图 4-109 所示。

（9）选择偏移的圆为修剪对象，如图 4-110 所示。

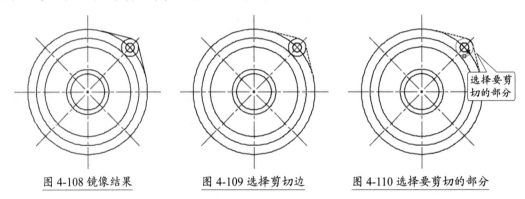

图 4-108 镜像结果　　　　图 4-109 选择剪切边　　　　图 4-110 选择要剪切的部分

（10）修剪结果如图 4-111 所示。

（11）选择"修改"→"阵列"→"环形阵列"命令，在绘图区域选择阵列对象，如图 4-112 所示。

（12）捕捉如图 4-113 所示的圆心作为阵列的中心点。

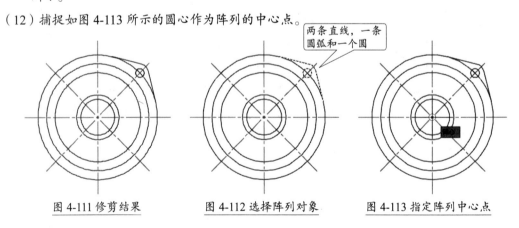

图 4-111 修剪结果　　　　图 4-112 选择阵列对象　　　　图 4-113 指定阵列中心点

（13）在弹出的"阵列创建"面板上将项目数设置为"4"，角度设置为"90"，设置完毕后单击"关闭阵列"按钮，阵列结果如图4-114所示。

图4-114 阵列结果

3. 绘制加强筋

（1）选择"修改"→"偏移"命令，当命令行提示输入偏移距离时，输入"L"，按"Enter"键后，再输入"C"，选择偏移对象的层为当前层，最后输入偏移距离"3.5"。

命令：OFFSET

当前设置：删除源＝否 图层＝源 OFFSETGAPTYPE=0

指定偏移距离或[通过(T)/删除(E)/图层(L)]<5.0000>: L ✓

输入偏移对象的图层选项[当前(C)/源(S)]<源>:

c ✓

指定偏移距离或[通过(T)/删除(E)/图层(L)]<5.0000>:3.5 ✓

（2）选择如图4-115所示的中心线为偏移对象。

（3）在中心线的下方单击作为偏移的方向，结果如图4-116所示。

（4）继续选择中心线为偏移对象，在中心线上方单击作为偏移方向，退出偏移命令后结果如图4-117所示。

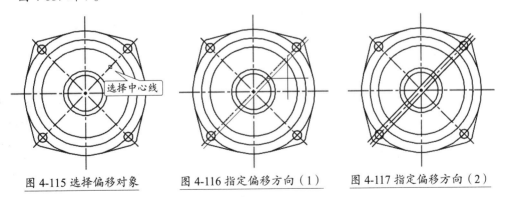

图4-115 选择偏移对象　　图4-116 指定偏移方向（1）　　图4-117 指定偏移方向（2）

（5）选择"修改"→"修剪"命令，选择如图 4-118 所示的两个圆为剪切边。

（6）对刚偏移的两条直线进行修剪，结果如图 4-119 所示。

（7）选择"修改"→"旋转"命令，选择如图 4-120 所示的 4 条直线为旋转对象。

图 4-118 选择剪切边　　　　图 4-119 修剪结果　　　　图 4-120 选择旋转对象

（8）捕捉如图 4-121 所示的圆心为旋转基点。

（9）选定基点后在命令行输入"C"，即旋转的同时进行复制，再输入旋转角度。

指定旋转角度，或 [复制 (C)/ 参照 (R)] <0>: c ↙

指定旋转角度，或 [复制 (C)/ 参照 (R)] <0>: 90 ↙

（10）旋转结果如图 4-122 所示。

（11）选择 R70 的圆，将其移至"点画线"图层，结果如图 4-123 所示。

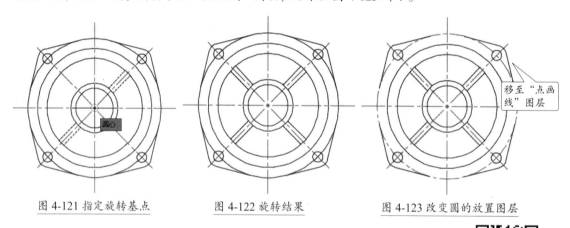

图 4-121 指定旋转基点　　　　图 4-122 旋转结果　　　　图 4-123 改变圆的放置图层

⚙ 技 巧

1. 轻松找回误删除的对象

可以使用 OOPS 命令恢复最后删除的组，OOPS 命令恢复的是最后删除的整个选择集合，而不是某一个被删除的对象。

（1）新建一个 AutoCAD 文件，在绘图区域中任意绘制两条直线段，如图 4-124 所示。

（2）将刚才绘制的两条直线段同时选中，按"Del"键将其删除，然后在绘图区域中再次任意绘制一条直线段，如图 4-125 所示。

（3）在命令行中输入"OOPS"命令按"Enter"键确认，之前删除的两条线段被找回，结果如图 4-126 所示。

图 4-124 绘制直线段 　　　图 4-125 删除并绘制直线段 　　　图 4-126 找回删除的直线段

2. 巧用"圆角"命令延伸对象

当圆角半径设置为 0 时，"圆角"命令可以起到延伸对象的作用。

（1）打开随书配套资源中的"素材 \CH04\ 圆角延伸 .dwg"文件，如图 4-127 所示。

（2）调用"圆角"命令，将圆角半径设置为 0，对直线 A 和直线 B 执行圆角操作，结果如图 4-128 所示。

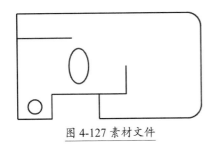

图 4-127 素材文件　　　　　　图 4-128 圆角结果

3. 箭头的简便绘制方法

下面将对快速绘制箭头的方法进行详细介绍。

（1）在绘图区域创建一个对齐标注，如图 4-129 所示。

（2）选择刚才创建的对齐标注，然后调用"特性"命令，在弹出的特性面板中可以对箭头的大小及样式进行设置，如图 4-130 所示。

（3）设置完成之后将该对齐标注分解，并将多余部分删除，即可得到需要的箭头，如图 4-131 所示。

图 4-129 创建对齐标注

图 4-130 特性面板

图 4-131 绘制的箭头

4. 巧用"打断"命令创建无间隙的打断

调用"打断"命令后，可以在相同的位置指定两个打断点，也可以在提示输入第二点时输入"@0,0"，便可以实现打断对象而不创建间隙。图 4-132 所示为打断之前的图形，图 4-133 所示为打断之后的图形。

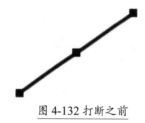

图 4-132 打断之前

图 4-133 打断之后

第 5 章

绘制和编辑复杂二维对象

内容简介

　　AutoCAD 2019 可以满足用户的多种绘图需要，一种图形可以通过多种方式来绘制，如平行线可以用两条直线来绘制，但是用多线绘制更为快捷准确。

内容要点

- 创建和编辑多段线、多线、样条曲线
- 创建面域和边界
- 创建和编辑图案填充
- 使用夹点编辑对象

案例效果

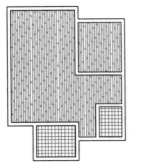  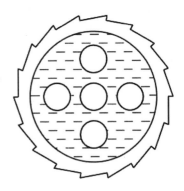

5.1 创建和编辑多段线

在 AutoCAD 中多段线提供单条直线或单条圆弧所不具备的功能。

5.1.1 多段线

多段线是作为单个对象创建的相互连接的序列线段。可以创建直线段、弧线段或两者的组合线段。

【执行方式】

● 命令行：PLINE/PL。

● 菜单栏：选择菜单栏中的"绘图"→"多段线"命令。

● 功能区：单击"默认"选项卡"绘图"面板中的"多段线"按钮 。

【操作步骤】

执行上述操作后命令行提示如下。

命令：_pline

指定起点：

指定多段线起点之后命令行提示如下。

当前线宽为 0.0000

指定下一个点或 [圆弧 (A)/ 半宽 (H)/ 长度 (L)/ 放弃 (U)/ 宽度 (W)]:

【选项说明】

命令行中各选项的含义如下。

圆弧：将圆弧段添加到多段线中。

半宽：指定从宽多段线线段的中心到其一边的宽度。

长度：在与上一线段相同的角度方向上绘制指定长度的直线段。如果上一线段是圆弧，将绘制与该圆弧段相切的新直线段。

放弃：删除最近一次添加到多段线上的直线段。

宽度：指定下一条线段的宽度。

🔍 重点——创建多段线对象

素材文件：素材 \CH05\ 多段线 .dwg

结果文件：结果 \CH05\ 多段线 .dwg

利用"多段线"命令创建如图 5-2 所示的多段线对象。

【操作步骤】

（1）打开随书配套资源中的"素材\CH05\多段线.dwg"文件。

（2）选择"绘图"→"多段线"命令，在绘图区域中捕捉端点 A 作为多段线的起点，如图 5-1 所示，命令行提示如下。

> 命令：_pline
>
> 指定起点：　// 捕捉端点 A
>
> 当前线宽为 0.0000
>
> 指定下一个点或 [圆弧 (A)/ 半宽 (H)/ 长度 (L)/ 放弃 (U)/ 宽度 (W)]：@0,100
>
> 指定下一点或 [圆弧 (A)/ 闭合 (C)/ 半宽 (H)/ 长度 (L)/ 放弃 (U)/ 宽度 (W)]：@200,0
>
> 指定下一点或 [圆弧 (A)/ 闭合 (C)/ 半宽 (H)/ 长度 (L)/ 放弃 (U)/ 宽度 (W)]：a
>
> 指定圆弧的端点 (按住 Ctrl 键以切换方向) 或
>
> [角度 (A)/ 圆心 (CE)/ 闭合 (CL)/ 方向 (D)/ 半宽 (H)/ 直线 (L)/ 半径 (R)/ 第二个点 (S)/ 放弃 (U)/ 宽度 (W)]：a
>
> 指定夹角：–180
>
> 指定圆弧的端点 (按住 Ctrl 键以切换方向) 或 [圆心 (CE)/ 半径 (R)]：@100,0
>
> 指定圆弧的端点 (按住 Ctrl 键以切换方向) 或
>
> [角度 (A)/ 圆心 (CE)/ 闭合 (CL)/ 方向 (D)/ 半宽 (H)/ 直线 (L)/ 半径 (R)/ 第二个点 (S)/ 放弃 (U)/ 宽度 (W)]：l
>
> 指定下一点或 [圆弧 (A)/ 闭合 (C)/ 半宽 (H)/ 长度 (L)/ 放弃 (U)/ 宽度 (W)]：@100,0
>
> 指定下一点或 [圆弧 (A)/ 闭合 (C)/ 半宽 (H)/ 长度 (L)/ 放弃 (U)/ 宽度 (W)]：@0,–100
>
> 指定下一点或 [圆弧 (A)/ 闭合 (C)/ 半宽 (H)/ 长度 (L)/ 放弃 (U)/ 宽度 (W)]：

（3）结果如图 5-2 所示。

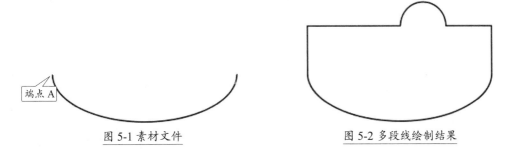

图 5-1 素材文件　　　　　　　　　　图 5-2 多段线绘制结果

5.1.2　编辑多段线

多段线提供单个直线所不具备的编辑功能。例如，可以调整多段线的宽度和曲率。创建多段线之后，可以使用"PEDIT"命令对其进行编辑，或者使用"分解"命令将其转换成单独的直线段和弧线段。

【执行方式】

♦ 命令行：PEDIT/PE。

♦ 菜单栏：选择菜单栏中的"修改"→"对象"→"多段线"命令。

♦ 功能区：单击"默认"选项卡"修改"面板中的"编辑多段线"按钮。

【操作步骤】

执行上述操作后命令行提示如下。

> 命令：_pedit
>
> 选择多段线或 [多条 (M)]:

选择需要编辑的多段线之后命令行提示如下。

> 输入选项 [闭合 (C)/ 合并 (J)/ 宽度 (W)/ 编辑顶点 (E)/ 拟合 (F)/ 样条曲线 (S)/ 非曲线化 (D)/ 线型生成 (L)/ 反转 (R)/ 放弃 (U)]:

【选项说明】

命令行中各选项的含义如下。

闭合：创建多段线的闭合线，将首尾连接。

合并：在开放的多段线的尾端点添加直线、圆弧或多段线。拟合多段线中删除曲线拟合。对于要合并多段线的对象，除非第一个 PEDIT 提示使用"多个"选项，否则，它们的端点必须重合。在这种情况下，如果模糊距离设置得足以包括端点，则可以将不相接的多段线合并。

宽度：为整个多段线指定新的统一宽度。可以使用"编辑顶点"选项的"宽度"选项来更改线段的起点宽度和端点宽度。

编辑顶点：在屏幕上绘制 X 标记多段线的第一个顶点。如果已指定此顶点的切线方向，则在此方向上绘制箭头。

拟合：创建圆弧拟合多段线。

样条曲线：使用选定多段线的顶点作为近似 B 样条曲线的曲线控制点或控制框架。该曲线（称为样条曲线拟合多段线）将通过第一个和最后一个控制点，除非原多段线是闭合的。曲线将会被拉向其他控制点但并不一定通过它们。在框架特定部分指定的控制点越多，曲线上这种拉拽的倾向就越大。可以生成二次和三次拟合样条曲线多段线。

非曲线化：删除由拟合曲线或样条曲线插入的多余顶点，拉直多段线的所有线段。保留指定给多段线顶点的切向信息，用于随后的曲线拟合。使用命令（如"BREAK"或"TRIM"）编辑样条曲线拟合多段线时，不能使用"非曲线化"选项。

线型生成：生成经过多段线顶点的连续图案线型。关闭此选项，将在每个顶点处以点画线开始和结束生成线型。"线型生成"不能用于带变宽线段的多段线。

反转：反转多段线顶点的顺序。使用此选项可反转使用包含文字线型的对象的方向。例如，根据多段线的创建方向，线型中的文字可能会倒置显示。

放弃：还原操作，可一直返回到 PEDIT 任务开始的状态。

⌕ 重点——编辑多段线对象

素材文件：素材 \CH05\ 编辑多段线 .dwg
结果文件：结果 \CH05\ 编辑多段线 .dwg
利用"编辑多段线"命令编辑多段线对象。

【操作步骤】

（1）打开随书配套资源中的"素材 \CH05\ 编辑多段线 .dwg"文件，如图 5-3 所示。

（2）选择"修改"→"对象"→"多段线"命令，在绘图区域中选择如图 5-4 所示的多段线对象。

（3）命令行提示如下。

```
命令：_pedit
选择多段线或 [ 多条 (M)]:
输入选项 [ 打开 (O)/ 合并 (J)/ 宽度 (W)/ 编辑顶点 (E)/ 拟合 (F)/ 样条曲线 (S)/ 非曲线化 (D)/
线型生成 (L)/ 反转 (R)/ 放弃 (U)]: w
指定所有线段的新宽度：15
输入选项 [ 打开 (O)/ 合并 (J)/ 宽度 (W)/ 编辑顶点 (E)/ 拟合 (F)/ 样条曲线 (S)/ 非曲线化 (D)/
线型生成 (L)/ 反转 (R)/ 放弃 (U)]: s
输入选项 [ 打开 (O)/ 合并 (J)/ 宽度 (W)/ 编辑顶点 (E)/ 拟合 (F)/ 样条曲线 (S)/ 非曲线化 (D)/
线型生成 (L)/ 反转 (R)/ 放弃 (U)]:
```

（4）结果如图 5-5 所示。

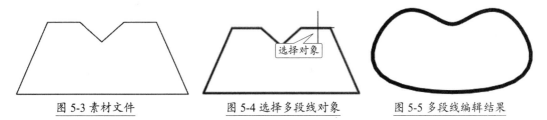

图 5-3 素材文件   图 5-4 选择多段线对象   图 5-5 多段线编辑结果

练一练——绘制楼梯轮廓图形

素材文件：素材 \CH05\ 楼梯轮廓 .dwg

结果文件：结果 \CH05\ 楼梯轮廓 .dwg

利用"多段线"和"编辑多段线"命令绘制楼梯轮廓图形，如图 5-9 所示。

【操作步骤】

（1）打开随书配套资源中的"素材 \CH05\ 楼梯轮廓 .dwg"文件，如图 5-6 所示。

（2）调用"多段线"命令捕捉相应节点绘制闭合多段线，如图 5-7 所示。

（3）删除所有节点，如图 5-8 所示。

（4）调用"编辑多段线"命令，将多段线的线宽值设置为"10"，如图 5-9 所示。

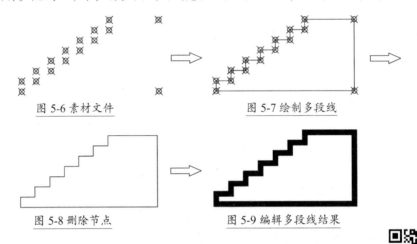

图 5-6 素材文件　　　　　　　图 5-7 绘制多段线

图 5-8 删除节点　　　　　　　图 5-9 编辑多段线结果

5.2 创建和编辑多线

在 AutoCAD 2019 中，使用"多线"命令可以很方便地创建多条平行线，"多线"命令常用在建筑设计和室内装潢设计中，如绘制墙体。

5.2.1 多线样式

设置多线是通过"多线样式"对话框来进行的。

【执行方式】

● 命令行：MLSTYLE。

● 菜单栏：选择菜单栏中的"格式"→"多线样式"命令。

【操作步骤】

执行上述操作后会打开"多线样式"对

话框，如图 5-10 所示。

图 5-10 "多线样式"对话框

练一练——设置多线样式

素材文件：无

结果文件：结果 \CH05\ 多线样式 .dwg

利用"多线样式"对话框创建如图 5-13 所示的多线样式。

【操作步骤】

（1）新建一个 AutoCAD 文件，选择"格式"→"多线样式"命令，在弹出的"多线样式"
对话框中单击"新建"按钮，弹出"创建新的多线样式"对话框，输入样式名称，如图 5-11
所示。

（2）单击"继续"按钮，弹出"新建多线样式：新建样式"对话框，在该对话框中可设置多
线是否封口、多线角度及填充颜色等，如图 5-12 所示。

图 5-11 "创建新的多线样式"对话框　　图 5-12 "新建多线样式：新建样式"对话框

（3）设置新建多线样式的封口为直线形式，
单击"确定"按钮，返回"多线样式"
对话框，可以看到多线呈封口样式，如
图 5-13 所示。

（4）选择新建的多线样式，单击"置为当前"
按钮，可以将新建的多线样式置为当前。

图 5-13 "多线样式"对话框

5.2.2 多线

多线是由多条平行线组成的线型。绘制多线与绘制直线相似的地方是需要指定起点和端点，与直线不同的是一条多线可以由一条或多条平行直线组成。

【执行方式】

- 命令行：MLINE/ML。
- 菜单栏：选择菜单栏中的"绘图"→"多线"命令。

【操作步骤】

执行上述操作后命令行提示如下。

> 命令：_mline
>
> 当前设置：对正=上，比例=20.00，样式=STANDARD
>
> 指定起点或 [对正 (J)/ 比例 (S)/ 样式 (ST)]：

多线不可以打断、拉长、倒角和圆角。

练一练——创建多线对象

素材文件：素材 \CH05\ 多线 .dwg

结果文件：结果 \CH05\ 多线 .dwg

利用"多线"命令创建如图 5-16 所示的多线对象。

【操作步骤】

（1）打开随书配套资源中的"素材 \CH05\ 多线 .dwg"文件，如图 5-14 所示。

（2）选择"绘图"→"多线"命令，分别捕捉相应节点绘制闭合多线对象，如图 5-15 所示。

（3）删除全部节点对象，如图 5-16 所示。

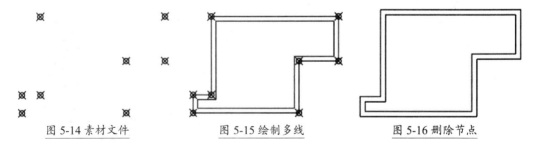

图 5-14 素材文件　　　　图 5-15 绘制多线　　　　图 5-16 删除节点

练一练——绘制交换机立面图形

素材文件：素材 \CH05\ 交换机 .dwg

结果文件：结果 \CH05\ 交换机 .dwg

利用"多线"和"圆"命令绘制交换机立面图形。

【操作步骤】

（1）打开随书配套资源中的"素材\CH05\交换机.dwg"文件，如图5-17所示。

（2）调用"多线"命令，捕捉节点绘制多线，如图5-18所示。

（3）删除全部节点对象，如图5-19所示。

（4）调用"圆"命令，在适当的位置绘制5个圆形，如图5-20所示。

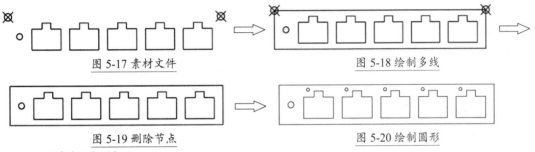

图5-17 素材文件　　　　　　　　　　图5-18 绘制多线

图5-19 删除节点　　　　　　　　　　图5-20 绘制圆形

5.2.3　编辑多线

多线本身之间的编辑是通过"多线编辑工具"对话框来进行的，对话框中，第一列用于管理交叉，第二列用于管理T形交叉，第三列用来管理角和顶点，最后一列进行多线的剪切和接合操作。

【执行方式】

● 命令行：MLEDIT。

● 菜单栏：选择菜单栏中的"修改"→"对象"→"多线"命令。

【操作步骤】

执行上述操作后会打开"多线编辑工具"对话框，如图5-21所示。

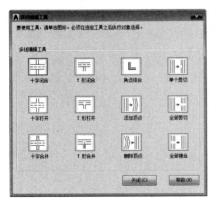

图5-21 "多线编辑工具"对话框

【选项说明】

"多线编辑工具"对话框中各选项的含义如下。

十字闭合：在两条多线之间创建闭合的十字交点。

十字打开：在两条多线之间创建打开的十字交点。打断将插入第一条多线的所有元素和第二条多线的外部元素。

十字合并：在两条多线之间创建合并的十字交点。选择多线的次序并不重要。

T形闭合：在两条多线之间创建闭合的T形交点。将第一条多线修剪或延伸到与第二条多线的交点处。

T形打开：在两条多线之间创建打开的T形交点。将第一条多线修剪或延伸到与第二条多线的交点处。

T 形合并：在两条多线之间创建合并的 T 形交点。将多线修剪或延伸到与另一条多线的交点处。

角点结合：在多线之间创建角点结合。将多线修剪或延伸到它们的交点处。

添加顶点：向多线上添加一个顶点。

删除顶点：从多线上删除一个顶点。

单个剪切：在选定多线元素中创建可见打断。

全部剪切：创建穿过整条多线的可见打断。

全部接合：将已被剪切的多线线段重新接合起来。

🔍 重点——编辑多线对象

素材文件：素材 \CH05\ 编辑多线 .dwg

结果文件：结果 \CH05\ 编辑多线 .dwg

利用"多线编辑工具"对话框编辑多线对象。

【操作步骤】

（1）打开随书配套资源中的"素材 \CH05\ 编辑多线 .dwg"文件，如图 5-22 所示。

（2）选择"修改"→"对象"→"多线"命令，在弹出的"多线编辑工具"对话框中单击"T型打开"按钮，在绘图区域中选择第一条多线，如图 5-23 所示。

（3）在绘图区域中选择第二条多线，如图 5-24 所示。

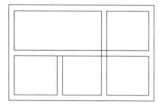
图 5-22 素材文件

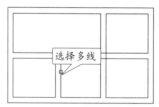
图 5-23 选择第一条多线

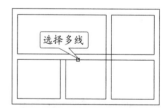
图 5-24 选择第二条多线

（4）按"Enter"键结束多线编辑命令，结果如图 5-25 所示。

（5）重复调用"多线编辑工具"对话框，单击"十字打开"按钮，在绘图区域中选择第一条多线，如图 5-26 所示。

（6）在绘图区域中选择第二条多线，如图 5-27 所示。

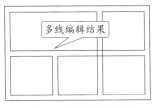

图 5-25 多线编辑结果

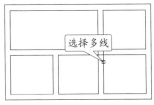

图 5-26 选择第一条多线

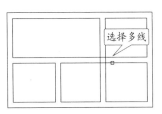

图 5-27 选择第二条多线

（7）按"Enter"键结束多线编辑命令，结果如图 5-28 所示。

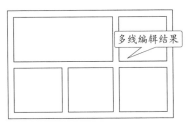

图 5-28 多线编辑结果

📇 **经验传授**

如果一个编辑选项（如"T形打开"）要多次用到，在选择该选项时双击即可连续使用，直到按"Esc"键退出为止。

5.3 创建和编辑样条曲线

样条曲线是经过或接近一系列给定点的光滑曲线，可以控制曲线与点的拟合程度。

5.3.1 样条曲线

下面对样条曲线的绘制方法进行介绍。

【**执行方式**】

● 命令行：SPLINE/SPL。

● 菜单栏：选择菜单栏中的"绘图"→"样条曲线"命令，然后选择一种绘制样条曲线的方式。

● 功能区：单击"默认"选项卡"绘图"面板中的"样条曲线拟合"按钮 $\sim$ ／"样条曲线控制点"按钮 $\sim$ 。

【**操作步骤**】

执行上述操作后命令行提示如下。

命令：_spline

当前设置：方式＝拟合　节点＝弦

指定第一个点或 [方式 (M)/ 节点 (K)/ 对象 (O)]:

默认情况下，使用"拟合点"方式绘制样条曲线时，拟合点将与样条曲线重合；使用"控制点"方式绘制样条曲线时，将会定义控制框（用来设置样条曲线的形状）。

练一练——创建样条曲线对象

素材文件：素材 \CH05\ 样条曲线 .dwg

结果文件：结果 \CH05\ 样条曲线 .dwg

利用"样条曲线"命令创建如图 5-32 所示的样条曲线对象。

【操作步骤】

（1）打开随书配套资源中的"素材 \CH05\ 样条曲线 .dwg"文件，如图 5-29 所示。

（2）选择"绘图"→"样条曲线"→"拟合点"命令，从左向右依次捕捉各节点绘制样条曲线，按"Enter"键结束该命令，如图 5-30 所示。

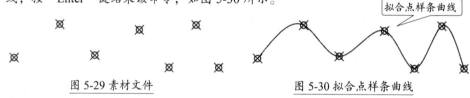

图 5-29 素材文件　　　　图 5-30 拟合点样条曲线

（3）删除刚才绘制的样条曲线，如图 5-31 所示。

（4）选择"绘图"→"样条曲线"→"控制点"命令，从左向右依次捕捉各节点绘制样条曲线，按"Enter"键结束该命令，如图 5-32 所示。

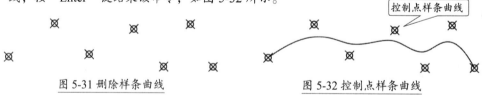

图 5-31 删除样条曲线　　　　图 5-32 控制点样条曲线

5.3.2 编辑样条曲线

下面对样条曲线的编辑方法进行介绍。

【执行方式】

● 命令行：SPLINEDIT/SPE。

● 菜单栏：选择菜单栏中的"修改"→"对象"→"样条曲线"命令。

● 功能区：单击"默认"选项卡"修改"面板中的"编辑样条曲线"按钮。

【操作步骤】

执行上述操作后命令行提示如下。

命令：_splinedit

选择样条曲线：

选择需要编辑的样条曲线之后命令行提示如下。

输入选项 [闭合 (C)/ 合并 (J)/ 拟合数据 (F)/ 编辑顶点 (E)/ 转换为多段线 (P)/ 反转 (R)/ 放弃 (U)/ 退出 (X)] < 退出 >：

【选项说明】

命令行中各选项的含义如下。

闭合：显示闭合或打开，具体取决于选定的样条曲线是开放的还是闭合的，开放的样条曲线有两个端点，而闭合的样条曲线则形成一个环。

合并：将选定的样条曲线与其他样条曲线、直线、多段线和圆弧在重合端点处合并，以形成一个较大的样条曲线。对象在连接点处使用扭折连接在一起。

拟合数据：用于编辑拟合数据，选择该选项后系统将进一步提示编辑拟合数据的相关选项。

编辑顶点：用于编辑控制框数据，选择该选项后系统将进一步提示编辑控制框数据的相关选项。

转换为多段线：将样条曲线转换为多段线，精度值决定生成的多段线与样条曲线的接近程度，有效值为 0~99 之间的任意整数。

反转：反转样条曲线的方向，此选项主要适用于第三方应用程序。

放弃：取消上一操作。

退出：返回到命令提示。

🔍 重点——编辑样条曲线对象

素材文件：素材 \CH05\ 编辑样条曲线 .dwg

结果文件：结果 \CH05\ 编辑样条曲线 .dwg

利用"样条曲线编辑"命令编辑样条曲线对象，如图 5-35 所示。

【操作步骤】

（1）打开随书配套资源中的"素材 \CH05\ 编辑样条曲线 .dwg"文件，如图 5-33 所示。

（2）选择"修改"→"对象"→"样条曲线"命令，在绘图区域中选择样条曲线对象，如图 5-34 所示。

（3）在命令行输入"C"按两次"Enter"键确认，结果如图 5-35 所示。

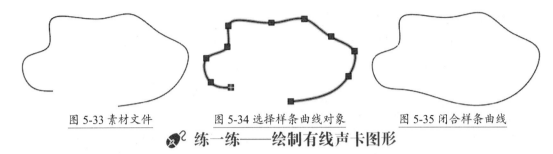

图 5-33 素材文件　　图 5-34 选择样条曲线对象　　图 5-35 闭合样条曲线

练一练——绘制有线声卡图形

素材文件：素材 \CH05\ 有线声卡 .dwg

结果文件：结果 \CH05\ 有线声卡 .dwg

利用"样条曲线"和"矩形"命令绘制有线声卡图形，如图 5-38 所示。

【操作步骤】

（1）打开随书配套资源中的"素材 \CH05\ 有线声卡 .dwg"文件，如图 5-36 所示。

（2）调用"样条曲线"命令绘制样条曲线，如图 5-37 所示。

（3）调用"矩形"命令绘制一个适当的圆角矩形，如图 5-38 所示。

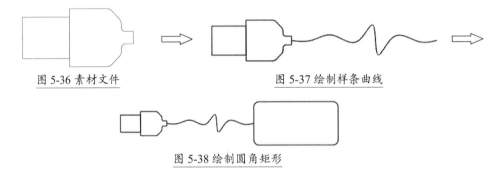

图 5-36 素材文件　　　　　　　图 5-37 绘制样条曲线

图 5-38 绘制圆角矩形

5.4 创建面域和边界

　　面域是具有物理特性（如形心或质量中心）的二维封闭区域，可以将现有面域组合成单个或复杂的面域来计算面积。

　　使用"边界"命令不仅可以从封闭区域创建面域，还可以创建多段线。

5.4.1 面域

　　面域的边界由端点相连的曲线组成，曲线上的每个端点仅连接两条边。

【执行方式】

● 命令行：REGION/REG。

● 菜单栏：选择菜单栏中的"绘图"→"面域"命令。

● 功能区：单击"默认"选项卡"绘图"面板中的"面域"按钮◙。

【操作步骤】

执行上述操作后命令行提示如下。

命令：_region

选择对象：

✏ 练一练——创建面域对象

素材文件：素材 \CH05\ 面域 .dwg

结果文件：结果 \CH05\ 面域 .dwg

利用"面域"命令创建如图 5-40 所示的面域对象。

【操作步骤】

（1）打开随书配套资源中的"素材 \CH05\ 面域 .dwg"文件，任意选择一个图形对象，可以发现每个图形对象都是独立存在的，如图 5-39 所示。

（2）选择"绘图"→"面域"命令，在绘图区域中选择整个图形对象作为组成面域的对象，按"Enter"键确认，在绘图区域中任意选择一个对象，可以发现所有对象组成了一个整体，如图 5-40 所示。

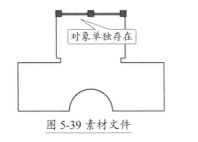

图 5-39 素材文件

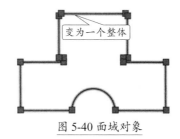

图 5-40 面域对象

5.4.2 边界

"边界"命令用于从封闭区域创建面域或多段线。

【执行方式】

● 命令行：BOUNDARY/BO。

● 菜单栏：选择菜单栏中的"绘图"→"边界"命令。

● 功能区：单击"默认"选项卡"绘图"面板中的"边界"按钮⊟。

【操作步骤】

执行上述操作后会打开"边界创建"对话框，如图 5-41 所示。

图 5-41 "边界创建"对话框

【选项说明】

"边界创建"对话框中各选项的含义如下。

拾取点：根据围绕指定点构成封闭区域的现有对象来确定边界。

孤岛检测：控制 BOUNDARY 命令是否检测内部闭合边界，该边界称为孤岛。

对象类型：控制新边界对象的类型。BOUNDARY 将边界作为面域或多段线对象创建。

边界集：通过指定点定义边界时，BOUNDARY 要分析的对象集。

当前视口：根据当前视口范围中的所有对象定义边界集，选择此选项将放弃当前所有边界集。

新建：提示用户选择用来定义边界集的对象。BOUNDARY 仅包括可以在构造新边界集时，用于创建面域或闭合多段线的对象。

练一练——创建边界对象

素材文件：素材 \CH05\ 边界 .dwg

结果文件：结果 \CH05\ 边界 .dwg

利用"边界"命令创建如图 5-46 所示的边界对象。

【操作步骤】

（1）打开随书配套资源中的"素材 \CH05\ 边界 .dwg"文件，将光标移至图形对象上，可以发现当前显示为直线，如图 5-42 所示。

（2）选择"绘图"→"边界"命令，在弹出的"边界创建"对话框中将"对象类型"设置为"面域"，单击"拾取点"按钮，在绘图区域中单击拾取内部点，如图 5-43 所示。

（3）按"Enter"键确认，在绘图区域中将光标移至图形对象上，可以发现当前对象显示为面域，如图 5-44 所示。

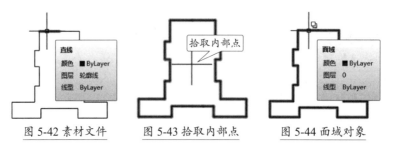

图 5-42 素材文件　　图 5-43 拾取内部点　　图 5-44 面域对象

（4）AutoCAD 默认创建边界后保留原来的图形，即创建面域后，原来的直线仍然存在。如图 5-45
　　所示，选择创建的边界，在弹出的"选择集"面板中可以看到提示选择面域还是选择直线。

（5）选择面域，调用"移动"命令，将创建的边界面域移到合适位置，可以看到原来的图形
　　仍然存在，将光标放置到原来的图形上，显示为直线，如图 5-46 所示。

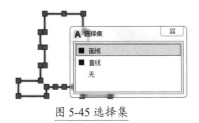

图 5-45 选择集

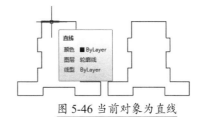

图 5-46 当前对象为直线

5.5 创建和编辑图案填充

使用图案填充、实体填充或渐变填充来填充封闭区域或选定对象，图案填充常用来表示断面或材料特征。

5.5.1 图案填充

在 AutoCAD 2019 中可以使用预定义填充图案填充区域，或者使用当前线型定义简单的线图案，既可以创建复杂的填充图案，也可以创建渐变填充。渐变填充是在一种颜色的不同灰度之间或两种颜色之间使用过渡。渐变填充提供光源反射到对象上的外观，可用于增强演示图形的效果。

【执行方式】

● 命令行：HATCH/H。

● 菜单栏：选择菜单栏中的"绘图"→"图案填充"命令。

● 功能区：单击"默认"选项卡"绘图"面板中的"图案填充"按钮 ▨。

【操作步骤】

执行上述操作后会弹出"图案填充创建"选项卡，如图 5-47 所示。

图 5-47 "图案填充创建"选项卡

【选项说明】

"图案填充创建"选项卡中各面板的作用如下。

"边界"面板：设置拾取点和填充区域的边界。

"图案"面板：指定图案填充的各种图案形状。

"特性"面板：指定图案填充的类型、背景色、透明度、选定填充图案的角度和比例。

"原点"面板：控制填充图案生成的起始位置。某些图案填充（如砖块图案）需要与图案填充边界上的一点对齐。默认情况下，所有图案填充原点都对应于当前的 UCS 原点。

"选项"面板：控制几个常用的图案填充或填充选项，并可以通过选择"特性匹配"选项使用选定图案填充对象的特性对指定的边界进行填充。

"关闭"面板：通过此面板，可以关闭图案填充创建。

🔍 重点——创建图案填充对象

素材文件：素材 \CH05\ 图案填充 .dwg

结果文件：结果 \CH05\ 图案填充 .dwg

利用"图案填充"命令创建如图 5-51 所示的图案填充对象。

【操作步骤】

（1）打开随书配套资源中的"素材 \CH05\ 图案填充 .dwg"文件，如图 5-48 所示。

（2）选择"绘图"→"图案填充"命令，在弹出的"图案填充创建"选项卡中进行相应的设置，如图 5-49 所示。

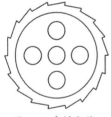

图 5-48 素材文件

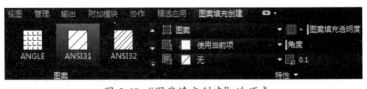

图 5-49 "图案填充创建"选项卡

（3）在绘图区域中选择如图 5-50 所示的区域作为填充区域。

（4）在"图案填充创建"选项卡中单击"关闭图案填充创建"按钮，结果如图 5-51 所示。

图 5-50 选择填充区域

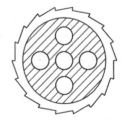

图 5-51 图案填充对象

5.5.2 编辑图案填充

修改特定于图案填充的特性。例如，现有图案填充或填充的图案、比例和角度。

【执行方式】

● 命令行：HATCHEDIT/HE。

● 菜单栏：选择菜单栏中的"修改"→"对象"→"图案填充"命令。

● 功能区：单击"默认"选项卡"修改"面板中的"编辑图案填充"按钮 。

【操作步骤】

执行上述操作后命令行提示如下。

命令：_hatchedit

选择图案填充对象：

选择需要编辑的图案填充对象之后，会弹出"图案填充编辑"对话框，如图5-52所示。

图 5-52 "图案填充编辑"对话框

📋 **教你一招**

双击或单击填充图案，也可以弹出"图案填充编辑器"，只是该界面是选项卡形式。

🔍 重点——编辑图案填充对象

素材文件：素材 \CH05\ 编辑图案填充 .dwg

结果文件：结果 \CH05\ 编辑图案填充 .dwg

利用"图案填充编辑"命令编辑图案填充对象，如图 5-56 所示。

【操作步骤】

（1）打开随书配套资源中的"素材 \CH05\ 编辑图案填充 .dwg"文件，如图 5-53 所示。

（2）选择"修改"→"对象"→"图案填充"命令，在绘图区域中选择需要编辑的图案填充对象，如图 5-54 所示。

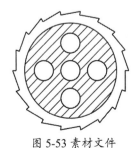

图 5-53 素材文件

图 5-54 选择图案填充对象

（3）在弹出的"图案填充编辑"对话框中重新选择填充图案，单击"确定"按钮，如图5-55所示。

（4）结果如图5-56所示。

图5-55 选择填充图案

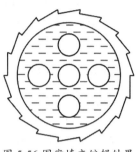

图5-56 图案填充编辑结果

5.6 使用夹点编辑对象

夹点是一些实心的小方块，默认显示为蓝色，可以对夹点执行拉伸、移动、旋转、缩放或镜像操作。在没有执行任何命令的情况下选择对象，对象上将出现夹点。

练一练——使用夹点编辑对象

1. 使用夹点移动对象

素材文件：素材\CH05\夹点编辑.dwg

结果文件：结果\CH05\夹点移动.dwg

利用夹点编辑功能对图形对象进行夹点移动操作，如图5-61所示。

【操作步骤】

（1）打开随书配套资源中的"素材\CH05\夹点编辑.dwg"文件，如图5-57所示。

（2）在绘图区域中选择正六边形，如图5-58所示。

（3）选择夹点并右击，在弹出的快捷菜单中选择"移动"选项，如图5-59所示。

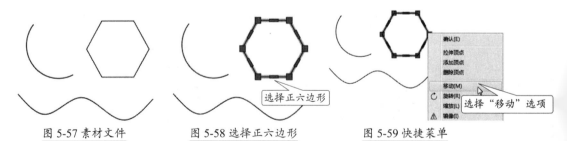

图5-57 素材文件　　　　　图5-58 选择正六边形　　　　　图5-59 快捷菜单

（4）拖动鼠标将正六边形移动到一个新位置，单击进行确认，如图5-60所示。

（5）按"Esc"键取消对正六边形的选择，结果如图5-61所示。

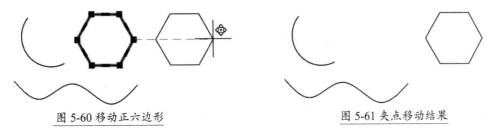

图5-60 移动正六边形　　　　　　　　图5-61 夹点移动结果

2. 使用夹点拉伸对象

素材文件：素材\CH05\夹点编辑 .dwg

结果文件：结果\CH05\夹点拉伸 .dwg

利用夹点编辑功能对图形对象进行夹点拉伸操作，如图5-66所示。

【操作步骤】

（1）打开随书配套资源中的"素材\CH05\夹点编辑 .dwg"文件，如图5-62所示。

（2）在绘图区域中选择圆弧，如图5-63所示。

（3）选择其中一个夹点并右击，在弹出的快捷菜单中选择"拉伸"选项，如图5-64所示。

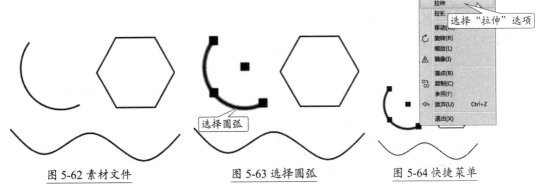

图5-62 素材文件　　　　图5-63 选择圆弧　　　　图5-64 快捷菜单

（4）拖动鼠标将夹点移动到新的位置并单击，如图5-65所示。

（5）按"Esc"键取消对圆弧的选择，结果如图5-66所示。

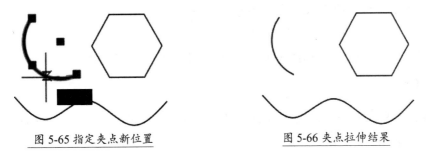

图5-65 指定夹点新位置　　　　　　图5-66 夹点拉伸结果

3. 使用夹点镜像对象

素材文件：素材 \CH05\ 夹点编辑 .dwg

结果文件：结果 \CH05\ 夹点镜像 .dwg

利用夹点编辑功能对图形对象进行夹点镜像操作，如图 5-71 所示。

【操作步骤】

（1）打开随书配套资源中的"素材 \CH05\ 夹点编辑 .dwg"文件，如图 5-67 所示。

（2）在绘图区域中选择样条曲线，如图 5-68 所示。

（3）选择夹点并右击，在弹出的快捷菜单中选择"镜像"选项，如图 5-69 所示。

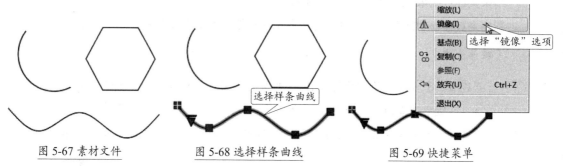

图 5-67 素材文件　　图 5-68 选择样条曲线　　图 5-69 快捷菜单

（4）在绘图区域中单击指定镜像线第二点，如图 5-70 所示。

（5）按"Esc"键取消对样条曲线的选择，结果如图 5-71 所示。

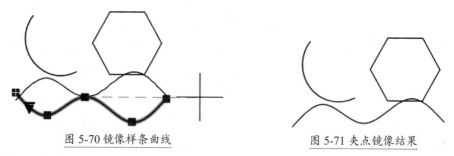

图 5-70 镜像样条曲线　　　　图 5-71 夹点镜像结果

4. 使用夹点缩放对象

素材文件：素材 \CH05\ 夹点编辑 .dwg

结果文件：结果 \CH05\ 夹点缩放 .dwg

利用夹点编辑功能对图形对象进行夹点缩放操作，如图 5-75 所示。

【操作步骤】

（1）打开随书配套资源中的"素材 \CH05\ 夹点编辑 .dwg"文件，如图 5-72 所示。

（2）在绘图区域中选择正六边形，如图 5-73 所示。

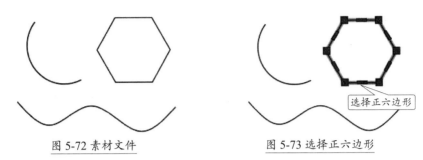

图 5-72 素材文件　　　　　　　图 5-73 选择正六边形

（3）选择夹点并右击，在弹出的快捷菜单中选择"缩放"选项，如图 5-74 所示。

（4）在命令行中指定缩放比例因子为"0.5"并按"Enter"键确认，按"Esc"键取消对正六
边形的选择，结果如图 5-75 所示。

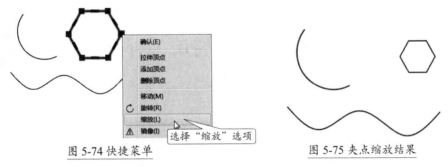

图 5-74 快捷菜单　　　　　　　图 5-75 夹点缩放结果

5. 使用夹点旋转对象

素材文件：素材 \CH05\ 夹点编辑 .dwg

结果文件：结果 \CH05\ 夹点旋转 .dwg

利用夹点编辑功能对图形对象进行夹点旋转操作，如图 5-79 所示。

【操作步骤】

（1）打开随书配套资源中的"素材 \CH05\ 夹点编辑 .dwg"文件，如图 5-76 所示。

（2）在绘图区域中选择圆弧图形，如图 5-77 所示。

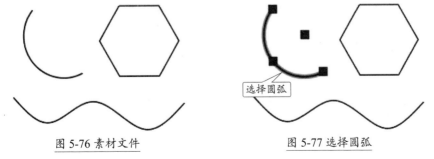

图 5-76 素材文件　　　　　　　图 5-77 选择圆弧

（3）选择夹点并右击，在弹出的快捷菜单中选择"旋转"选项，如图 5-78 所示。

（4）在命令行中指定旋转角度为"30"并按"Enter"键确认，按"Esc"键取消对圆弧图形的选择，结果如图5-79所示。

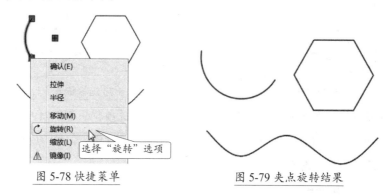

图5-78 快捷菜单

图5-79 夹点旋转结果

5.7 实例——绘制墙体外轮廓及填充

绘制墙体外轮廓主要利用"多线"命令及"多线编辑"命令。

1. 设置多线样式

（1）打开随书配套资源中的"素材\CH05\绘制墙体外轮廓及填充.dwg"文件，如图5-80所示。

（2）选择"格式"→"多线样式"命令，弹出"多线样式"对话框，单击"新建"按钮，弹出"创建新的多线样式"对话框，输入样式名称"墙线"，如图5-81所示。

图5-80 素材文件

图5-81 "创建新的多线样式"对话框

（3）单击"继续"按钮，弹出"新建多线样式：墙线"对话框，在该对话框中设置多线封口样式为直线，如图5-82所示。

（4）单击"确定"按钮，返回"多线样式"对话框后可以看到多线呈封口样式，如图5-83所示。

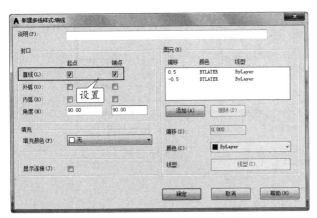

图 5-82 "新建多线样式"对话框

图 5-83 "多线样式"对话框

（5）选择"墙线"多线样式，单击"置为当前"按钮将墙线多线样式置为当前，单击"确定"
　　按钮。

2. 绘制墙体外轮廓

（1）选择"绘图"→"多线"命令，在命令行对多线的"比例"及"对正"方式进行设置，
　　命令行提示如下。

```
命令：ML
当前设置：对正＝上，比例＝30.00，样式＝墙线
指定起点或 [ 对正 (J)/ 比例 (S)/ 样式 (ST)]: s
输入多线比例 <30.00>: 240
当前设置：对正＝上，比例＝240.00，样式＝墙线
指定起点或 [ 对正 (J)/ 比例 (S)/ 样式 (ST)]: j
输入对正类型 [ 上 (T)/ 无 (Z)/ 下 (B)] < 上 >: z
当前设置：对正＝无，比例＝240.00，样式＝墙线
指定起点或 [ 对正 (J)/ 比例 (S)/ 样式 (ST)]:
// 接下来开始绘制墙体
```

（2）在绘图区域捕捉轴线的交点绘制多线，结果如图 5-84 所示。

（3）调用"多线"命令绘制墙体（这次直接绘制，比例和对正方式不用再设置），结果如图 5-85
　　所示。

（4）重复步骤（3）继续绘制墙体，结果如图 5-86 所示。

图 5-84 绘制多线（1）　　　图 5-85 绘制多线（2）　　　图 5-86 绘制多线（3）

（5）重复步骤（3）继续绘制墙体，结果如图 5-87 所示。

（6）重复步骤（3）继续绘制墙体，结果如图 5-88 所示。

图 5-87 绘制多线（4）　　　　　　图 5-88 绘制多线（5）

3. 编辑多线

（1）选择"修改"→"对象"→"多线"命令，弹出"多线编辑工具"对话框，单击"角点结合"按钮，选择相交的两条多线，对相交的角点进行编辑，结果如图 5-89 所示。

（2）重复多线编辑命令，双击"T 形打开"按钮，选择"T 形打开"的第一条多线，如图 5-90 所示。

（3）选择"T 形打开"的第二条多线，结果如图 5-91 所示。

图 5-89 角点结合　　　　图 5-90 选择第一条多线　　　　图 5-91 选择第二条多线

（4）继续执行"T形打开"操作，注意先选择的多线将被打开，结果如图 5-92 所示。

图 5-92 T 形打开

4. 图案填充

（1）将"辅助线"层关闭，辅助线不再显示，如图 5-93 所示。

（2）将"填充"层置为当前层，在命令行中输入"H"命令按"Space"键确认，弹出"图案填充创建"选项卡，单击"图案"下拉按钮，弹出图案填充的图案选项，选择"DOLMIT"图案为填充图案，如图 5-94 所示。

图 5-93 关闭"辅助线"层

图 5-94 选择填充图案

（3）将角度设置为90°，比例设置为"20"，在需要填充的区域单击，填充完毕后，单击"关闭图案填充创建"按钮，如图 5-95 所示。

（4）重复步骤（2）~（3），选择"ANSI37"为填充图案，设置填充角度为45°、填充比例为"75"，结果如图 5-96 所示。

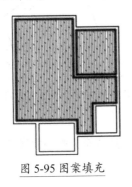

图 5-95 图案填充

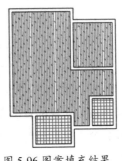

图 5-96 图案填充结果

技 巧

1. 巧妙屏蔽不需要显示的对象

使用区域覆盖可以用当前背景色屏蔽其下面的对象。此覆盖区域由边框进行绑定，用户可以打开或关闭该边框，也可以选择在屏幕上显示边框并在打印时隐藏它。

（1）打开随书配套资源中的"素材 \CH05\ 区域覆盖 .dwg"文件，如图 5-97 所示。

（2）选择"绘图"→"区域覆盖"命令，在绘图区域依次捕捉点 1～点 4 进行区域覆盖，如图 5-98 所示。

（3）按"Enter"键结束区域覆盖命令，结果如图 5-99 所示。

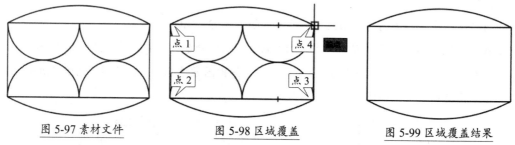

图 5-97 素材文件　　　　　图 5-98 区域覆盖　　　　　图 5-99 区域覆盖结果

2. 巧用多线绘制同心五角星

使用"多线"命令可以轻松绘制同心五角星。

（1）打开随书配套资源中的"素材 \CH05\ 同心五角星 .dwg"文件，如图 5-100 所示。

（2）选择"绘图"→"多线"命令，在绘图区域依次捕捉点 1～点 5 绘制闭合多线图形，如图 5-101 所示。

（3）删除正五边形，将多线图形分解，修剪多余线段，结果如图 5-102 所示。

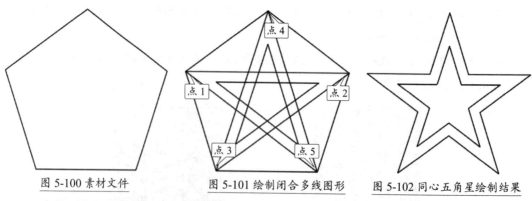

图 5-100 素材文件　　　图 5-101 绘制闭合多线图形　　　图 5-102 同心五角星绘制结果

3. 多线对象与样条曲线对象的转换操作

可以通过将多线分解，然后利用多段线编辑命令将其转换为样条曲线的方式，将多个多线对象转换为单个完整的样条曲线对象。

（1）打开随书配套资源中的"素材 \CH05\ 多线转换样条曲线 .dwg"文件，如图 5-103 所示。

（2）绘图区域中为两个多线对象，如图 5-104 所示。

（3）选择"修改"→"分解"命令，将绘图区域中的两个多线对象分解，如图 5-105 所示。

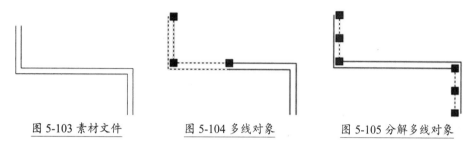

图 5-103 素材文件　　　　　图 5-104 多线对象　　　　　图 5-105 分解多线对象

（4）选择"修改"→"对象"→"多段线"命令，在绘图区域中选择如图 5-106 所示的线段对象，按"Enter"键，将其转换为多段线。

（5）在命令行中输入"J"按"Enter"键确认，在绘图区域中选择如图 5-107 所示的线段对象。

（6）按两次"Enter"键结束多段线编辑命令，结果如图 5-108 所示。

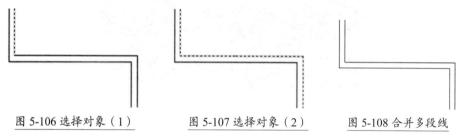

图 5-106 选择对象（1）　　　图 5-107 选择对象（2）　　　图 5-108 合并多段线

（7）选择"修改"→"对象"→"多段线"命令，在绘图区域中选择刚才创建的多段线对象，如图 5-109 所示。

（8）在命令行提示下输入"S"按两次"Enter"键确认，结果如图 5-110 所示。

（9）选择"修改"→"对象"→"样条曲线"命令，在绘图区域中选择刚才转换生成的样条曲线对象，使用样条曲线编辑命令可以对其进行编辑操作，如图 5-111 所示。

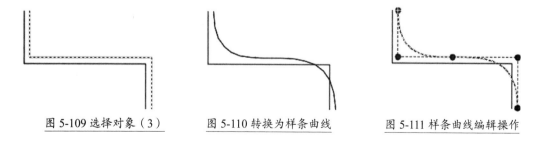

图 5-109 选择对象（3）　　　图 5-110 转换为样条曲线　　　图 5-111 样条曲线编辑操作

（10）重复步骤（4）～（9），对另一部分图形对象执行相同的操作，结果如图 5-112 所示。

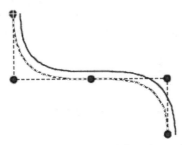

图 5-112 转换为样条曲线

4. 轻松填充个性化图案

除了 AutoCAD 软件自带的填充图案之外，用户还可以把自定义图案放置到 AutoCAD 安装路径的"Support"文件夹中，这样可以将其作为填充图案进行填充，如图 5-113 所示。

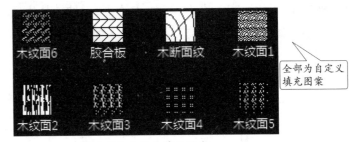

图 5-113 自定义填充图案

第 6 章

图层

内容简介

　　图层相当于重叠的透明图纸，每张图纸上的图形都具备自己的颜色、线宽、线型等特性，将所有图纸上的图形绘制完成后，可以根据需要对其进行相应的隐藏或显示，将会得到最终的图形需求结果。为方便对 AutoCAD 对象进行统一管理和修改，用户可以把类型相同或相似的对象指定给同一图层。

内容要点

- 图层特性管理器
- 更改图层的控制状态
- 管理图层

案例效果

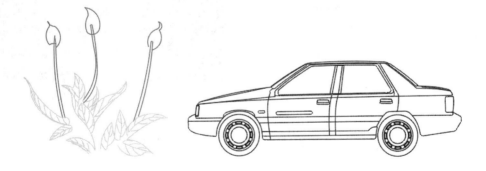

6.1 图层特性管理器

图层特性管理器可以显示图形中的图层列表及其特性，可以添加、删除和重命名图层，还可以更改图层特性、设置布局视口的特性替代或添加说明等。

【执行方式】

- 命令行：LAYER/LA。
- 菜单栏：选择菜单栏中的"格式"→"图层"命令。
- 功能区：单击"默认"选项卡"图层"面板中的"图层特性"按钮 。

【操作步骤】

执行上述操作后会打开"图层特性管理器"对话框，如图 6-1 所示。

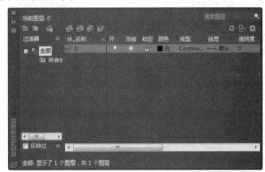

图 6-1 "图层特性管理器"对话框

6.1.1 创建新图层

根据工作需要，可以在一个工程文件中创建多个图层，而每个图层可以控制相同属性的对象。新图层将继承图层列表中当前选定图层的特性，如颜色或开关状态等。

【执行方式】

- 在"图层特性管理器"对话框中单击"新建图层"按钮 ，如图 6-2 所示，即可创建新图层。AutoCAD 会默认将图层名称命名为"图层 1"。

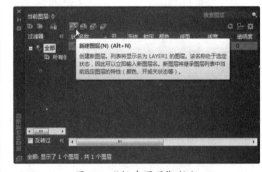

图 6-2 "新建图层"按钮

练一练——新建一个名称为"轮廓线"的图层

素材文件：无

结果文件：结果 \CH06\ 新建图层 .dwg

利用新建图层功能创建如图 6-4 所示的轮廓线图层。

【操作步骤】

（1）新建一个 AutoCAD 文件，选择"格式"→"图层"命令，在弹出的"图层特性管理器"
对话框中单击"新建图层"按钮，创建一个默认名称为"图层1"的新图层，如图6-3所示。
（2）将"图层1"名称更改为"轮廓线"，如图6-4所示。

图6-3 新建图层   图6-4 "轮廓线"图层

6.1.2 更改图层颜色

AutoCAD 中提供了 256 种颜色，通常在设置图层的颜色时，一般都会采用 7 种标准颜色：
红色、黄色、绿色、青色、蓝色、紫色及白色。这 7 种颜色区别较大，软件中有专门的名称，
便于识别和调用。

【执行方式】

◆ 在"图层特性管理器"对话框中单击"颜色"按钮■，如图6-5所示，即可根据提示
更改图层颜色。

【操作步骤】

执行上述操作后会打开"选择颜色"对话框，如图6-6所示。

图6-5 "颜色"按钮   图6-6 "选择颜色"对话框

练一练——更改"手柄"图层的颜色

素材文件：素材\CH06\更改图层颜色.dwg

结果文件：结果\CH06\更改图层颜色.dwg

利用更改图层颜色功能更改"手柄"图层颜色，如图6-9所示。

【操作步骤】

（1）打开随书配套资源中的"素材\CH06\更改图层颜色.dwg"文件，如图6-7所示。

（2）选择"格式"→"图层"命令，在弹出的"图层特性管理器"对话框中单击"手柄"图层的"颜色"按钮█，在弹出的"选择颜色"对话框中选择蓝色，如图6-8所示。

（3）在"选择颜色"对话框中单击"确定"按钮，关闭"图层特性管理器"对话框，手柄颜色变为蓝色，如图6-9所示。

图6-7 素材文件　　　　图6-8 "选择颜色"对话框　　　　图6-9 手柄变为蓝色

6.1.3 更改图层线型

AutoCAD提供了实线、虚线及点画线等45种线型，默认的线型方式为"Continuous"（连续）。

【执行方式】

● 在"图层特性管理器"对话框中单击"线型"按钮 Continuous ── 默认 ，如图6-10所示，即可根据提示更改图层线型。

图6-10 "线型"按钮

【操作步骤】

执行上述操作后会打开"选择线型"对话框，如图6-11所示。

在"选择线型"对话框中单击"加载"按钮，会弹出"加载或重载线型"对话框，如图6-12所示。

图6-11 "选择线型"对话框　　　　图6-12 "加载或重载线型"对话框

✍² 练一练——更改"点画线"图层的线型

素材文件：素材 \CH06\ 更改图层线型 .dwg

结果文件：结果 \CH06\ 更改图层线型 .dwg

利用更改图层线型功能更改"点画线"图层的线型，如图 6-16 所示。

【操作步骤】

（1）打开随书配套资源中的"素材 \CH06\ 更改图层线型 .dwg"文件，如图 6-13 所示。

（2）选择"格式"→"图层"命令，在弹出的"图层特性管理器"对话框中单击"点画线"图层的"线型"按钮，在弹出的"选择线型"对话框中单击"加载"按钮，弹出"加载或重载线型"对话框，如图 6-14 所示。

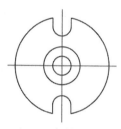

图 6-13 素材文件　　图 6-14 "加载或重载线型"对话框

（3）在"加载或重载线型"对话框中选择"CENTER"选项，单击"确定"按钮，返回"选择线型"对话框，如图 6-15 所示。

（4）在"选择线型"对话框中选择"CENTER"线型，单击"确定"按钮，关闭"图层特性管理器"对话框，点画线线型发生了相应的变化，如图 6-16 所示。

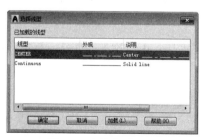

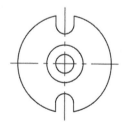

图 6-15 选择线型　　图 6-16 更改线型结果

6.1.4 更改图层线宽

AutoCAD 中有 20 多种线宽供用户选择，其中 TrueType 字体、光栅图像、点和实体填充（二维实体）无法显示线宽。

【执行方式】

◆ 在"图层特性管理器"对话框中单击"线宽"按钮 ，如图 6-17 所示，即可根据提示更改图层线宽。

【操作步骤】

执行上述操作后会打开"线宽"对话框，如图 6-18 所示。

图 6-17 "线宽"按钮　　　　　　图 6-18 "线宽"对话框

练一练——更改"花盆"图层的线宽

素材文件：素材 \CH06\ 更改图层线宽 .dwg

结果文件：结果 \CH06\ 更改图层线宽 .dwg

利用更改图层线宽功能更改"花盆"图层的线宽，如图 6-21 所示。

【操作步骤】

（1）打开随书配套资源中的"素材 \CH06\ 更改图层线宽 .dwg"文件，如图 6-19 所示。

（2）选择"格式"→"图层"命令，在弹出的"图层特性管理器"对话框中单击"花盆"图层的"线宽"按钮，在弹出的"线宽"对话框中选择"0.30mm"选项，如图 6-20 所示。

（3）在"线宽"对话框中单击"确定"按钮，关闭"图层特性管理器"对话框，"花盆"线宽发生了相应的变化，如图 6-21 所示。

图 6-19 素材文件　　　　图 6-20 设置线宽　　　　图 6-21 线宽发生变化

6.2 更改图层的控制状态

图层可通过图层状态进行控制，以便于对图形进行管理和编辑。图层状态的控制是在"图层特性管理器"对话框中进行的。

6.2.1 打开/关闭图层

通过将图层打开或关闭可以控制图形的显示或隐藏状态。图层处于关闭状态时图层中的内容将被隐藏且无法编辑和打印。

【执行方式】

● 在"图层特性管理器"对话框中单击"开/关"按钮，如图6-22所示，即可将图层打开或关闭。

图6-22 "开/关"按钮

练一练——关闭"手提包"图层

素材文件：素材\CH06\关闭图层.dwg

结果文件：结果\CH06\关闭图层.dwg

利用关闭图层功能关闭"手提包"图层，如图6-24所示。

【操作步骤】

（1）打开随书配套资源中的"素材\CH06\关闭图层.dwg"文件，如图6-23所示。

（2）选择"格式"→"图层"命令，在弹出的"图层特性管理器"对话框中单击"手提包"图层的"开/关"按钮，关闭"图层特性管理器"对话框，结果如图6-24所示。

手提包处于显示状态

图6-23 素材文件

手提包处于隐藏状态

图6-24 "手提包"图层关闭

> ***Tips***
>
> 若要显示图层中隐藏的文件，可重新单击"开 / 关"按钮，使其呈亮显状态，以便打开被关闭的图层。

6.2.2 冻结 / 解冻图层

图层冻结时图层中的内容被隐藏，且该图层上的内容不能进行编辑和打印。将图层冻结可以减少复杂图形的重生成时间。图层冻结时将以灰色的雪花图标显示，图层解冻时将以明亮的太阳图标显示。

【执行方式】

● 在"图层特性管理器"对话框中单击"冻结 / 解冻"按钮，如图 6-25 所示，即可将图层冻结或解冻。

图 6-25 "冻结 / 解冻"按钮

练一练——冻结"叶子"图层

素材文件：素材 \CH06\ 冻结图层 .dwg

结果文件：结果 \CH06\ 冻结图层 .dwg

利用冻结图层功能冻结"叶子"图层，如图 6-27 所示。

【操作步骤】

（1）打开随书配套资源中的"素材 \CH06\ 冻结图层 .dwg"文件，如图 6-26 所示。

（2）选择"格式"→"图层"命令，在弹出的"图层特性管理器"对话框中单击"叶子"图层的"冻结 / 解冻"按钮，关闭"图层特性管理器"对话框，结果如图 6-27 所示。

图 6-26 素材文件

图 6-27 "叶子"图层冻结

> ***Tips***
>
> 　若要解除图层中冻结的文件，可重新单击"冻结 / 解冻"按钮，使其呈太阳状态，以便解除被冻结的图层。

6.2.3 锁定 / 解锁图层

图层锁定后图层上的内容依然可见，但是不能被编辑。

【执行方式】

🞈 　在"图层特性管理器"对话框中单击"锁定 / 解锁"按钮🔓，如图 6-28 所示，即可将图层锁定或解锁。

🖥️ **教你一招**

　　除了在"图层特性管理器"对话框中控制图层的打开 / 关闭、冻结 / 解冻、锁定 / 解锁，还可以通过"默认"选项卡 "图层"面板中的图层选项来控制图层的状态，如图 6-29 所示。

图 6-28 "锁定 / 解锁"按钮

图 6-29 图层控制方法

✍️ 练一练——锁定"桌子"图层

素材文件：素材 \CH06\ 锁定图层 .dwg

结果文件：结果 \CH06\ 锁定图层 .dwg

利用锁定图层功能锁定"桌子"图层，如图 6-32 所示。

【操作步骤】

（1）打开随书配套资源中的"素材 \CH06\ 锁定图层 .dwg"文件，如图 6-30 所示。

（2）选择"格式"→"图层"命令，在弹出的"图层特性管理器"对话框中单击"桌子"图层的"锁定 / 解锁"按钮，关闭"图层特性管理器"对话框，在绘图区域中将光标放置桌子图形上，如图 6-31 所示。

（3）选择"修改"→"移动"命令，将绘图区域中的所有对象全部作为需要移动的对象，可以发现椅子图形可以移动，桌子图形不可以移动，如图 6-32 所示。

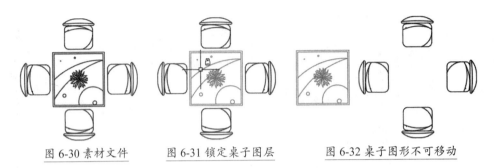

图 6-30 素材文件　　　　图 6-31 锁定桌子图层　　　　图 6-32 桌子图形不可移动

6.2.4 打印 / 不打印图层

图层的不打印设置只对图形中可见的图层（即图层是打开的并且是解冻的）有效。若图层设为打印但该层是冻结的或关闭的，此时 AutoCAD 将不打印该图层。

【执行方式】

- 在"图层特性管理器"对话框中单击"打印 / 不打印"按钮 ，如图 6-33 所示，即可使图层处于可打印状态或不可打印状态。

图 6-33 "打印 / 不打印"按钮

🖢 练一练——使"旗杆"图层处于不打印状态

素材文件：素材 \CH06\ 不打印图层 .dwg

结果文件：结果 \CH06\ 不打印图层 .dwg

利用不打印图层功能使"旗杆"图层对象不打印，如图 6-35 所示。

【操作步骤】

（1）打开随书配套资源中的"素材 \CH06\ 不打印图层 .dwg"文件，如图 6-34 所示。

（2）选择"格式"→"图层"命令，在弹出的"图层特性管理器"对话框中单击"旗杆"图层的"打印 / 不打印"按钮，关闭"图层特性管理器"对话框，选择"文件"→"打印"命令，打印结果如图 6-35 所示。

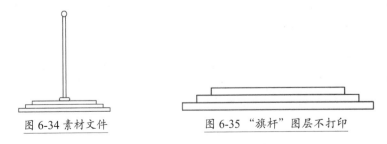

图 6-34 素材文件　　　　　　　　图 6-35 "旗杆"图层不打印

6.3 管理图层

通过对图层的有效管理，不仅可以提高绘图效率，保证绘图质量，还可以及时将无用图层删除，节约磁盘空间。

6.3.1 切换当前层

下面将对切换当前层的方法进行详细介绍。

【执行方式】

- 利用"图层特性管理器"对话框切换当前图层，如图 6-36 所示。
- 利用"图层"选项卡切换当前图层，如图 6-37 所示。
- 利用"图层工具"命令切换当前图层，如图 6-38 所示。

图 6-36 "图层特性管理器"对话框

图 6-37 "图层"选项卡

图 6-38 "图层工具"命令

经验传授

在"图层特性管理器"对话框中选中相应图层后双击，也可以将其设置为当前层。

🔍 重点——将"轮胎"图层置为当前

素材文件：素材 \CH06\ 切换当前层 .dwg

结果文件：结果 \CH06\ 切换当前层 .dwg

利用切换当前层功能将"轮胎"图层置为当前，如图 6-41 所示。

【操作步骤】

（1）打开随书配套资源中的"素材\CH06\切换当前层.dwg"文件，如图6-39所示。

（2）选择"格式"→"图层"命令，在弹出的"图层特性管理器"对话框中选择"轮胎"图层，如图6-40所示。

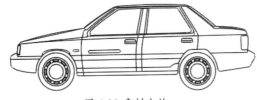

图6-39 素材文件

图6-40 选择图层

（3）对"轮胎"图层进行双击，将其置为当前，如图6-41所示。

图6-41 "轮胎"图层为当前图层

6.3.2 改变图形对象所在图层

对于相对简单的图形而言，可以先绘制图形对象，然后将图形对象分别放置到不同的图层上。

【执行方式】

● 在绘图区域中选择相应的图形对象后，选择"默认"选项卡"图层"面板中的相应图层，即可将该图形对象放置到相应图层上，如图6-42所示。

图6-42 选择相应图层

🔍 重点——改变细实线对象所在图层

素材文件：素材\CH06\改变对象所在图层.dwg

结果文件：结果\CH06\改变对象所在图层.dwg

利用改变图形对象所在图层功能将"细实线"放置到相应图层上，如图6-46所示。

【操作步骤】

（1）打开随书配套资源中的"素材 \CH06\ 改变对象所在图层 .dwg"文件，如图 6-43 所示。

（2）在绘图区域中选择如图 6-44 所示的两个圆形对象。

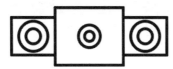

图 6-43 素材文件

图 6-44 选择圆形对象

（3）选择"默认"选项卡"图层"面板中的"细实线"图层，如图 6-45 所示。

（4）按"Esc"键取消对图形对象的选择，结果如图 6-46 所示。

图 6-45 选择"细实线"图层

图 6-46 改变对象所在图层

6.3.3 删除图层

系统默认的图层 0、包含图形对象的层、当前图层以及使用外部参照的图层是不能被删除的。

【执行方式】

● 在"图层特性管理器"对话框中选择相应图层，单击"删除图层"按钮，如图 6-47 所示，即可将相应图层删除。

图 6-47 "删除图层"按钮

练一练——删除"天花板"图层

素材文件：素材 \CH06\ 删除图层 .dwg

结果文件：结果 \CH06\ 删除图层 .dwg

利用删除图层功能删除"天花板"图层，如图 6-50 所示。

【操作步骤】

（1）打开随书配套资源中的"素材 \CH06\ 删除图层 .dwg"文件，如图 6-48 所示。

（2）选择"格式"→"图层"命令，在弹出的"图层特性管理器"对话框中选择"天花板"图层，单击"删除图层"按钮，如图 6-49 所示。

图 6-48 素材文件

图 6-49 删除"天花板"图层

（3）"天花板"图层删除后，结果如图 6-50 所示。

图 6-50 "天花板"图层删除结果

练一练——编辑音箱图层

素材文件：素材 \CH06\ 音箱 .dwg

结果文件：结果 \CH06\ 音箱 .dwg

利用删除图层功能编辑音箱图层，如图 6-54 所示。

【操作步骤】

（1）打开随书配套资源中的"素材 \CH06\ 音箱 .dwg"文件，如图 6-51 所示。

（2）打开"图层特性管理器"对话框，如图 6-52 所示。

（3）将"电源线"图层删除，"饰面"图层线宽设置为"0.30mm"，"主体"图层颜色设置为蓝色，如图 6-53 所示。

（4）关闭"图层特性管理器"对话框后如图 6-54 所示。

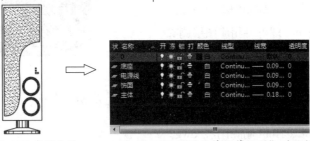

图 6-51 素材文件   图 6-52 "图层特性管理器"对话框

图 6-53 设置图层

图 6-54 图层设置后的结果

6.4 实例——创建电脑桌图层

下面利用"图层特性管理器"对话框创建电脑桌图层。

（1）打开随书配套资源中的"素材\CH06\电脑桌.dwg"文件，如图6-55所示。

（2）选择"格式"→"图层"命令，弹出"图层特性管理器"对话框，单击"新建图层"按钮，将图层名称定义为"虚线"，如图6-56所示。

图6-55 素材文件　　　　　　　图6-56 定义图层名称

（3）单击"虚线"图层的"颜色"按钮，在弹出的"选择颜色"对话框中选择绿色，如图6-57所示。

（4）单击"确定"按钮，返回"图层特性管理器"对话框，单击"虚线"图层的"线型"按钮，弹出"选择线型"对话框，如图6-58所示。

图6-57 "选择颜色"对话框　　　　图6-58 "选择线型"对话框

（5）单击"加载"按钮，弹出"加载或重载线型"对话框，选择"ACAD_ISO03W100"线型，如图6-59所示。

（6）单击"确定"按钮，返回"选择线型"对话框，选择刚才加载的"ACAD_ISO03W100"线型，如图6-60所示。

图 6-59 选择线型（1）

图 6-60 选择线型（2）

（7）单击"确定"按钮，返回"图层特性管理器"对话框，单击"虚线"图层的"线宽"按钮，弹出"线宽"对话框，选择"0.13mm"选项，如图 6-61 所示。

（8）单击"确定"按钮，返回"图层特性管理器"对话框，"虚线"图层创建完成，如图 6-62 所示。

图 6-61 "线宽"对话框

图 6-62 "虚线"图层

（9）重复步骤（2）～（8），继续创建其他图层，结果如图 6-63 所示。

图 6-63 电脑桌图层

⚙ 技 巧

1. 轻松匹配对象属性

将选定对象的特性应用于其他对象。可应用的特性类型包括颜色、图层、线型、线型比例、线宽、打印样式、透明度和其他指定的特性。

用户可以选择"修改"→"特性匹配"命令,然后选择"源对象",最后选择"目标对象",使"目标对象"同"源对象"具有相同的属性,如图 6-64 所示。

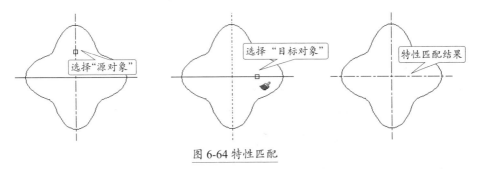

图 6-64 特性匹配

2. 轻松删除顽固图层

下面对删除顽固图层的几种常用方法进行介绍。

方法 1:

打开一个 AutoCAD 文件,将无用图层全部关闭,然后在绘图窗口中将需要的图形全部选中,并按下"Ctrl+C"组合键。之后新建一个图形文件,并在新建图形文件中按下"Ctrl+V"组合键,无用图层将不会被粘贴至新文件中。

方法 2:

(1)打开一个 AutoCAD 文件,把要删除的图层关闭,在绘图窗口中只保留需要的可见图形,然后选择"文件"→"另存为"命令,确定文件名及保存路径后,将文件类型指定为"*.dxf"格式,并在"图形另存为"对话框中选择"工具"→"选项"命令,如图 6-65 所示。

(2)在弹出的"另存为选项"对话框中选择"DXF 选项"选项卡,并选中"选择对象"复选框,如图 6-66 所示。

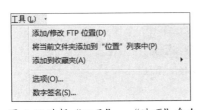
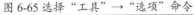

图 6-65 选择"工具"→"选项"命令

图 6-66 "另存为选项"对话框

(3)单击"另存为选项"对话框中的"确定"按钮后,系统自动返回至"图形另存为"对话框。单击"保存"按钮,系统自动进入绘图窗口,在绘图窗口中选择需要保留的图形对象,然后按"Enter"键确认并退出当前文件,即可完成相应对象的保存。在新文件中无用的图层被删除。

方法 3：

使用"laytrans"命令可以将需要删除的图层映射为 0 层，此方法可以删除具有实体对象或被其他块嵌套定义的图层。

（1）在命令行中输入"laytrans"，按"Enter"键确认。

命令：LAYTRANS　　↙

（2）打开"图层转换器"对话框，如图 6-67 所示。

图 6-67 "图层转换器"对话框

（3）将需要删除的图层映射为 0 层，单击"转换"按钮即可。

3. 如何控制线型的显示效果

如果非实线线型经过设置后仍显示为实线，可以选择相应线条，然后选择"修改"→"特性"命令，在弹出的"特性"面板中对"线型比例"进行相应更改，如图 6-68 所示。

图 6-68 "特性"面板

4. 在同一图层上显示不同的图形属性

对于图形较小，结构比较明确，比较容易绘制的图形而言，新建图层会比较麻烦，在这种情况下，可以在同一个图层上为图形对象的不同区域进行不同线型、不同线宽及不同颜色的设置，以便于实现对图层的管理，其具体操作步骤如下。

（1）打开随书配套资源中的"素材 \CH06\ 在同一图层上显示不同的图形属性 .dwg"文件，如图 6-69 所示。

（2）选择如图 6-70 所示的线段。

（3）单击"默认"选项卡"特性"面板中的颜色下拉按钮，并选择红色，如图 6-71 所示。

图 6-69 素材文件　　　图 6-70 选择直线对象　　　图 6-71 设置颜色

（4）单击"默认"选项卡"特性"面板中的线宽下拉按钮，并选择线宽值"0.30 毫米"，如图 6-72
　　所示。

（5）单击"默认"选项卡"特性"面板中的线型下拉按钮，弹出下拉列表如图 6-73 所示。

（6）选择"其他"选项，弹出"线型管理器"对话框，如图 6-74 所示。

图 6-72 选择线宽　　　图 6-73 线型下拉列表　　　图 6-74 "线型管理器"对话框（1）

（7）单击"加载"按钮，弹出"加载或重载线型"对话框，选择"ACAD_ISO03W100"线型，
　　单击"确定"按钮，如图 6-75 所示。

（8）回到"线型管理器"对话框后，可以看到"ACAD_ISO03W100"线型已经存在，如图 6-76
　　所示。

图 6-75 选择线型　　　图 6-76 "线型管理器"对话框（2）

（9）单击"关闭"按钮，关闭"线型管理器"对话框，然后单击"默认"选项卡"特性"面板中的线型下拉按钮，并选择刚加载的"ACAD_ISO03W100"线型，如图 6-77 所示。

（10）所有设置完成后结果如图 6-78 所示。

图 6-77 选择线型

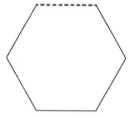

图 6-78 线型改变结果

第7章

图块

内容简介

　　图块是一组图形实体的总称，在图形中需要插入某些特殊符号时会经常用到该功能。在应用过程中，图块将作为一个独立的、完整的对象来操作，在图块中各部分图形可以拥有各自的图层、线型、颜色等特征。用户可以根据需要按指定比例和角度将图块插入到指定位置。

内容要点

- 创建内部块和全局块
- 插入块
- 创建和编辑带属性的块
- 图块管理

案例效果

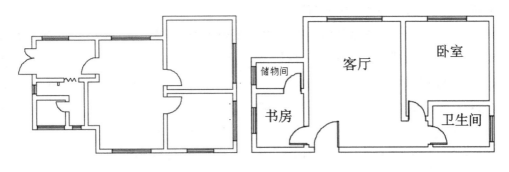

7.1 创建内部块和全局块

图块分为内部块和全局块（即写块），顾名思义，内部块只能在当前图形中使用，不能在其他图形中使用；全局块不仅能在当前图形中使用，也可以在其他图形中使用。

7.1.1 创建内部块

下面将对内部块的创建方法进行详细介绍。

【执行方式】

● 命令行：BLOCK/B。

● 菜单栏：选择菜单栏中的"绘图"→"块"→"创建"命令。

● 功能区：单击"默认"选项卡"块"面板中的"创建"按钮，或者单击"插入"选项卡"块定义"面板中的"创建块"按钮。

【操作步骤】

执行上述操作后会打开"块定义"对话框，如图 7-1 所示。

图 7-1 "块定义"对话框

【选项说明】

"块定义"对话框中各选项的含义如下。

"名称"文本框：指定块的名称。名称最多可以包含 255 个字符，包括字母、数字、空格，以及操作系统或程序未作他用的任何特殊字符。

"基点"选项区域：指定块的插入基点，默认值是 (0,0,0)。用户可以选中"在屏幕上指定"复选框，也可单击"拾取点"按钮，在绘图区单击指定。

"对象"选项区域：指定新块中要包含的对象，以及创建块之后如何处理这些对象，如是保留还是删除选定的对象，或者将它们转换成块实例。

保留：选中该单选按钮，图块创建完成后，原图形仍保留原来的属性。

转换为块：选中该单选按钮，图块创建完成后，原图形将转换成图块的形式存在。

删除：选中该单选按钮，图块创建完成后，原图形将自动删除。

"方式"选项区域：指定块的方式。在该区域中可指定块参照是否可以被分解和是否阻止块参照不按统一比例缩放。

允许分解：选中该复选框，当创建的图块插入到图形后，可以通过"分解"命令进行分解，如果没选中该复选框，则创建的图块插入到图形后，不能通过"分解"命令进行分解。

"设置"选项区域：指定块的设置。在该区域中可指定块参照插入单位等。

✍ 练一练——创建"婴儿车"图块

素材文件：素材 \CH07\ 婴儿车 .dwg
结果文件：结果 \CH07\ 婴儿车 .dwg
利用"创建内部块"命令创建如图 7-4 所示的"婴儿车"内部块。

【操作步骤】

（1）打开随书配套资源中的"素材 \CH07\ 婴儿车 .dwg"文件，如图 7-2 所示。

（2）在命令行中输入"B"命令，按"Space"键确认，在弹出的"块定义"对话框中单击"选择对象"前的 按钮，在绘图区域中选择如图 7-3 所示的图形对象作为组成块的对象。

图 7-2 "婴儿车"素材文件　　　　图 7-3 选取"婴儿车"图形对象

（3）按"Space"键确认，返回"块定义"对话框，为块添加名称"婴儿车"，单击"确定"按钮完成操作，如图 7-4 所示。

图 7-4 创建"婴儿车"内部块

🖥 经验传授

在实际工作中，用户也可以在其他文件中直接获取需要的图块。例如，现有 A、B 两个文件，需要在 A 文件中创建一个图块，而这个图块恰好在 B 文件中存在，用户可以在 B 文件中选择需要的这个图块并右击，在弹出的快捷菜单中选择"剪贴板"→"复制"命令，如图 7-5 所示。然后在 A 文件中按"Ctrl+V"组合键进行粘贴，如图 7-6 所示。在 A 文件中打开"插入"对话框即可看到在 B 文件中获取到的图块，如图 7-7 所示。

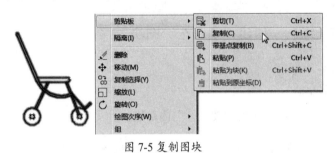

图 7-5 复制图块   图 7-6 粘贴图块

图 7-7 "插入"对话框

7.1.2 创建全局块（写块）

全局块（写块）就是将选定对象保存到指定的图形文件或将块转换为指定的图形文件。

【执行方式】

● 命令行：WBLOCK/W。

● 功能区：单击"插入"选项卡"块定义"面板中的"写块"按钮 。

【操作步骤】

执行上述操作后会打开"写块"对话框，如图 7-8 所示。

图 7-8 "写块"对话框

【选项说明】

"写块"对话框中各选项的含义如下。

"源"栏：指定块和对象，将其另存为文件并指定插入点。

块：指定要另存为文件的现有块。从列表中选择名称。

整个图形：选择要另存为其他文件的当前图形。

对象：选择要另存为文件的对象。指定基点并选择下面的对象。

"基点"选项区域：指定块的基点。默认值是 (0,0,0)。

拾取点：暂时关闭对话框以使用户能在当前图形中拾取插入基点。

X：指定基点的 *X* 轴坐标值。

Y：指定基点的 *Y* 轴坐标值。

Z：指定基点的 *Z* 轴坐标值。

"对象"选项区域：设置用于创建块的对象上的块创建的效果。

选择对象：临时关闭该对话框以便可以选择一个或多个对象以保存至文件。

快速选择：打开"快速选择"对话框，从中可以过滤选择集。

保留：将选定对象另存为文件后，在当前图形中仍保留它们。

转换为块：将选定对象另存为文件后，在当前图形中将它们转换为块。

从图形中删除：将选定对象另存为文件后，从当前图形中删除它们。

选定的对象：指示选定对象的数目。

"目标"栏：指定文件的新名称和新位置以及插入块时所用的测量单位。

文件名和路径：指定文件名和保存块或对象的路径。

插入单位：指定从 Design Center ™ （设计中心）拖动新文件或将其作为块插入到使用不同单位的图形中时用于自动缩放的单位值。

练一练——创建环岛行驶标识图块

素材文件：素材 \CH07\ 环岛行驶标识 .dwg

结果文件：结果 \CH07\ 环岛行驶标识 .dwg

利用创建全局块命令创建如图 7-12 所示的环岛行驶标识外部块。

【操作步骤】

（1）打开随书配套资源中的"素材 \CH07\ 环岛行驶标识 .dwg"文件，如图 7-9 所示。

（2）在命令行中输入"W"命令后按"Space"键，在弹出的"写块"对话框中单击"选择对象"前的按钮，在绘图区选择对象，如图 7-10 所示，按"Space"键确认。

（3）单击"拾取点"前的 ⬚ 按钮，在绘图区捕捉如图 7-11 所示的点作为插入基点。

图 7-9 素材文件　　　　图 7-10 选择图形对象　　　　图 7-11 指定插入基点

（4）在"文件名和路径"栏中可以设置保存路径，设置完成后单击"确定"按钮，如图 7-12 所示。

图 7-12 创建外部块

7.2 插入块

下面将重点介绍图块的插入，在插入图块的过程中主要会运用"插入"对话框。

【执行方式】

● 命令行：INSERT/I。

● 菜单栏：选择菜单栏中的"插入"→"块"命令。

● 功能区：单击"默认"选项卡"块"面板中的"插入"按钮⬚，或者单击"插入"选项卡"块"面板中的"插入"按钮⬚。

【操作步骤】

执行上述操作后会打开"插入"对话框，如图 7-13 所示。

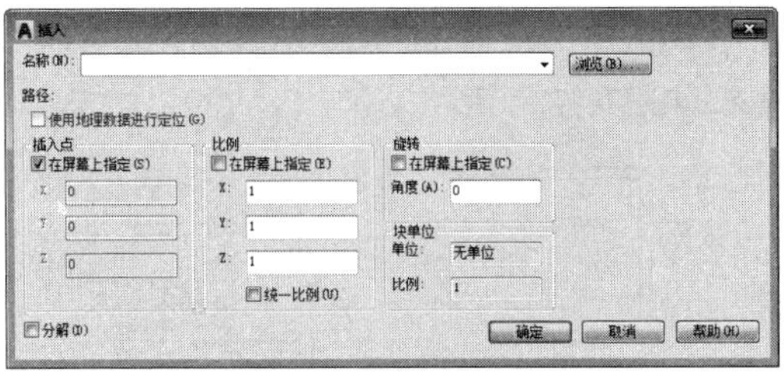

图 7-13 "插入"对话框

【选项说明】

"插入"对话框中各选项的含义如下。

使用地理数据进行定位：插入将地理数据用作参照的图形。此选项仅在当前图形和附着的图形均包含地理数据时才可用。

插入点：指定块的插入点。

比例：指定插入块的缩放比例。如果指定负的 X、Y 和 Z 缩放比例因子，则插入块的镜像图像。

旋转：在当前 UCS 中指定插入块的旋转角度。

块单位：显示有关块单位的信息。

分解：分解块并插入该块的各个部分。选中该复选框时，只可以指定统一的比例因子。

练一练——插入窗户图块

素材文件：素材 \CH07\ 插入图块 .dwg

结果文件：结果 \CH07\ 插入图块 .dwg

利用"插入图块"命令为墙体插入如图 7-22 所示的窗户图块。

【操作步骤】

（1）打开随书配套资源中的"素材 \CH07\ 插入图块 .dwg"文件，如图 7-14 所示。

（2）在命令行中输入"I"命令后按"Space"键，在弹出的"插入"对话框中单击"名称"下拉按钮，在弹出的下拉列表中选择"窗户"图块，将比例设置为"X:1.4，Y:1，Z:1"，如图 7-15 所示。

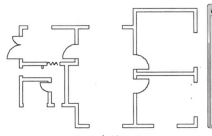

图 7-14 素材文件

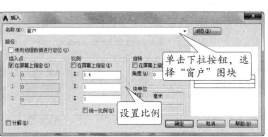

图 7-15 "插入"对话框

（3）单击"确定"按钮，在绘图区域中捕捉如图 7-16 所示的端点作为基点。

（4）"窗户"图块插入结果如图 7-17 所示。

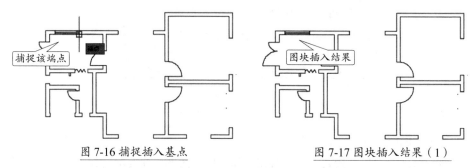

图 7-16 捕捉插入基点　　　　　　　　图 7-17 图块插入结果（1）

（5）重复步骤（2）～（4）的操作，参数设置相同，"窗户"图块插入结果如图 7-18 所示。

（6）将比例设置为"X:2，Y:1，Z:1"，继续进行"窗户"图块的插入，结果如图 7-19 所示。

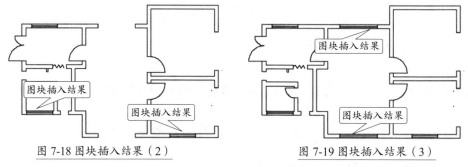

图 7-18 图块插入结果（2）　　　　　　　图 7-19 图块插入结果（3）

（7）将比例设置为"X:2，Y:1，Z:1"，旋转角度设置为"-90"，继续进行"窗户"图块的插入，结果如图 7-20 所示。

（8）将比例设置为"X:0.45，Y:1，Z:1"，旋转角度设置为"0"，继续进行"窗户"图块的插入，结果如图 7-21 所示。

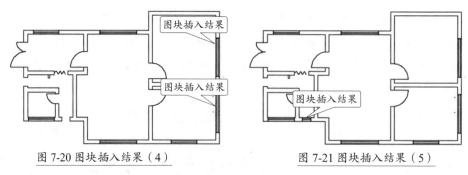

图 7-20 图块插入结果（4）　　　　　　　图 7-21 图块插入结果（5）

（9）将比例设置为"X:0.45，Y:1，Z:1"，旋转角度设置为"-90"，继续进行"窗户"图块的插入，结果如图 7-22 所示。

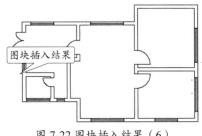

图 7-22 图块插入结果（6）

7.3 创建和编辑带属性的块

要想创建属性，首先要创建带属性的块。属性特征主要包括标记（标识属性的名称）、插入块时显示的提示、值的信息、文字格式、块中的位置和所有可选模式（不可见、常数、验证、预设、锁定位置和多行）。

7.3.1 定义属性

属性是所创建的包含在块定义中的对象，属性可以存储数据，如部件号、产品名等。

【执行方式】

- 命令行：ATTDEF/ATT。
- 菜单栏：选择菜单栏中的"绘图"→"块"→"定义属性"命令。
- 功能区：单击"插入"选项卡"块定义"面板中的"定义属性"按钮。

【操作步骤】

执行上述操作后会打开"属性定义"对话框，如图 7-23 所示。

图 7-23 "属性定义"对话框

【选项说明】

"模式"选项区域中各选项的含义如下。

不可见：指定插入块时不显示或打印属性值。

固定：在插入块时赋予属性固定值。

验证：插入块时提示验证属性值是否正确。

预设：插入包含预设属性值的块时，将属性设置为默认值。

锁定位置：锁定块参照中属性的位置。解锁后，属性可以相对于使用夹点编辑的块的其他部分移动，并且可以调整多行文字属性的大小。

多行：指定属性值可以包含多行文字。选中此复选框后，可以指定属性的边界宽度。

"插入点"选项区域中各选项的含义如下。

在屏幕上指定：关闭对话框后将显示"起点"提示，使用定点设备来指定属性相对于其他对象的位置。

X：指定属性插入点的 X 坐标。

Y：指定属性插入点的 Y 坐标。

Z：指定属性插入点的 Z 坐标。

"属性"选项区域中各选项的含义如下。

标记：标识图形中每次出现的属性，使用任何字符组合（空格除外）输入属性标记，小写字母会自动转换为大写字母。

提示：指定在插入包含该属性定义的块时显示的提示。如果不输入提示，属性标记将用作提示。

默认：指定默认属性值。

插入字段按钮⊡：显示【字段】对话框，可以插入一个字段作为属性的全部或部分值。

"文字设置"选项区域中各选项的含义如下。

对正：指定属性文字的对正。此项是关于对正选项的说明。

文字样式：指定属性文字的预定义样式。显示当前加载的文字样式。

注释性：指定属性为注释性。如果块是注释性的，则属性将与块的方向相匹配。单击信息图标可以了解有关注释性对象的详细信息。

文字高度：指定属性文字的高度。此高度为从原点到指定位置的测量值。如果选择有固定高度的文字样式，或者在"对正"下拉列表中选择了"对齐"或"高度"选项，则此项不可用。

旋转：指定属性文字的旋转角度。此旋转角度为从原点到指定位置的测量值。如果在"对正"下拉列表中选择了"对齐"或"调整"选项，则"旋转"选项不可用。

边界宽度：换行前需指定多行文字属性中文字行的最大长度。值 0.000 表示对文字行的长度没有限制。此选项不适用于单行文字属性。

"在上一个属性定义下对齐"：将属性标记直接置于之前定义的属性的下面。如果之前没有创建属性定义，则此选项不可用。

🔍 重点——创建带属性的块

素材文件：素材 \CH07\ 装饰品 .dwg

结果文件：结果 \CH07\ 装饰品 .dwg

利用"属性定义"对话框创建带属性的块。

【操作步骤】

1. 定义属性

（1）打开随书配套资源中的"素材 \CH07\ 装饰品 .dwg"文件，如图 7-24 所示。

（2）在命令行中输入"Att"命令后按"Space"键，弹出"属性定义"对话框，在"属性"
选项区域中的"标记"文本框中输入"ornament"，在"文字设置"选项区域的"文字
高度"文本框中输入"70"，如图 7-25 所示。

（3）单击"确定"按钮，在绘图区域中单击指定起点，结果如图 7-26 所示。

| 图 7-24 素材文件 | 图 7-25 "属性定义"对话框 | 图 7-26 定义属性结果 |

2. 创建块

（1）在命令行中输入"B"命令后按"Space"键，弹出"块定义"对话框，单击"选择对象"
按钮，并在绘图区域中选择如图 7-27 所示的图形对象作为组成块的对象。

（2）按"Enter"键确认，单击"拾取点"前的 ![按钮]，在绘图区域中单击指定插入基点，如图 7-28
所示。

图 7-27 选择对象　　　图 7-28 指定插入基点

（3）返回"块定义"对话框，将块名称指定为"装饰品"，单击"确定"按钮，在弹出的"编
辑属性"对话框中输入参数值"装饰品 1"，如图 7-29 所示。

197

（4）单击"确定"按钮，结果如图 7-30 所示。

装饰品1

图 7-29 编辑属性　　　　图 7-30 创建结果

7.3.2 修改属性定义

下面将对修改单个属性的方法进行介绍。

【执行方式】

● 命令行：EATTEDIT。

● 菜单栏：选择菜单栏中的"修改"→"对象"→"属性"→"单个"命令。

● 功能区：单击"默认"选项卡"块"面板中的"编辑单个属性"按钮，或者单击"插入"选项卡"块"面板中的"编辑单个属性"按钮。

【操作步骤】

执行上述操作后命令行提示如下。

命令：_eattedit

选择块：

在绘图区域中选择相应的块对象后，弹出"增强属性编辑器"对话框，如图 7-31 所示。

图 7-31 "增强属性编辑器"对话框

🔍 **重点——修改"粗糙度"图块属性定义**

素材文件：素材 \CH07\ 修改属性定义 .dwg

结果文件：结果 \CH07\ 修改属性定义 .dwg

下面将利用单个属性编辑命令对块的属性进行修改。

【操作步骤】

（1）打开随书配套资源中的"素材\CH07\修改属性定义.dwg"文件，如图7-32所示。

（2）在命令行输入"EATTEDIT"按"Enter"键确认，在弹出的"增强属性编辑器"对话框中将"值"参数修改为"1.6"，如图7-33所示。

图7-32 素材文件

图7-33 "增强属性编辑器"对话框

（3）选择"文字选项"选项卡，修改"倾斜角度"参数为"30"，如图7-34所示。

图7-34 设置文字倾斜角度

（4）选择"特性"选项卡，修改"颜色"为蓝色，如图7-35所示。

（5）单击"确定"按钮，结果如图7-36所示。

图7-35 设置文字颜色

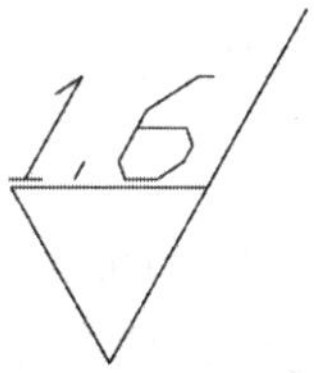

图7-36 修改结果

练一练——添加文字说明

素材文件：素材\CH07\添加文字说明.dwg

结果文件：结果\CH07\添加文字说明.dwg

下面将利用"创建带属性的块"命令为建筑平面图添加文字说明。

【操作步骤】

（1）打开随书配套资源中的"素材\CH07\添加文字说明.dwg"文件，如图 7-37 所示。

（2）创建带属性的块，可以将块名称定义为"名称"，如图 7-38 所示。

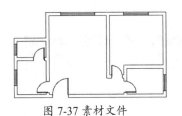

图 7-37 素材文件　　　　　　　图 7-38 创建带属性的块

（3）利用插入图块的方式为每个房间指定名称，如图 7-39 所示。

（4）利用修改块属性定义的方式适当调整文字大小，如图 7-40 所示。

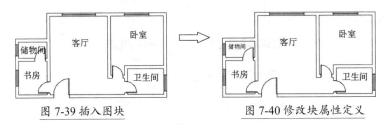

图 7-39 插入图块　　　　　　　图 7-40 修改块属性定义

7.4 图块管理

在 AutoCAD 中较为常见的图块管理操作包括分解块、编辑已定义的块以及对已定义的块进行重定义等，下面将分别对相关内容进行详细介绍。

7.4.1 分解块

块是以复合对象的形式存在的，可以利用"分解"命令对图块进行分解。

【执行方式】

◆ 命令行：EXPLODE/X。

◆ 菜单栏：选择菜单栏中的"修改"→"分解"命令。

◆ 功能区：单击"默认"选项卡"修改"面板中的"分解"按钮。

【操作步骤】

执行上述操作后命令行提示如下。

命令：_explode
选择对象：

在绘图区域中选择相应的对象后按"Space"键确认，即可将该对象成功分解。

练一练——分解盆景图块

素材文件：素材 \CH07\ 盆景 .dwg

结果文件：结果 \CH07\ 盆景 .dwg

下面将利用"分解"命令对盆景图块进行分解操作。

【操作步骤】

（1）打开随书配套资源中的"素材 \CH07\ 盆景 .dwg"文件，如图 7-41 所示。

（2）在绘图区域中将光标放到图形对象上，该图形对象当前以图块的形式存在，如图 7-42 所示。

（3）在命令行中输入"X"（分解）命令后按"Space"键，在绘图区域中选择图形对象，如图 7-43 所示。

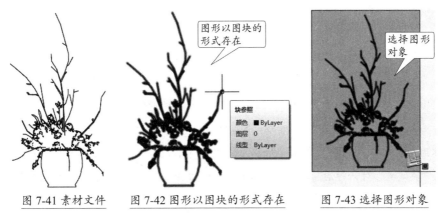

图 7-41 素材文件　　图 7-42 图形以图块的形式存在　　图 7-43 选择图形对象

（4）按"Space"键以确认分解，在绘图区域中选择如图 7-44 所示的部分图形对象。

（5）选择结果如图 7-45 所示。

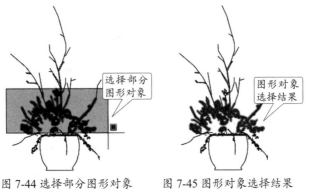

图 7-44 选择部分图形对象　　图 7-45 图形对象选择结果

教你一招

插入的图块要想能分解，在创建图块的时候必须在"块定义"对话框中选中"允许分解"复选框。

练一练——重定义"电机"图块

素材文件：素材 \CH07\ 电机 .dwg

结果文件：结果 \CH07\ 电机 .dwg

对于已定义的块，用户可以根据需要对已经存在的图块进行重定义操作。

【操作步骤】

（1）打开随书配套资源中的"素材 \CH07\ 电机 .dwg"文件，如图 7-46 所示。

（2）在命令行中输入"I"命令后按"Space"键，在弹出的"插入"对话框中选择名称为"电机"的图块，单击"确定"按钮，将其插入到图中合适的位置，如图 7-47 所示。

图 7-46 素材文件　　图 7-47 插入图块

（3）在命令行中输入"B"命令，并按"Space"键确认。在弹出的"块定义"对话框中选择名称为"电机"的图块，单击"拾取点"按钮，选择如图 7-48 所示的圆心为拾取点。

（4）回到"块定义"对话框后，单击"选择对象"按钮，在绘图区域选择原有图形，如图 7-49 所示。

 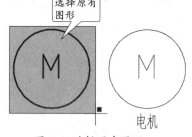

图 7-48 选择拾取点　　图 7-49 选择原有图形

（5）按"Space"键结束选择，回到"块定义"对话框后单击"确定"按钮，弹出"块 - 重新定义块"对话框，如图 7-50 所示。

图 7-50 "块 - 重新定义块"对话框

（6）选择"重新定义块"选项，完成操作。图块重新定义后，原来的图块即被删除，结果如图7-51所示。

（7）重复步骤（2），重新插入"电机"图块，结果如图7-52所示。

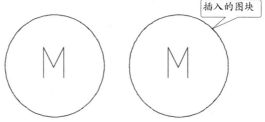

图7-51 图块重定义后的结果　　　　　　图7-52 插入重新定义的图块

7.4.2 块编辑器

块编辑器包含一个特殊的编写区域，在该区域中，可以像在绘图区域中一样绘制和编辑几何图形。

【执行方式】

● 命令行：BEDIT/BE。

● 菜单栏：选择菜单栏中的"工具"→"块编辑器"命令。

● 功能区：单击"默认"选项卡"块"面板中的"编辑"按钮■，或者单击"插入"选项卡"块定义"面板中的"块编辑器"按钮■。

【操作步骤】

执行上述操作后会打开"编辑块定义"对话框，如图7-53所示。

图7-53 "编辑块定义"对话框

🔍 重点——编辑图块内容

素材文件：素材\CH07\编辑块.dwg

结果文件：结果\CH07\编辑块.dwg

下面将对已定义的图块进行相关编辑操作。

【操作步骤】

（1）打开随书配套资源中的"素材\CH07\编辑块.dwg"文件，如图7-54所示。

（2）在命令行输入"BE"按"Space"键确认，在弹出的"编辑块定义"对话框中选择"植物"

对象，单击"确定"按钮，在绘图区域中选择要编辑的图形，如图 7-55 所示。

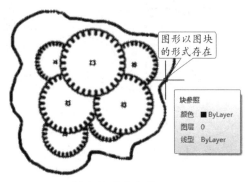

图 7-54 素材文件

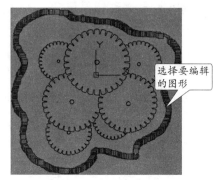

图 7-55 选择要编辑的图形

（3）按"Del"键将所选图形删除，如图 7-56 所示。

（4）在"块编辑器"选项卡的"打开 / 保存"面板上单击"保存块"按钮，然后单击"关闭块编辑器"按钮，关闭"块编辑器"选项卡，结果如图 7-57 所示。

（5）将光标放到剩余部分的图形上，可以看到剩余部分的图形仍是一个整体，如图 7-58 所示。

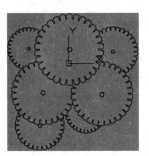

图 7-56 删除所选图形

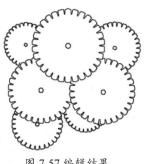

图 7-57 编辑结果

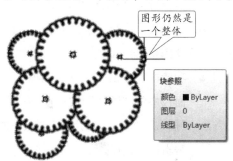

图 7-58 剩余部分的图形仍是一个整体

7.5 实例——创建并插入带属性的"粗糙度"图块

本实例是一张表面粗糙度符号图，下面介绍制作带属性的块，从而实现机械制图中表面粗糙度符号的调用和插入。

1. 创建带属性的块

（1）打开随书配套资源中的"素材 \CH07\ 粗糙度图块 .dwg"文件，如图 7-59 所示。

（2）在命令行中输入"ATT"命令后按"Space"键，弹出"属性定义"对话框，在"标记"文本框中输入"粗糙度"，将"对正"方式设置为"居中"，在"文字高度"文本框中输入"2.5"，如图 7-60 所示。

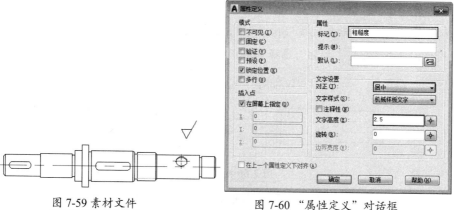

图 7-59 素材文件

图 7-60 "属性定义"对话框

（3）单击"确定"按钮，在绘图区域将表面粗糙度符号的横线中点作为插入点，单击确认，结果如图 7-61 所示。

（4）在命令行中输入"B"命令后按"Space"键，弹出"块定义"对话框，输入名称为"粗糙度符号"，如图 7-62 所示。

图 7-61 指定插入基点

图 7-62 "块定义"对话框

（5）单击"选择对象"按钮，在绘图区域选择对象，按"Space"键确认，如图 7-63 所示。

（6）单击"拾取点"前的 按钮，在绘图区域选择如图 7-64 所示的点作为插入时的基点。

（7）返回"块定义"对话框，单击"确定"按钮，弹出"编辑属性"对话框，输入表面粗糙度的初始值为"3.2"，并单击"确定"按钮，结果如图 7-65 所示。

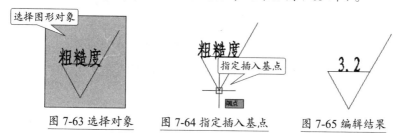

图 7-63 选择对象　　图 7-64 指定插入基点　　图 7-65 编辑结果

2. 插入块

（1）在命令行中输入"I"命令后按"Space"键，弹出"插入"对话框，选择名称为"粗糙度符号"的图块，单击"确定"按钮，选择如图 7-66 所示的位置作为插入点。

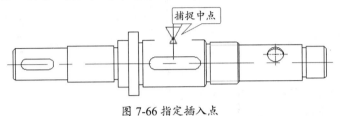

图 7-66 指定插入点

（2）弹出"编辑属性"对话框，输入表面粗糙度值"1.6"，单击"确定"按钮后结果如图 7-67 所示。

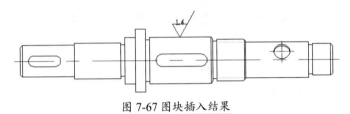

图 7-67 图块插入结果

⚙ 技 巧

1. 轻松打开无法修复的文件

当文件损坏并且无法修复时，可以将该文件作为图块进行打开操作，方法如下。

（1）在一个新建的 .dwg 文件中，选择"插入"→"块"命令，会弹出"插入"对话框，单击"浏览"按钮，如图 7-68 所示。

图 7-68 "插入"对话框

（2）弹出"选择图形文件"对话框，如图 7-69所示，浏览到需要打开的文件并单击"打开"按钮，系统会返回到"插入"对话框，

单击"确定"按钮，按命令行提示操作即可。

图 7-69 "选择图形文件"对话框

2. 图块的快速创建方法

利用剪贴板功能可以快速创建图块，方法如下。

（1）任意打开一个非图块形式存在的 .dwg 文件，如图 7-70 所示。

（2）选择该图形文件并右击，在弹出的快捷菜单中选择"剪贴板"→"复制"命令，如图 7-71 所示。

图 7-70 非图块文件

图 7-71 选择"复制"命令

（3）在绘图区域的空白位置右击，在弹出的快捷菜单中选择"剪贴板"→"粘贴为块"命令，如图 7-72 所示。

（4）根据命令行提示指定插入点后，即可得到图块对象，如图 7-73 所示。

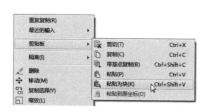

图 7-72 选择"粘贴为块"命令

图 7-73 得到图块对象

3. 完美分解"无法分解"的图块

在创建图块时如果没有选中"允许分解"复选框，则得到的图块将无法正常分解，可以通过下面的方法对该类图块进行分解操作。

（1）打开随书配套资源中的"素材 \CH07\ 无法分解的图块 .dwg"文件，如图 7-74 所示。

（2）选择"修改"→"分解"命令，对绘图区域中的图块对象进行分解，命令行提示"无法分解"，如图 7-75 所示。

图 7-74 素材文件

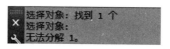

图 7-75 提示"无法分解"该图块

（3）选择"修改"→"对象"→"块说明"命令，弹出"块定义"对话框，在"名称"下拉列表中选择"植物"选项，选中"允许分解"复选框，单击"确定"按钮，如图7-76所示。

（4）在"块-重新定义块"对话框中选择"重新定义块"选项，如图7-77所示。

图 7-76 "块定义"对话框

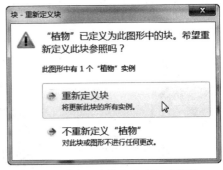

图 7-77 "块-重新定义块"对话框

（5）选择"修改"→"分解"命令，对重新定义的图块对象进行分解，分解结果如图7-78所示。

图 7-78 分解结果

4. 自定义动态块

动态块包含规则和参数，用户可以使用动态块功能插入可更改形状、大小或配置的块，创建方法如下。

（1）打开随书配套资源中的"素材\CH07\自定义动态块.dwg"文件，如图7-79所示。

（2）双击绘图区域中的矩形对象，在"编辑块定义"对话框中选择"矩形"选项，单击"确定"按钮，如图7-80所示。

图 7-79 素材文件

图 7-80 "编辑块定义"对话框

（3）在"块编写选项板-所有选项板"中选择"参数"选项卡，选择"旋转"选项，如图7-81所示。

（4）捕捉如图7-82所示的端点作为基点，捕捉如图7-83所示的端点以指定参数半径，捕捉如图7-84
所示的端点以指定默认旋转角度，在适当的位置处单击指定标签位置，如图7-85所示。

图 7-81 选择"旋转"选项（1）

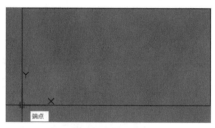

图 7-82 指定基点

图 7-83 指定参数半径

图 7-84 指定旋转角度

图 7-85 指定标签位置

（5）在"块编写选项板-所有选项板"中选择"动作"选项卡，选择"旋转"选项，如图7-86所示。

（6）在绘图区域中选择参数，如图7-87所示。选择矩形对象，如图7-88所示。

（7）按"Enter"键确认，如图7-89所示。

图 7-86 选择"旋转"选项（2）

图 7-87 选择参数

209

图 7-88 选择矩形对象

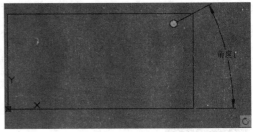

图 7-89 旋转效果

（8）在"块编辑器"选项卡中单击"关闭块编辑器"按钮，在弹出的"块-未保存更改"对话框中选择"将更改保存到矩形"选项，如图 7-90 所示。

（9）在绘图区域中选择矩形对象，如图 7-91 所示。选择如图 7-92 所示的控制点，拖动鼠标即可进行旋转操作，如图 7-93 所示。

（10）旋转结果如图 7-94 所示。

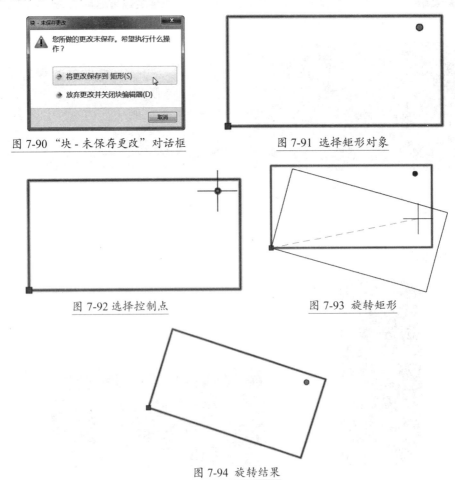

图 7-90 "块-未保存更改"对话框

图 7-91 选择矩形对象

图 7-92 选择控制点

图 7-93 旋转矩形

图 7-94 旋转结果

第8章

文字和表格

内容简介

绘图时需要对图形进行文本标注和说明。AutoCAD 提供了强大的文字和表格功能，可以帮助用户创建文字和表格，从而标注图样的非图信息，使设计和施工人员对图形一目了然。

内容要点

- 创建文字样式
- 输入与编辑单行文字
- 输入与编辑多行文字
- 创建表格

案例效果

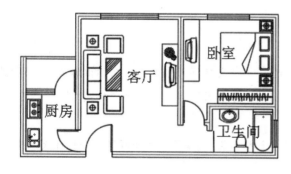
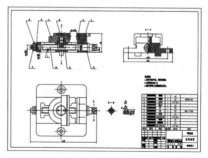

8.1 创建文字样式

创建文字样式是进行文字注释的首要任务。在 AutoCAD 中，文字样式用于控制图形中所使用文字的字体、宽度和高度等参数。在一幅图形中可定义多种文字样式以适应工作的需要。例如，在一幅完整的图纸中，需要定义说明性文字的样式、标注文字的样式和标题文字的样式等。在创建文字注释和尺寸标注时，AutoCAD 通常使用当前的文字样式，也可以根据具体要求重新设置文字样式或创建新的样式。

【执行方式】

- 命令行：STYLE/ST。
- 菜单栏：选择菜单栏中的"格式"→"文字样式"命令。
- 功能区：单击"默认"选项卡"注释"面板中的"文字样式"按钮 **A**。

【操作步骤】

执行上述操作后会打开"文字样式"对话框，如图 8-1 所示。

图 8-1 "文字样式"对话框

练一练——创建文字样式

素材文件：无

结果文件：结果 \CH08\ 文字样式 .dwg

利用"文字样式"命令创建文字样式。

【操作步骤】

（1）新建一个 AutoCAD 文件，选择"格式"→"文字样式"命令，在弹出的"文字样式"对话框中单击"新建"按钮，弹出"新建文字样式"对话框，将"样式名"命名为"新建文字样式"，如图 8-2 所示。

（2）单击"确定"按钮后返回"文字样式"对话框，在"样式"栏下出现了一个新样式名称"新建文字样式"，如图 8-3 所示。

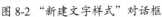

图 8-2 "新建文字样式"对话框

图 8-3 "文字样式"对话框

（3）选择"新建文字样式"选项，在"字体名"下拉列表中选择"仿宋"选项，如图8-4所示。

（4）在"倾斜角度"文本框中输入"30"，单击"应用"按钮，如图8-5所示。

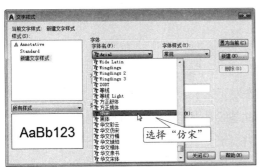

图 8-4 选择字体

图 8-5 设置倾斜角度

（5）单击"置为当前"按钮，把"新建文字样式"设置为当前样式。

8.2 输入与编辑单行文字

在创建文字注释和尺寸标注时，AutoCAD 通常使用当前的文字样式，也可以根据具体要求重新设置文字样式或创建新的样式。可以使用"单行文字"命令创建一行或多行文字，在创建多行文字时，通过按"Enter"键来分别结束每一行。其中，每行文字都是独立的对象，可对其进行重定位、调整格式或进行其他修改。

8.2.1 单行文字

下面将对单行文字的创建进行详细介绍。

【执行方式】

● 命令行：TEXT/DT。

● 菜单栏：选择菜单栏中的"绘图"→"文字"→"单行文字"命令。

● 功能区：单击"默认"选项卡"注释"面板中的"单行文字"按钮**A**，或者单击"注释"

选项卡"文字"面板中的"单行文字"按钮 **A**。

【操作步骤】

执行上述操作后命令行会进行如下提示。

命令：_text

当前文字样式："Standard" 文字高度：2.5000 注释性：否 对正：左

指定文字的起点 或 [对正 (J)/ 样式 (S)]:

输入"J"，按"Enter"键之后命令行会进行如下提示。

输入选项 [左 (L)/ 居中 (C)/ 右 (R)/ 对齐 (A)/ 中间 (M)/ 布满 (F)/ 左上 (TL)/ 中上 (TC)/ 右上 (TR)/ 左中 (ML)/ 正中 (MC)/ 右中 (MR)/ 左下 (BL)/ 中下 (BC)/ 右下 (BR)]:

【选项说明】

命令行中各选项含义如下。

对正（J）：控制文字的对正方式。

样式（S）：指定文字样式。

左（L）：在由用户给出的点指定的基线上左对正文字。

居中（C）：从基线的水平中心对齐文字，此基线是由用户给出的点指定的。

右（R）：在由用户给出的点指定的基线上右对正文字。

对齐（A）：通过指定基线端点来指定文字的高度和方向。

中间（M）：文字在基线的水平中点和指定高度的垂直中点上对齐。

布满（F）：指定文字按照由两点定义的方向和一个高度值布满一个区域。只适用于水平方向的文字。

左上（TL）：在指定为文字顶点的点左对正文字。只适用于水平方向的文字。

中上（TC）：以指定为文字顶点的点居中对正文字。只适用于水平方向的文字。

右上（TR）：以指定为文字顶点的点右对正文字。只适用于水平方向的文字。

左中（ML）：在指定为文字中间点的点左对正文字。只适用于水平方向的文字。

正中（MC）：在文字的中央水平和垂直居中对正文字。只适用于水平方向的文字。

右中（MR）：以指定为文字的中间点的点右对正文字。只适用于水平方向的文字。

左下（BL）：以指定为基线的点左对正文字。只适用于水平方向的文字。

中下（BC）：以指定为基线的点居中对正文字。只适用于水平方向的文字。

右下（BR）：以指定为基线的点右对正文字。只适用于水平方向的文字。

✐ 练一练——创建单行文字对象

素材文件：无

结果文件：结果 \CH08\ 单行文字 .dwg

利用"单行文字"命令创建如图 8-7 所示的单行文字对象。

【操作步骤】

（1）新建一个 AutoCAD 文件，选择"绘图"→"文字"→"单行文字"命令，在命令行提示下输入文字的对正参数"J"，按"Enter"键确认，在命令行中输入文字的对齐方式"L"后按"Enter"键确认，在绘图区域单击指定文字的左对齐点，如图 8-6 所示。

（2）在命令行中设置文字的高度为"70"、旋转角度为"30"，在绘图区域中输入文字内容"刻苦学习中文版 AutoCAD 2019"后按两次"Enter"键结束命令，结果如图 8-7 所示。

图 8-6 指定文字起点　　　　　　　　图 8-7 单行文字对象

8.2.2　编辑单行文字

下面将对编辑单行文字的方法进行详细介绍。

【执行方式】

- 命令行：TEXTEDIT/DDEDIT/ED。
- 菜单栏：选择菜单栏中的"修改"→"对象"→"文字"→"编辑"命令。
- 选择文字对象，在绘图区域中右击，在弹出的快捷菜单中选择"编辑"命令。
- 在绘图区域双击文字对象。

【操作步骤】

执行上述操作后命令行会进行如下提示。

命令：_textedit

当前设置：编辑模式 = Multiple

选择注释对象或 [放弃 (U)/ 模式 (M)]:

🔍 重点——编辑单行文字对象

素材文件：素材 \CH08\ 编辑单行文字 .dwg

结果文件：结果 \CH08\ 编辑单行文字 .dwg

利用单行文字"编辑"命令编辑单行文字对象，如图 8-10 所示。

【操作步骤】

（1）打开随书配套资源中的"素材 \CH08\ 编辑单行文字 .dwg"文件，如图 8-8 所示。

怎么样才能学好AutoCAD 2019?

图 8-8 素材文件

（2）选择"修改"→"对象"→"文字"→"编辑"命令，在绘图区域中选择如图 8-9 所示的文字对象进行编辑。

怎么样才能学好AutoCAD 2019?

图 8-9 选择文字对象

（3）在绘图区域输入新的文字"刻苦努力、找对方法，就能学好 AutoCAD 2019"，按"Enter"键确认，结果如图 8-10 所示。

刻苦努力、找对方法，就能学好AutoCAD 2019

图 8-10 修改文字对象

练一练——标注对象名称

素材文件：素材 \CH08\ 标注名称 .dwg

结果文件：结果 \CH08\ 标注名称 .dwg

利用"单行文字"命令创建如图 8-12 所示的单行文字对象。

【操作步骤】

（1）打开随书配套资源中的"素材 \CH08\ 标注名称 .dwg"文件，如图 8-11 所示。

（2）调用"单行文字"命令，文字高度设置为"40"，角度设置为"0"，分别在适当的位置输入文字内容，如图 8-12 所示。

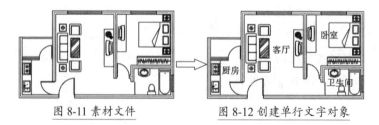

图 8-11 素材文件　　　　图 8-12 创建单行文字对象

8.3 输入与编辑多行文字

多行文字又称为段落文字，这是一种更易于管理的文字对象，可以由两行以上的文字组成，而且各行文字都作为一个整体处理。

8.3.1　多行文字

下面将对创建多行文字的方法进行详细介绍。

【执行方式】

● 命令行：MTEXT/T。

● 菜单栏：选择菜单栏中的"绘图"→"文字"→"多行文字"命令。

● 功能区：单击"默认"选项卡"注释"面板中的"多行文字"按钮A，或者单击"注释"选项卡"文字"面板中的"多行文字"按钮A。

【操作步骤】

执行上述操作后命令行会进行如下提示。

> 命令：_mtext
>
> 当前文字样式："Standard"　文字高度：2.5　注释性：否
>
> 指定第一角点：

练一练——创建多行文字对象

素材文件：无

结果文件：结果 \CH08\ 多行文字 .dwg

利用"多行文字"命令创建如图 8-17 所示的多行文字对象。

【操作步骤】

（1）新建一个 AutoCAD 文件，选择"绘图"→"文字"→"多行文字"命令，在绘图区域单击指定第一角点，如图 8-13 所示。

（2）在绘图区域拖动鼠标并单击指定对角点，如图 8-14 所示。

（3）指定输入区域后，AutoCAD 自动弹出"文字编辑器"窗口，如图 8-15 所示。

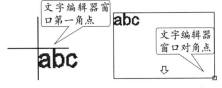
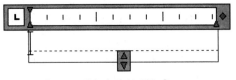

图 8-13 素材文件　　图 8-14 指定文本输入区域　　图 8-15 "文字编辑器"窗口

（4）输入文字的内容并更改文字大小为"7"，如图 8-16 所示。

（5）单击"关闭文字编辑器"按钮 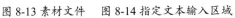，结果如图 8-17 所示。

AaBb123
Annotative
AaBb123
Standard
注释性
7
遮罩
样式

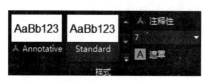

图 8-16 指定文字大小

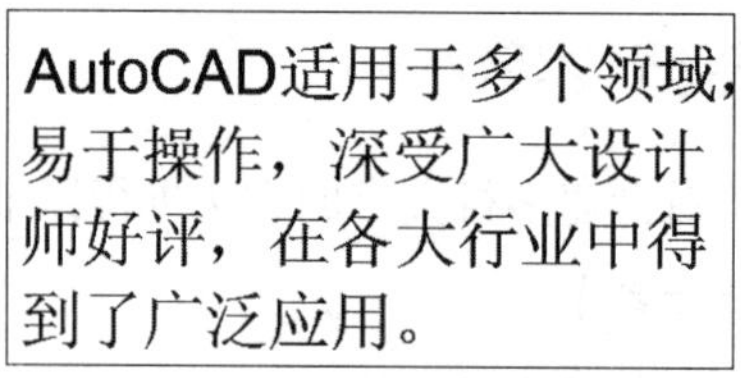

AutoCAD适用于多个领域，易于操作，深受广大设计师好评，在各大行业中得到了广泛应用。

图 8-17 多行文字对象

8.3.2 编辑多行文字

在 AutoCAD 2019 中调用“编辑多行文字”命令的方法通常有 4 种，除了下面介绍的方法外，其余 3 种方法均与“编辑单行文字”命令的调用方法相同。

【执行方式】

选择文字对象，在绘图区域中右击，然后在快捷菜单中选择“编辑多行文字”命令，如图 8-18 所示。

编辑多行文字(I)...
注释性对象比例
剪贴板
隔离(I)
删除
移动(M)

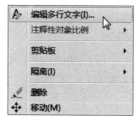

图 8-18 选择“编辑多行文字”命令

重点——编辑多行文字对象

素材文件：素材 \CH08\ 编辑多行文字 .dwg

结果文件：结果 \CH08\ 编辑多行文字 .dwg

利用“编辑多行文字”命令编辑多行文字对象，结果如图 8-24 所示。

【操作步骤】

（1）打开随书配套资源中的“素材 \CH08\ 编辑多行文字 .dwg”文件，如图 8-19 所示。

（2）双击文字，弹出“文字编辑器”窗口，如图 8-20 所示。

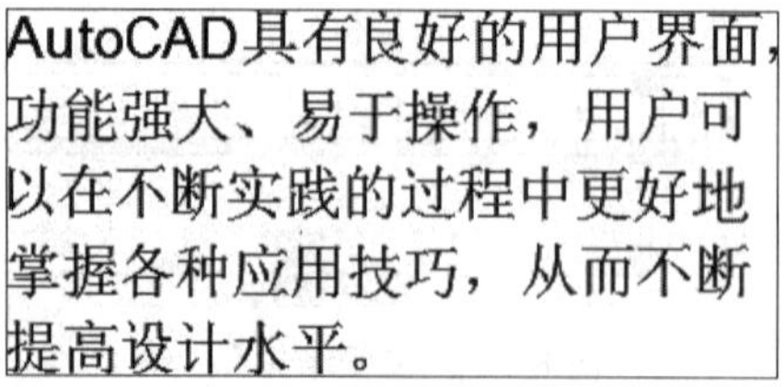

AutoCAD具有良好的用户界面，功能强大、易于操作，用户可以在不断实践的过程中更好地掌握各种应用技巧，从而不断提高设计水平。

图 8-19 素材文件

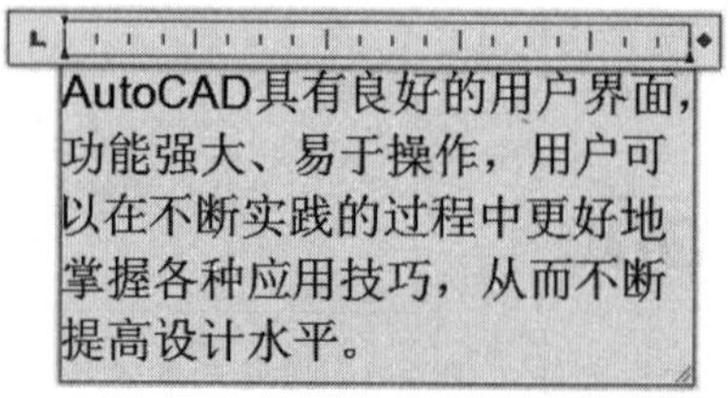

AutoCAD具有良好的用户界面，功能强大、易于操作，用户可以在不断实践的过程中更好地掌握各种应用技巧，从而不断提高设计水平。

图 8-20 “文字编辑器”窗口

（3）选中文字后，设置字号为“5”、字体为“华文行楷”，如图 8-21 所示。

（4）字号和字体设置后，再单独选中“AutoCAD”，如图 8-22 所示。

图 8-21 设置字号及字体　　　　　　图 8-22 选择部分文字

（5）在"颜色"下拉列表中选择"蓝色"选项，如图 8-23 所示。

（6）修改完成后，单击"关闭文字编辑器"按钮，结果如图 8-24 所示。

图 8-23 选择颜色　　　　　　图 8-24 编辑多行文字结果

练一练——添加技术说明

素材文件：素材 \CH08\ 添加说明 .dwg

结果文件：结果 \CH08\ 添加说明 .dwg

利用"多行文字"命令添加技术说明，如图 8-26 所示。

【操作步骤】

（1）打开随书配套资源中的"素材 \CH08\ 添加说明 .dwg"文件，如图 8-25 所示。

（2）调用"多行文字"命令，文字高度设置为"5"，字体设置为"宋体"，输入文字内容，如图 8-26 所示。

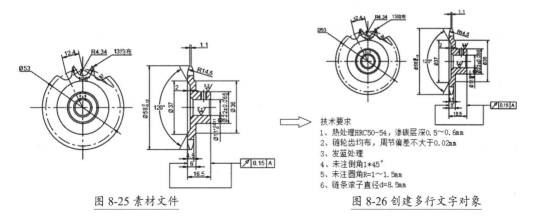

图 8-25 素材文件　　　　　　图 8-26 创建多行文字对象

8.4 创建表格

表格是在行和列中包含数据的对象，可以从空表格或表格样式中创建表格对象。

表格使用行和列以一种简洁清晰的形式提供信息，常用于一些组件的图形中。表格样式用于控制一个表格的外观，保证标准的字体、颜色、文本、高度和行距。用户可以使用默认的表格样式，也可以根据需要自定义表格样式。

8.4.1 表格样式

在创建新的表格样式时，可以指定一个起始表格。起始表格是图形中用于设置新表格样式的样例表格。一旦选定表格，用户即可指定要从此表格复制到表格样式的结构和内容。

【执行方式】

- 命令行：TABLESTYLE/TS。
- 菜单栏：选择菜单栏中的"格式"→"表格样式"命令。
- 功能区：单击"默认"选项卡"注释"面板中的"表格样式"按钮，或者单击"注释"选项卡"表格"面板右下角的 按钮。

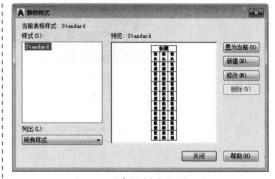

图 8-27 "表格样式"对话框

【操作步骤】

执行上述操作后会打开"表格样式"对话框，如图 8-27 所示。

练一练——创建表格样式

素材文件：无

结果文件：结果 \CH08\ 表格样式 .dwg

利用"表格样式"命令创建如图 8-32 所示的表格样式。

【操作步骤】

（1）新建一个 AutoCAD 文件，选择"格式"→"表格样式"命令，在弹出的"表格样式"对话框中单击"新建"按钮，弹出"创建新的表格样式"对话框，输入新样式名为"新建表格样式"，如图 8-28 所示。

（2）单击"继续"按钮，弹出"新建表格样式：新建表格样式"对话框，如图8-29所示。

图8-28 指定新样式名

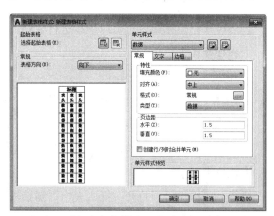

图8-29 "新建表格样式：新建表格样式"对话框

（3）在右侧"常规"选项卡下设置表格的填充颜色为"蓝"，如图8-30所示。

（4）选择"边框"选项卡，将边框颜色设置为"红"，单击"所有边框"按钮，将设置应用于所有边框，如图8-31所示。

图8-30 设置填充颜色　　　　　　　　　图8-31 设置边框颜色

（5）单击"确定"按钮后完成操作，单击"置为当前"按钮，将新建的表格样式置为当前，如图8-32所示。

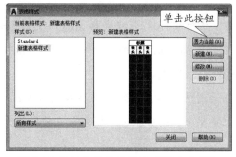

图8-32 将新建的表格样式"置为当前"

8.4.2 创建表格

表格样式创建完成后，可以继续进行表格的创建。

【执行方式】

- 命令行：TABLE。
- 菜单栏：选择菜单栏中的"绘图"→"表格"命令。
- 功能区：单击"默认"选项卡"注释"面板中的"表格"按钮▦，或者单击"注释"选项卡"表格"面板中的"表格"按钮▦。

【操作步骤】

执行上述操作后会打开"插入表格"对话框，如图 8-33 所示。

图 8-33 "插入表格"对话框

🔍 重点——创建表格对象

素材文件：素材 \CH08\ 创建表格 .dwg

结果文件：结果 \CH08\ 创建表格 .dwg

利用"表格"命令创建如图 8-40 所示的表格对象。

【操作步骤】

（1）打开随书配套资源中的"素材 \CH08\ 创建表格 .dwg"文件，如图 8-34 所示。

（2）选择"绘图"→"表格"命令，在弹出的"插入表格"对话框中设置表格列数为"3"、数据行数为"7"，如图 8-35 所示。

（3）单击"确定"按钮。在绘图区域单击确定表格插入点后弹出"文字编辑器"窗口，输入表格的标题"2016 年上半年个人财务状况一览表"，将字体大小更改为"6"，如图 8-36 所示。

图 8-34 素材文件   图 8-35 设置行数和列数   图 8-36 输入标题内容

（4）单击"文字编辑器"中的"关闭"按钮后，结果如图 8-37 所示。

（5）选中所有单元格并右击，在弹出的快捷菜单中选择"对齐"→"正中"选项，使输入的
文字位于单元格的正中，如图 8-38 所示。

图 8-37 标题输入结果   图 8-38 选择对齐方式

（6）在绘图区域双击要添加内容的单元格，输入文字"收入（元）"，如图 8-39 所示。

（7）按"↑、↓、←、→"键，继续输入其他单元格中的内容，结果如图 8-40 所示。

图 8-39 输入文字内容   图 8-40 输入文字内容

经验传授

表格的列宽和行高与表格样式中设置的边页距、文字高度之间的关系如下。

最小列宽 =2× 水平边页距 + 文字高度

最小行高 =2× 垂直边页距 + 4/3× 文字高度

当设置的列宽大于最小列宽时，以指定的列宽创建表格；小于最小列宽时，以最小列宽创
建表格。行高必须为最小行高的整数倍。创建完成后可以通过"特性"面板对列宽和行高进行
调整，但不能小于最小列宽和最小行高。

8.4.3 编辑表格

表格创建完成后，用户可以单击该表格上的任意网格线以选中该表格，通过使用"属性"选项卡或夹点来修改该表格，如图8-41所示。

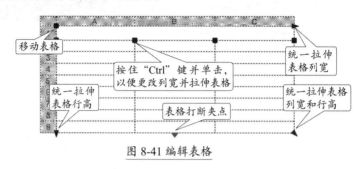

图 8-41 编辑表格

🔍 重点——编辑表格对象

素材文件：素材 \CH08\ 编辑表格 .dwg

结果文件：结果 \CH08\ 编辑表格 .dwg

利用编辑表格命令编辑表格对象，如图8-48所示。

【操作步骤】

（1）打开随书配套资源中的"素材 \CH08\ 编辑表格 .dwg"文件，如图8-42所示。

（2）在绘图区域中单击表格任意网格线，选中当前表格，选择如图8-43所示的夹点。

图 8-42 素材文件

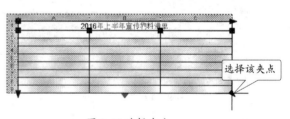

图 8-43 选择夹点

（3）在绘图区域中拖动鼠标并在适当的位置单击，以确定所选夹点的新位置，按"Esc"键取消对当前表格的选择，结果如图8-44所示。

（4）选中所有单元格并右击，在弹出的快捷菜单中选择"对齐"→"正中"命令以使输入的文字位于单元格的正中，如图8-45所示。

图 8-44 调整表格大小

图 8-45 选择对齐方式

（5）在绘图区域中双击要添加内容的单元格，弹出"文字编辑器"窗口，输入"名称"，如图 8-46 所示。

（6）按"↑、↓、←、→"键，继续输入其他单元格中的内容，输入完成后单击"关闭文字编辑器"按钮 **✕**，结果如图 8-47 所示。

图 8-46 输入文字内容（1）

图 8-47 输入文字内容（2）

2016年上半年宣传物料清单		
名称	数量	时间
太阳伞	100	1月
帐篷	300	2月
衣服	120	3月
手提袋	4300	4月
展柜	70	5月
宣传册	45000	6月

（7）选择最后一行单元格并右击，在弹出的快捷菜单中选择"行"→"删除"命令，按"Esc"键取消对表格的选择，结果如图 8-48 所示。

2016年上半年宣传物料清单		
名称	数量	时间
太阳伞	100	1月
帐篷	300	2月
衣服	120	3月
手提袋	4300	4月
展柜	70	5月
宣传册	45000	6月

图 8-48 删除多余行

8.5 实例——创建明细栏并添加文字说明

本实例是一张机械图，可以通过"表格"命令创建明细栏，通过"多行文字"命令添加文字说明，下面介绍具体操作步骤。

（1）打开随书配套资源中的"素材 \CH08\ 机械图 .dwg"文件，如图 8-49 所示。

（2）选择"绘图"→"表格"命令，弹出"插入表格"对话框，设置列数为"6"、数据行数为"10"，如图 8-50 所示。

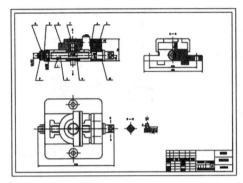

图 8-49 素材文件

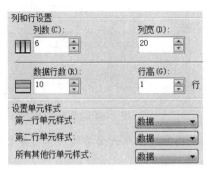

图 8-50 设置表格参数

（3）单击"确定"按钮，在绘图区单击指定插入点，按"Esc"键取消文本输入，如图 8-51 所示。

（4）选择刚插入的表格，进行适当的调整，如图 8-52 所示。

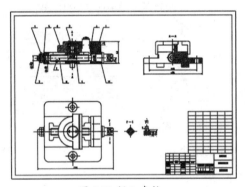

图 8-51 插入表格

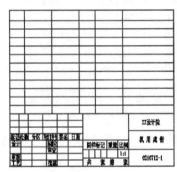

图 8-52 调整表格

（5）选中所有单元格并右击，在弹出的快捷菜单中选择"对齐"→"正中"命令，如图 8-53 所示。

（6）双击单元格，输入文字内容，如图 8-54 所示。

图 8-53 设置对齐方式

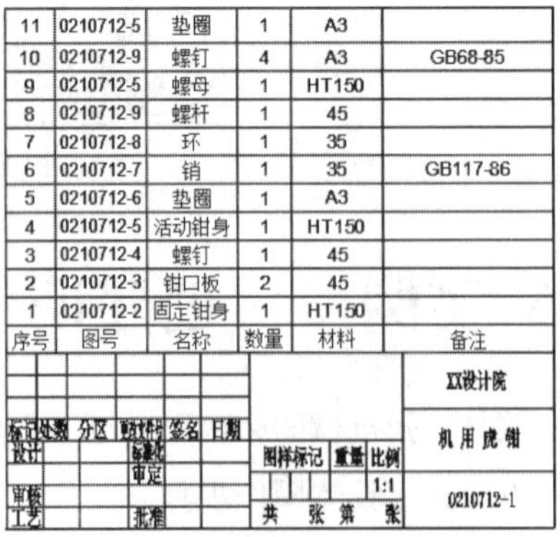

11	0210712-5	垫圈	1	A3	
10	0210712-9	螺钉	4	A3	GB68-85
9	0210712-5	螺母	1	HT150	
8	0210712-8	螺杆	1	45	
7	0210712-8	环	1	35	
6	0210712-7	销	1	35	GB117-86
5	0210712-6	垫圈	1	A3	
4	0210712-5	活动钳身	1	HT150	
3	0210712-4	螺钉	1	45	
2	0210712-3	钳口板	2	45	
1	0210712-2	固定钳身	1	HT150	
序号	图号	名称	数量	材料	备注

图 8-54 输入文字内容

（7）选择"绘图"→"文字"→"多行文字"命令，文字高度设置为"5"，创建多行文字对象，
如图 8-55 所示。

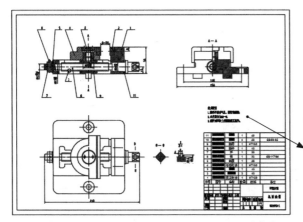

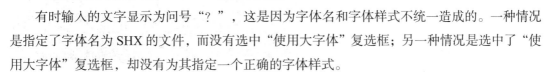

图 8-55 创建多行文字

技 巧

1. 输入的文字显示为"？？？"的解决方法

有时输入的文字显示为问号"？"，这是因为字体名和字体样式不统一造成的。一种情况
是指定了字体名为 SHX 的文件，而没有选中"使用大字体"复选框；另一种情况是选中了"使
用大字体"复选框，却没有为其指定一个正确的字体样式。

所谓"大字体"就是指定亚洲语言的大字体文件。只有在"字体名"中指定了 SHX 文件，
才能"使用大字体"，并且只有 SHX 文件可以创建"大字体"。

2. 轻松替换原文件中不存在的字体

在用 AutoCAD 打开图形文件时，经常会遇到原文件中找不到该字体，那么这时该怎么办
呢？下面就以用"hztxt.shx"替换"hzst.shx"的方法来介绍如何替换原文中找不到的字体。

（1）找到 AutoCAD 字体文件夹 (fonts)，把其中的 hztxt.shx 复制一份。

（2）重新命名为 hzst.shx，然后把 hzst.shx 放到 fonts 文件夹中，再重新打开此文件就可以了。

3. 为什么输入的文字高度不可更改

在设置文字样式时，一旦设置了文字高度，那么在接下来的文字输入中或在创建表格时，
不再提示输入文字高度，而是直接默认使用设置的文字高度，这也是在很多情况下输入的文字
高度不可更改的原因所在。

4. 在 AutoCAD 文件中轻松调用 Excel 表格

如果需要在 AutoCAD 文件中插入 Excel 表格，则可以按照以下步骤进行。

（1）打开随书配套资源中的"素材\CH08\在 AutoCAD 中插入 Excel 表格 .dwg"文件，选择
并复制 Excel 表格内容，如图 8-56 所示。

（2）在 AutoCAD 中单击"默认"选项卡下"剪贴板"面板中的"粘贴"下拉按钮，在弹出的
下拉列表中选择"选择性粘贴"选项，如图 8-57 所示。

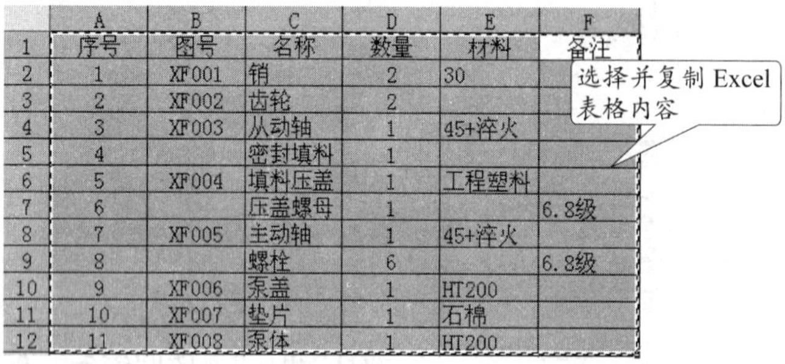

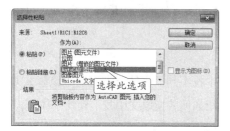

图 8-56 素材文件

图 8-57 选择性粘贴

（3）在弹出的"选择性粘贴"对话框中选择"AutoCAD 图元"选项，如图 8-58 所示。

（4）单击"确定"按钮，移动鼠标至合适位置并单击，即可将 Excel 中的表格插入到
AutoCAD 文件中，如图 8-59 所示。

图 8-58 "选择性粘贴"对话框

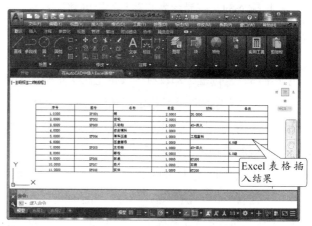

图 8-59 插入 Excel 表格

第 9 章

尺寸标注

内容简介

　　没有尺寸标注的图纸称为哑图，现在的各大行业已经极少采用了。另外需要注意的是，零件的大小取决于图纸所标注的尺寸，并不以实际绘图尺寸作为依据。因此，图纸中的尺寸标注可以看作是信息数字化的表达。

内容要点

- 尺寸标注的规则和组成
- 尺寸标注样式管理器
- 尺寸标注
- 尺寸公差和形位公差标注
- 多重引线标注

案例效果

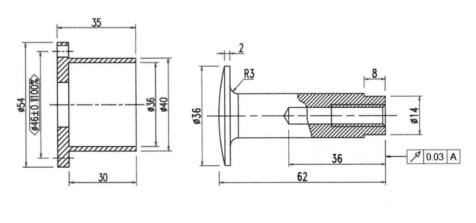

9.1 尺寸标注的规则和组成

绘制图形的根本目的是反映对象的形状，而图纸中各个对象的大小和相互位置只有经过尺寸标注才能表现出来。AutoCAD 2019 提供了一套完整的尺寸标注命令，用户使用它们足以完成图纸中要求的尺寸标注。

9.1.1 尺寸标注的规则

在 AutoCAD 中，对绘制的图形进行尺寸标注时应当遵循以下规则。

（1）对象的真实大小应以图纸上所标注的尺寸数值为依据，与图形的大小及绘图的准确度无关。

（2）图纸中的尺寸以毫米（mm）为单位时，不需要标注计量单位的代号或名称。如果采用其他的单位，则必须注明相应计量单位的代号或名称。

（3）图纸中所标注的尺寸应为图形所表示的对象的最后完工尺寸，否则应另加说明。

（4）图形的每个尺寸一般都只标注一次。

9.1.2 尺寸标注的组成

在工程绘图中，一个完整的尺寸标注一般由尺寸界线、尺寸线、箭头和尺寸文字等 4 部分组成，如图 9-1 所示。

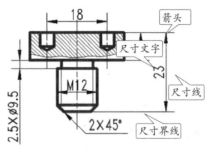

图 9-1 尺寸标注

尺寸界线：用于指明所要标注的长度或角度的起始位置和结束位置。

尺寸线：用于指定尺寸标注的范围。在 AutoCAD 中，尺寸线可以是一条直线（如线性标注和对齐标注），也可以是一段圆弧（如角度标注）。

箭头：箭头位于尺寸线的两端，用于指定尺寸的界限。系统提供了多种箭头样式，并且允许创建自定义的箭头样式。

尺寸文字：尺寸文字是尺寸标注的核心，用于表明标注图形的尺寸、角度或旁注等内容。

创建尺寸标注时，既可以使用系统自动计算出的实际测量值，也可以根据需要输入尺寸值。

9.2 尺寸标注样式管理器

尺寸标注样式用于控制尺寸标注的外观，如箭头的样式、文字的位置及尺寸界线的长度等，通过设置尺寸标注可以确保所绘图纸中的尺寸标注符合行业或项目标准。

【执行方式】

- 命令行：DIMSTYLE/D。
- 菜单栏：选择菜单栏中的"格式"→"标注样式"命令或选择菜单栏中的"标注"→"标注样式"命令。
- 功能区：单击"默认"选项卡"注释"面板中的"标注样式"按钮，或者单击"注释"选项卡"标注"面板右下角的 按钮。

【操作步骤】

执行上述操作后会打开"标注样式管理器"对话框，如图9-2所示。

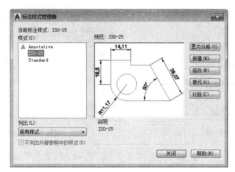

图9-2 "标注样式管理器"对话框

【选项说明】

"标注样式管理器"对话框中各选项含义如下。

样式：列出了当前所有创建的标注样式。其中，Annotative、ISO-25、Standard 是 AutoCAD 2019 固有的3种标注样式。

置为当前：在"样式"列表框中选择一项，然后单击该按钮，将会以选择的样式为当前样式进行标注。

新建：单击该按钮，弹出"创建新标注样式"对话框。

修改：单击该按钮，弹出"修改标注样式"对话框，该对话框的内容与"创建新标注样式"对话框的内容相同，区别在于一个是重新创建一个标注样式，一个是在原有基础上进行修改。

替代：单击该按钮，可以设定标注样式的临时替代值。对话框选项与"创建新标注样式"

对话框中的选项相同。

比较：单击该按钮，将显示"比较标注样式"对话框，从中可以比较两个标注样式或列出一个样式的所有特性。

练一练——设置家具标注样式

素材文件：素材 \CH09\ 家具 .dwg

结果文件：结果 \CH09\ 家具 .dwg

利用"标注样式"命令创建如图 9-9 所示的家具标注样式。

【操作步骤】

（1）打开随书配套资源中的"素材 \CH09\ 家具 .dwg"文件，如图 9-3 所示。

（2）选择"格式"→"标注样式"命令，在弹出的"标注样式管理器"对话框中单击"新建"按钮，弹出"创建新标注样式"对话框，将新样式名设置为"家具标注样式"，如图 9-4 所示。

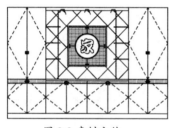

图 9-3 素材文件

图 9-4 输入新样式名

（3）单击"继续"按钮，弹出"新建标注样式：家具标注样式"对话框，选择"线"选项卡，参数设置如图 9-5 所示。

（4）选择"符号和箭头"选项卡，参数设置如图 9-6 所示。

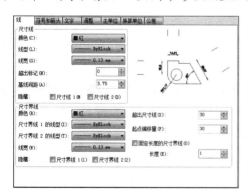

图 9-5 "线"选项卡

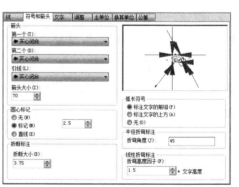

图 9-6 "符号和箭头"选项卡

（5）选择"文字"选项卡，参数设置如图9-7所示。

（6）选择"主单位"选项卡，参数设置如图9-8所示。

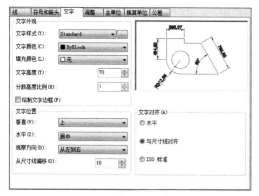 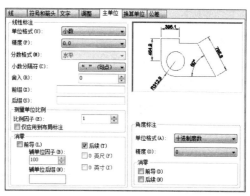

图9-7 "文字"选项卡　　　　　图9-8 "主单位"选项卡

（7）单击"确定"按钮，返回"标注样式管理器"对话框，选择"家具标注样式"选项，单击"置为当前"按钮，如图9-9所示。

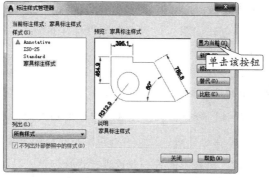

图9-9 将"家具标注样式"置为当前

9.3 尺寸标注

尺寸标注的类型众多，包括线性标注、对齐标注、半径标注、直径标注、角度标注、弧长标注、连续标注、基线标注等。

9.3.1 线性标注

下面将对线性标注的创建进行详细介绍。

【执行方式】

◆ 命令行：DIMLINEAR/DLI。

● 菜单栏：选择菜单栏中的"标注"→"线性"命令。

● 功能区：单击"默认"选项卡"注释"面板中的"线性"按钮┠┥，或者单击"注释"选项卡"标注"面板中的"标注"下拉列表中的┠┐按钮。

【操作步骤】

执行上述操作后命令行会进行如下提示。

> 命令：_dimlinear
>
> 指定第一个尺寸界线原点或<选择对象>：
>
> 选择了两个尺寸界线的原点之后命令行会进行如下提示。

> 指定尺寸线位置或
>
> [多行文字 (M)/ 文字 (T)/ 角度 (A)/ 水平 (H)/ 垂直 (V)/ 旋转 (R)]:

○ 重点——创建线性标注对象

素材文件：素材 \CH09\ 线性标注 .dwg

结果文件：结果 \CH09\ 线性标注 .dwg

利用"线性标注"命令创建如图 9-12 所示的线性标注对象。

【操作步骤】

（1）打开随书配套资源中的"素材 \CH09\ 线性标注 .dwg"文件，如图 9-10 所示。

（2）选择"标注"→"线性"命令，在绘图区域中分别捕捉矩形的端点作为线性标注的尺寸界线的原点，拖动鼠标在适当的位置处单击指定尺寸线的位置，结果如图 9-11 所示。

（3）重复步骤（2）的操作，对矩形的另一条边进行线性标注，结果如图 9-12 所示。

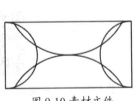
图 9-10 素材文件

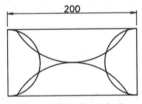
图 9-11 线性标注（1）

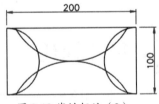
图 9-12 线性标注（2）

9.3.2 对齐标注

对齐标注命令主要用来标注斜线，也可用于水平线和竖直线的标注。对齐标注的方法及命令行提示与线性标注基本相同，只是所适合的标注对象和场合不同。

【执行方式】

● 命令行：DIMALIGNED/DAL。

- 菜单栏：选择菜单栏中的"标注"→"对齐"命令。
- 功能区：单击"默认"选项卡"注释"面板中的"对齐"按钮，或者单击"注释"选项卡"标注"面板中的"标注"下拉列表中的按钮。

【操作步骤】

执行上述操作后命令行会进行如下提示。

命令：_dimaligned

指定第一个尺寸界线原点或<选择对象>：

重点——创建对齐标注对象

素材文件：素材 \CH09\ 对齐标注 .dwg

结果文件：结果 \CH09\ 对齐标注 .dwg

利用"对齐标注"命令创建如图 9-15 所示的对齐标注对象。

【操作步骤】

（1）打开随书配套资源中的"素材 \CH09\ 对齐标注 .dwg"文件，如图 9-13 所示。

（2）选择"标注"→"对齐"命令，在绘图区域中分别捕捉三角形的端点作为对齐标注的尺寸界线的原点，拖动鼠标在适当的位置处单击指定尺寸线的位置，结果如图 9-14 所示。

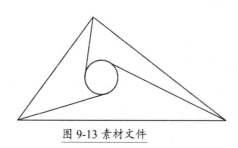

图 9-13 素材文件

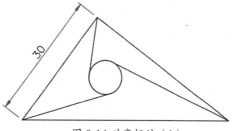

图 9-14 对齐标注（1）

（3）重复步骤（2）的操作，对三角形的另一条边进行对齐标注，结果如图 9-15 所示。

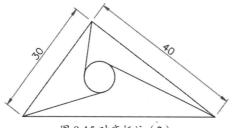

图 9-15 对齐标注（2）

9.3.3 半径标注

半径尺寸常用于标注圆弧和圆角。在标注时，AutoCAD 将自动在标注文字前添加半径符号"R"。

【执行方式】

● 命令行：DIMRADIUS/DRA。

● 菜单栏：选择菜单栏中的"标注"→"半径"命令。

● 功能区：单击"默认"选项卡"注释"面板中的"半径"按钮，或者单击"注释"选项卡"标注"面板中的"标注"下拉列表中的 按钮。

【操作步骤】

执行上述操作后命令行会进行如下提示。

命令：_dimradius

选择圆弧或圆：

🔍 重点——创建半径标注对象

素材文件：素材 \CH09\ 半径标注 .dwg

结果文件：结果 \CH09\ 半径标注 .dwg

利用"半径标注"命令创建如图 9-17 所示的半径标注对象。

【操作步骤】

（1）打开随书配套资源中的"素材 \CH09\ 半径标注 .dwg"文件，如图 9-16 所示。

（2）选择"标注"→"半径"命令，在绘图区域中选择上端圆弧作为需要标注的对象，拖动鼠标在适当的位置处单击指定尺寸线的位置，结果如图 9-17 所示。

图 9-16 素材文件

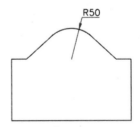

图 9-17 半径标注结果

9.3.4 直径标注

直径尺寸常用于标注圆的大小。在标注时，AutoCAD 将自动在标注文字前添加直径符号"Φ"。

【执行方式】

● 命令行：DIMDIAMETER/DDI。

● 菜单栏：选择菜单栏中的"标注"→"直径"命令。

● 功能区：单击"默认"选项卡"注释"面板中的"直径"按钮 ⊘，或者单击"注释"
　　选项卡"标注"面板中的"标注"下拉列表中的 ⊘ 按钮。

【操作步骤】

执行上述操作后命令行会进行如下提示。

命令：_dimdiameter

选择圆弧或圆：

🔍 重点——创建直径标注对象

素材文件：素材 \CH09\ 直径标注 .dwg

结果文件：结果 \CH09\ 直径标注 .dwg

利用"直径标注"命令创建如图 9-19 所示的直径标注对象。

【操作步骤】

（1）打开随书配套资源中的"素材 \CH09\ 直径标注 .dwg"文件，如图 9-18 所示。

（2）选择"标注"→"直径"命令，在绘图区域中选择圆形作为需要标注的对象，拖动鼠标
　　在适当的位置处单击指定尺寸线的位置，结果如图 9-19 所示。

图 9-18 素材文件

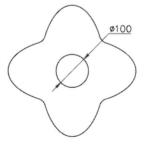

图 9-19 直径标注结果

9.3.5 角度标注

角度尺寸标注用于标注两条直线之间的夹角、三点之间的角度及圆弧的角度。

【执行方式】

● 命令行：DIMANGULAR/DAN。

- 菜单栏：选择菜单栏中的"标注"→"角度"命令。
- 功能区：单击"默认"选项卡"注释"面板中的"角度"按钮△，或者单击"注释"选项卡"标注"面板中的"标注"下拉列表中的△按钮。

【操作步骤】

执行上述操作后命令行会进行如下提示。

命令：_dimangular

选择圆弧、圆、直线或<指定顶点>：

🔍 重点——创建角度标注对象

素材文件：素材 \CH09\ 角度标注 .dwg

结果文件：结果 \CH09\ 角度标注 .dwg

利用"角度标注"命令创建如图 9-21 所示的角度标注对象。

【操作步骤】

（1）打开随书配套资源中的"素材 \CH09\ 角度标注 .dwg"文件，如图 9-20 所示。

（2）选择"标注"→"角度"命令，在绘图区域中分别捕捉六边形相邻的两条边作为角度标注的两条尺寸界线，拖动鼠标在适当的位置处单击指定尺寸线的位置，结果如图 9-21 所示。

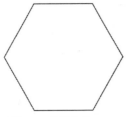

图 9-20 素材文件

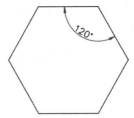

图 9-21 角度标注结果

9.3.6 弧长标注

弧长标注用于测量圆弧或多段线圆弧上的距离，弧长标注的尺寸界线可以正交或径向，在标注文字的上方或前面将显示圆弧符号。

【执行方式】

- 命令行：DIMARC/DAR。
- 菜单栏：选择菜单栏中的"标注"→"弧长"命令。
- 功能区：单击"默认"选项卡"注释"面板中的"弧长"按钮⌒，或者单击"注释"选项卡"标注"面板中的"标注"下拉列表中的⌒按钮。

【**操作步骤**】

执行上述操作后命令行会进行如下提示。

命令：_dimarc

选择弧线段或多段线圆弧段：

练一练——创建弧长标注对象

素材文件：素材 \CH09\ 弧长标注 .dwg

结果文件：结果 \CH09\ 弧长标注 .dwg

利用"弧长标注"命令创建如图 9-24 所示的弧长标注对象。

【**操作步骤**】

（1）打开随书配套资源中的"素材 \CH09\ 弧长标注 .dwg"文件，如图 9-22 所示。

（2）选择"标注"→"弧长"命令，在绘图区域中选择圆弧作为标注对象，如图 9-23 所示。

（3）在绘图区域中拖动鼠标并单击指定尺寸线的位置，结果如图 9-24 所示。

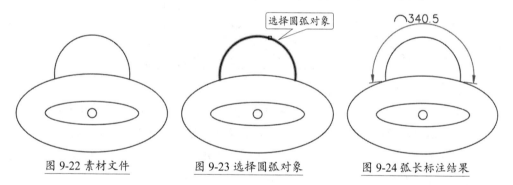

图 9-22 素材文件   图 9-23 选择圆弧对象   图 9-24 弧长标注结果

9.3.7 连续标注

连续标注自动从创建的上一个线性约束、角度约束或坐标标注继续创建其他标注，或者从选定的尺寸界线继续创建其他标注，系统将自动排列尺寸线。

【**执行方式**】

● 命令行：DIMCONTINUE/DCO。

● 菜单栏：选择菜单栏中的"标注"→"连续"命令。

● 功能区：单击"注释"选项卡"标注"面板中的"连续"按钮 ┝┝┥。

【**操作步骤**】

执行上述操作后命令行会进行如下提示。

命令：_dimcontinue

选择连续标注：

练一练——创建连续标注对象

素材文件：素材 \CH09\ 连续标注 .dwg

结果文件：结果 \CH09\ 连续标注 .dwg

利用"连续标注"命令创建如图 9-29 所示的连续标注对象。

【操作步骤】

（1）打开随书配套资源中的"素材 \CH09\ 连续标注 .dwg"文件，如图 9-25 所示。

（2）选择"标注"→"线性"命令，在绘图区域中创建一个线性标注对象，结果如图 9-26 所示。

（3）选择"标注"→"连续"命令，绘图区域显示如图 9-27 所示。

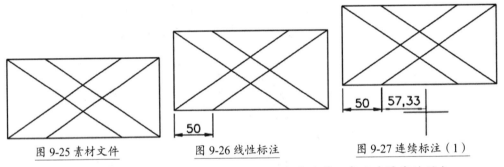

图 9-25 素材文件　　　　　图 9-26 线性标注　　　　　图 9-27 连续标注（1）

（4）在绘图区域中拖动鼠标捕捉如图 9-28 所示的端点作为第二条尺寸界线的原点。

（5）继续在绘图区域中捕捉相应端点分别作为第三条尺寸界线的原点，最后按两次"Enter"键结束该标注命令，结果如图 9-29 所示。

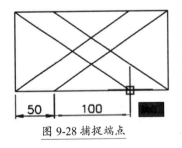

图 9-28 捕捉端点

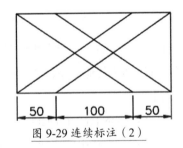

图 9-29 连续标注（2）

9.3.8　基线标注

基线标注是从上一个标注或选定标注的基线处创建线性标注、角度标注或坐标标注。可以通过"标注样式管理器"和"基线间距"（DIMDLI 系统变量）设定基线标注之间的默认间距。

【执行方式】

● 命令行：DIMBASELINE/DBA。

● 菜单栏：选择菜单栏中的"标注"→"基线"命令。

● 功能区：单击"注释"选项卡"标注"面板中的"基线"按钮□。

【操作步骤】

执行上述操作后命令行会进行如下提示。

命令：_dimbaseline

选择基准标注：

练一练——创建基线标注对象

素材文件：素材 \CH09\ 基线标注 .dwg

结果文件：结果 \CH09\ 基线标注 .dwg

利用"基线标注"命令创建如图 9-34 所示的基线标注对象。

【操作步骤】

（1）打开随书配套资源中的"素材 \CH09\ 基线标注 .dwg"文件，如图 9-30 所示。

（2）选择"标注"→"线性"命令，在绘图区域中创建一个线性标注对象，如图 9-31 所示。

（3）在命令行输入"DIMDLI"按"Enter"键确认，将其新值指定为"40"，按"Enter"键确认。选择"标注"→"基线"命令，系统自动将前面创建的距离值为"80"的线性标注作为基线标注的基准，如图 9-32 所示。

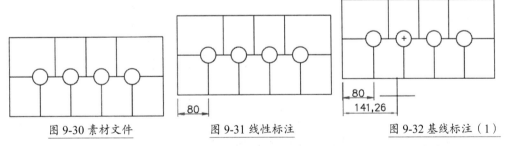

图 9-30 素材文件　　图 9-31 线性标注　　图 9-32 基线标注（1）

（4）在绘图区域中拖动鼠标捕捉如图 9-33 所示的端点作为第二条尺寸界线的原点。

（5）继续在绘图区域中拖动鼠标捕捉相应端点分别作为第三条尺寸界线的原点，按两次"Enter"键结束"基线"标注命令，结果如图 9-34 所示。

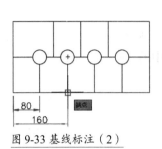

图 9-33 基线标注（2）

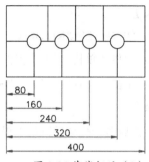

图 9-34 基线标注（3）

9.3.9 折弯标注

折弯标注用于测量选定对象的半径，并显示前面带有一个半径符号的标注文字。可以在任意合适的位置指定尺寸线的原点。当圆弧或圆的中心位于布局之外并且无法在其实际位置显示时，将创建折弯半径标注，可以在更方便的位置指定标注的原点。

【执行方式】

- 命令行：DIMJOGGED/DJO。
- 菜单栏：选择菜单栏中的"标注"→"折弯"命令。
- 功能区：单击"默认"选项卡"注释"面板中的"折弯"按钮，或者单击"注释"选项卡"标注"面板中的"标注"下拉列表中的按钮。

【操作步骤】

执行上述操作后命令行会进行如下提示。

命令：_dimjogged

选择圆弧或圆：

🔍 重点——创建折弯标注对象

素材文件：素材 \CH09\ 折弯标注 .dwg

结果文件：结果 \CH09\ 折弯标注 .dwg

利用"折弯标注"命令创建如图 9-40 所示的折弯标注对象。

【操作步骤】

（1）打开随书配套资源中的"素材 \CH09\ 折弯标注 .dwg"文件，如图 9-35 所示。

（2）选择菜单栏中的"标注"→"折弯"命令，在绘图区域中选择如图 9-36 所示的圆弧作为标注对象。

（3）在绘图区域中拖动鼠标并单击指定图示中心位置，如图 9-37 所示。

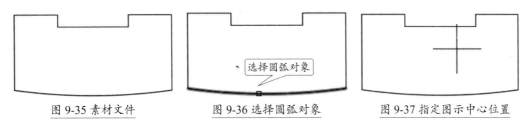

图 9-35 素材文件　　　　图 9-36 选择圆弧对象　　　　图 9-37 指定图示中心位置

（4）在绘图区域中拖动鼠标并单击指定尺寸线的位置，如图 9-38 所示。

（5）在绘图区域中拖动鼠标并单击指定折弯位置，如图 9-39 所示。

（6）结果如图 9-40 所示。

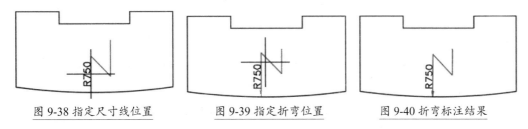

图 9-38 指定尺寸线位置　　　　图 9-39 指定折弯位置　　　　图 9-40 折弯标注结果

9.3.10 坐标标注

下面将对坐标标注的创建方法进行介绍。

【执行方式】

● 命令行：DIMORDINATE/DOR。

● 菜单栏：选择菜单栏中的"标注"→"坐标"命令。

● 功能区：单击"默认"选项卡"注释"面板中的"坐标"按钮，或者单击"注释"
选项卡"标注"面板中的"标注"按钮。

【操作步骤】

执行上述操作后命令行会进行如下提示。

命令：_dimordinate

指定点坐标：

指定点坐标之后命令行会进行如下提示。

指定引线端点或 [X 基准 (X)/Y 基准 (Y)/ 多行文字 (M)/ 文字 (T)/ 角度 (A)]:

练一练——创建坐标标注对象

素材文件：素材 \CH09\ 坐标标注 .dwg

结果文件：结果 \CH09\ 坐标标注 .dwg

利用"坐标标注"命令创建如图 9-46 所示的坐标标注对象。

【操作步骤】

（1）打开随书配套资源中的"素材 \CH09\ 坐标标注 .dwg"文件，如图 9-41 所示。

（2）在命令行中输入"USC"，将坐标系移动到合适的位置，如图 9-42 所示。

（3）选择"标注"→"坐标"命令，在绘图区域中以端点作为坐标的原点，如图 9-43 所示。

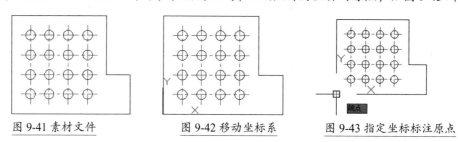

图 9-41 素材文件   图 9-42 移动坐标系   图 9-43 指定坐标标注原点

（4）拖动鼠标指定引线端点位置，如图 9-44 所示。

（5）按"Enter"键确定，标出其他的坐标标注，如图 9-45 所示。

（6）在命令行中输入"USC"，将坐标系移动到合适的位置，结果如图 9-46 所示。

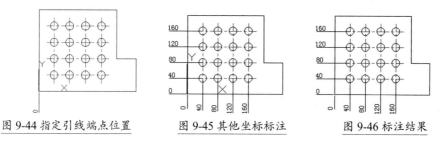

图 9-44 指定引线端点位置   图 9-45 其他坐标标注   图 9-46 标注结果

9.3.11 快速标注

为了提高标注尺寸的速度，AutoCAD 提供了"快速标注"命令。启用"快速标注"命令后，一次选择多个图形对象，AutoCAD 将自动完成标注操作。

【执行方式】

- 命令行：QDIM。
- 菜单栏：选择菜单栏中的"标注"→"快速标注"命令。
- 功能区：单击"注释"选项卡"标注"面板中的"快速"按钮 ⚡。

【操作步骤】

执行上述操作后命令行会进行如下提示。

```
命令：_qdim
```

关联标注优先级＝端点

选择要标注的几何图形：

选择标注对象之后命令行会进行如下提示。

指定尺寸线位置或 [连续 (C)/ 并列 (S)/ 基线 (B)/ 坐标 (O)/ 半径 (R)/ 直径 (D)/ 基准点 (P)/ 编辑 (E)/ 设置 (T)] < 连续 >:

练一练——创建快速标注对象

素材文件：素材 \CH09\ 快速标注 .dwg

结果文件：结果 \CH09\ 快速标注 .dwg

利用"快速标注"命令创建如图 9-49 所示的快速标注对象。

【操作步骤】

（1）打开随书配套资源中的"素材 \CH09\ 快速标注 .dwg"文件，如图 9-47 所示。

（2）选择"标注"→"快速标注"命令，在绘图区域中选择如图 9-48 所示的部分区域作为标注对象，按"Enter"键确认。

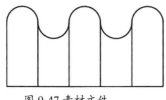

图 9-47 素材文件

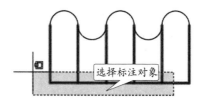

图 9-48 选择标注对象

（3）在绘图区域中拖动鼠标并单击指定尺寸线的位置，结果如图 9-49 所示。

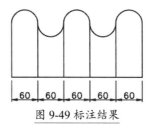

图 9-49 标注结果

9.3.12 折弯线性标注

在线性标注或对齐标注中添加或删除折弯线。标注中的折弯线表示所标注的对象中的折断，标注值表示实际距离，而不是图形中测量的距离。

【执行方式】

🔴 命令行：DIMJOGLINE/DJL。

- 菜单栏：选择菜单栏中的"标注"→"折弯线性"命令。
- 功能区：单击"注释"选项卡"标注"面板中的"标注，折弯标注"按钮◆。

【操作步骤】

执行上述操作后命令行会进行如下提示。

命令：_dimjogline

选择要添加折弯的标注或 [删除 (R)]:

🔍 重点——创建折弯线性标注对象

素材文件：素材 \CH09\ 折弯线性标注 .dwg

结果文件：结果 \CH09\ 折弯线性标注 .dwg

利用"折弯线性"标注命令创建如图 9-52 所示的折弯线性标注对象。

【操作步骤】

（1）打开随书配套资源中的"素材 \CH09\ 折弯线性标注 .dwg"文件，如图 9-50 所示。

（2）选择"标注"→"折弯线性"命令，在绘图区域中选择长度为"1300"的标注对象为需要添加折弯的对象，单击指定折弯位置，如图 9-51 所示。

（3）结果如图 9-52 所示。

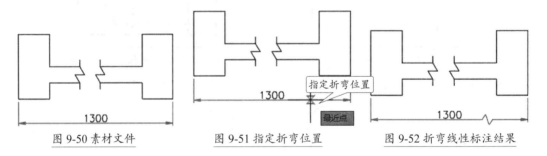

图 9-50 素材文件　　　图 9-51 指定折弯位置　　　图 9-52 折弯线性标注结果

9.3.13　圆心标记

圆心标记用于创建圆和圆弧的圆心标记或中心线。可以通过"标注样式管理器"对话框或 DIMCEN 系统变量对圆心标记进行设置。

【执行方式】

- 命令行：DIMCENTER/DCE。
- 菜单栏：选择菜单栏中的"标注"→"圆心标记"命令。
- 功能区：单击"注释"选项卡"中心线"面板中的"圆心标记"按钮⊕。

【操作步骤】

执行上述操作后命令行会进行如下提示。

命令：_dimcenter

选择圆弧或圆：

练一练——创建圆心标记对象

素材文件：素材 \CH09\ 圆心标记 .dwg

结果文件：结果 \CH09\ 圆心标记 .dwg

利用"圆心标记"命令创建如图 9-56 所示的圆心标记对象。

【操作步骤】

（1）打开随书配套资源中的"素材 \CH09\ 圆心标记 .dwg"文件，如图 9-53 所示。

（2）选择"标注"→"圆心标记"命令，在绘图区域中选择如图 9-54 所示的圆作为标注对象。

（3）结果如图 9-55 所示。

（4）重复步骤（2）和步骤（3）的操作，继续对绘图区域中其他圆弧图形进行圆心标记的创建，
结果如图 9-56 所示。

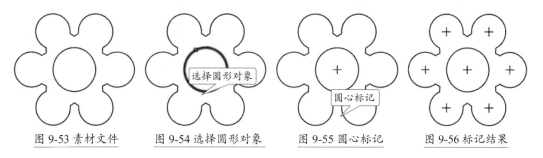

图 9-53 素材文件　　　图 9-54 选择圆形对象　　　图 9-55 圆心标记　　　图 9-56 标记结果

练一练——创建轨迹点

素材文件：素材 \CH09\ 轨迹点 .dwg

结果文件：结果 \CH09\ 轨迹点 .dwg

利用"圆心标记"命令创建如图 9-59 所示的圆心标记对象。

【操作步骤】

（1）打开随书配套资源中的"素材 \CH09\"轨迹点 .dwg"文件，如图 9-57 所示。

（2）调用"圆心标记"命令，为每个圆形都绘制一个圆心标记对象，如图 9-58 所示。

（3）删除所有圆形对象，如图 9-59 所示。

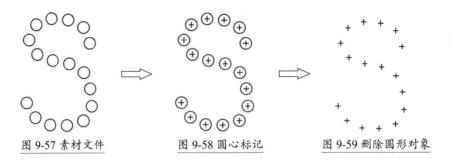

图 9-57 素材文件　　　　图 9-58 圆心标记　　　　图 9-59 删除圆形对象

9.3.14 检验标注

检验标注指定需要零件制造商检查其度量的频率，以及允许的公差。选择检验标注值，通过"特性"面板的"其他"部分可以对检验标注值进行修改。

【执行方式】

● 命令行：DIMINSPECT。

● 菜单栏：选择菜单栏中的"标注"→"检验"命令。

● 功能区：单击"注释"选项卡"标注"面板中的"检验"按钮💢。

【操作步骤】

执行上述操作后会打开"检验标注"对话框，如图 9-60 所示。

图 9-60 "检验标注"对话框

🖊️ 练一练——创建检验标注对象

素材文件：素材 \CH09\ 检验标注 .dwg

结果文件：结果 \CH09\ 检验标注 .dwg

利用"检验标注"命令创建如图 9-63 所示的检验标注对象。

【操作步骤】

（1）打开随书配套资源中的"素材 \CH09\ 检验标注 .dwg"文件，如图 9-61 所示。

（2）选择"标注"→"检验"命令，在弹出的"检验标注"对话框中设置"形状"为"角度"、"检

验率"为"100%"，单击"选择标注"按钮，选择需要创建检验标注的尺寸对象，如图 9-62
所示。

（3）选择完成后按"Enter"键，返回"检验标注"对话框后单击"确定"按钮，结果如图 9-63
所示。

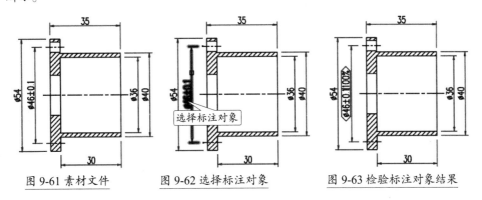

图 9-61 素材文件   图 9-62 选择标注对象   图 9-63 检验标注对象结果

✍ 练一练——利用尺寸标注功能创建方向标识

素材文件：素材 \CH09\ 方向标识 .dwg

结果文件：结果 \CH09\ 方向标识 .dwg

利用"尺寸标注"功能创建方向标识，如图 9-68 所示。

【操作步骤】

（1）打开随书配套资源中的"素材 \CH09\ 方向标识 .dwg"文件，如图 9-64 所示。

（2）调用"检验标注"命令为线性标注创建检验标注，"形状"设置为"角度"，如图 9-65 所示。

（3）分解检验标注对象，利用删除及修剪命令进行简单编辑，如图 9-66 所示。

（4）利用单行文字、移动及修剪命令对编辑后的检验标注对象进行简单编辑，如图 9-67 所示。

（5）调用"复制"命令，对前面编辑的对象进行复制，修改文字内容，如图 9-68 所示。

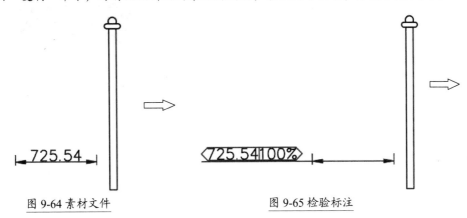

图 9-64 素材文件   图 9-65 检验标注

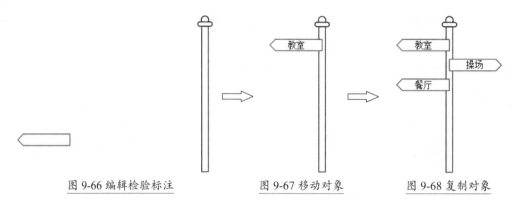

图 9-66 编辑检验标注　　　图 9-67 移动对象　　　图 9-68 复制对象

9.4 尺寸公差和形位公差标注

公差有 3 种，即尺寸公差、形状公差和位置公差，形状公差和位置公差统称为形位公差。

9.4.1 标注尺寸公差

AutoCAD 中，创建尺寸公差的方法通常有 3 种，即通过标注样式创建尺寸公差、通过文字形式创建尺寸公差和通过"特性"面板创建尺寸公差。"特性"面板的调用方法如下。

【执行方式】

- 命令行：PROPERTIES/PR。
- 菜单栏：选择菜单栏中的"修改"→"特性"命令。
- 功能区：单击"默认"选项卡"特性"面板右下角的■按钮。

【操作步骤】

执行上述操作后会打开"特性"面板，如图 9-69 所示。

图 9-69 "特性"面板

🔍 重点——创建尺寸公差对象

素材文件：素材 \CH09\ 三角皮带轮 .dwg
结果文件：结果 \CH09\ 三角皮带轮 .dwg
利用多种方式创建尺寸公差对象。

【操作步骤】

1.通过标注样式创建尺寸公差

（1）打开随书配套资源中的"素材\CH09\三角皮带轮.dwg"文件，如图9-70所示。

（2）选择"格式"→"标注样式"命令，弹出"标注样式管理器"对话框，选中"ISO-25"样式，单击"替代"按钮，弹出"替代当前样式：ISO-25"对话框，如图9-71所示。

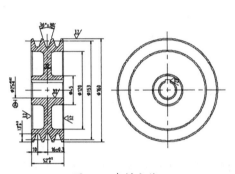

图9-70 素材文件

图9-71 "替代当前样式：ISO-25"对话框

（3）选择"公差"选项卡，公差的方式设置为"对称"，精度设置为"0.000"，偏差值设置为"0.018"，垂直位置设置为"中"，如图9-72所示。

（4）设置完成后单击"确定"按钮，关闭"标注样式管理器"对话框。选择"标注"→"线性"命令，对图形进行线性标注，结果如图9-73所示。

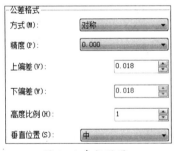

图9-72 参数设置

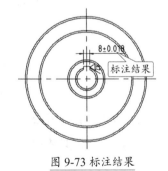

图9-73 标注结果

📠 经验传授

标注样式中的公差一旦设定，在标注其他尺寸时也会被加上设置的公差，因此，为了避免其他再标注的尺寸受影响，在要添加公差的尺寸标注完成后及时切换其他标注样式为当前样式。

2.通过文字形式创建尺寸公差

（1）继续前面的案例，选择"格式"→"标注样式"命令，弹出"标注样式管理器"对话框，

选中 "ISO-25" 样式，单击 "置为当前" 按钮，单击 "关闭" 按钮，如图 9-74 所示。

（2）选择 "标注" → "线性" 命令，对图形进行线性标注，结果如图 9-75 所示。

（3）双击步骤（2）创建的线性标注，使其进入编辑状态，如图 9-76 所示。

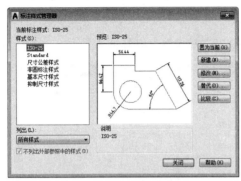

图 9-74 "标注样式管理器" 对话框　　　图 9-75 线性标注　　　图 9-76 编辑线性标注

（4）在标注的尺寸后面输入 "+0.2^0"，如图 9-77 所示。

（5）选中刚输入的文字，如图 9-78 所示。

（6）单击 "文字编辑器" 选项卡 "格式" 面板中的 ⓑ 按钮，上面输入的文字会自动变成尺寸公差形式，退出文字编辑器后结果如图 9-79 所示。

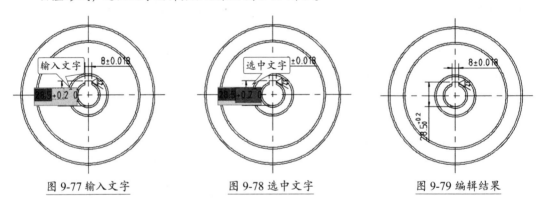

图 9-77 输入文字　　　　　图 9-78 选中文字　　　　　图 9-79 编辑结果

3. 通过 "特性" 面板创建尺寸公差

"特性" 面板创建公差的具体步骤是，先创建尺寸标注，然后在 "特性" 面板中给创建的尺寸添加公差即可。

标注样式创建尺寸公差太死板且烦琐，每次创建的尺寸公差只能用于一个公差的标注，当不需要标注尺寸公差或公差大小不同时就需要更换标注样式。

通过文字创建尺寸公差比标注样式创建尺寸公差便捷，但是这种方式创建的公差在 AutoCAD 软件中会破坏尺寸标注的特性，使创建公差后的尺寸失去了原来的部分特性，如不能通过 "特性匹配" 命令将该公差匹配给其他尺寸。

综上所述，创建尺寸公差时，最好使用"特性"面板来创建，这种方法简单方便，且易于修改，并可通过"特性匹配"命令将创建的公差匹配给其他需要创建相同公差的尺寸。

9.4.2 标注形位公差

下面对形位公差的创建方法进行介绍。

【执行方式】

● 命令行：TOLERANCE/TOL。

● 菜单栏：选择菜单栏中的"标注"→"公差"命令。

● 功能区：单击"注释"选项卡"标注"面板中的"公差"按钮⊞。

【操作步骤】

执行上述操作后会打开"形位公差"对话框，如图9-80所示。

图9-80 "形位公差"对话框

🔍 重点——创建形位公差对象

素材文件：素材\CH09\形位公差.dwg

结果文件：结果\CH09\形位公差.dwg

利用"形位公差"命令创建如图9-86所示的形位公差对象。

【操作步骤】

（1）打开随书配套资源中的"素材\CH09\形位公差.dwg"文件，如图9-81所示。

（2）选择"标注"→"公差"命令，弹出"形位公差"选择框，单击"符号"按钮，弹出"特征符号"选择框，如图9-82所示。

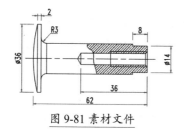

图9-81 素材文件

图9-82 "特征符号"选择框

（3）选择特征符号，设置"公差1"和"基准1"的值，单击"确定"按钮，如图9-83所示。

（4）在绘图区域中单击指定形位公差位置，如图9-84所示。

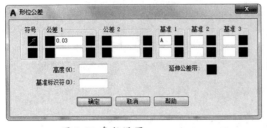

图 9-83 参数设置　　　　　图 9-84 指定形位公差位置

（5）结果如图9-85所示。

（6）选择"标注"→"多重引线"命令，在绘图区域中创建多重引线将形位公差指向相应的尺寸标注，结果如图9-86所示。

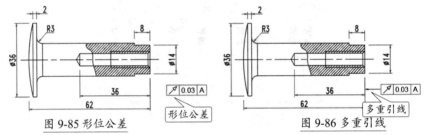

图 9-85 形位公差　　　　　　　图 9-86 多重引线

9.5 多重引线标注

引线对象包含一条引线和一条说明。多重引线对象可以包含多条引线，每条引线都可以包含一条或多条线段，因此，一条说明可以指向图形中的多个对象。

9.5.1 多重引线样式

下面将对多重引线样式的设置方法进行详细介绍。

【执行方式】

◆ 命令行：MLEADERSTYLE/MLS。

◆ 菜单栏：选择菜单栏中的"格式"→"多重引线样式"命令。

◆ 功能区：单击"默认"选项卡"注释"面板中的"多重引线样式"按钮 🔗，或者单击"注释"选项卡"引线"面板右下角的 ↘ 符号。

【操作步骤】

执行上述操作后会打开"多重引线样式管理器"对话框，如图9-87所示。

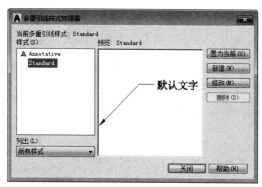

图 9-87 "多重引线样式管理器"对话框

🔍 重点——设置多重引线样式

素材文件：无

结果文件：结果 \CH09\ 多重引线样式 .dwg

利用"多重引线样式"命令创建多个多重引线样式。

【操作步骤】

（1）新建一个 AutoCAD 文件，选择"格式"→"多重引线样式"命令，在弹出的"多重引线样式管理器"对话框中单击"新建"按钮，在"新样式名"中输入"样式1"，单击"继续"按钮，如图 9-88 所示。

（2）弹出"修改多重引线样式：样式1"对话框，选择"引线格式"选项卡，将箭头符号改为"小点"，大小设置为"25"，其他参数为默认值，如图 9-89 所示。

图 9-88 输入新样式名（1）

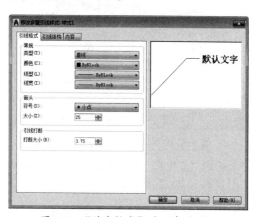

图 9-89 "引线格式"选项卡（1）

（3）选择"引线结构"选项卡，取消选中"自动包含基线"复选框，其他设置不变，如图 9-90 所示。

（4）选择"内容"选项卡，将文字高度设置为"25"，将最后一行加下画线，将基线间隙设置为"0"，其他设置不变，单击"确定"按钮，如图9-91所示。

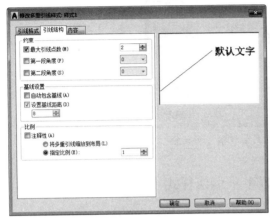

图 9-90 "引线结构"选项卡

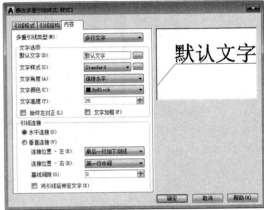

图 9-91 "内容"选项卡（1）

（5）返回"多重引线样式管理器"对话框，单击"新建"按钮，以"样式1"为基础创建"样式2"，单击"继续"按钮，如图9-92所示。

（6）在弹出的对话框中选择"内容"选项卡，将多重引线类型设置为块，源块设置为圆，比例设置为"5"，单击"确定"按钮，如图9-93所示。

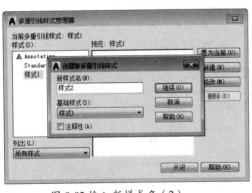

图 9-92 输入新样式名（2）

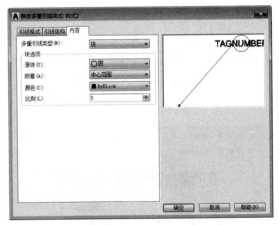

图 9-93 "内容"选项卡（2）

（7）返回"多重引线样式管理器"对话框，单击"新建"按钮，以"样式2"为基础创建"样式3"，单击"继续"按钮，如图9-94所示。

（8）在弹出的对话框中单击"引线格式"选项卡，将引线类型改为"无"，其他设置不变，单击"确定"按钮并关闭"多重引线样式管理器"对话框，如图9-95所示。

图 9-94 输入新样式名（3）　　　　　图 9-95 "引线格式"选项卡（2）

教你一招

当多重引线类型为"多行文字"时，下面会出现"文字选项"和"引线连接"选项区域等，"文字选项"选项区域主要控制多重引线文字的外观；"引线连接"选项区域主要控制多重引线的引线连接设置，它可以是水平连接，也可以是垂直连接。

当多重引线类型为"块"时，下面会出现"块选项"选项区域，主要控制多重引线对象中块内容的特性，包括源块、附着、颜色和比例。

9.5.2 多重引线

"多重引线"可以从图形中的任意点或部件创建多重引线并在绘制时控制其外观。多重引线可先创建箭头，也可先创建尾部或内容。

【执行方式】
- 命令行：MLEADER/MLD。
- 菜单栏：选择菜单栏中的"标注"→"多重引线"命令。
- 功能区：单击"默认"选项卡"注释"面板中的"引线"按钮 ，或者单击"注释"选项卡"引线"面板中的"多重引线"按钮 。

【操作步骤】
执行上述操作后命令行会进行如下提示。

命令：_mleader
指定引线箭头的位置或 [引线基线优先 (L)/ 内容优先 (C)/ 选项 (O)] < 选项 >:

🔍 重点——创建多重引线标注

素材文件：素材 \CH09\ 多重引线标注 .dwg

结果文件：结果 \CH09\ 多重引线标注 .dwg

利用"多重引线标注"命令创建如图 9-100 所示的多重引线标注对象。

【操作步骤】

（1）打开随书配套资源中的"素材 \CH09\ 多重引线标注 .dwg"文件，如图 9-96 所示。

（2）创建一个和 9.5.1 节中样式 1 相同的多重引线样式将其置为当前。选择"标注"→"多重引线"命令，在需要创建标注的位置单击，指定箭头的位置，如图 9-97 所示。

（3）拖动鼠标，在合适的位置单击，作为引线基线位置，如图 9-98 所示。

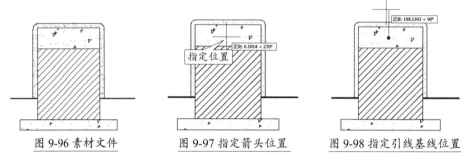

图 9-96 素材文件　　　图 9-97 指定箭头位置　　　图 9-98 指定引线基线位置

（4）在弹出的文字输入框中输入相应的文字，如图 9-99 所示。

（5）重复步骤（2）的操作，选择前面选择的"引线箭头"位置，在合适的高度指定引线基线的位置，然后输入文字，结果如图 9-100 所示。

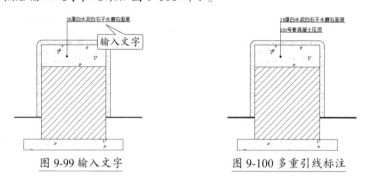

图 9-99 输入文字　　　　　　图 9-100 多重引线标注

9.5.3　多重引线的编辑

多重引线的编辑主要包括对齐多重引线、合并多重引线、添加引线和删除引线。

1. 对齐多重引线

【执行方式】

● 命令行：MLEADERALIGN/MLA。

● 功能区：单击"默认"选项卡"注释"面板中的"对齐"按钮，或者单击"注释"选项卡"引线"面板中的"对齐"按钮🔫。

2. 合并多重引线

【执行方式】

- 命令行：MLEADERCOLLECT/MLC。
- 功能区：单击"默认"选项卡"注释"面板中的"合并"按钮🔗，或者单击"注释"
  选项卡"引线"面板中的"合并"按钮🔗。

3. 添加引线

【执行方式】

- 命令行：MLEADEREDIT/MLE。
- 功能区：单击"默认"选项卡"注释"面板中的"添加引线"按钮🔳，或者单击"注释"
  选项卡"引线"面板中的"添加引线"按钮🔳。

4. 删除引线

【执行方式】

- 命令行：AIMLEADEREDITREMOVE。
- 功能区：单击"默认"选项卡"注释"面板中的"删除引线"按钮🔳，或者单击"注释"
  选项卡"引线"面板中的"删除引线"按钮🔳。

🔍 重点——编辑多重引线对象

素材文件：素材 \CH09\ 编辑多重引线 .dwg

结果文件：结果 \CH09\ 编辑多重引线 .dwg

利用"多重引线编辑"命令编辑多重引线标注对象，如图 9-115 所示。

【操作步骤】

（1）打开随书配套资源中的"素材 \CH09\ 编辑多重引线 .dwg"文件，如图 9-101 所示。

（2）参照 9.5.1 节中"样式 2"创建一个多重引线样式，多重引线样式名称设置为"装配"，
选择"引线结构"选项卡，将"设置基线距离"设置为"12"，其他设置不变，如图 9-102
所示。

（3)选择"标注"→"多重引线"命令,在需要创建标注的位置单击,指定箭头的位置,如图 9-103
所示。

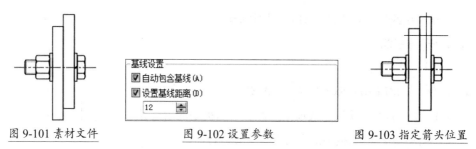

图 9-101 素材文件　　　　　　图 9-102 设置参数　　　　　　图 9-103 指定箭头位置

（4）拖动鼠标，在合适的位置单击，作为引线基线位置，如图 9-104 所示。

（5）在弹出的"编辑属性"对话框中设置"输入标记编号"为"1"，单击"确定"按钮，如图 9-105 所示。

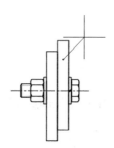

图 9-104 指定引线基线位置

图 9-105 输入标记编号

（6）结果如图 9-106 所示。

（7）重复设置多重引线标注，结果如图 9-107 所示。

（8）单击"默认"选项卡"注释"面板中的"对齐"按钮，选择所有的多重引线，如图 9-108 所示。

（9）捕捉多重引线②，将其他多重引线与其对齐，如图 9-109 所示。

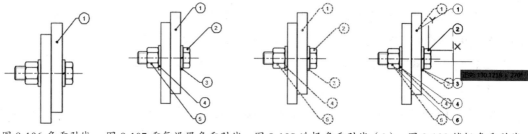

图 9-106 多重引线　　图 9-107 重复设置多重引线　　图 9-108 选择多重引线（1）　　图 9-109 捕捉多重引线

（10）对齐后结果如图 9-110 所示。

（11）单击"默认"选项卡"注释"面板中的"合并"按钮，选择多重引线②~⑤，如图 9-111 所示。

（12）选择后拖动鼠标指定合并后的多重引线的位置，如图 9-112 所示。

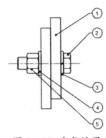

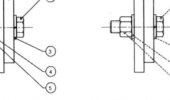

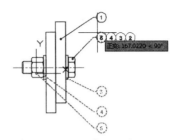

图 9-110 对齐结果　　　　图 9-111 选择多重引线（2）　　　图 9-112 指定多重引线位置

（13）合并后如图 9-113 所示。

（14）单击"默认"选项卡"注释"面板中的"添加引线"按钮，选择多重引线①并拖动鼠标指定添加的位置，如图 9-114 所示。

（15）添加完成后结果如图 9-115 所示。

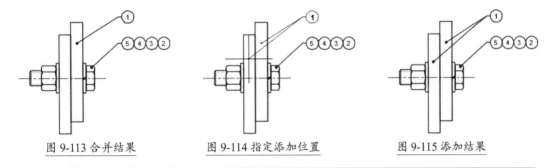

图 9-113 合并结果　　　　　　图 9-114 指定添加位置　　　　　　图 9-115 添加结果

> ***Tips***
>
> 为了便于指定点和引线的位置，在创建多重引线时可以关闭对象捕捉和正交模式。

9.6 实例——标注机械图形

阶梯轴是机械设计中常见的零件，本实例通过线性标注、基线标注、连续标注、直径标注、半径标注、公差标注、形位公差标注等给阶梯轴添加标注。

1. 给阶梯轴添加尺寸标注

（1）打开随书配套资源中的"素材 \CH09\ 给阶梯轴添加标注 .dwg"文件，如图 9-116 所示。

（2）选择"格式"→"标注样式"命令，在弹出的"标注样式管理器"对话框中单击"修改"按钮，选择"线"选项卡，将基线间距修改为"20"，如图 9-117 所示。

（3）选择"标注"→"线性"命令，捕捉轴的两个端点为尺寸界线原点，在合适的位置放置尺寸线，结果如图 9-118 所示。

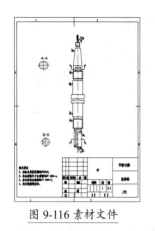

图 9-116 素材文件

图 9-117 设置参数

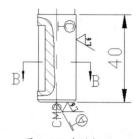

图 9-118 线性标注

（4）选择"标注"→"基线"命令，创建基线标注，结果如图 9-119 所示。

（5）选择"标注"→"连续"命令，输入"S"选择连续标注的第一条尺寸线，创建连续标注，结果如图 9-120 所示。

（6）在命令行输入"MULTIPLE"按"Enter"键，输入"DLI"，标注退刀槽和轴的直径，如图 9-121 所示。

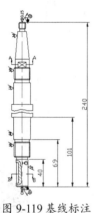

图 9-119 基线标注

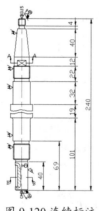

图 9-120 连续标注

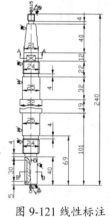

图 9-121 线性标注

🖥 **教你一招**

"MULTIPLE"命令是连续执行命令，输入该命令后，再输入要连续执行的命令，可以重复该操作，直至按"Esc"键退出。

（7）双击标注为 25 的尺寸，在弹出的"文字编辑器"选项卡下"插入"面板中单击"符号"按钮，插入直径符号和正负号，输入公差值，结果如图 9-122 所示。

（8）重复步骤（7），修改退刀槽和螺纹的标注等，结果如图 9-123 所示。

（9）单击"注释"选项卡"标注"面板中的"打断"按钮，对相互干涉的尺寸进行打断，如图 9-124 所示。

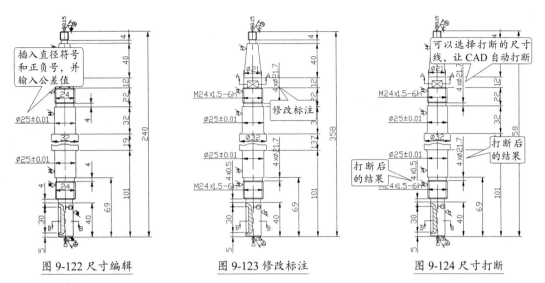

图 9-122 尺寸编辑　　　　图 9-123 修改标注　　　　图 9-124 尺寸打断

（10）选择"标注"→"折弯线性"命令，给"358"的尺寸线添加折弯线性标注，结果如图 9-125
　　　所示。

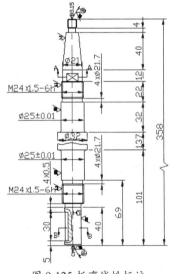

图 9-125 折弯线性标注

2. 添加检验标注和多重引线标注

（1）单击"注释"选项卡"标注"面板中的"检验标注"按钮，弹出"检验标注"对话框，
　　　如图 9-126 所示。

（2）选择两个螺纹标注，结果如图 9-127 所示。

（3）重复步骤（1）和步骤（2），继续给阶梯轴添加检验标注，如图 9-128 所示。

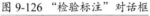

图 9-126 "检验标注"对话框

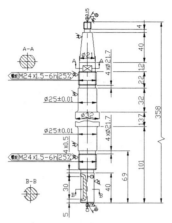

图 9-127 选择标注

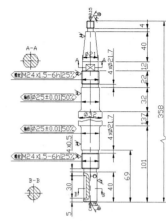

图 9-128 添加检验标注

（4）选择"标注"→"半径"命令，给圆角添加半径标注，如图 9-129 所示。

（5）选择"格式"→"多重引线样式"命令，单击"修改"按钮，在弹出的"修改多重引线样式：Standard"对话框中选择"引线结构"选项卡，取消选中"设置基线距离"复选框，如图 9-130 所示。

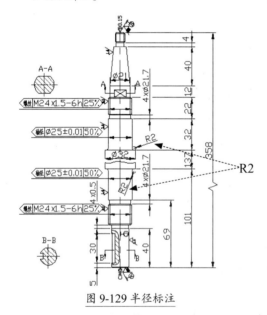

图 9-129 半径标注

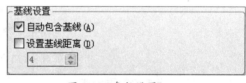

图 9-130 参数设置

（6）选择"内容"选项卡，将"多重引线类型"设置为"无"，单击"确定"按钮，将修改后的多重引线样式置为当前，如图 9-131 所示。

（7）在命令行输入"UCS"，将坐标系绕 Z 轴旋转 90°，旋转后的坐标如图 9-132 所示。

（8）选择"标注"→"公差"命令，创建形位公差，结果如图 9-133 所示。

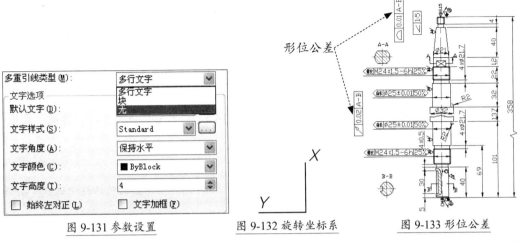

图 9-131 参数设置　　　　图 9-132 旋转坐标系　　　　图 9-133 形位公差

（9）在命令行输入"MULTIPLE"按"Space"键，输入"MLD"按"Space"键创建多重引线，
　　如图 9-134 所示。

（10）在命令行输入"UCS"按"Space"键，将坐标系绕 Z 轴旋转180°，在命令行输入"MLD"
　　按"Space"键创建一条多重引线，结果如图 9-135 所示。

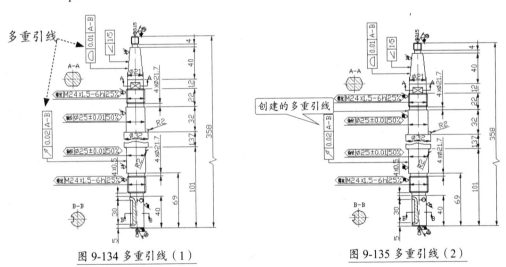

图 9-134 多重引线（1）　　　　　　　图 9-135 多重引线（2）

> *Tips*
>
> 　　步骤(7)和步骤(10)中，只有坐标系旋转后创建的形位公差和多重引线标注才可以一
> 次到位，标注成竖直方向的。

3. 给断面图添加标注

（1）在命令行输入"UCS"按"Enter"键，将坐标系重新设置为世界坐标系，结果如图 9-136
　　所示。

（2）选择"标注"→"线性"命令，为断面图添加线性标注，结果如图9-137所示。

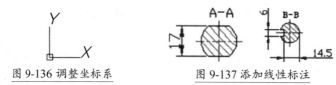

图9-136 调整坐标系　　　　　图9-137 添加线性标注

（3）选择"修改"→"特性"命令，选择标注为"14.5"的尺寸，在弹出的"特性"面板中进行设置，如图9-138所示。

（4）关闭"特性"面板，结果如图9-139所示。

（5）选择"格式"→"标注样式"命令，单击"替代"按钮，在弹出的对话框中选择"公差"选项卡并设置参数，如图9-140所示。

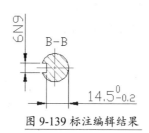
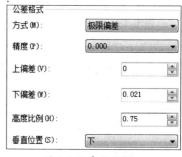

图9-138 "特性"面板　　　　图9-139 标注编辑结果　　　　图9-140 参数设置

（6）将替代样式设置为当前样式，在命令行输入"DDI"按"Space"键，选择键槽断面图的圆弧进行标注，如图9-141所示。

（7）在命令行输入"UCS"按"Space"键确认，将坐标系绕Z轴旋转90°，旋转后的坐标如图9-142所示。

（8）选择"标注"→"公差"命令，在弹出的"形位公差"对话框中进行参数设置，单击"确定"按钮，如图9-143所示。

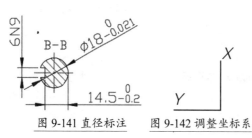
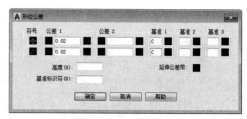

图9-141 直径标注　　图9-142 调整坐标系　　　　图9-143 参数设置

（9）将创建的形位公差放到合适的位置，如图9-144所示。

（10）所有尺寸标注完成后将坐标重新设置为世界坐标系，最终结果如图9-145所示。

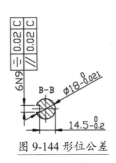

图 9-144 形位公差

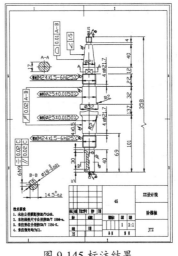

图 9-145 标注结果

技 巧

1.巧用标注功能绘制装饰图案

将标注箭头设置为"积分"，如图 9-146 所示。创建一个线性标注，将其分解并删除部分对象，仅保留如图 9-147 所示的部分对象。将保留下来的图形进行环形阵列，阵列数目为"3"，如图 9-148 所示。绘制一个圆形，如图 9-149 所示。

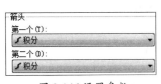

图 9-146 设置参数

图 9-147 删除部分图形

图 9-148 环形阵列

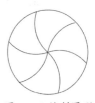

图 9-149 绘制圆形

2. 模型空间和布局空间不一样的标注

在模型空间中绘制了图形之后，切换到布局空间进行标注时，可以不按照 1:1 的实际尺寸进行标注，如在模型空间中绘制一个 200×100 的矩形，如图 9-150 所示。对标注样式进行设置，如图 9-151 所示。切换到布局空间进行标注，可以对标注对象的文字大小及箭头大小进行适当调整，标注结果如图 9-152 所示。

图 9-150 模型空间　　　　图 9-151 参数设置　　　　图 9-152 布局空间

3. 大于 180° 的角的标注方法

前面介绍的角度标注所标注的角都是小于 180° 的，那么如何标注大于 180° 的角呢？下面就通过案例来详细介绍如何标注大于 180° 的角。

（1）打开随书配套资源中的"素材\CH09\标注大于 180° 的角.dwg"文件，如图 9-153 所示。

（2）单击"默认"选项卡"注释"面板中的"角度"按钮 ◢，当命令行提示选择"圆弧、圆、直线或 < 指定顶点 >"时直接按"Space"键接受"指定顶点"选项。

> 命令：_dimangular
>
> 选择圆弧、圆、直线或 < 指定顶点 >： ↙

（3）用鼠标捕捉如图 9-154 所示的端点为角的顶点。

（4）用鼠标捕捉如图 9-155 所示的中点为角的第一个端点。

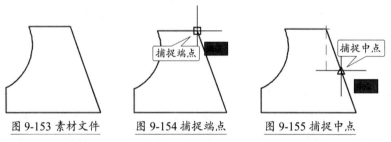

图 9-153 素材文件　　　　图 9-154 捕捉端点　　　　图 9-155 捕捉中点

（5）用鼠标捕捉如图 9-156 所示的中点为角的第二个端点。

（6）拖动鼠标在合适的位置单击放置角度标注，如图 9-157 所示。

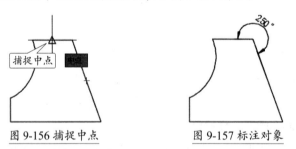

图 9-156 捕捉中点　　　　图 9-157 标注对象

4. 尺寸公差和形位公差的区别

尺寸公差是指允许尺寸的变动量，即最大极限尺寸和最小极限尺寸的代数差的绝对值。

形状公差是指单一实际要素的形状所允许的变动全量，包括直线度、平面度、圆度、圆柱度、线轮廓度和面轮廓度。

位置公差是指关联实际要素的位置对基准所允许的变动全量，它限制零件的两个或两个以上的点、线、面之间的相互位置关系，包括平行度、垂直度、倾斜度、同轴度、对称度、位置度、圆跳动和全跳动。

第 10 章

智能标注和编辑标注

内容简介

智能标注（dim）命令可以实现在同一命令任务中创建多种类型的标注。智能标注命令支持的标注类型包括垂直标注、水平标注、对齐标注、旋转的线性标注、角度标注、半径标注、直径标注、折弯半径标注、弧长标注、基线标注和连续标注。

标注对象创建完成后可以根据需要对其进行编辑操作，以满足工程图纸的实际标注需求。前面介绍了图形对象的各种标注，本章就来介绍如何编辑这些标注。

内容要点

- 智能标注
- 编辑标注

案例效果

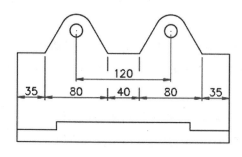
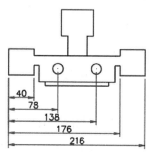

10.1 智能标注——dim 命令

dim 命令可以理解为智能标注，它几乎可以完成所有常用的标注，非常实用。

调用 dim 命令后，将光标悬停在标注对象上时，将自动预览要使用的合适的标注类型。选择对象、线或点进行标注，然后单击绘图区域中的任意位置即可绘制标注。

【执行方式】

◈ 命令行：DIM。

◈ 功能区：单击"默认"选项卡"注释"面板中的"标注"按钮，或者单击"注释"选项卡"标注"面板中的"标注"按钮。

【操作步骤】

执行上述操作后命令行会进行如下提示。

命令：_dim

选择对象或指定第一个尺寸界线原点或 [角度 (A)/ 基线 (B)/ 连续 (C)/ 坐标 (O)/ 对齐 (G)/ 分发 (D)/ 图层 (L)/ 放弃 (U)]:

【选项说明】

命令行中各选项含义如下。

选择对象：自动为所选对象选择合适的标准类型，并显示与该标注类型相对应的提示。圆弧，默认显示半径标注；圆，默认显示直径标注；直线，默认为线性标注。

第一个尺寸界线原点：选择两个点时创建线性标注。

角度（A）：创建一个角度标注来显示 3 个点或两条直线之间的角度（同 DIMANGULAR 命令）。

基线（B）：从上一个或选定标准的第一个界线创建线性、角度或坐标标注（同 DIMBASELINE 命令）。

连续（C）：从选定标注的第二个尺寸界线创建线性、角度或坐标标注（同 DIMCONTINUE 命令）。

坐标（O）：创建坐标标注（同 DIMORDINATE 命令），相比坐标标注，可以调用一次命令进行多个标注。

对齐（G）：将多个平行、同心或同基准标注对齐到选定的基准标注。

分发（D）：指定可用于分发一组选定的孤立线性标注或坐标标注的方法，有相等和偏移两个选项。相等：均匀分发所有选定的标注，此方法要求至少 3 条标注线；偏移：按指定的偏移距离分发所有选定的标注。

图层（L）：为指定的图层指定新标注，以替代当前图层，该选项在创建复杂图形时尤为有用，选定标注图层后即可标注，不需要在标注图层和绘图图层之间来回切换。

放弃（U）：反转上一个标注操作。

🐾 练一练——使用智能标注功能标注图形对象

素材文件：素材 \CH10\ 智能标注 .dwg

结果文件：结果 \CH10\ 智能标注 .dwg

利用智能标注功能标注图形对象，如图 10-4 所示。

【操作步骤】

（1）打开随书配套资源中的"素材 \CH10\ 智能标注 .dwg"文件，如图 10-1 所示。

（2）在命令行中输入"dim"按"Enter"键确认，在绘图区域中将鼠标指针移至如图 10-2 所示位置处单击。

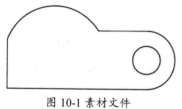

图 10-1 素材文件

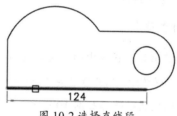

图 10-2 选择直线段

（3）拖动鼠标单击指定尺寸线的位置，结果如图 10-3 所示。

（4）用类似操作方法对圆弧进行半径标注，如图 10-4 所示。按"Enter"键结束"dim"命令。

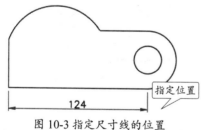

图 10-3 指定尺寸线的位置

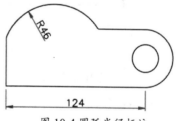

图 10-4 圆弧半径标注

10.2 编辑标注

标注对象创建完成后可以根据需要对其进行编辑操作，以满足工程图纸的实际标注需求。

10.2.1 DIMEDIT（DED）编辑标注

"DIMEDIT（DED）"命令主要用于编辑标注文字和尺寸界线，可以旋转、修改或恢复标注文字、更改尺寸界线的倾斜角等。

【执行方式】

命令行：DIMEDIT/DED。

【操作步骤】

执行上述操作后命令行会进行如下提示。

命令：DIMEDIT

输入标注编辑类型 [默认 (H)/ 新建 (N)/ 旋转 (R)/ 倾斜 (O)] < 默认 >:

🔍 重点——编辑标注对象

素材文件：素材 \CH10\ 编辑标注 .dwg

结果文件：结果 \CH10\ 编辑标注 .dwg

利用"编辑标注"命令对标注对象进行编辑操作，结果如图 10-14 所示。

【操作步骤】

（1）打开随书配套资源中的"素材 \CH10\ 编辑标注 .dwg"文件，如图 10-5 所示。

（2）在命令行输入"DED"按"Enter"键确认，在命令提示下输入"H"并按"Enter"键，
在绘图区域中选择如图 10-6 所示的标注对象作为编辑对象。

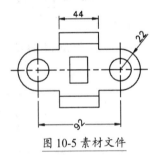

图 10-5 素材文件

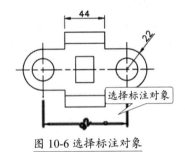

图 10-6 选择标注对象

（3）按"Enter"键确认，结果如图 10-7 所示。

（4）在命令行输入"DED"按"Enter"键确认，在命令行提示下输入"O"并按"Enter"键，
在绘图区域中选择如图 10-8 所示的标注对象作为编辑对象。

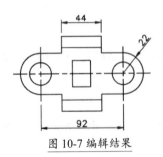

图 10-7 编辑结果

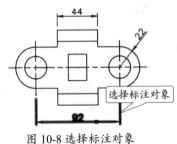

图 10-8 选择标注对象

（5）按"Enter"键确认，在命令行提示下设置倾斜角度为"60"，结果如图10-9所示。

（6）在命令行输入"DED"按"Enter"键确认，在命令行提示下输入"R"并按"Enter"键，继续在命令行提示下设置标注文字的角度为"30"，在绘图区域中选择如图10-10所示的标注对象作为编辑对象。

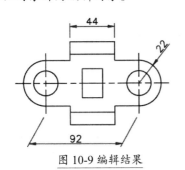
图 10-9 编辑结果

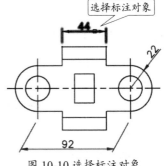
图 10-10 选择标注对象

（7）按"Enter"键确认，结果如图10-11所示。

（8）在命令行输入"DED"按"Enter"键确认，在命令行提示下输入"N"并按"Enter"键，在输入框输入"R22"，如图10-12所示。

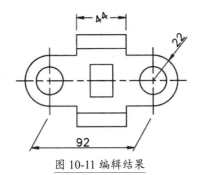
图 10-11 编辑结果

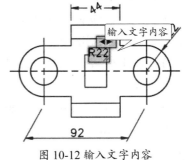
图 10-12 输入文字内容

（9）在"文字编辑器"选项卡中单击"关闭文字编辑器"按钮，在绘图区域中选择如图10-13所示的标注对象作为编辑对象。

（10）按"Enter"键确认，结果如图10-14所示。

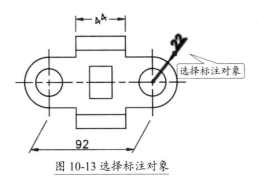
图 10-13 选择标注对象

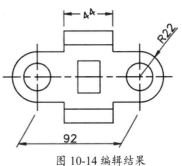
图 10-14 编辑结果

10.2.2 标注打断处理

在标注和尺寸界线与其他对象的相交处打断或恢复标注和尺寸界线。

【执行方式】

● 命令行：DIMBREAK。

● 菜单栏：选择菜单栏中的"标注"→"标注打断"命令。

● 功能区：单击"注释"选项卡"标注"面板中的"打断"按钮 ⊥⊦。

【操作步骤】

执行上述操作后命令行会进行如下提示。

命令：_dimbreak

选择要添加 / 删除折断的标注或 [多个 (M)]:

选择标注对象后命令行会进行如下提示。

选择要折断标注的对象或 [自动 (A)/ 手动 (M)/ 删除 (R)] < 自动 >:

【选项说明】

命令行中各选项含义如下。

自动（A）：自动将折断标注放置在与选定标注相交的对象的所有交点处。修改标注或相交对象时，会自动更新使用此选项创建的所有折断标注。在具有任何折断标注的标注上方绘制新对象后，在交点处不会沿标注对象自动应用任何新的折断标注。要添加新的折断标注，就必须再次运用此命令。

手动（M）：手动放置折断标注。为折断位置指定标注或尺寸界线上的两点。如果修改标注或相交对象，则不会更新使用此选项创建的任何折断标注。使用此选项，一次仅可以放置一个手动折断标注。

删除（R）：从选定的标注中删除所有折断标注。

🔍 重点——对标注进行打断处理

素材文件：素材 \CH10\ 标注打断 .dwg

结果文件：结果 \CH10\ 标注打断 .dwg

利用"标注打断"命令对标注对象进行编辑操作，结果如图 10-24 所示。

【操作步骤】

（1）打开随书配套资源中的"素材 \CH10\ 标注打断 .dwg"文件，如图 10-15 所示。

（2）选择"标注"→"标注打断"命令，在绘图区域中选择如图 10-16 所示的线性标注对象作为需要添加打断标注的对象。

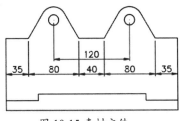

图 10-15 素材文件

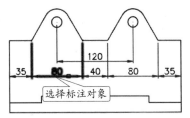

图 10-16 选择标注对象

（3）在命令行提示下输入"M"按"Enter"键确认，在绘图区域中捕捉第一个打断点，如图 10-17 所示。

（4）在绘图区域中拖动鼠标捕捉第二个打断点，如图 10-18 所示。

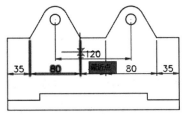

图 10-17 捕捉第一个打断点

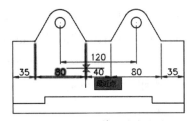

图 10-18 捕捉第二个打断点

（5）结果如图 10-19 所示。

（6）重复选择"标注打断"命令，继续对线性标注对象进行"手动"打断处理，选择如图 10-20 所示的线性标注对象作为需要添加打断标注的对象。

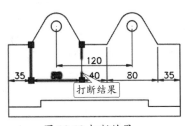

图 10-19 打断结果

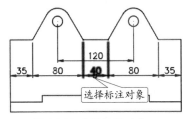

图 10-20 选择标注对象

（7）在命令行提示下输入"M"后按"Enter"键确认，在绘图区域中捕捉第一个打断点，如图 10-21 所示。

（8）在绘图区域中拖动鼠标捕捉第二个打断点，如图 10-22 所示。

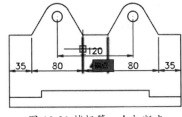

图 10-21 捕捉第一个打断点

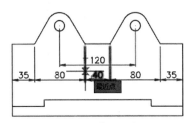

图 10-22 捕捉第二个打断点

（9）结果如图 10-23 所示。

（10）重复选择"标注打断"命令，继续对线性标注对象进行"手动"打断处理，结果如图10-24所示。

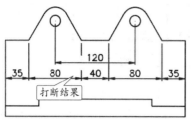 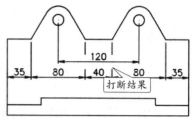

图 10-23 打断结果　　　　　　　　　　　图 10-24 打断结果

练一练——创建装饰图案

素材文件：素材 \CH10\ 装饰图案 .dwg

结果文件：结果 \CH10\ 装饰图案 .dwg

利用"标注打断"和"分解"命令创建装饰图案，结果如图10-29所示。

【操作步骤】

（1）打开随书配套资源中的"素材 \CH010\ 装饰图案 .dwg"文件，如图10-25所示。

（2）创建线性标注，如图10-26所示。

（3）对线性标注进行环形阵列，阵列中心点为正六边形中心点，数量为"6"，如图10-27所示。

（4）调用"标注打断"命令，对线性标注进行打断处理，如图10-28所示。

（5）调用"分解"命令，将打断后的线性标注对象全部分解，删除文字及多余线段，如图10-29所示。

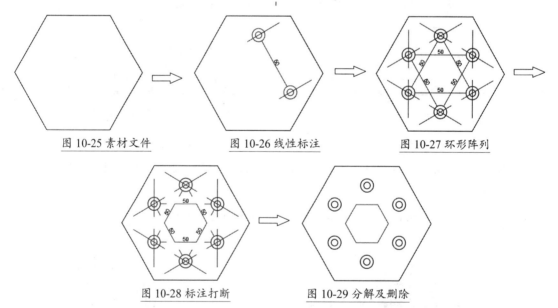

图 10-25 素材文件　　　　　图 10-26 线性标注　　　　　图 10-27 环形阵列

图 10-28 标注打断　　　　　图 10-29 分解及删除

10.2.3　文字对齐方式

移动和旋转标注文字，并重新定位尺寸线。

【执行方式】

● 命令行：DIMTEDIT/DIMTED。

● 菜单栏：选择菜单栏中的"标注"→"对齐文字"命令，然后选择一种文字对齐方式。

● 功能区：单击"注释"选项卡"标注"面板上的下拉按钮▼，然后选择一种文字对齐方式。

【操作步骤】

执行上述操作后命令行会进行如下提示。

命令：DIMTEDIT

选择标注：

🔍 重点——对标注对象进行文字对齐

素材文件：素材 \CH10\ 文字对齐 .dwg

结果文件：结果 \CH10\ 文字对齐 .dwg

利用"对齐文字"命令对标注对象进行编辑操作，结果如图 10-34 所示。

【操作步骤】

（1）打开随书配套资源中的"素材 \CH10\ 文字对齐 .dwg"文件，如图 10-30 所示。

（2）选择"标注"→"对齐文字"→"角度"命令，在绘图区域中选择如图 10-31 所示的标
注对象作为编辑对象。

（3）在命令行提示下设置文字角度为"0"，结果如图 10-32 所示。

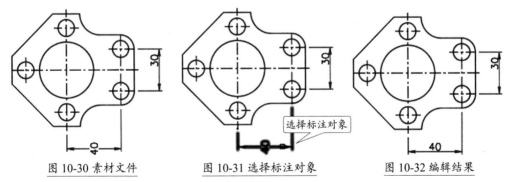

图 10-30 素材文件　　　图 10-31 选择标注对象　　　图 10-32 编辑结果

（4）选择"标注"→"对齐文字"→"居中"命令，在绘图区域中选择如图 10-33 所示的标
注对象作为编辑对象。

（5）结果如图 10-34 所示。

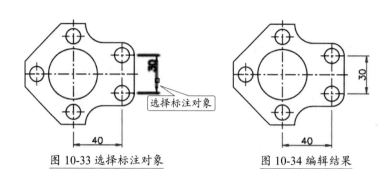

图 10-33 选择标注对象　　　　　图 10-34 编辑结果

10.2.4 标注间距调整

调整线性标注或角度标注之间的间距。将平行尺寸线之间的间距设为相等，也可以通过设置间距为"0"使一系列线性标注或角度标注的尺寸线齐平。间距仅适用于平行的线性标注或共用一个顶点的角度标注。

【执行方式】

● 命令行：DIMSPACE。

● 菜单栏：选择菜单栏中的"标注"→"标注间距"命令。

● 功能区：单击"注释"选项卡"标注"面板中的"调整间距"按钮 ▆。

【操作步骤】

执行上述操作后命令行会进行如下提示。

命令：_dimspace

选择基准标注：

选择基准标注及要产生间距的标注后命令行会进行如下提示。

输入值或 [自动 (A)] < 自动 >:

【选项说明】

命令行中各选项含义如下。

输入值：将间距值应用于从基准标注中选择的标注。例如，如果输入值为"0.5000"，则所有选定标注将以 0.5000 的距离隔开。可以设置间距为 0（零）将选定的线性标注和角度标注的标注线末端对齐。

自动（A）：基于在选定基准标注的标注样式中指定的文字高度自动计算间距。所得的间距值是标注文字高度的两倍。

🔍 重点——调整标注间距

素材文件：素材 \CH10\ 标注间距 .dwg

结果文件：结果 \CH10\ 标注间距 .dwg

利用"标注间距"命令对标注对象进行编辑操作，结果如图 10-38 所示。

【操作步骤】

（1）打开随书配套资源中的"素材 \CH10\ 标注间距 .dwg"文件，如图 10-35 所示。

（2）选择"标注"→"标注间距"命令，在绘图区域中选择如图 10-36 所示的线性标注对象作为基准标注。

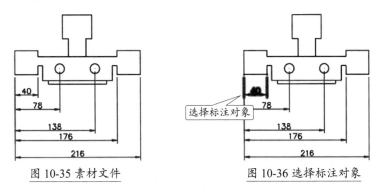

图 10-35 素材文件   图 10-36 选择标注对象

（3）在绘图区域中将其余线性标注对象全部选中，以作为要产生间距的标注对象，如图 10-37 所示。

（4）按"Enter"键确认，在命令行提示下再次按"Enter"键接受"自动"选项，结果如图 10-38 所示。

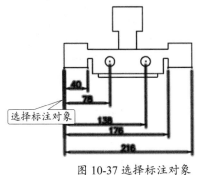

图 10-37 选择标注对象

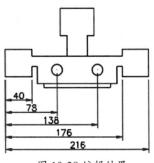

图 10-38 编辑结果

10.2.5 使用夹点编辑标注

在 AutoCAD 中，标注对象同直线、多段线等图形对象一样可以使用夹点功能进行编辑。

【执行方式】

在 AutoCAD 2019 中选择相应标注对象，然后选择相应夹点即可对其进行编辑。选择相应夹点并右击，会弹出相应快捷菜单供用户选择编辑命令（选择的夹点不同，弹出的快捷菜单也会有所差别），如图 10-39 所示。

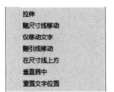

图 10-39 右键快捷菜单

练一练——使用夹点功能编辑标注对象

素材文件：素材 \CH10\ 夹点编辑 .dwg

结果文件：结果 \CH10\ 夹点编辑 .dwg

利用夹点编辑功能编辑标注对象，如图 10-46 所示。

【操作步骤】

（1）打开随书配套资源中的"素材 \CH10\ 夹点编辑 .dwg"文件，如图 10-40 所示。

（2）在绘图区域中选择线性标注对象，如图 10-41 所示。

（3）选择如图 10-42 所示的夹点并右击。

图 10-40 素材文件　　　　图 10-41 选择对象　　　　图 10-42 选择夹点

（4）在弹出的快捷菜单中选择"重置文字位置"选项，结果如图 10-43 所示。

（5）在绘图区域中选择如图 10-44 所示的夹点并右击。

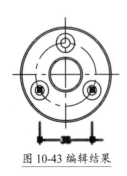

图 10-43 编辑结果　　　　　　　图 10-44 选择夹点

（6）在弹出的快捷菜单中选择"翻转箭头"选项，结果如图 10-45 所示。

（7）按"Esc"键取消对标注对象的选择，结果如图 10-46 所示。

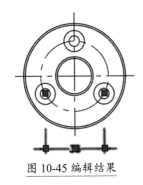
图 10-45 编辑结果

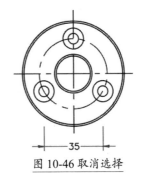
图 10-46 取消选择

10.3 实例——给弯头图形添加标注

下面将利用智能标注功能为弯头图形添加标注对象，并且对其进行编辑操作。

（1）打开随书配套资源中的"素材 \CH10\ 弯头 .dwg"文件，如图 10-47 所示。

（2）在命令行中输入"dim"按"Enter"键确认，在绘图区域中将鼠标指针移至如图 10-48 所示的位置处并单击。

（3）拖动鼠标并单击指定尺寸线的位置，如图 10-49 所示。

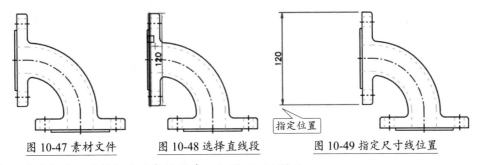
图 10-47 素材文件　　图 10-48 选择直线段　　图 10-49 指定尺寸线位置

（4）继续进行其他线性标注对象的创建，如图 10-50 所示。

（5）在绘图区域中将指针移至如图 10-51 所示的位置处单击。

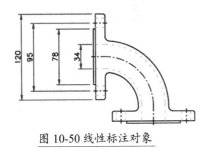
图 10-50 线性标注对象

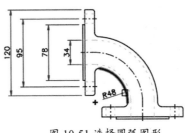
图 10-51 选择圆弧图形

（6）拖动鼠标并单击指定尺寸线的位置，按"Enter"键结束"dim"命令，如图 10-52 所示。

（7）双击"120"的标注尺寸，在尺寸数值前面输入"%%C"添加直径符号，如图 10-53 所示。

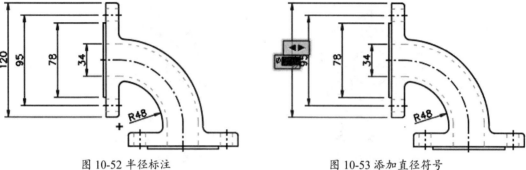

图 10-52 半径标注　　　　　　　　　　　图 10-53 添加直径符号

（8）在"文字编辑器"选项卡中单击"关闭文字编辑器"按钮，如图 10-54 所示。

（9）继续对其他尺寸进行直径符号的添加，按"Enter"键结束该命令，如图 10-55 所示。

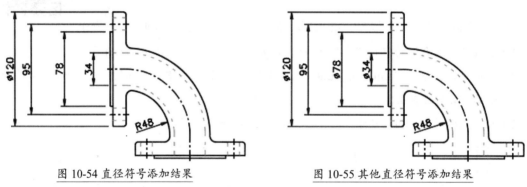

图 10-54 直径符号添加结果　　　　　　　图 10-55 其他直径符号添加结果

（10）选择"标注"→"标注间距"命令，在绘图区域中选择如图 10-56 所示的线性标注对象作为基准标注。

（11）在绘图区域中将其余线性标注对象全部选中，以作为要产生间距的标注对象，如图 10-57 所示。

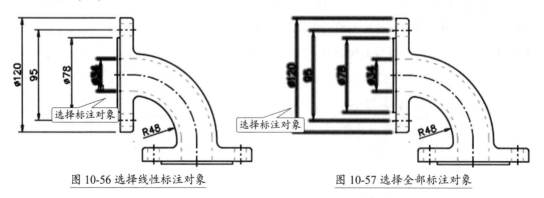

图 10-56 选择线性标注对象　　　　　　　图 10-57 选择全部标注对象

（12）按"Enter"键确认，在命令行提示下再次按"Enter"键接受"自动"选项，结果如图
　　　10-58 所示。

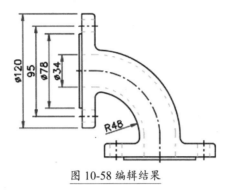

图 10-58 编辑结果

 技 巧

1. 关联的中心标记和中心线

　　AutoCAD 2019 可以创建圆或圆弧对象关联的中心标记，以及与选定的直线和多段线线段
关联的中心线。

（1）打开随书配套资源中的"素材 \CH10\ 中心标记和中心线 .dwg"文件，如图 10-59 所示。

（2）单击"注释"选项卡"中心线"面板中的"圆心标记"按钮，如图 10-60 所示。

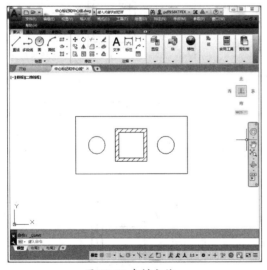

图 10-59 素材文件

图 10-60 单击"圆心标记"按钮

（3）选择两个圆形，添加圆心标记后结果如图 10-61 所示。

（4）单击"注释"选项卡"中心线"面板中的"中心线"按钮，选择大矩形的上边长为第一条直线，
　　　如图 10-62 所示。

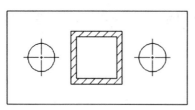

图 10-61 圆心标记

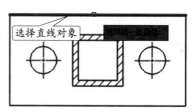

图 10-62 选择第一条直线段

（5）选择大矩形的下边长为第二条直线，如图 10-63 所示。

（6）添加中心线后如图 10-64 所示。

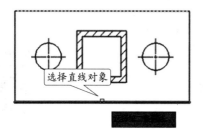

图 10-63 选择第二条直线段

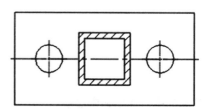

图 10-64 添加中心线

（7）重复步骤（4）和步骤（5）继续添加中心线，结果如图 10-65 所示。

（8）按住鼠标从右至左选择图形对象，如图 10-66 所示。

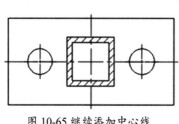

图 10-65 继续添加中心线

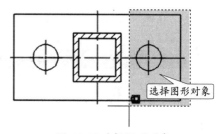

图 10-66 选择图形对象

（9）按住如图 10-67 所示的夹点向右拖动鼠标。

（10）在合适的位置松开鼠标，结果如图 10-68 所示，新建的中心线与图形关联，仍然在图形的中心。

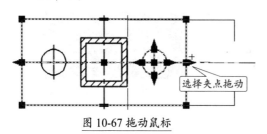

图 10-67 拖动鼠标

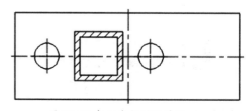

图 10-68 中心线与图形关联

2. 编辑标注关联性

标注可以是关联的、无关联的或分解的。关联标注根据所测量的几何对象的变化而进行调整。当系统变量 DIMASSOC 设置为"2"时，将创建关联标注；当系统变量 DIMASSOC 设置为"1"时，将创建非关联标注；当系统变量 DIMASSOC 设置为"0"时，将创建已分解的标注。

标注创建完成后，还可以通过"DIMREASSOCIATE"命令对其关联性进行编辑。

下面以编辑线性标注对象为例，对标注关联性的编辑过程进行详细介绍，具体操作步骤如下。

（1）打开随书配套资源中的"素材 \CH10\ 编辑关联性 .dwg"文件，如图 10-69 所示。

（2）在命令行中将系统变量"DIMASSOC"的新值设置为"1"，命令行提示如下。

命令：DIMASSOC
输入 DIMASSOC 的新值 <2>: 1 ✓

（3）单击"注释"选项卡"标注"面板中的"线性"按钮，对矩形的长边进行标注，如图 10-70 所示。

（4）在绘图区域中选择矩形对象，如图 10-71 所示。

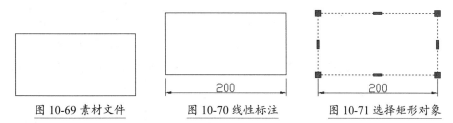

图 10-69 素材文件　　图 10-70 线性标注　　图 10-71 选择矩形对象

（5）在绘图区域中选择如图 10-72 所示的矩形夹点。

（6）在绘图区域中水平向右拖动鼠标并单击指定夹点的新位置，如图 10-73 所示。

（7）按"Esc"键取消对矩形的选择，结果如图 10-74 所示。

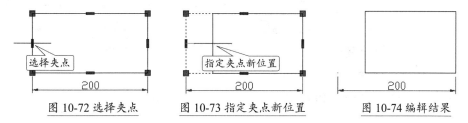

图 10-72 选择夹点　　图 10-73 指定夹点新位置　　图 10-74 编辑结果

> *Tips*
>
> 从图 10-74 可以看出，当前所创建的线性标注与矩形对象为非关联状态。

（8）利用"线性"标注命令对矩形的短边进行标注，结果如图 10-75 所示。

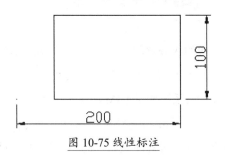

图 10-75 线性标注

（9）单击"注释"选项卡"标注"面板中的"重新关联"按钮，在绘图区域中选择如图 10-76 所示的标注对象作为编辑对象。

（10）按"Enter"键确认后，在绘图区域中捕捉如图 10-77 所示的端点作为第一个尺寸界线原点。

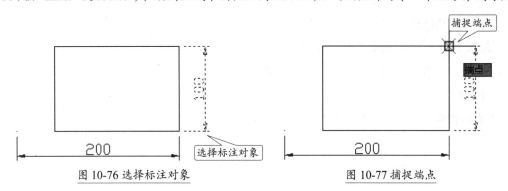

图 10-76 选择标注对象　　　　　　　　　图 10-77 捕捉端点

（11）在绘图区域中拖动鼠标并捕捉如图 10-78 所示的端点作为第二个尺寸界线原点。

（12）结果如图 10-79 所示。

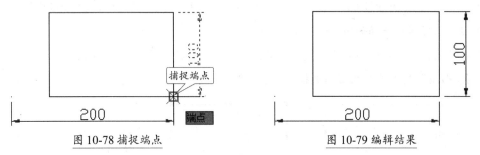

图 10-78 捕捉端点　　　　　　　　　　　图 10-79 编辑结果

（13）在绘图区域中选择矩形对象，如图 10-80 所示。

（14）在绘图区域中选择如图 10-81 所示的矩形夹点。

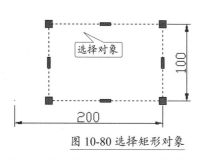

图 10-80 选择矩形对象

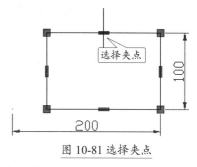

图 10-81 选择夹点

（15）在绘图区域中垂直向下拖动鼠标并单击指定夹点的新位置，如图 10-82 所示。

（16）按 "Esc" 键取消对矩形的选择，结果如图 10-83 所示。

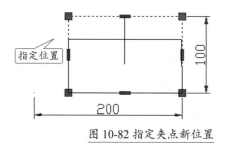

图 10-82 指定夹点新位置

图 10-83 编辑结果

Tips

从图 10-83 中可以看出，编辑后的线性标注与矩形对象为关联状态。

3. 如何轻松选择标注打断点

通常由于绘图时预设置的捕捉点较多，因此在选择打断点时经常会捕捉到不正确的点。例如想要捕捉最近点，却极易捕捉到中点，如图 10-84 所示。为了便于打断点的选择，在打断时可以适当关闭某些对象捕捉点。

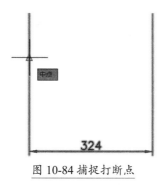

图 10-84 捕捉打断点

4. 仅移动标注对象的文字部分

在标注过程中，尤其是当标注比较紧凑时，AutoCAD 会根据设置自行放置文字的位置，但有些放置未必美观，未必符合绘图者的要求，这时用户可以通过"仅移动文字"命令来调整文字的位置。

（1）打开随书配套资源中的"素材\CH10\仅移动标注文字.dwg"文件，如图 10-85 所示。

（2）选中要移动文字的标注，将鼠标指针放置到文字旁边的夹点上并右击，在弹出的快捷菜单上选择"仅移动文字"选项，如图 10-86 所示。

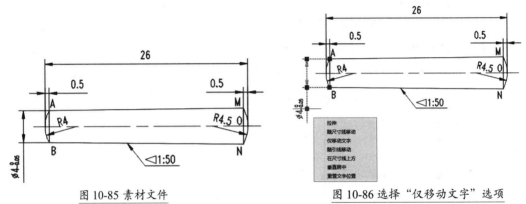

图 10-85 素材文件

图 10-86 选择"仅移动文字"选项

（3）拖动鼠标将文字放置到合适的位置，如图 10-87 所示。

（4）按"Esc"键，结果如图 10-88 所示。

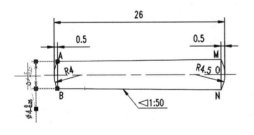

图 10-87 将文字放置到合适的位置

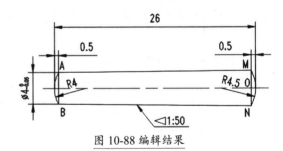

图 10-88 编辑结果

第 11 章

查询与参数化设置

内容简介

　　AutoCAD 2019 中包含许多辅助绘图功能供用户进行调用，其中的查询和参数化功能应用较广，本章将对相关工具的使用进行详细介绍。

内容要点

- 查询对象信息
- 参数化操作

案例效果

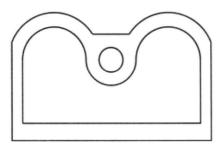

11.1 查询对象信息

在 AutoCAD 中，查询命令包含众多的功能，如查询两点之间的距离，查询面积、体积、质量、半径等。利用 AutoCAD 的各种查询功能，既可以辅助绘制图形，也可以对图形的各种状态进行查询。

11.1.1 查询距离

查询距离用于测量两点之间的距离和角度。

【执行方式】

- 命令行：DIST/DI。
- 菜单栏：选择菜单栏中的"工具"→"查询"→"距离"命令。
- 功能区：单击"默认"选项卡"实用工具"面板中的"距离"按钮。

【操作步骤】

执行上述操作后命令行会进行如下提示。

命令：_measuregeom

输入选项 [距离 (D)/ 半径 (R)/ 角度 (A)/ 面积 (AR)/ 体积 (V)] < 距离 >:_distance

指定第一点：

🔍 重点——查询对象距离信息

素材文件：素材 \CH11\ 距离查询 .dwg

结果文件：无

利用"距离"查询命令查询对象距离信息。

【操作步骤】

（1）打开随书配套资源中的"素材 \CH11\ 距离查询 .dwg"文件，如图 11-1 所示。

（2）选择"工具"→"查询"→"距离"命令，在绘图区域中捕捉端点指定第一点，如图 11-2 所示。

（3）在绘图区域中捕捉端点指定第二点，如图 11-3 所示。

距离 = 199.4868，XY 平面中的倾角 = 0， 与 XY 平面的夹角 = 0

X 增量 = 199.4868， Y 增量 = 0.0000， Z 增量 = 0.0000

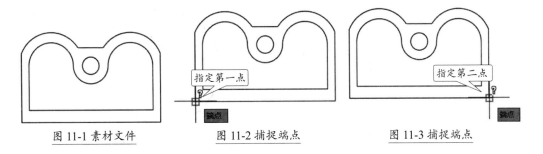

图 11-1 素材文件　　　　图 11-2 捕捉端点　　　　图 11-3 捕捉端点

11.1.2 查询半径

查询半径功能用于测量指定圆弧、圆或多段线圆弧的半径和直径。

【执行方式】

● 命令行：MEASUREGEOM/MEA，在命令行提示下选择"R"选项。

● 菜单栏：选择菜单栏中的"工具"→"查询"→"半径"命令。

● 功能区：单击"默认"选项卡"实用工具"面板中的"半径"按钮📐。

【操作步骤】

执行上述操作后命令行会进行如下提示。

命令：_measuregeom

输入选项 [距离 (D)/ 半径 (R)/ 角度 (A)/ 面积 (AR)/ 体积 (V)] < 距离 >：_radius

选择圆弧或圆：

🔍 重点——查询对象半径信息

素材文件：素材 \CH11\ 半径查询 .dwg

结果文件：无

利用"半径"查询命令查询对象半径及直径信息。

【操作步骤】

（1）打开随书配套资源中的"素材 \CH11\ 半径查询 .dwg"文件，如图 11-4 所示。

（2）选择"工具"→"查询"→"半径"命令，在绘图区域中单击选择要查询的对象，如图
11-5 所示。

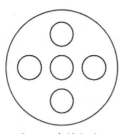

图 11-4 素材文件

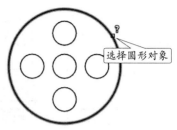

图 11-5 选择图形对象

（3）在命令行中显示出圆形的半径和直径大小。

半径 = 2.3750

直径 = 4.7500

11.1.3 查询角度

查询角度用于测量与选定的圆弧、圆、多段线线段和线对象关联的角度。

【执行方式】

● 命令行：MEASUREGEOM/MEA，在命令行提示下选择"A"选项。

● 菜单栏：选择菜单栏中的"工具"→"查询"→"角度"命令。

● 功能区：单击"默认"选项卡"实用工具"面板中的"角度"按钮。

【操作步骤】

执行上述操作后命令行会进行如下提示。

命令：_measuregeom

输入选项 [距离 (D)/ 半径 (R)/ 角度 (A)/ 面积 (AR)/ 体积 (V)] < 距离 >：_angle

选择圆弧、圆、直线或 < 指定顶点 >：

🔍 重点——查询对象角度信息

素材文件：素材 \CH11\ 角度查询 .dwg

结果文件：无

利用"角度"查询命令查询对象角度信息。

【操作步骤】

（1）打开随书配套资源中的"素材 \CH11\ 角度查询 .dwg"文件，如图 11-6 所示。

（2）选择"工具"→"查询"→"角度"命令，在绘图区域中单击选择需要查询角度的一条边，如图 11-7 所示。

（3）在绘图区域中单击选择需要查询角度的另一条边，如图 11-8 所示。

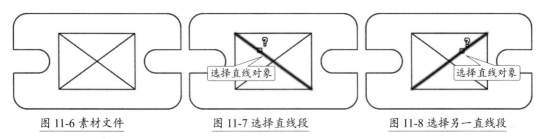

图 11-6 素材文件　　　　图 11-7 选择直线段　　　　图 11-8 选择另一直线段

（4）在命令行中显示出角度的大小。

角度 = 71°

11.1.4 查询体积

体积查询用于测量对象或定义区域的体积。

【执行方式】

● 命令行：MEASUREGEOM/MEA，在命令行提示下选择"V"选项。

● 菜单栏：选择菜单栏中的"工具"→"查询"→"体积"命令。

● 功能区：单击"默认"选项卡"实用工具"面板中的"体积"按钮 ⬛。

【操作步骤】

执行上述操作后命令行会进行如下提示。

命令：_measuregeom

输入选项 [距离 (D)/ 半径 (R)/ 角度 (A)/ 面积 (AR)/ 体积 (V)] < 距离 >：_volume

指定第一个角点或 [对象 (O)/ 增加体积 (A)/ 减去体积 (S)/ 退出 (X)] < 对象 (O)>：

🎯 练一练——查询对象体积信息

素材文件：素材 \CH11\ 体积查询 .dwg

结果文件：结果 \CH11\ 体积查询 .dwg

利用"体积"查询命令查询对象体积信息。

【操作步骤】

（1）打开随书配套资源中的"素材 \CH11\ 体积查询 .dwg"文件，如图 11-9 所示。

（2）选择"工具"→"查询"→"体积"命令，在绘图区域中捕捉端点选择正方体底面的第一个角点，如图 11-10 所示。

（3）在绘图区域中捕捉端点选择正方体底面的第二个角点，如图 11-11 所示。

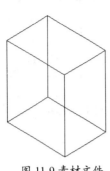
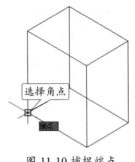
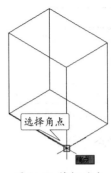

图 11-9 素材文件　　　　图 11-10 捕捉端点　　　　图 11-11 捕捉端点

（4）在绘图区域中捕捉端点选择正方体底面的第三个角点，如图 11-12 所示。

（5）在绘图区域中捕捉端点选择正方体底面的第四个角点，如图 11-13 所示，最后按"Enter"键确认。

（6）在绘图区域中捕捉端点选择正方体顶点，以指定其高度，如图 11-14 所示。

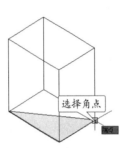
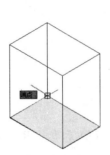

图 11-12 捕捉端点　　　　图 11-13 捕捉端点　　　　图 11-14 指定高度

（7）在命令行中显示出查询结果。

体积 = 1734.3856

📠 经验传授

如果测量的对象是平面图，则在选择好底面之后，还需要指定对应的高度才能测量出体积。

11.1.5 查询面积和周长

查询面积和周长用于计算对象或所定义区域的面积和周长。

【执行方式】

- 命令行：AREA/AA。
- 菜单栏：选择菜单栏中的"工具"→"查询"→"面积"命令。
- 功能区：单击"默认"选项卡"实用工具"面板中的"面积"按钮。

【操作步骤】

执行上述操作后命令行会进行如下提示。

命令：_measuregeom

输入选项 [距离 (D)/ 半径 (R)/ 角度 (A)/ 面积 (AR)/ 体积 (V)] < 距离 >: _area

指定第一个角点或 [对象 (O)/ 增加面积 (A)/ 减少面积 (S)/ 退出 (X)] < 对象 (O)>:

◯ 重点——查询对象面积和周长信息

素材文件：素材 \CH11\ 面积查询 .dwg

结果文件：无

利用"面积"查询命令查询对象面积和周长信息。

【操作步骤】

（1）打开随书配套资源中的"素材 \CH11\ 面积查询 .dwg"文件，如图 11-15 所示。

（2）选择"工具"→"查询"→"面积"命令，在命令行提示下输入"O"并按"Enter"键，
在绘图区域中选择需要查询面积的图形对象，如图 11-16 所示。

图 11-15 素材文件

选择图形对象

图 11-16 选择图形对象

（3）在命令行中显示出查询结果。

区域 = 5082.3575，修剪的区域 = 0.0000，周长 = 364.7136

11.1.6 查询质量特性

质量特性查询用于计算和显示选定面域或三维实体的质量特性。

【执行方式】

● 命令行：MASSPROP。

● 菜单栏：选择菜单栏中的"工具"→"查询"→"面域 / 质量特性"命令。

【操作步骤】

执行上述操作后命令行会进行如下提示。

命令：_massprop

选择对象：

✎ 练一练——查询对象质量特性

素材文件：素材 \CH11\ 质量特性查询 .dwg

结果文件：结果 \CH11\ 质量特性查询 .dwg

利用"面域 / 质量特性"查询命令查询对象质量特性信息。

【操作步骤】

（1）打开随书配套资源中的"素材 \CH11\ 质量特性查询 .dwg"文件，如图 11-17 所示。

（2）选择"工具"→"查询"→"面域 / 质量特性"命令，在绘图区域中选择需要查询的图
　　　形对象，如图 11-18 所示。

图 11-17 素材文件

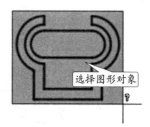

图 11-18 选择图形对象

（3）按"Enter"键确认后弹出查询结果，如图 11-19 所示。

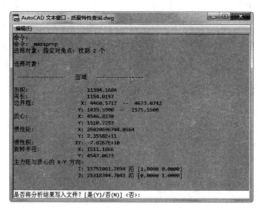

图 11-19 查询结果

（4）按"Enter"键将分析结果不写入文件。

🖥 **教你一招**

　　因为测量的质量是以密度为"1g/cm^3"显示数值的，所以测量后应根据结果乘以实际的密
度才能得到真正的质量。

11.1.7　查询点坐标

　　点坐标查询用于显示指定位置的 UCS 坐标值。ID 列出了指定点的 X、Y 和 Z 值，并将指定点的坐标存储为最后一点。可以通过在要求输入点的下一个提示中输入 @ 来引用最后一点。

【执行方式】

● 命令行：ID。

● 菜单栏：选择菜单栏中的"工具"→"查询"→"点坐标"命令。

● 功能区：单击"默认"选项卡"实用工具"面板中的"点坐标"按钮 🔍。

【操作步骤】

执行上述操作后命令行会进行如下提示。

命令：_id 指定点：

🔍 重点——查询点坐标信息

　　素材文件：素材 \CH11\ 点坐标查询 .dwg

　　结果文件：无

　　利用"点坐标"查询命令查询对象点坐标信息。

【操作步骤】

（1）打开随书配套资源中的"素材 \CH11\ 点坐标查询 .dwg"文件，如图 11-20 所示。

（2）选择"工具"→"查询"→"点坐标"命令，捕捉如图 11-21 所示的圆心。

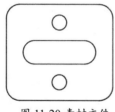

图 11-20　素材文件

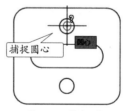

图 11-21　捕捉圆心

（3）在命令行中显示出查询结果。

指定点：$X = 4681.1733$　　$Y = 1349.2805$　　$Z = 0.0000$

11.1.8　查询图纸绘制时间

　　查询图纸绘制时间用于查询后显示图形的日期和时间统计信息。

【执行方式】

● 命令行：TIME。

♦ 菜单栏：选择菜单栏中的"工具"→"查询"→"时间"命令。

【操作步骤】

执行上述操作后会打开 AutoCAD 文本窗口，如图 11-22 所示。

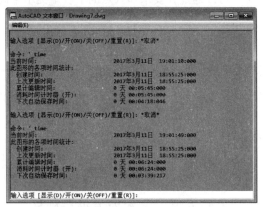

图 11-22 AutoCAD 文本窗口

练一练——查询图纸绘制时间相关信息

素材文件：素材 \CH11\ 时间查询 .dwg

结果文件：结果 \CH11\ 时间查询 .dwg

利用"时间"查询命令查询图纸绘制时间相关信息。

【操作步骤】

（1）打开随书配套资源中的"素材 \CH11\ 时间查询 .dwg"文件，如图 11-23 所示。

（2）选择"工具"→"查询"→"时间"命令，弹出 AutoCAD 文本窗口，显示时间查询，
如图 11-24 所示。

图 11-23 素材文件

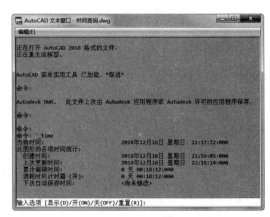

图 11-24 AutoCAD 文本窗口

11.1.9 查询对象列表

列表显示命令用来显示任何对象的当前特性，如图层、颜色、样式等。此外，根据选定的对象不同，该命令还将给出相关的附加信息。

【执行方式】

◆ 命令行：LIST/LI/LS。

◆ 菜单栏：选择菜单栏中的"工具"→"查询"→"列表"命令。

【操作步骤】

执行上述操作后命令行会进行如下提示。

命令：_list
选择对象：

练一练——查询对象列表信息

素材文件：素材 \CH11\ 对象列表查询 .dwg
结果文件：结果 \CH11\ 对象列表查询 .dwg
利用"列表"查询命令查询对象列表信息。

【操作步骤】

（1）打开随书配套资源中的"素材 \CH11\ 对象列表查询 .dwg"文件，如图 11-25 所示。

（2）选择"工具"→"查询"→"列表"命令，在绘图区域将图形对象全部选中，如图 11-26 所示。

图 11-25 素材文件

图 11-26 选中图形对象

（3）按"Enter"键确认，弹出 AutoCAD 文本窗口，在该窗口中可显示结果，如图 11-27 所示。

（4）按"Enter"键可继续查询，结果如图 11-28 所示。

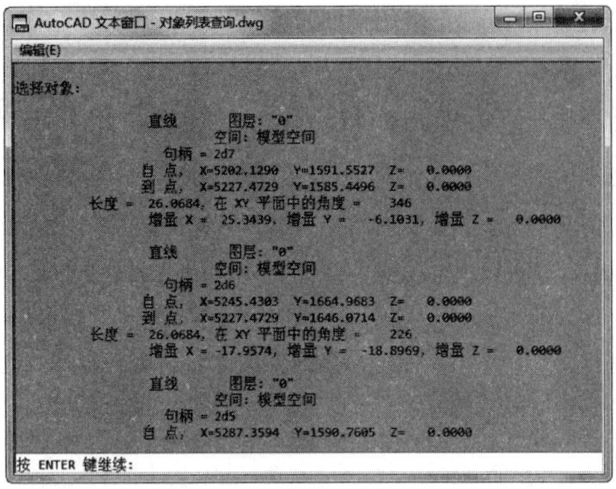

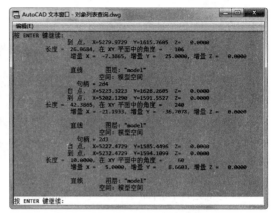

图 11-27 AutoCAD 文本窗口   图 11-28 AutoCAD 文本窗口

11.1.10 查询图纸状态

查询图纸状态用于查询后显示图形的统计信息、模式和范围。

【执行方式】

● 命令行：STATUS。

● 菜单栏：选择菜单栏中的"工具"→"查询"→"状态"命令。

【操作步骤】

执行上述操作后会弹出 AutoCAD 文本窗口，如图 11-29 所示。

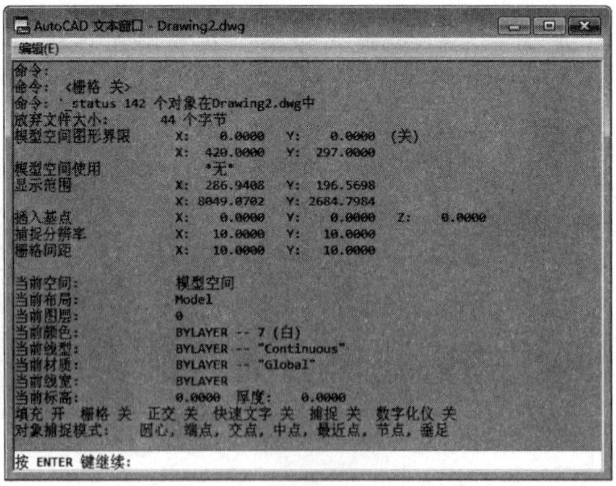

图 11-29 AutoCAD 文本窗口

练一练——查询图纸状态相关信息

素材文件：素材 \CH11\ 状态查询 .dwg

结果文件：结果 \CH11\ 状态查询 .dwg

利用"状态"查询命令查询图纸状态相关信息。

【操作步骤】

（1）打开随书配套资源中的"素材 \CH11\ 状态查询 .dwg"文件，如图 11-30 所示。

（2）选择"工具"→"查询"→"状态"命令，弹出 AutoCAD 文本窗口，以显示查询结果，如图 11-31 所示。

图 11-30 素材文件

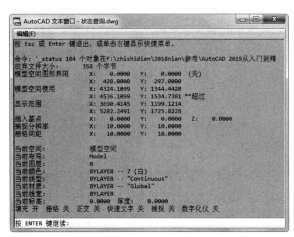

图 11-31 AutoCAD 文本窗口

11.2 参数化操作

在 AutoCAD 中，参数化绘图功能可以让用户通过基于设计意图的图形对象约束提高绘图效率，该操作可以确保在对象修改后还保持特定的关联及尺寸关系。

11.2.1 自动约束

自动约束：根据对象相对于彼此的方向将几何约束应用于对象的选择集。

【执行方式】

● 命令行：AUTOCONSTRAIN。

● 菜单栏：选择菜单栏中的"参数"→"自动约束"命令。

● 功能区：单击"参数化"选项卡"几何"面板中的"自动约束"按钮。

【操作步骤】

执行上述操作后命令行会进行如下提示。

命令：_AutoConstrain

选择对象或 [设置 (S)]:

练一练——创建自动约束

素材文件：素材 \CH11\ 自动约束 .dwg

结果文件：结果 \CH11\ 自动约束 .dwg

利用"自动约束"命令为图形对象添加约束，如图 11-34 所示。

【操作步骤】

（1）打开随书配套资源中的"素材 \CH11\ 自动约束 .dwg"文件，如图 11-32 所示。

（2）选择"参数"→"自动约束"命令，在绘图区域中选择全部图形对象，如图 11-33 所示。

（3）按"Enter"键确认，结果如图 11-34 所示。

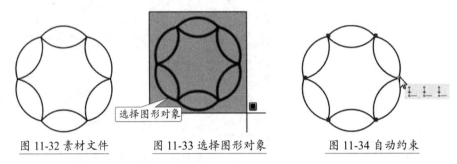

图 11-32 素材文件　　　　图 11-33 选择图形对象　　　　图 11-34 自动约束

11.2.2 标注约束

标注约束可以确定对象、对象上的点之间的距离或角度，也可以确定对象的大小。标注约束包括名称和值。默认情况下，标注约束是动态的。对常规参数化图形和设计任务来说，它们是非常理想的。动态约束具有以下 5 个特征：①缩小或放大时大小不变；②可以轻松打开或关闭；③以固定的标注样式显示；④提供有限的夹点功能；⑤打印时不显示。

【执行方式】

◆ 命令行：DIMCONSTRAINT。

◆ 菜单栏：选择菜单栏中的"参数"→"标注约束"命令，然后选择一种标注约束类型。

◆ 功能区：在"参数化"选项卡"标注"面板中选择一种标注约束类型。

【操作步骤】

执行上述操作后命令行会进行如下提示。

命令：DIMCONSTRAINT

当前设置：约束形式 = 动态

输入标注约束选项 [线性 (L)/ 水平 (H)/ 竖直 (V)/ 对齐 (A)/ 角度 (AN)/ 半径 (R)/ 直径 (D)/ 形式 (F)/ 转换 (C)] < 对齐 >：

🔍 重点——创建标注约束

1. 线性 / 对齐约束

素材文件：素材 \CH11\ 线性和对齐标注约束 .dwg

结果文件：结果 \CH11\ 线性和对齐标注约束 .dwg

利用"线性和对齐标注约束"命令为图形对象添加标注约束，如图 11-40 所示。

【操作步骤】

（1）打开随书配套资源中的"素材 \CH11\ 线性和对齐标注约束 .dwg"文件，如图 11-35 所示。

（2）选择"参数"→"标注约束"→"水平"命令，在命令行提示下输入"O"并按"Enter"键确认，在绘图区域中选择如图 11-36 所示的图形对象。

图 11-35 素材文件

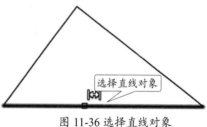

图 11-36 选择直线对象

（3）拖动鼠标在合适的位置单击确定标注的位置，在绘图区域空白处单击接受标注值，结果如图 11-37 所示。

（4）选择"参数"→"标注约束"→"对齐"命令，在命令行提示下输入"O"并按"Enter"键确认，在绘图区域中选择如图 11-38 所示的图形对象。

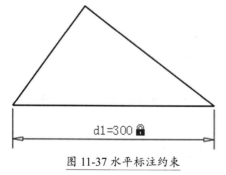

图 11-37 水平标注约束

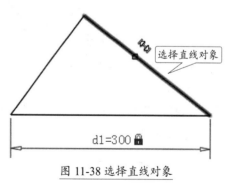

图 11-38 选择直线对象

（5）拖动鼠标在合适的位置单击确定标注的位置，将标注值改为"d2=d1"，结果如图 11-39 所示。

（6）重复步骤（4）和步骤（5）的操作，继续对图形对象进行对齐标注约束，将标注值改为"d3=d2"，结果如图 11-40 所示。

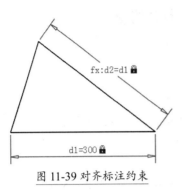

图 11-39 对齐标注约束

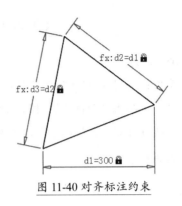

图 11-40 对齐标注约束

2. 半径 / 直径 / 角度约束

素材文件：素材 \CH11\ 半径直径和角度标注约束 .dwg

结果文件：结果 \CH11\ 半径直径和角度标注约束 .dwg

利用"半径直径和角度标注约束"命令为图形对象添加标注约束，如图 11-50 所示。

【操作步骤】

（1）打开随书配套资源中的"素材 \CH11\ 半径直径和角度标注约束 .dwg"文件，如图 11-41 所示。

（2）选择"参数"→"标注约束"→"半径"命令，在绘图区域中选择圆弧对象，如图 11-42 所示。

图 11-41 素材文件

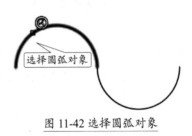

图 11-42 选择圆弧对象

（3）拖动鼠标在合适的位置单击确定标注的位置，将标注半径设置为"75"，结果如图 11-43 所示。

（4）选择"参数"→"标注约束"→"直径"命令，在绘图区域中选择圆弧对象，如图 11-44 所示。

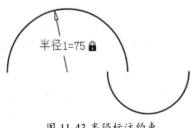

图 11-43 半径标注约束

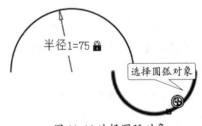

图 11-44 选择圆弧对象

（5）拖动鼠标在合适的位置单击确定标注的位置，将标注直径设置为"50"，结果如图11-45所示。

（6）选择"参数"→"标注约束"→"角度"命令，在绘图区域中选择圆弧对象，如图11-46所示。

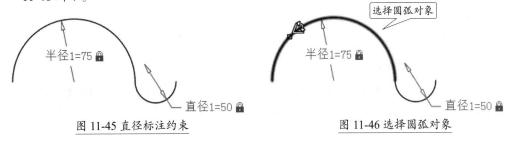

图 11-45 直径标注约束　　　　　　　　图 11-46 选择圆弧对象

（7）拖动鼠标在合适的位置单击确定标注的位置，将标注角度设置为"90"，结果如图11-47所示。

（8）重复调用"角度"标注约束命令，在绘图区域中选择圆弧对象，如图11-48所示。

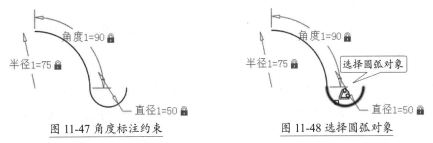

图 11-47 角度标注约束　　　　　　　　图 11-48 选择圆弧对象

（9）拖动鼠标在合适的位置单击确定标注的位置，将标注角度设置为"90"，结果如图11-49所示。

（10）选择"参数"→"动态标注"→"全部隐藏"命令，结果如图11-50所示。

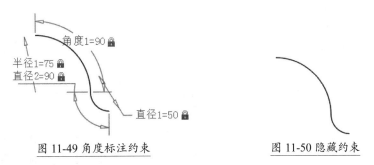

图 11-49 角度标注约束　　　　　　　　图 11-50 隐藏约束

11.2.3 几何约束

几何约束确定了二维几何对象之间或对象上的每个点之间的关系，用户可以指定二维对象或对象上的点之间的几何约束。

【执行方式】

♠ 命令行：GEOMCONSTRAINT。

♠ 菜单栏：选择菜单栏中的"参数"→"几何约束"命令，然后选择一种几何约束类型。

♠ 功能区：在"参数化"选项卡"几何"面板中选择一种几何约束类型。

【操作步骤】

执行上述操作后命令行会进行如下提示。

命令：GEOMCONSTRAINT

输入约束类型 [水平 (H)/ 竖直 (V)/ 垂直 (P)/ 平行 (PA)/ 相切 (T)/ 平滑 (SM)/ 重合 (C)/ 同心 (CON)/ 共线 (COL)/ 对称 (S)/ 相等 (E)/ 固定 (F)]＜重合＞:

重点——创建几何约束

素材文件：素材 \CH11\ 几何约束 .dwg

结果文件：结果 \CH11\ 几何约束 .dwg

利用"几何约束"命令为图形对象添加各种几何约束，结果如图 11-73 所示。

【操作步骤】

（1）打开随书配套资源中的"素材 \CH11\ 几何约束 .dwg"文件，如图 11-51 所示。

（2）选择"参数"→"几何约束"→"水平"命令，在绘图区域中选择需要约束的对象，如图 11-52 所示。

（3）结果如图 11-53 所示。

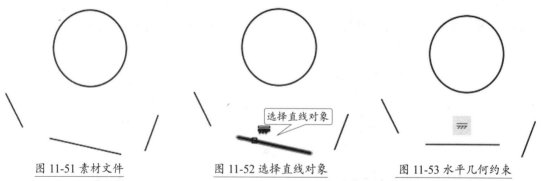

图 11-51 素材文件　　　　　图 11-52 选择直线对象　　　　　图 11-53 水平几何约束

（4）选择"参数"→"几何约束"→"重合"命令，在绘图区域中选择第一个点，如图 11-54 所示。

（5）在绘图区域中选择第二个点，如图 11-55 所示。

（6）结果如图 11-56 所示。

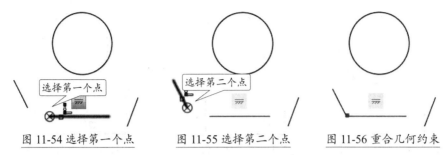

图 11-54 选择第一个点　　　　图 11-55 选择第二个点　　　　图 11-56 重合几何约束

（7）选择"参数"→"几何约束"→"竖直"命令，在绘图区域中选择需要约束的对象，如图 11-57 所示。

（8）结果如图 11-58 所示。

（9）调用"重合"几何约束命令，在绘图区域中选择第一个点，如图 11-59 所示。

图 11-57 选择直线对象　　　　图 11-58 竖直几何约束　　　　图 11-59 选择第一个点

（10）在绘图区域中选择第二个点，如图 11-60 所示。

（11）结果如图 11-61 所示。

（12）选择"参数"→"几何约束"→"平行"命令，在绘图区域中选择需要约束的第一个对象，如图 11-62 所示。

图 11-60 选择第二个点　　　　图 11-61 重合几何约束　　　　图 11-62 选择直线对象

（13）在绘图区域中选择需要约束的第二个对象，如图 11-63 所示。

（14）结果如图 11-64 所示。

（15）选择"参数"→"几何约束"→"相切"命令，在绘图区域中选择需要约束的第一个对象，如图 11-65 所示。

图 11-63 选择直线对象　　　　图 11-64 平行几何约束　　　　图 11-65 选择直线对象

（16）在绘图区域中选择需要约束的第二个对象，如图 11-66 所示。

（17）结果如图 11-67 所示。

（18）调用"相切"几何约束命令，在绘图区域中选择需要约束的第一个对象，如图 11-68 所示。

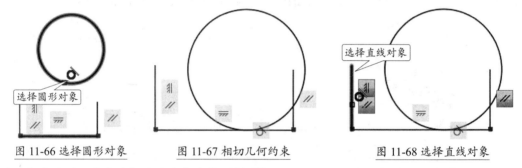

图 11-66 选择圆形对象　　　　图 11-67 相切几何约束　　　　图 11-68 选择直线对象

（19）在绘图区域中选择需要约束的第二个对象，如图 11-69 所示。

（20）结果如图 11-70 所示。

（21）调用"相切"几何约束命令，在绘图区域中选择需要约束的第一个对象，如图 11-71 所示。

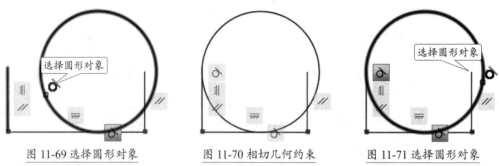

图 11-69 选择圆形对象　　　　图 11-70 相切几何约束　　　　图 11-71 选择圆形对象

（22）在绘图区域中选择需要约束的第二个对象，如图 11-72 所示。

（23）结果如图 11-73 所示。

图 11-72 选择直线对象

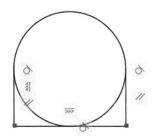

图 11-73 相切几何约束

练一练——修改音乐播放器图形

素材文件：素材 \CH11\ 音乐播放器 .dwg

结果文件：结果 \CH11\ 音乐播放器 .dwg

利用"水平"和"重合"几何约束命令修改音乐播放器图形，结果如图 11-76 所示。

【操作步骤】

（1）打开随书配套资源中的"素材 \CH011\ 音乐播放器 .dwg"文件如图 11-74 所示。

（2）调用"水平"几何约束命令，将最上方的直线段水平约束，如图 11-75 所示。

（3）调用"重合"几何约束命令，进行适当的重合约束，如图 11-76 所示。

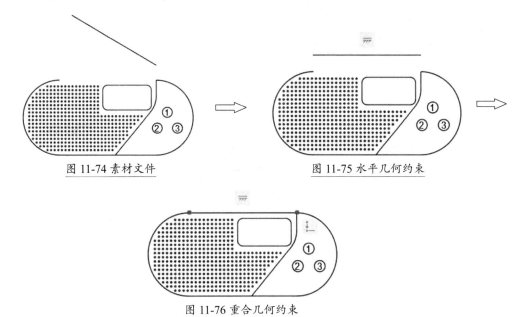

图 11-74 素材文件

图 11-75 水平几何约束

图 11-76 重合几何约束

11.3 实例——给灯具平面图添加约束

下面将为灯具平面图添加几何约束和标注约束，具体操作步骤如下。

1. 添加几何约束

（1）打开随书配套资源中的"素材 \CH11\ 灯具平面图 .dwg"文件，如图 11-77 所示。

（2）选择"参数"→"几何约束"→"同心"命令，选择图形中央的小圆为第一个对象，如图 11-78 所示。

（3）选择位于小圆外侧的第一个圆为第二个对象，生成一个同心约束，如图 11-79 所示。

图 11-77 素材文件

图 11-78 选择圆形对象

图 11-79 选择圆形对象

（4）选择"参数"→"几何约束"→"水平"命令，在图形左下方选择水平直线，将直线约束为与 X 轴平行，如图 11-80 所示。

（5）选择"参数"→"几何约束"→"平行"命令，选择水平约束的直线为第一个对象，如图 11-81 所示。

（6）选择上方的水平直线为第二个对象，如图 11-82 所示。

图 11-80 水平几何约束

图 11-81 选择直线对象

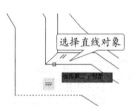
图 11-82 选择直线对象

（7）生成一个平行约束，如图 11-83 所示。

（8）选择"参数"→"几何约束"→"垂直"命令，选择水平约束的直线为第一个对象，如图 11-84 所示。

（9）选择与之相交的直线为第二个对象，如图 11-85 所示。

图 11-83 平行几何约束

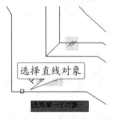
图 11-84 选择直线对象

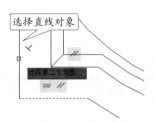
图 11-85 选择直线对象

（10）生成一个垂直约束，如图11-86所示。

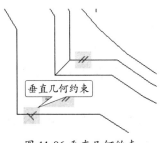

图 11-86 垂直几何约束

2. 添加标注约束

（1）选择"参数"→"标注约束"→"水平"命令，在图形中指定第一个约束点，如图 11-87 所示。

（2）指定第二个约束点，如图 11-88 所示。

（3）拖动鼠标到合适的位置，将尺寸设置为"1440"，在空白区域单击，结果如图 11-89 所示。

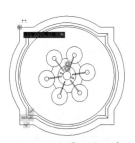

图 11-87 指定第一个约束点

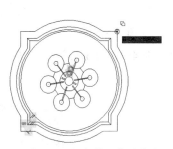

图 11-88 指定第二个约束点

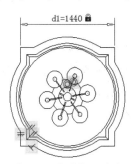

图 11-89 水平标注约束

（4）选择"参数"→"标注约束"→"半径"命令，在图形中指定圆弧，拖动鼠标将约束放置到合适的位置，如图 11-90 所示。

（5）将半径设置为"880"，在空白处单击，生成一个半径标注约束，如图 11-91 所示。

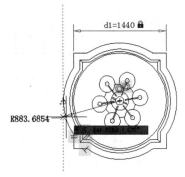

图 11-90 选择圆弧对象

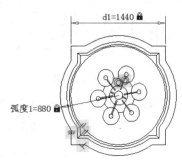

图 11-91 半径标注约束

⚙ 技 巧

1. LIST 和 DBLIST 命令的差异

除 LIST 命令外，AutoCAD 还提供了 DBLIST 命令，该命令和 LIST 命令的区别在于，LIST 命令根据提示选择对象进行查询，列表只显示选择的对象的信息，而 DBLIST 则不用选择直接列表显示整个图形的信息。

（1）打开随书配套资源中的"素材\CH11\LIST 与 DBLIST.dwg"文件，如图 11-92 所示。

（2）在命令行中输入"LI"命令按"Space"键确认，在绘图区域中选择圆形对象，如图 11-93 所示。

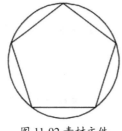

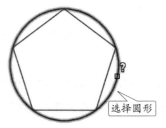

图 11-92 素材文件　　　　　　图 11-93 选择圆形对象

（3）按"Enter"键确认，查询结果如图 11-94 所示。

（4）在命令行中输入"DBLIST"命令按"Space"键确认，命令行中显示了查询结果如图 11-95 所示。

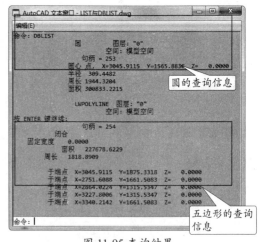

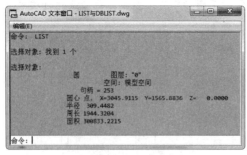

图 11-94 查询结果　　　　　　　图 11-95 查询结果

2. 两条直线在哪些情况下不能被垂直约束

两条直线中有以下任意一种情况都是不能被垂直约束的：① 两条直线同时受水平约束，如图 11-96 所示；② 两条直线同时受竖直约束，如图 11-97 所示；③ 两条直线共线，如图 11-98 所示。

图 11-96 水平几何约束　　　图 11-97 竖直几何约束　　　图 11-98 共线几何约束

3. 核查和修复

为了便于设计和绘图，AutoCAD 还提供了其他辅助功能，如修复图形数据和核查等。

使用"核查"命令可检查图形的完整性并更正某些错误。在文件损坏后，可以使用该命令查找并更正错误，以修复部分或全部数据。

利用"核查"命令检查图像的具体操作步骤如下。

（1）选择"文件"→"图形实用工具"→"核查"命令。

（2）执行命令后，命令行提示如下。

是否更正检测到的任何错误？ [是 (Y)/ 否 (N)] <N>:

（3）在命令行中输入参数"Y"，按"Enter"键确认以更正检测到的错误。

使用"修复"命令可以修复损坏的图形。当文件损坏后，可以使用该命令查找并更正错误，以修复部分或全部数据。

利用"修复"命令检查图像的具体操作步骤如下。

（1）选择"文件"→"图形实用工具"→"修复"命令。

（2）弹出"选择文件"对话框，从中选择要修复的文件。

（3）单击"打开"按钮后系统自动进行修复，修复完成后弹出修复结果，如图 11-99 所示。

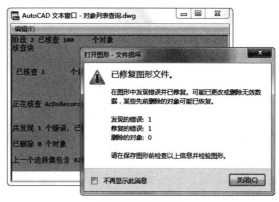

图 11-99 修复结果

4. 有效利用尺寸的函数关系

当图形中的某些尺寸有固定的函数关系时，可以通过这种函数关系把这些相关的尺寸联系在一起。如图 11-100 所示，所有的尺寸都与 d1 联系在一起，当图形发生变化时，只需要修改 d1 的值，就能使整个图形发生变化。

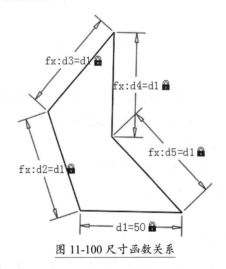

图 11-100 尺寸函数关系

3

第 3 篇

三维建模篇

第 12 章

三维建模基础

内容简介

相对于二维 XY 平面视图，三维视图多了一个维度，不仅有 XY 平面，还有 ZX 平面和 YZ 平面，因此，三维视图相对于二维视图更加直观，可以通过三维空间和视觉样式的切换从不同角度观察图形。

内容要点

- 三维建模空间与三维视图
- 视觉样式
- 坐标系

案例效果

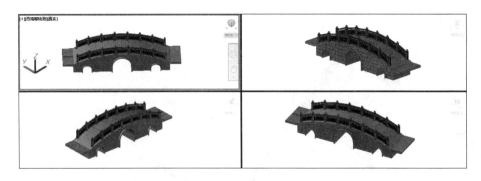

12.1 三维建模空间与三维视图

三维图形是在三维建模空间下完成的，因此在创建三维图形之前，首先应该将工作空间切换到三维建模模式。

视图是指从不同角度观察三维模型，对于复杂的图形可以通过切换视图样式从多个角度全面观察图形。

12.1.1 三维建模空间

关于切换工作空间的方法，除了 1.4.3 节介绍的 3 种方法外，还有以下方法。

【执行方式】

命令行：WSCURRENT，在命令行提示下输入"三维建模"。

【操作步骤】

切换到三维建模空间后，可以看到三维建模空间是由快速访问工具栏、菜单栏、选项卡、控制面板、绘图区和状态栏组成的集合，用户可以在专门的、面向任务的绘图环境中工作，三维建模空间如图 12-1 所示。

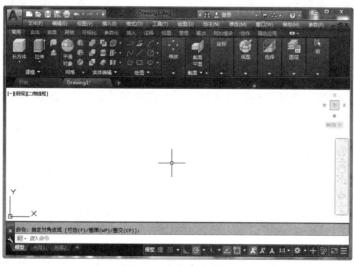

图 12-1 三维建模空间

12.1.2 三维视图

三维视图可分为标准正交视图和等轴测视图。

标准正交视图：俯视、仰视、主视、左视、右视和后视。

等轴测视图：SW（西南）等轴测、SE（东南）等轴测、NE（东北）等轴测和 NW（西北）等轴测。

【执行方式】

- 菜单栏：选择菜单栏中的"视图"→"三维视图"命令，选择一种适当的视图。
- 功能区：在"常用"选项卡"视图"面板中的"三维导航"下拉列表中选择一种适当的视图或在"可视化"选项卡"视图"面板中选择一种适当的视图。
- 在绘图窗口左上角的视图控件中选择一种适当的视图。

【选项说明】

不同视图的显示效果也不相同，如同一个齿轮，其西南等轴测视图效果如图 12-2 所示，西北等轴测视图效果如图 12-3 所示。

图 12-2 西南等轴测视图效果

图 12-3 西北等轴测视图效果

12.2 视觉样式

视觉样式用于观察三维实体模型在不同视觉样式下的效果，在 AutoCAD 2019 中程序提供 10 种视觉样式，用户可以切换到不同的视觉样式观察模型。

12.2.1 视觉样式的分类

AutoCAD 2019 中的视觉样式有 10 种类型：二维线框、概念、隐藏、真实、着色、带边缘着色、灰度、勾画、线框和 X 射线，默认的视觉样式为二维线框。

【执行方式】

- 菜单栏：选择菜单栏中的"视图"→"视觉样式"命令，在弹出的下拉列表中选择一种适当的视觉样式。
- 功能区：单击"常用"选项卡"视图"面板中的"视觉样式"下拉按钮，在弹出的下拉列表中选择一种适当的视觉样式，或者单击"可视化"选项卡"视觉样式"面板中的"视觉样式"下拉按钮，在弹出的下拉列表中选择一种适当的视觉样式。
- 在绘图窗口左上角的视图控件中选择一种适当的视觉样式。

【选项说明】

各视觉样式含义如下。

二维线框：通过使用直线和曲线表示对象边界的显示方法。光栅图像、OLE 对象、线型和线宽均可见，如图 12-4 所示。

线框：通过使用直线和曲线边界来显示对象的方法。它与二维线框的主要区别在于，线型、线宽、光栅和 OLE 对象都是不可见的，如图 12-5 所示。

消隐（隐藏）：用三维线框表示的对象，并且将不可见的线条隐藏起来，如图 12-6 所示。

真实：将对象边缘平滑化，显示已附着到对象的材质，如图 12-7 所示。

概念：使用平滑着色和古氏面样式显示对象的方法，它是一种冷色到暖色的过渡，而不是从深色到浅色的过渡。虽然效果缺乏真实感，但是可以更加方便地查看模型的细节，如图 12-8 所示。

图 12-4 二维线框　　图 12-5 线框　　图 12-6 消隐　　图 12-7 真实　　图 12-8 概念

着色：使用平滑着色显示对象，如图 12-9 所示。

带边缘着色：使用平滑着色和可见边显示对象，如图 12-10 所示。

灰度：使用平滑着色和单色灰度显示对象，如图 12-11 所示。

勾画：使用线延伸和抖动边修改器显示手绘效果的对象，如图 12-12 所示。

X 射线：以局部透明度显示对象，如图 12-13 所示。

图 12-9 着色　　图 12-10 带边缘着色　　图 12-11 灰度　　图 12-12 勾画　　图 12-13 X 射线

🔍 重点——在不同视觉样式下对三维模型进行观察

素材文件：素材 \CH12\ 视觉样式 .dwg

结果文件：结果 \CH12\ 视觉样式 .dwg

利用不同视觉样式对三维模型进行观察。

【操作步骤】

（1）打开随书配套资源中的"素材 \CH12\ 视觉样式 .dwg"文件，如图 12-14 所示。

（2）选择"视图"→"视觉样式"→"消隐"命令，结果如图 12-15 所示。

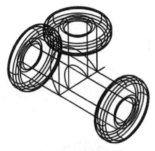 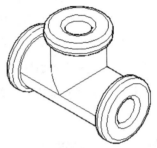

图 12-14 素材文件   图 12-15 "消隐"视觉样式

（3）选择"视图"→"视觉样式"→"概念"命令，结果如图 12-16 所示。

（4）选择"视图"→"视觉样式"→"X 射线"命令，结果如图 12-17 所示。

图 12-16 "概念"视觉样式   图 12-17 "X 射线"视觉样式

12.2.2 视觉样式管理器

视觉样式管理器用于管理视觉样式，用户可对所选视觉样式的面、环境、边等特性进行自定义设置。

【执行方式】

在 AutoCAD 2019 中视觉样式管理器的调用方法和视觉样式的调用方法相同，在弹出的视觉样式下拉列表中选择"视觉样式管理器"选项即可，具体参见 12.2.1 节（在切换视觉样式图片的最下边可以看到"视觉样式管理器……"字样）。

【操作步骤】

执行上述操作后会打开"视觉样式管理器"面板，如图 12-18 所示。

图 12-18 "视觉样式管理器"面板

【选项说明】

"视觉样式管理器"面板中各选项含义如下。

工具栏：用户可通过工具栏创建或删除视觉样式，将选定的视觉样式应用于当前视口，或者将选定的视觉样式输出到工具面板，如图 12-19 所示。

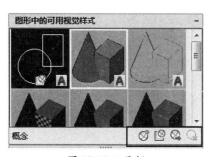

图 12-19 工具栏

"面设置"面板：用于控制三维模型的面在视口中的外观，如图 12-20 所示。

图 12-20 "面设置"面板

"光源"和"环境设置"面板："亮显强度"选项可以控制无材质的面上亮显程度的大小。

"环境设置"面板用于控制阴影和背景的显示方式，如图 12-21 所示。

图 12-21 "光源"和"环境设置"面板

边设置：用于控制边的显示方式，如图 12-22 所示。

图 12-22 "边设置"面板

12.3 坐标系

AutoCAD 系统为用户提供了一个绝对坐标系，即世界坐标系（WCS）。通常，AutoCAD

构造新图形时将自动使用 WCS。虽然 WCS 不可更改，但可以从任意角度、任意方向来观察或旋转对象。

相对于世界坐标系（WCS），用户可根据需要创建无限多的坐标系，这些坐标系称为用户坐标系（User Coordinate System，UCS）。用户使用 UCS 命令来对用户坐标系进行定义、保存、恢复和移动等一系列操作。

12.3.1 创建 UCS（用户坐标系）

在 AutoCAD 2019 中，用户可以根据工作需要创建 UCS。

【执行方式】

- 命令行：UCS。
- 菜单栏：选择菜单栏中的"工具"→"新建 UCS"命令，在弹出的下拉列表中选择一种定义方式。
- 功能区：在"常用"选项卡"坐标"面板中选择一种定义方式或在"可视化"选项卡"坐标"面板中选择一种定义方式。

【操作步骤】

执行上述操作后命令行会进行如下提示。

> 命令：UCS
>
> 当前 UCS 名称：*世界*
>
> 指定 UCS 的原点或 [面 (F)/ 命名 (NA)/ 对象 (OB)/ 上一个 (P)/ 视图 (V)/ 世界 (W)/X/Y/Z/Z 轴 (ZA)] < 世界 >:

🔍 重点——创建用户自定义 UCS

素材文件：无

结果文件：结果 \CH12\ 自定义 UCS.dwg

利用"UCS"命令创建如图 12-26 所示的用户自定义 UCS。

【操作步骤】

（1）新建一个 AutoCAD 文件，在命令行输入"UCS"并按"Enter"键确认，在绘图区域中单击指定 UCS 原点的位置，如图 12-23 所示。

（2）在绘图区域中向左水平拖动鼠标并单击，以指定 X 轴上的点，如图 12-24 所示。

（3）在绘图区域中向下垂直拖动鼠标并单击，以指定 Y 轴上的点，如图 12-25 所示。

（4）结果如图 12-26 所示。

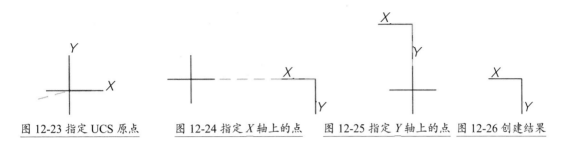

图 12-23 指定 UCS 原点   图 12-24 指定 X 轴上的点   图 12-25 指定 Y 轴上的点   图 12-26 创建结果

12.3.2 重命名 UCS（用户坐标系）

下面将对重命名 UCS 的方法进行详细介绍。

【执行方式】

● 命令行：UCSMAN/UC。

● 菜单栏：选择菜单栏中的"工具"→
"命名 UCS"命令。

● 功能区：单击"常用"选项卡"坐标"面
板中的"UCS，命名 UCS"按钮，或
者单击"可视化"选项卡"坐标"面
板中的"UCS，命名 UCS"按钮。

【操作步骤】

执行上述操作后会打开"UCS"对话框，
如图 12-27 所示。

图 12-27 "UCS"对话框

练一练——对用户自定义 UCS 进行重命名操作

素材文件：素材 \CH12\ 重命名 UCS.dwg

结果文件：结果 \CH12\ 重命名 UCS.dwg

利用"UCS"对话框对用户自定义 UCS 进行如图 12-31 所示的重命名操作。

【操作步骤】

（1）打开随书配套资源中的"素材 \CH12\ 重命名 UCS.dwg"文件，如图 12-28 所示。

（2）选择"工具"→"命名 UCS"命令，弹出"UCS"对话框，如图 12-29 所示。

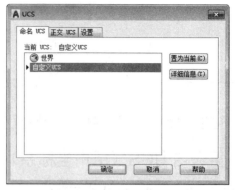

图 12-28 素材文件

图 12-29 "UCS" 对话框

（3）在"自定义 UCS"选项上右击，在弹出的快捷菜单中选择"重命名"选项，如图 12-30 所示。

（4）输入新的名称"工作 UCS"，单击"确定"按钮完成操作，如图 12-31 所示。

图 12-30 选择"重命名"选项

图 12-31 重命名结果

12.4 实例——对三维模型进行观察

下面将以不同的视觉样式及不同的视图显示方式对三维模型进行观察，具体操作步骤如下。

（1）打开随书配套资源中的"素材 \CH12\ 装配造型 .dwg"文件，如图 12-32 所示。

（2）选择"视图"→"视觉样式"→"真实"命令，结果如图 12-33 所示。

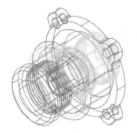

图 12-32 素材文件

图 12-33 真实视觉样式

（3）选择"视图"→"三维视图"→"东南等轴测"命令，结果如图12-34所示。

（4）选择"视图"→"三维视图"→"西北等轴测"命令，结果如图12-35所示。

图12-34 东南等轴测视图　　　　　　图12-35 西北等轴测视图

⚙ 技 巧

1. 坐标系自动变化的原因

三维绘图中在各种视图之间切换时，经常会出现坐标系变动的情况，如图12-36所示是"西南等轴测"视图，当把视图切换到"前视"视图，再切换回"西南等轴测"视图时，发现坐标系发生了变化，如图12-37所示。

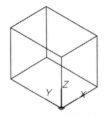 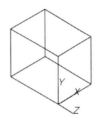

图12-36 西南等轴测视图　　　　　　图12-37 坐标系发生变化

出现这种情况是因为"恢复正交"的设定不同，当设定为"是"时，就会出现坐标变动，当设定为"否"时，则可避免。

单击绘图窗口左上角的视图控件，选择"视图管理器"选项，如图12-38所示。在弹出的"视图管理器"对话框中将"预设视图"中的任何一个视图的"恢复正交"改为"否"即可，如图12-39所示。

 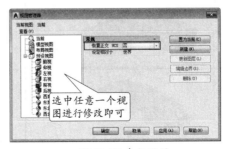

图12-38 选择"视图管理器"选项　　　　图12-39 参数设置

2. 自定义观察角度

用户可以根据实际需求精确控制模型观察角度,选择"视图"→"三维视图"→"视点预设"命令,弹出"视点预设"对话框,如图 12-40 所示,对观察角度进行精确设置。

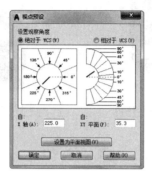

图 12-40 "视点预设"对话框

3. 右手定则

在三维建模环境中修改坐标系是很频繁的一项工作,而在修改坐标系中旋转坐标系是最为常用的方式。在复杂的三维环境中,坐标系的旋转通常依据右手定则进行。

三维坐标系中 X、Y、Z 轴之间的关系如图 12-41 所示。如图 12-42 所示为右手定则示意图,右手大拇指指向旋转轴正方向,另外四指并拢弯曲所指方向即为旋转的正方向。

图 12-41 三维坐标系

图 12-42 右手定则示意图

4. 多方向同时观察模型

可以将当前页面同时显示多个视口,以实现多方向同时观察模型的目的,选择"视图"→"视口"→"四个视口"命令,分别为每个视口指定不同的观察方向,如图 12-43 所示。

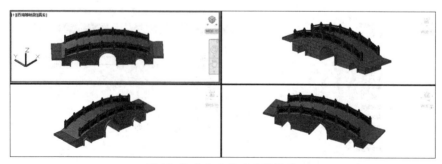

图 12-43 多方向同时观察模型

第 13 章

三维建模

内容简介

在三维界面内,除了可以绘制简单的三维图形外,还可以绘制三维曲面和三维实体,既能直接绘制如长方体、球体和圆柱体等基本实体,也能利用拉伸、旋转等命令,通过二维图形生成实体。

内容要点

- 三维实体建模
- 三维曲面建模
- 由二维图形创建三维图形

案例效果

13.1 三维实体建模

实体是能够完整表达对象几何形状和物体特性的空间模型。与线框和网格相比，实体的信息最完整，也最容易构造和编辑。

13.1.1 长方体建模

长方体作为最基本的几何形体，其应用非常广泛。在系统默认设置下，长方体的底面总是与当前坐标系的 XY 面平行。

【执行方式】

- 命令行：BOX。
- 菜单栏：选择菜单栏中的"绘图"→"建模"→"长方体"命令。
- 功能区：单击"常用"选项卡"建模"面板中的"长方体"按钮，或者单击"实体"选项卡"图元"面板中的"长方体"按钮。

【操作步骤】

执行上述操作后命令行会进行如下提示。

命令：_box

指定第一个角点或 [中心 (C)]:

🔍 重点——创建长方体几何模型

素材文件：素材 \CH13\ 长方体 .dwg

结果文件：结果 \CH13\ 长方体 .dwg

利用"长方体"命令创建如图 13-2 所示的长方体几何模型。

【操作步骤】

（1）打开随书配套资源中的"素材 \CH13\ 长方体 .dwg"文件，如图 13-1 所示。

（2）选择"绘图"→"建模"→"长方体"命令，在绘图区域中单击任意一点作为长方体的第一个角点，在命令行提示下输入"@200,150,70"并按"Enter"键确认，以指定长方体的另一个角点，结果如图 13-2 所示。

图 13-1 素材文件

图 13-2 长方体

13.1.2 圆柱体建模

圆柱体是一个具有高度特征的圆形实体，创建圆柱体时，首先需要指定圆柱体的底面圆心，然后指定底面圆的半径，最后指定圆柱体的高度即可。

【执行方式】

● 命令行：CYLINDER/CYL。

● 菜单栏：选择菜单栏中的"绘图"→"建模"→"圆柱体"命令。

● 功能区：单击"常用"选项卡"建模"面板中的"圆柱体"按钮 ，或者单击"实体"选项卡"图元"面板中的"圆柱体"按钮 。

【操作步骤】

执行上述操作后命令行会进行如下提示。

命令：_cylinder

指定底面的中心点或 [三点 (3P)/ 两点 (2P)/ 切点、切点、半径 (T)/ 椭圆 (E)]:

🔍 重点——创建圆柱体几何模型

素材文件：素材 \CH13\ 圆柱体 .dwg

结果文件：结果 \CH13\ 圆柱体 .dwg

利用"圆柱体"命令创建如图 13-5 所示的圆柱体几何模型。

【操作步骤】

（1）打开随书配套资源中的"素材 \CH13\ 圆柱体 .dwg"文件，如图 13-3 所示。

（2）选择"绘图"→"建模"→"圆柱体"命令，在绘图区域中单击任意一点作为圆柱体的底面中心点，在命令行提示下输入"300"并按"Enter"键确认，以指定圆柱体的底面半径，如图 13-4 所示。

（3）在命令行提示下输入"900"并按"Enter"键确认，以指定圆柱体的高度，结果如图 13-5 所示。

图 13-3 素材文件

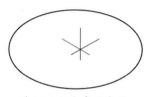

图 13-4 指定底面半径

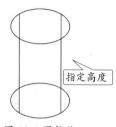

指定高度

图 13-5 圆柱体

13.1.3 圆锥体建模

圆锥体可以看作是具有一定斜度的圆柱体变化而来的三维实体。如果底面半径和顶面半径的值相同，则创建的将是一个圆柱体；如果底面半径或顶面半径其中一项为 0，则创建的将是一个圆锥体；如果底面半径和顶面半径是两个不同的值，则创建的将是一个圆台体。

【执行方式】

- 命令行：CONE。
- 菜单栏：选择菜单栏中的"绘图"→"建模"→"圆锥体"命令。
- 功能区：单击"常用"选项卡"建模"面板中的"圆锥体"按钮，或者单击"实体"选项卡"图元"面板中的"圆锥体"按钮。

【操作步骤】

执行上述操作后命令行会进行如下提示。

命令：_cone

指定底面的中心点或 [三点 (3P)/ 两点 (2P)/ 切点、切点、半径 (T)/ 椭圆 (E)]:

🔍 重点——创建圆锥体几何模型

素材文件：素材 \CH13\ 圆锥体 .dwg

结果文件：结果 \CH13\ 圆锥体 .dwg

利用"圆锥体"命令创建如图 13-8 所示的圆锥体几何模型。

【操作步骤】

（1）打开随书配套资源中的"素材 \CH13\ 圆锥体 .dwg"文件，如图 13-6 所示。

（2）选择"绘图"→"建模"→"圆锥体"命令，在绘图区域中单击任意一点作为圆锥体的底面中心点，在命令行提示下输入"300"并按"Enter"键确认，以指定圆锥体的底面半径，如图 13-7 所示。

（3）在命令行提示下输入"900"并按"Enter"键确认，以指定圆锥体的高度，结果如图 13-8 所示。

指定半径

指定高度

图 13-6 素材文件　　　　图 13-7 指定底面半径　　　　图 13-8 圆锥体

13.1.4　球体建模

创建球体时首先需要指定球体的中心点，然后指定球体的半径，即可创建球体。

【执行方式】

● 命令行：SPHERE。

● 菜单栏：选择菜单栏中的"绘图"→"建模"→"球体"命令。

● 功能区：单击"常用"选项卡"建模"面板中的"球体"按钮，或者单击"实体"
选项卡"图元"面板中的"球体"按钮。

【操作步骤】

执行上述操作后命令行会进行如下提示。

命令：_sphere

指定中心点或 [三点 (3P)/ 两点 (2P)/ 切点、切点、半径 (T)]:

🔍 重点——创建球体几何模型

素材文件：素材 \CH13\ 球体 .dwg

结果文件：结果 \CH13\ 球体 .dwg

利用"球体"命令创建如图 13-10 所示的球体几何模型。

【操作步骤】

（1）打开随书配套资源中的"素材 \CH13\ 球体 .dwg"文件，如图 13-9 所示。

（2）选择"绘图"→"建模"→"球体"命令，在绘图区域中单击任意一点作为球体的中心点，
在命令行提示下输入"50"并按"Enter"键确认，以指定球体的半径，结果如图 13-10 所示。

图 13-9 素材文件　　　　　　　图 13-10 球体

13.1.5 楔体建模

楔体是指底面为矩形或正方形，横截面为直角三角形的实体。楔体的建模方法与长方体相同，先指定底面参数，然后设置高度（楔体的高度与 Z 轴平行）。

【执行方式】

◈ 命令行：WEDGE/WE。

◈ 菜单栏：选择菜单栏中的"绘图"→"建模"→"楔体"命令。

◈ 功能区：单击"常用"选项卡"建模"面板中的"楔体"按钮◣，或者单击"实体"选项卡"图元"面板中的"楔体"按钮◣。

【操作步骤】

执行上述操作后命令行会进行如下提示。

命令：_wedge

指定第一个角点或 [中心 (C)]:

🎨 练一练——创建楔体几何模型

素材文件：素材 \CH13\ 楔体 .dwg

结果文件：结果 \CH13\ 楔体 .dwg

利用"楔体"命令创建如图 13-12 所示的楔体几何模型。

【操作步骤】

（1）打开随书配套资源中的"素材 \CH13\ 楔体 .dwg"文件，如图 13-11 所示。

（2）选择"绘图"→"建模"→"楔体"命令，在绘图区域中单击任意一点作为楔体的第一个角点，在命令行提示下输入"@300,200,150"并按"Enter"键确认，以指定楔体的对角点，结果如图 13-12 所示。

图 13-11 素材文件

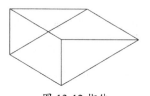

图 13-12 楔体

13.1.6 圆环体建模

圆环体具有两个半径值，一个值定义圆管半径，另一个值定义从圆环体的圆心到圆管横截面圆心之间的距离。默认情况下，圆环体的创建将以 XY 平面为基准创建圆环，且被该平面平分。

【执行方式】

- 命令行：TORUS/TOR。
- 菜单栏：选择菜单栏中的"绘图"→"建模"→"圆环体"命令。
- 功能区：单击"常用"选项卡"建模"面板中的"圆环体"按钮◎，或者单击"实体"选项卡"图元"面板中的"圆环体"按钮◎。

【操作步骤】

执行上述操作后命令行会进行如下提示。

命令：_torus

指定中心点或 [三点 (3P)/ 两点 (2P)/ 切点、切点、半径 (T)]:

🔍 重点——创建圆环体几何模型

素材文件：素材 \CH13\ 圆环体 .dwg

结果文件：结果 \CH13\ 圆环体 .dwg

利用"圆环体"命令创建如图 13-15 所示的圆环体几何模型。

【操作步骤】

（1）打开随书配套资源中的"素材 \CH13\ 圆环体 .dwg"文件，如图 13-13 所示。

（2）选择"绘图"→"建模"→"圆环体"命令，在绘图区域中单击任意一点作为圆环体的中心点，在命令行提示下输入"60"并按"Enter"键确认，以指定圆环体的半径，如图 13-14 所示。

（3）在命令行提示下输入"5"并按"Enter"键确认，以指定圆管半径，结果如图 13-15 所示。

图 13-13 素材文件

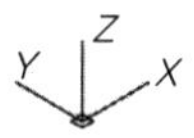

图 13-14 指定半径

图 13-15 圆环体

13.1.7 棱锥体建模

棱锥体是多个棱锥面构成的实体，棱锥体的侧面至少为 3 个，最多为 32 个。如果底面半径和顶面半径的值相同，则创建的将是一个棱柱体；如果底面半径或顶面半径其中一项为 0，则创建的将是一个棱锥体；如果底面半径和顶面半径是两个不同的值，则创建的将是一个棱台体。

【执行方式】

- 命令行：PYRAMID/PYR。

● 菜单栏：选择菜单栏中的"绘图"→"建模"→"棱锥体"命令。

● 功能区：单击"常用"选项卡"建模"面板中的"棱锥体"按钮◢，或者单击"实体"选项卡"图元"面板中的"棱锥体"按钮◢。

【操作步骤】

执行上述操作后命令行会进行如下提示。

命令：_pyramid

4 个侧面 外切

指定底面的中心点或 [边 (E)/ 侧面 (S)]:

🔊 练一练——创建棱锥体几何模型

素材文件：素材 \CH13\ 棱锥体 .dwg

结果文件：结果 \CH13\ 棱锥体 .dwg

利用"棱锥体"命令创建如图 13-18 所示的棱锥体几何模型。

【操作步骤】

（1）打开随书配套资源中的"素材 \CH13\ 棱锥体 .dwg"文件，如图 13-16 所示。

（2）选择"绘图"→"建模"→"棱锥体"命令，在绘图区域中单击任意一点作为棱锥体的底面中心点，在命令行提示下输入"20"并按"Enter"键确认，以指定棱锥体的底面半径，如图 13-17 所示。

（3）在命令行提示下输入"70"并按"Enter"键确认，以指定棱锥体的高度，结果如图 13-18 所示。

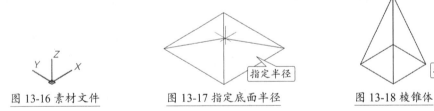

图 13-16 素材文件　　　　图 13-17 指定底面半径　　　　图 13-18 棱锥体

13.1.8 多段体建模

多段体可以创建具有固定高度和宽度的三维墙状实体，三维多段体的建模方法与多段线的方法一样，只需要简单地在平面视图上点到点绘制即可。

【执行方式】

● 命令行：POLYSOLID。

● 菜单栏：选择菜单栏中的"绘图"→"建模"→"多段体"命令。

⬥ 功能区：单击"常用"选项卡"建模"面板中的"多段体"按钮▢，或者单击"实体"
选项卡"图元"面板中的"多段体"按钮▢。

【操作步骤】

执行上述操作后命令行会进行如下提示。

命令：_Polysolid 高度 = 80.0000，宽度 = 5.0000，对正 = 居中

指定起点或 [对象 (O)/ 高度 (H)/ 宽度 (W)/ 对正 (J)] < 对象 >：

✏ 练一练——创建多段体几何模型

素材文件：素材 \CH13\ 多段体 .dwg

结果文件：结果 \CH13\ 多段体 .dwg

利用"多段体"命令创建如图 13-23 所示的多段体几何模型。

【操作步骤】

（1）打开随书配套资源中的"素材 \CH13\ 多段体 .dwg"文件，如图 13-19 所示。

（2）选择"绘图"→"建模"→"多段体"命令，在绘图区域中单击任意一点作为多段体的
起点，在命令行提示下输入"@0,300"并按"Enter"键确认，以指定多段体的下一个点，
如图 13-20 所示。

（3）在命令行提示下输入"@300,0"并按"Enter"键确认，以指定多段体的下一个点，结果
如图 13-21 所示。

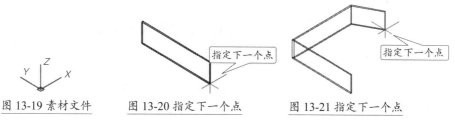

图 13-19 素材文件　　　图 13-20 指定下一个点　　　图 13-21 指定下一个点

（4）在命令行提示下输入"@0,−300"并按"Enter"键确认，以指定多段体的下一个点，结
果如图 13-22 所示。

（5）在命令行提示下输入"@−260,0"，按两次"Enter"键结束该命令，结果如图 13-23 所示。

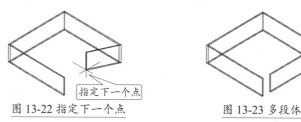

图 13-22 指定下一个点　　　　　　图 13-23 多段体

13.2 三维曲面建模

曲面模型主要定义了三维模型的边和表面的相关信息，它可以解决三维模型的消隐、着色、渲染和计算表面等问题。

13.2.1 长方体曲面建模

下面将对长方体曲面建模的方法进行介绍。

【执行方式】

- ● 命令行：MESH，在命令行提示下调用"B"选项。
- ● 菜单栏：选择菜单栏中的"绘图"→"建模"→"网格"→"图元"→"长方体"命令。
- ● 功能区：单击"网格"选项卡"图元"面板中的"网格长方体"按钮 。

【操作步骤】

执行上述操作后命令行会进行如下提示。

命令：_mesh

当前平滑度设置为：0

输入选项 [长方体 (B)/ 圆锥体 (C)/ 圆柱体 (CY)/ 棱锥体 (P)/ 球体 (S)/ 楔体 (W)/ 圆环体 (T)/ 设置 (SE)] < 长方体 >：_BOX

指定第一个角点或 [中心 (C)]：

🔍 重点——创建长方体曲面模型

素材文件：素材 \CH13\ 网格长方体 .dwg

结果文件：结果 \CH13\ 网格长方体 .dwg

利用"网格长方体"命令创建如图 13-25 所示的长方体曲面模型。

【操作步骤】

（1）打开随书配套资源中的"素材 \CH13\ 网格长方体 .dwg"文件，如图 13-24 所示。

（2）选择"绘图"→"建模"→"网格"→"图元"→"长方体"命令，在绘图区域中单击任意一点作为长方体表面的第一个角点，在命令行提示下输入"@300,400,100"并按"Enter"键确认，以指定长方体表面的另一个角点，结果如图 13-25 所示。

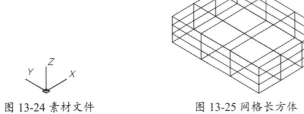

图 13-24 素材文件　　　　　　图 13-25 网格长方体

13.2.2　圆柱体曲面建模

下面将对圆柱体曲面建模的方法进行介绍。

【执行方式】

● 命令行：MESH，在命令行提示下调用"CY"选项。

● 菜单栏：选择菜单栏中的"绘图"→"建模"→"网格"→"图元"→"圆柱体"命令。

● 功能区：单击"网格"选项卡"图元"面板中的"网格圆柱体"按钮　。

【操作步骤】

执行上述操作后命令行会进行如下提示。

> 命令：_mesh
>
> 当前平滑度设置为：0
>
> 输入选项 [长方体 (B)/ 圆锥体 (C)/ 圆柱体 (CY)/ 棱锥体 (P)/ 球体 (S)/ 楔体 (W)/ 圆环体 (T)/
>
> 设置 (SE)] < 长方体 >：_CYLINDER
>
> 指定底面的中心点或 [三点 (3P)/ 两点 (2P)/ 切点、切点、半径 (T)/ 椭圆 (E)]：

🔎 重点——创建圆柱体曲面模型

素材文件：素材 \CH13\ 网格圆柱体 .dwg

结果文件：结果 \CH13\ 网格圆柱体 .dwg

利用"网格圆柱体"命令创建如图 13-28 所示的圆柱体曲面模型。

【操作步骤】

（1）打开随书配套资源中的"素材 \CH13\ 网格圆柱体 .dwg"文件，如图 13-26 所示。

（2）选择"绘图"→"建模"→"网格"→"图元"→"圆柱体"命令，在绘图区域中单击
　　任意一点作为圆柱体表面的底面中心点，在命令行提示下输入"20"并按"Enter"键确认，
　　以指定圆柱体表面的底面半径，如图 13-27 所示。

（3）在命令行提示下输入"120"并按"Enter"键确认，以指定圆柱体表面的高度，结果如

图 13-28 所示。

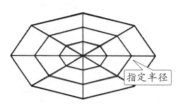

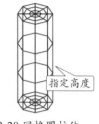

图 13-26 素材文件　　　图 13-27 指定底面半径　　　图 13-28 网格圆柱体

13.2.3 球体曲面建模

下面将对球体曲面建模的方法进行介绍。

【执行方式】

- 命令行：MESH，在命令行提示下调用"S"选项。
- 菜单栏：选择菜单栏中的"绘图"→"建模"→"网格"→"图元"→"球体"命令。
- 功能区：单击"网格"选项卡"图元"面板中的"网格球体"按钮🌐。

【操作步骤】

执行上述操作后命令行会进行如下提示。

命令：_mesh
当前平滑度设置为：0
输入选项 [长方体 (B)/ 圆锥体 (C)/ 圆柱体 (CY)/ 棱锥体 (P)/ 球体 (S)/ 楔体 (W)/ 圆环体 (T)/ 设置 (SE)] < 圆锥体 >:_SPHERE
指定中心点或 [三点 (3P)/ 两点 (2P)/ 切点、切点、半径 (T)]:

🔍 重点——创建球体曲面模型

素材文件：素材 \CH13\ 网格球体 .dwg

结果文件：结果 \CH13\ 网格球体 .dwg

利用"网格球体"命令创建如图 13-30 所示的球体曲面模型。

【操作步骤】

（1）打开随书配套资源中的"素材 \CH13\ 网格球体 .dwg"文件，如图 13-29 所示。

（2）选择"绘图"→"建模"→"网格"→"图元"→"球体"命令，在绘图区域中单击任
意一点作为球体表面的中心点，在命令行提示下输入"50"并按"Enter"键确认，以指
定球体表面的半径，结果如图 13-30 所示。

图 13-29 素材文件

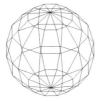

图 13-30 网格球体

13.2.4 圆锥体曲面建模

下面将对圆锥体曲面建模的方法进行介绍。

【执行方式】

- 命令行：MESH，在命令行提示下调用"C"选项。
- 菜单栏：选择菜单栏中的"绘图"→"建模"→"网格"→"图元"→"圆锥体"命令。
- 功能区：单击"网格"选项卡"图元"面板中的"网格圆锥体"按钮⚪。

【操作步骤】

执行上述操作后命令行会进行如下提示。

命令：_mesh

当前平滑度设置为：0

输入选项 [长方体 (B)/ 圆锥体 (C)/ 圆柱体 (CY)/ 棱锥体 (P)/ 球体 (S)/ 楔体 (W)/ 圆环体 (T)/ 设置 (SE)] < 圆柱体 >：_CONE

指定底面的中心点或 [三点 (3P)/ 两点 (2P)/ 切点、切点、半径 (T)/ 椭圆 (E)]：

🖉 练一练——创建圆锥体曲面模型

素材文件：素材 \CH13\ 网格圆锥体 .dwg

结果文件：结果 \CH13\ 网格圆锥体 .dwg

利用"网格圆锥体"命令创建如图 13-33 所示的圆锥体曲面模型。

【操作步骤】

（1）打开随书配套资源中的"素材 \CH13\ 网格圆锥体 .dwg"文件，如图 13-31 所示。

（2）选择"绘图"→"建模"→"网格"→"图元"→"圆锥体"命令，在绘图区域中单击任意一点作为圆锥体表面的底面中心点，在命令行提示下输入"30"并按"Enter"键确认，以指定圆锥体表面的底面半径，如图 13-32 所示。

（3）在命令行提示下输入"60"并按"Enter"键确认，以指定圆锥体表面的高度，结果如图 13-33 所示。

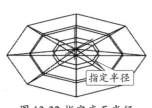

图 13-31 素材文件　　　　图 13-32 指定底面半径　　　　图 13-33 网格圆锥体

13.2.5　圆环体曲面建模

下面将对圆环体曲面建模的方法进行介绍。

【执行方式】

- 命令行：MESH，在命令行提示下调用 "T" 选项。
- 菜单栏：选择菜单栏中的 "绘图" → "建模" → "网格" → "图元" → "圆环体" 命令。
- 功能区：单击 "网格" 选项卡 "图元" 面板中的 "网格圆环体" 按钮⚙。

【操作步骤】

执行上述操作后命令行会进行如下提示。

命令：_mesh

当前平滑度设置为：0

输入选项 [长方体 (B)/ 圆锥体 (C)/ 圆柱体 (CY)/ 棱锥体 (P)/ 球体 (S)/ 楔体 (W)/ 圆环体 (T)/ 设置 (SE)] ＜棱锥体＞：_TORUS

指定中心点或 [三点 (3P)/ 两点 (2P)/ 切点、切点、半径 (T)]：

🔍 重点——创建圆环体曲面模型

素材文件：素材 \CH13\ 网格圆环体 .dwg

结果文件：结果 \CH13\ 网格圆环体 .dwg

利用 "网格圆环体" 命令创建如图 13-36 所示的圆环体曲面模型。

【操作步骤】

（1）打开随书配套资源中的 "素材 \CH13\ 网格圆环体 .dwg" 文件，如图 13-34 所示。

（2）选择 "绘图" → "建模" → "网格" → "图元" → "圆环体" 命令，在绘图区域中单击任意一点作为圆环体表面的中心点，在命令行提示下输入 "30" 并按 "Enter" 键确认，以指定圆环体表面的半径，如图 13-35 所示。

（3）在命令行提示下输入 "3" 并按 "Enter" 键确认，以指定圆环体表面的圆管半径，结果如图 13-36 所示。

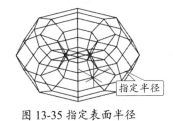

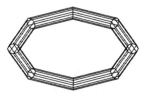

图 13-34 素材文件　　　　图 13-35 指定表面半径　　　　图 13-36 网格圆环体

13.2.6 楔体曲面建模

下面将对楔体曲面建模的方法进行介绍。

【执行方式】

- 命令行：MESH，在命令行提示下调用"W"选项。
- 菜单栏：选择菜单栏中的"绘图"→"建模"→"网格"→"图元"→"楔体"命令。
- 功能区：单击"网格"选项卡"图元"面板中的"网格楔体"按钮 ◣。

【操作步骤】

执行上述操作后命令行会进行如下提示。

命令：_mesh

当前平滑度设置为：0

输入选项 [长方体 (B)/ 圆锥体 (C)/ 圆柱体 (CY)/ 棱锥体 (P)/ 球体 (S)/ 楔体 (W)/ 圆环体 (T)/ 设置 (SE)] < 球体 >:_WEDGE

指定第一个角点或 [中心 (C)]:

🎯 练一练——创建楔体曲面模型

素材文件：素材 \CH13\ 网格楔体 .dwg

结果文件：结果 \CH13\ 网格楔体 .dwg

利用"网格楔体"命令创建如图 13-38 所示的楔体曲面模型。

【操作步骤】

（1）打开随书配套资源中的"素材 \CH13\ 网格楔体 .dwg"文件，如图 13-37 所示。

（2）选择"绘图"→"建模"→"网格"→"图元"→"楔体"命令，在绘图区域中单击任意一点作为楔体表面的第一个角点，在命令行提示下输入"@60,40,30"并按"Enter"键确认，以指定楔体表面的另一个角点，结果如图 13-38 所示。

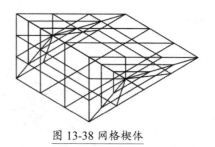

图 13-37 素材文件　　　　　　　　　图 13-38 网格楔体

13.2.7　棱锥体曲面建模

下面将对棱锥体曲面建模的方法进行介绍。

【执行方式】

● 命令行：MESH，在命令行提示下调用"P"选项。

● 菜单栏：选择菜单栏中的"绘图"→"建模"→"网格"→"图元"→"棱锥体"命令。

● 功能区：单击"网格"选项卡"图元"面板中的"网格棱锥体"按钮。

【操作步骤】

执行上述操作后命令行会进行如下提示。

命令：_mesh

当前平滑度设置为：0

输入选项 [长方体 (B)/ 圆锥体 (C)/ 圆柱体 (CY)/ 棱锥体 (P)/ 球体 (S)/ 楔体 (W)/ 圆环体 (T)/ 设置 (SE)] ＜楔体 ＞:_PYRAMID

　4 个侧面　外切

指定底面的中心点或 [边 (E)/ 侧面 (S)]:

练一练——创建棱锥体曲面模型

素材文件：素材 \CH13\ 网格棱锥体 .dwg

结果文件：结果 \CH13\ 网格棱锥体 .dwg

利用"网格棱锥体"命令创建如图 13-41 所示的棱锥体曲面模型。

【操作步骤】

（1）打开随书配套资源中的"素材 \CH13\ 网格棱锥体 .dwg"文件，如图 13-39 所示。

（2）选择"绘图"→"建模"→"网格"→"图元"→"棱锥体"命令，在绘图区域中单击任意一点作为棱锥体表面的底面中心点，在命令行提示下输入"30"并按"Enter"键确认，以指定棱锥体表面的底面半径，如图 13-40 所示。

（3）在命令行提示下输入"120"并按"Enter"键确认，以指定棱锥体表面的高度，结果如图 13-41 所示。

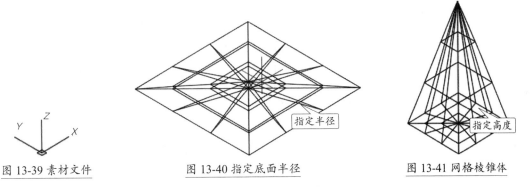

图 13-39 素材文件　　　　　图 13-40 指定底面半径　　　　　图 13-41 网格棱锥体

13.2.8 直纹曲面建模

直纹曲面是由若干条直线连接两条曲线时，在曲线之间形成的曲面。

【执行方式】

- 命令行：RULESURF。
- 菜单栏：选择菜单栏中的"绘图"→"建模"→"网格"→"直纹网格"命令。
- 功能区：单击"网格"选项卡"图元"面板中的"建模，网格，直纹曲面"按钮。

【操作步骤】

执行上述操作后命令行会进行如下提示。

命令：_rulesurf

当前线框密度：SURFTAB1=6

选择第一条定义曲线：

🔍 重点——创建直纹曲面模型

素材文件：素材 \CH13\ 直纹网格 .dwg

结果文件：结果 \CH13\ 直纹网格 .dwg

利用"直纹网格"命令创建如图 13-45 所示的直纹曲面模型。

【操作步骤】

（1）打开随书配套资源中的"素材 \CH13\ 直纹网格 .dwg"文件，如图 13-42 所示。

（2）选择"绘图"→"建模"→"网格"→"直纹网格"命令，在绘图区域中选择第一条定义曲线，如图 13-43 所示。

图 13-42 素材文件　　　　　　　　　　　图 13-43 选择图形对象

（3）在绘图区域中选择第二条定义曲线，如图 13-44 所示。

（4）结果如图 13-45 所示。

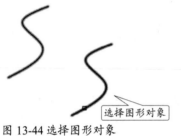

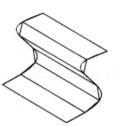

图 13-44 选择图形对象　　　　　　图 13-45 直纹网格

13.2.9　平移曲面建模

平移曲面是由一条轮廓曲线沿着一条指定方向的矢量直线拉伸而形成的曲面。

【执行方式】

● 命令行：TABSURF。

● 菜单栏：选择菜单栏中的"绘图"→"建模"→"网格"→"平移网格"命令。

● 功能区：单击"网格"选项卡"图元"面板中的"建模，网格，平移曲面"按钮。

【操作步骤】

执行上述操作后命令行会进行如下提示。

命令：_tabsurf

当前线框密度：SURFTAB1=6

选择用作轮廓曲线的对象：

🔍 重点——创建平移曲面模型

素材文件：素材 \CH13\ 平移网格 .dwg

结果文件：结果 \CH13\ 平移网格 .dwg

利用"平移网格"命令创建如图 13-49 所示的平移曲面模型。

【操作步骤】

（1）打开随书配套资源中的"素材\CH13\平移网格.dwg"文件，如图13-46所示。

（2）选择"绘图"→"建模"→"网格"→"平移网格"命令，在绘图区域中选择用作轮廓曲线的对象，如图13-47所示。

选择图形对象

图13-46 素材文件　　　　　　　　图13-47 选择图形对象

（3）在绘图区域中选择用作方向矢量的直线对象，如图13-48所示。

（4）结果如图13-49所示。

选择图形对象

图13-48 选择图形对象　　　　　　图13-49 平移网格

13.2.10 旋转曲面建模

旋转曲面是由一条轨迹线围绕指定的轴线旋转生成的曲面。

【执行方式】

- 命令行：REVSURF。
- 菜单栏：选择菜单栏中的"绘图"→"建模"→"网格"→"旋转网格"命令。
- 功能区：单击"网格"选项卡"图元"面板中的"建模，网格，旋转曲面"按钮🗄。

【操作步骤】

执行上述操作后命令行会进行如下提示。

命令：_revsurf

当前线框密度：SURFTAB1=6 SURFTAB2=6

选择要旋转的对象：

🔍 重点——创建旋转曲面模型

素材文件：素材\CH13\旋转网格.dwg

结果文件：结果\CH13\旋转网格.dwg

利用"旋转网格"命令创建如图 13-53 所示的旋转曲面模型。

【操作步骤】

（1）打开随书配套资源中的"素材 \CH13\ 旋转网格 .dwg"文件，如图 13-50 所示。

（2）选择"绘图"→"建模"→"网格"→"旋转网格"命令，在绘图区域中选择需要旋转的对象，如图 13-51 所示。

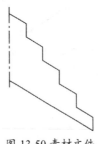

图 13-50 素材文件

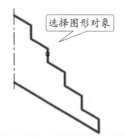

图 13-51 选择图形对象

（3）在绘图区域中单击中心线作为旋转轴，如图 13-52 所示。

（4）在命令行中输入起点角度"0"和旋转角度"360"，分别按"Enter"键确认，结果如图 13-53 所示。

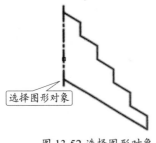

图 13-52 选择图形对象

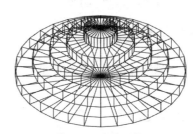

图 13-53 旋转网格

13.2.11 边界曲面建模

边界曲面是在指定的 4 个首尾相连的曲线边界之间形成的一个指定密度的三维网格。

【执行方式】

● 命令行：EDGESURF。

● 菜单栏：选择菜单栏中的"绘图"→"建模"→"网格"→"边界网格"命令。

● 功能区：单击"网格"选项卡"图元"面板中的"建模，网格，边界曲面"按钮。

【操作步骤】

执行上述操作后命令行会进行如下提示。

命令：_edgesurf

当前线框密度：SURFTAB1=6 SURFTAB2=6

选择用作曲面边界的对象1：

🔍 重点——创建边界曲面模型

素材文件：素材 \CH13\ 边界网格 .dwg

结果文件：结果 \CH13\ 边界网格 .dwg

利用"边界网格"命令创建如图 13-59 所示的边界曲面模型。

【操作步骤】

（1）打开随书配套资源中的"素材 \CH13\ 边界网格 .dwg"文件，如图 13-54 所示。

（2）选择"绘图"→"建模"→"网格"→"边界网格"命令，在绘图区域中选择用作曲面边界的对象 1，如图 13-55 所示。

（3）在绘图区域中选择用作曲面边界的对象 2，如图 13-56 所示。

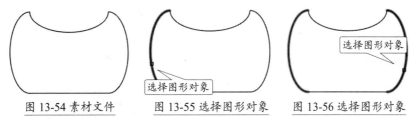

图 13-54 素材文件　　图 13-55 选择图形对象　　图 13-56 选择图形对象

（4）在绘图区域中选择用作曲面边界的对象 3，如图 13-57 所示。

（5）在绘图区域中选择用作曲面边界的对象 4，如图 13-58 所示。

（6）结果如图 13-59 所示。

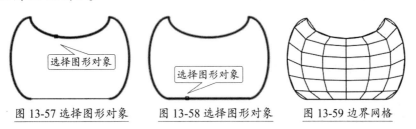

图 13-57 选择图形对象　　图 13-58 选择图形对象　　图 13-59 边界网格

13.2.12 平面曲面建模

可以通过选择关闭的对象或指定矩形表面的对角点创建平面曲面。

【执行方式】

● 命令行：PLANESURF。

● 菜单栏：选择菜单栏中的"绘图"→"建模"→"曲面"→"平面"命令。

● 功能区：单击"曲面"选项卡"创建"面板中的"平面"按钮 ___。

【操作步骤】

执行上述操作后命令行会进行如下提示。

命令：_Planesurf

指定第一个角点或 [对象 (O)] < 对象 >:

🔍 重点——创建平面曲面模型

素材文件：素材 \CH13\ 平面曲面 .dwg

结果文件：结果 \CH13\ 平面曲面 .dwg

利用"平面曲面"命令创建如图 13-62 所示的平面曲面模型。

【操作步骤】

（1）打开随书配套资源中的"素材 \CH13\ 平面曲面 .dwg"文件，如图 13-60 所示。

（2）选择"绘图"→"建模"→"曲面"→"平面"命令，在绘图区域中单击任意一点作为
第一个角点，如图 13-61 所示。

（3）在绘图区域中拖动鼠标并单击以指定另一个角点，结果如图 13-62 所示。

  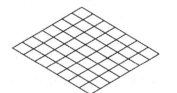

图 13-60 素材文件　　　图 13-61 指定第一个角点　　　图 13-62 平面曲面

13.2.13 网络曲面建模

下面将对网络曲面建模的方法进行介绍。

【执行方式】

● 命令行：SURFNETWORK。

● 菜单栏：选择菜单栏中的"绘图"→"建模"→"曲面"→"网络"命令。

● 功能区：单击"曲面"选项卡"创建"面板中的"网络"按钮 ___。

【操作步骤】

执行上述操作后命令行会进行如下提示。

命令：_surfnetwork

沿第一个方向选择曲线或曲面边：

🔍 重点——创建网络曲面模型

素材文件：素材 \CH13\ 网络曲面 .dwg

结果文件：结果 \CH13\ 网络曲面 .dwg

利用"网络曲面"命令创建如图 13-65 所示的网络曲面模型。

【操作步骤】

（1）打开随书配套资源中的"素材 \CH13\ 网络曲面 .dwg"文件，如图 13-63 所示。

（2）选择"绘图"→"建模"→"曲面"→"网络"命令，在绘图区域中选择如图 13-64 所示的两条直线对象，按"Enter"键确认。

（3）在绘图区域中选择其余两条直线对象，按"Enter"键确认，结果如图 13-65 所示。

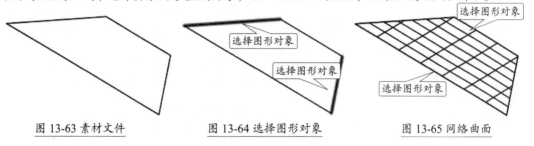

图 13-63 素材文件　　　　图 13-64 选择图形对象　　　　图 13-65 网络曲面

13.2.14　三维面建模

通过指定所有顶点来创建三维多面网格，常用来构造由 3 边或 4 边组成的曲面。

【执行方式】

- 💧 命令行：3DFACE/3F。

- 💧 菜单栏：选择菜单栏中的"绘图"→"建模"→"网格"→"三维面"命令。

【操作步骤】

执行上述操作后命令行会进行如下提示。

命令：_3dface 指定第一点或 [不可见 (I)]:

🖱 练一练——创建三维面模型

素材文件：素材 \CH13\ 三维面网格 .dwg

结果文件：结果 \CH13\ 三维面网格 .dwg

利用"三维面"命令创建如图 13-69 所示的三维面网格模型。

【操作步骤】

（1）打开随书配套资源中的"素材\CH13\三维面网格.dwg"文件，如图13-66所示。

（2）选择"绘图"→"建模"→"网格"→"三维面"命令，在绘图区域中单击任意一点作为第一点，如图13-67所示。

（3）在命令行中连续指定相应点的位置，分别按"Enter"键确认，命令行提示如下。

```
指定第二点或[不可见(I)]: @0,0,20
指定第三点或[不可见(I)]<退出>: @10,0,0
指定第四点或[不可见(I)]<创建三侧面>: @0,0,-20
指定第三点或[不可见(I)]<退出>: @0,-10,0
指定第四点或[不可见(I)]<创建三侧面>: @0,0,20
指定第三点或[不可见(I)]<退出>: @-10,0,0
指定第四点或[不可见(I)]<创建三侧面>: @0,0,-20
指定第三点或[不可见(I)]<退出>:
```

（4）结果如图13-68所示。

（5）选择"视图"→"视觉样式"→"概念"命令，结果如图13-69所示。

图13-66 素材文件　　　图13-67 指定第一点　　　图13-68 三维面网格　　　图13-69 概念视觉样式

13.2.15 截面平面建模

截面平面对象可创建三维实体、曲面和网格的截面。可使用带有截面平面对象的活动截面分析模型，并将截面另存为块，以便在布局中使用。

【执行方式】

● 命令行：SECTIONPLANE。

● 菜单栏：选择菜单栏中的"绘图"→"建模"→"截面平面"命令。

● 功能区：单击"常用"选项卡"截面"面板中的"截面平面"按钮⏹，或者单击"网格"选项卡"截面"面板中的"截面平面"按钮⏹。

【操作步骤】

执行上述操作后命令行会进行如下提示。

命令：_sectionplane 类型 = 平面
选择面或任意点以定位截面线或 [绘制截面 (D)/ 正交 (O)/ 类型 (T)]:

练一练——使用截面平面建模

素材文件：素材 \CH13\ 截面平面 .dwg
结果文件：结果 \CH13\ 截面平面 .dwg
利用"截面平面"命令创建如图 13-78 所示的截面平面模型。

【操作步骤】

（1）打开随书配套资源中的"素材 \CH13\ 截面平面 .dwg"文件，如图 13-70 所示。

（2）选择"绘图"→"建模"→"截面平面"命令，在绘图区域中选择图形的顶面，如图 13-71 所示。

（3）选择"修改"→"移动"命令，在绘图区域中选择如图 13-72 所示的截面线，按"Enter"键确认。

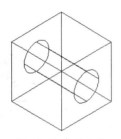

图 13-70 素材文件

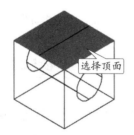

图 13-71 选择顶面

图 13-72 选择截面线

（4）在绘图区域中单击任意一点作为基点，在命令行提示下输入"@0,0,-100"并按"Enter"键确认，结果如图 13-73 所示。

（5）单击"常用"选项卡"截面"面板中的"生成截面"按钮，弹出"生成截面 / 立面"对话框，如图 13-74 所示。

（6）单击"选择截面平面"按钮，在绘图区域中选择如图 13-75 所示的截面线。

图 13-73 移动截面线

图 13-74 "生成截面 / 立面"对话框

图 13-75 选择截面线

（7）返回"生成截面/立面"对话框，在"二维/三维"选项区域中选中"三维截面"单选按钮，单击"创建"按钮，如图 13-76 所示。

（8）在绘图区域中单击指定插入点的位置，如图 13-77 所示。

图 13-76 选中"三维截面"单选按钮

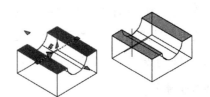

图 13-77 指定插入点的位置

（9）使用系统默认设置，结果如图 13-78 所示。

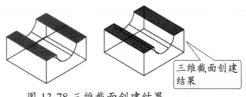

图 13-78 三维截面创建结果

13.3 由二维图形创建三维图形

在 AutoCAD 中，不仅可以直接使用系统本身的模块创建基本的三维图形，还可以使用编辑命令将二维图形生成三维图形，以便创建更为复杂的三维模型。

13.3.1 拉伸成型

拉伸成型有两种较为常用的方式，一种方式是按一定的高度将二维图形拉伸成三维图形，这样生成的三维对象在高度形态上较为规则，通常不会有弯曲角度及弧度出现；另一种方式是按路径拉伸，这种拉伸方式可以将二维图形沿指定的路径生成三维对象，相对而言较为复杂且允许沿弧度路径进行拉伸。

【执行方式】

● 命令行：EXTRUDE/ EXT。

● 菜单栏：选择菜单栏中的"绘图"→"建模"→"拉伸"命令。

● 功能区：单击"常用"选项卡"建模"面板中的"拉伸"按钮，或者单击"实体"选项卡"实体"面板中的"拉伸"按钮，或者单击"曲面"选项卡"创建"面板中的"拉伸"按钮。

【操作步骤】

执行上述操作后命令行会进行如下提示。

命令：_extrude

当前线框密度：ISOLINES=4，闭合轮廓创建模式 = 实体

选择要拉伸的对象或 [模式 (MO)]: _MO 闭合轮廓创建模式 [实体 (SO)/ 曲面 (SU)] < 实体 >: _SO

选择要拉伸的对象或 [模式 (MO)]:

【选项说明】

当命令行提示选择拉伸对象时输入"mo"，可以切换拉伸后生成的对象是实体还是曲面。后面介绍的旋转、放样、扫掠成型也可以通过修改模式来决定生成的对象是实体还是曲面。

重点——通过拉伸创建实体模型

1. 通过高度拉伸实体

素材文件：素材 \CH13\ 高度拉伸 .dwg

结果文件：结果 \CH13\ 高度拉伸 .dwg

利用高度拉伸方式创建如图 13-81 所示的实体拉伸模型。

【操作步骤】

（1）打开随书配套资源中的"素材 \CH13\ 高度拉伸 .dwg"文件，如图 13-79 所示。

（2）选择"绘图"→"建模"→"拉伸"命令，在绘图区域中选择需要拉伸的对象并按"Enter"键确认，如图 13-80 所示。

（3）在命令行提示下输入拉伸高度值"200"并按"Enter"键确认，结果如图 13-81 所示。

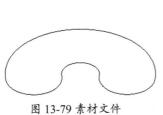

图 13-79 素材文件

选择图形对象

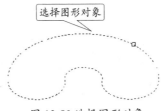

图 13-80 选择图形对象

图 13-81 拉伸结果

2. 通过路径拉伸实体

素材文件：素材 \CH13\ 路径拉伸 .dwg

结果文件：结果 \CH13\ 路径拉伸 .dwg

利用路径拉伸方式创建如图 13-85 所示的实体拉伸模型。

【操作步骤】

（1）打开随书配套资源中的"素材 \CH13\ 路径拉伸 .dwg"文件，如图 13-82 所示。

（2）选择"绘图"→"建模"→"拉伸"命令，在绘图区域中选择圆形作为需要拉伸的对象

并按"Enter"键确认，如图 13-83 所示。

图 13-82 素材文件　　　　　　　　　　图 13-83 选择图形对象

（3）选择"绘图"→"建模"→"拉伸"命令，在命令行提示下输入"P"并按"Enter"键确认，在绘图区域中选择拉伸路径，如图 13-84 所示。

（4）结果如图 13-85 所示。

图 13-84 选择图形对象　　　　　　　　　　图 13-85 拉伸结果

练一练——创建微型报警器模型

素材文件：素材 \CH13\ 微型报警器 .dwg

结果文件：结果 \CH13\ 微型报警器 .dwg

利用高度拉伸方式创建微型报警器模型，结果如图 13-89 所示。

【操作步骤】

（1）打开随书配套资源中的"素材 \CH13\ 报警器 .dwg"文件，如图 13-86 所示。

（2）利用高度拉伸方式进行拉伸操作，拉伸高度设置为"30"，如图 13-87 所示。

（3）利用"圆角"命令对模型进行 R3 的圆角，如图 13-88 所示。

（4）绘制一个 5×10×2 的长方体，对其进行 R1 的圆角，将其移动到适当的位置，如图 13-89 所示。

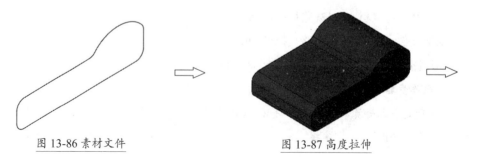

图 13-86 素材文件　　　　　　　　　　图 13-87 高度拉伸

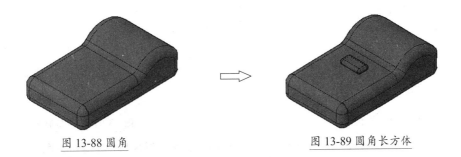

图 13-88 圆角　　　　　　　　　图 13-89 圆角长方体

13.3.2 旋转成型

用于旋转的二维图形可以是多边形、圆、椭圆、封闭多段线、封闭样条曲线、圆环及封闭区域，旋转过程中可以控制旋转角度，即旋转生成的实体可以是闭合的也可以是开放的。

【执行方式】

● 命令行：REVOLVE/ REV。

● 菜单栏：选择菜单栏中的"绘图"→"建模"→"旋转"命令。

● 功能区：单击"常用"选项卡"建模"面板中的"旋转"按钮，或者单击"实体"选项卡"实体"面板中的"旋转"按钮，或者单击"曲面"选项卡"创建"面板中的"旋转"按钮。

【操作步骤】

执行上述操作后命令行会进行如下提示。

命令：_revolve

当前线框密度：ISOLINES=4，闭合轮廓创建模式 = 实体

选择要旋转的对象或 [模式 (MO)]：_MO 闭合轮廓创建模式 [实体 (SO)/ 曲面 (SU)]＜实体＞：_SO

选择要旋转的对象或 [模式 (MO)]：

🔍 重点——通过旋转创建实体模型

素材文件：素材 \CH13\ 旋转成型 .dwg

结果文件：结果 \CH13\ 旋转成型 .dwg

利用旋转成型方式创建如图 13-93 所示的实体旋转模型。

【操作步骤】

（1）打开随书配套资源中的"素材 \CH13\ 旋转成型 .dwg"文件，如图 13-90 所示。

（2）选择"绘图"→"建模"→"旋转"命令，在绘图区域中选择需要旋转的对象并按"Enter"键确认，如图 13-91 所示。

图 13-90 素材文件

图 13-91 选择图形对象

（3）在命令行提示下输入"O"并按"Enter"键确认，在绘图区域中选择直线段作为旋转轴，如图 13-92 所示。

（4）在命令行提示下输入旋转角度"–270"并按"Enter"键确认，结果如图 13-93 所示。

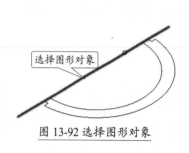

图 13-92 选择图形对象

图 13-93 旋转结果

13.3.3 放样成型

"放样"命令用于在横截面之间的空间内绘制实体或曲面。使用"放样"命令时，必须指定两个横截面。"放样"命令通常用于变截面实体的绘制。

【执行方式】

- 命令行：LOFT。
- 菜单栏：选择菜单栏中的"绘图"→"建模"→"放样"命令。
- 功能区：单击"常用"选项卡"建模"面板中的"放样"按钮，或者单击"实体"选项卡"实体"面板中的"放样"按钮，或者单击"曲面"选项卡"创建"面板中的"放样"按钮。

【操作步骤】

执行上述操作后命令行会进行如下提示。

命令：_loft

当前线框密度：ISOLINES=4，闭合轮廓创建模式 = 实体

按放样次序选择横截面或 [点 (PO)/ 合并多条边 (J)/ 模式 (MO)]: _MO 闭合轮廓创建模式 [实体 (SO)/ 曲面 (SU)] < 实体 >: _SO

按放样次序选择横截面或 [点 (PO)/ 合并多条边 (J)/ 模式 (MO)]:

重点——通过放样创建实体模型

素材文件：素材 \CH13\ 放样成型 .dwg

结果文件：结果 \CH13\ 放样成型 .dwg

利用放样成型方式创建如图 13-97 所示的实体放样模型。

【操作步骤】

（1）打开随书配套资源中的"素材 \CH13\ 放样成型 .dwg"文件，如图 13-94 所示。

（2）选择"绘图"→"建模"→"放样"命令，在绘图区域中选择第一个横截面，如图 13-95 所示。

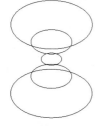

图 13-94 素材文件

图 13-95 选择图形对象

（3）在绘图区域中依次选择其余的 4 个横截面，如图 13-96 所示。

（4）按两次"Enter"键结束该命令，结果如图 13-97 所示。

图 13-96 选择图形对象

图 13-97 放样结果

13.3.4 扫掠成型

"扫掠"命令可以用来生成实体或曲面，当扫掠的对象是闭合图形时，扫掠的结果是实体；当扫掠的对象是开放图形时，扫掠的结果是曲面。

【执行方式】

* 命令行：SWEEP。
* 菜单栏：选择菜单栏中的"绘图"→"建模"→"扫掠"命令。

● 功能区：单击"常用"选项卡"建模"面板中的"扫掠"按钮 🔲，或者单击"实体"选项卡"实体"面板中的"扫掠"按钮 🔲，或者单击"曲面"选项卡"创建"面板中的"扫掠"按钮 🔲。

【操作步骤】

执行上述操作后命令行会进行如下提示。

> 命令：_sweep
>
> 当前线框密度：ISOLINES=4，闭合轮廓创建模式 = 实体
>
> 选择要扫掠的对象或 [模式 (MO)]：_MO 闭合轮廓创建模式 [实体 (SO)/ 曲面 (SU)] < 实体 >：_SO
>
> 选择要扫掠的对象或 [模式 (MO)]：

🔍 重点——通过扫掠创建实体模型

素材文件：素材 \CH13\ 扫掠成型 .dwg

结果文件：结果 \CH13\ 扫掠成型 .dwg

利用扫掠成型方式创建如图 13-100 所示的实体扫掠模型。

【操作步骤】

（1）打开随书配套资源中的"素材 \CH13\ 扫掠成型 .dwg"文件，如图 13-98 所示。

（2）选择"绘图"→"建模"→"扫掠"命令，在绘图区域中选择圆形作为需要扫掠的对象并按"Enter"键确认，如图 13-99 所示。

（3）在绘图区域中选择样条曲线作为扫掠路径，结果如图 13-100 所示。

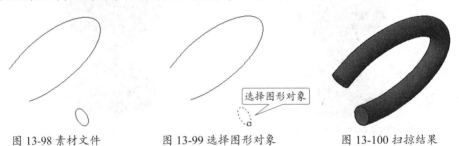

选择图形对象

| 图 13-98 素材文件 | 图 13-99 选择图形对象 | 图 13-100 扫掠结果 |

13.4 实例——创建三维活动柜

下面对三维活动柜的创建方法进行介绍，主要应用"拉伸""长方体""扫掠""移动""复制"等命令。

（1）打开随书配套资源中的"素材 \CH13\ 活动柜 .dwg"文件，如图 13-101 所示。

（2）在前视图中绘制如图 13-102 所示的截面图形。

图 13-101 素材文件　　　　　图 13-102 绘制截面图形

（3）切换到西南等轴测视图，选择"绘图"→"建模"→"拉伸"命令，拉伸高度设置为"600"，对刚才绘制的图形进行拉伸操作，如图 13-103 所示。

（4）选择"绘图"→"建模"→"长方体"命令，绘制 6 个长方体，角点分别设置为"0,0,0/−580,−20,−580；0,−600,0/@−580,20,−580；0,−20,0/@−20,−560,−580；−20,−20,−530/@−560,−560,20；−580,−20,−580/@20,−560,50；−580,−20,0/@20,−560,−20"，切换到"概念"视觉样式，如图 13-104 所示。

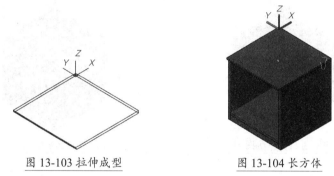

图 13-103 拉伸成型　　　　　图 13-104 长方体

（5）绘制两个长方体，角点分别设置为"−600,−2,−2/@20,−596,−263；−600,−2,−267/@20,−596,−263"，如图 13-105 所示。

（6）切换到"二维线框"视觉样式，将坐标系绕 Y 轴旋转 −90°，如图 13-106 所示。

（7）在空白位置绘制一个 20×10 的矩形，作为扫掠横截面图形，如图 13-107 所示。

图 13-105 长方体　　　图 13-106 旋转坐标系　　图 13-107 矩形

（8）将坐标系调整为世界坐标系，如图 13-108 所示。

（9）在空白位置绘制一个大小及形状适合的多段线作为扫掠路径，如图 13-109 所示。

（10）选择"绘图"→"建模"→"扫掠"命令，对刚才绘制的图形进行扫掠操作，结果如图 13-110 所示。

绘制多段线

图 13-108 调整坐标系　　图 13-109 扫掠路径　　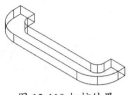图 13-110 扫掠结果

（11）选择"修改"→"移动"命令，将扫掠得到的图形移动到适当的位置，切换到"概念"视觉样式，如图 13-111 所示。

（12）选择"修改"→"复制"命令，将扫掠得到的图形进行复制操作，调整到适当位置即可，如图 13-112 所示。

图 13-111 移动图形

图 13-112 复制图形

✿ 技 巧

1. 橄榄球体和苹果造型的快速绘制

"圆环体"命令除了能创建普通的圆环体外，还能创建苹果形状和橄榄球形状的实体。如果圆环的半径为负值而圆管的半径大于圆环半径的绝对值（如 –5 和 10），则得到一个橄榄球形状的实体；如果圆环半径为正值且小于圆管半径，则可以创建一个苹果形状的实体。

（1）新建一个 AutoCAD 文件，调用"圆环体"命令，指定圆环体的中心后，设置圆环体半径为"–4"、圆管半径为"9"，结果如图 13-113 所示。

（2）重复调用"圆环体"命令，指定圆环体中心后，设置圆环体半径为"4"、圆管半径为"9"，结果如图 13-114 所示。

图 13-113 橄榄球形状实体

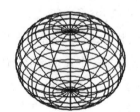

图 13-114 苹果形状实体

2. 更改线框密度

系统变量 ISOLINES 控制显示效果，变量值越大，显示越精细，如图 13-115 所示的是变量值为 4 时，球体的显示效果；如图 13-116 所示的是变量值为 32 时，球体的显示效果。

图 13-115 球体

图 13-116 球体

3. 轻松标注三维模型

在 AutoCAD 中没有三维标注功能，尺寸标注都是基于 XY 平面内的二维平面的标注。因此，要为三维图形标注就必须通过转换坐标系把需要标注的对象放置到 XY 二维平面上进行标注。

（1）打开随书配套资源中的"素材 \CH13\ 三维标注 .dwg"文件，如图 13-117 所示。

（2）在命令行中输入"UCS"，拖动鼠标将坐标系转换到圆心的位置，如图 13-118 所示。

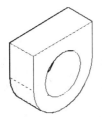

图 13-117 素材文件

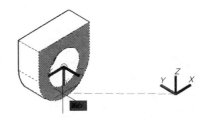

图 13-118 坐标系

（3）拖动鼠标指引 X 轴方向，如图 13-119 所示。

（4）拖动鼠标指引 Y 轴方向，如图 13-120 所示。

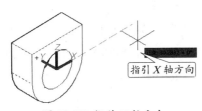

图 13-119 指引 X 轴方向

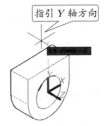

图 13-120 指引 Y 轴方向

（5）让 XY 平面与实体的前侧面平齐，如图 13-121 所示。

（6）调用"直径标注"命令，选择前侧面的圆为标注对象，拖动鼠标在合适的位置放置尺寸线，结果如图 13-122 所示。

（7）调用"半径标注"命令，选择前侧面的大圆弧为标注对象，拖动鼠标在合适的位置放置尺寸线，结果如图 13-123 所示。

图 13-121 坐标系

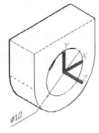

图 13-122 直径标注

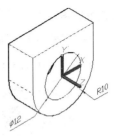

图 13-123 半径标注

（8）重复步骤（2）~（4），将 XY 平面切换到与顶面平齐的位置，调用"线性标注"命令，给顶面进行尺寸标注，结果如图 13-124 所示。

（9）重复步骤（2）~（4），将 XY 平面切换到与竖直面平齐的位置，调用"线性标注"命令进行尺寸标注，结果如图 13-125 所示。

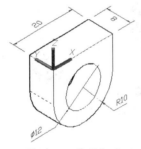

图 13-124 线性标注

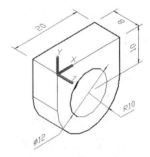

图 13-125 线性标注

4. 利用"楔体"命令快速绘制等腰直角三角形面域

绘制一个楔体模型，第一个角点指定为"0,0,0"，另一个角点指定为"100,100,100"，如图 13-126 所示。调用"分解"命令将楔体模型分解，仅保留如图 13-127 所示的一个面域，其余对象删除。切换到"前视图"，如图 13-128 所示。

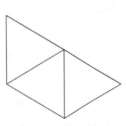

图 13-126 楔体模型

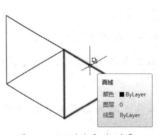

图 13-127 删除部分对象

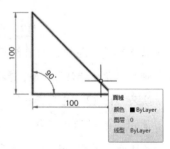

图 13-128 等腰直角三角形面域

第 14 章

编辑三维模型

内容简介

在绘图时，用户可以对图形进行三维图形编辑。三维图形编辑就是对图形对象进行阵列、镜像、旋转、对齐及对模型的边、面等进行修改操作的过程。AutoCAD 2019 提供了强大的三维图形编辑功能，可以帮助用户合理地构造和组织图形。

内容要点

- 三维实体边编辑
- 三维实体面编辑
- 三维实体体编辑
- 布尔运算和干涉检查
- 三维图形的操作

案例效果

14.1 三维实体边编辑

三维实体编辑（Solidedit）命令的选项分为 3 类，分别是边、面和体。下面首先对边编辑进行介绍。

14.1.1 圆角边

利用圆角边功能可以为选定的三维实体对象的边进行圆角，圆角半径可由用户自行设定，但不允许超过可圆角的最大半径值。

【执行方式】

- 命令行：FILLETEDGE。
- 菜单栏：选择菜单栏中的"修改"→"实体编辑"→"圆角边"命令。
- 功能区：单击"实体"选项卡"实体编辑"面板中的"圆角边"按钮 。

【操作步骤】

执行上述操作后命令行会进行如下提示。

命令：_filletedge
半径 = 1.0000
选择边或 [链 (C)/ 环 (L)/ 半径 (R)]:

🔍 重点——对三维实体对象进行圆角边操作

素材文件：素材 \CH14\ 三维实体边编辑 .dwg

结果文件：结果 \CH14\ 圆角边 .dwg

利用"圆角边"命令创建如图 14-3 所示的圆角边对象。

【操作步骤】

（1）打开随书配套资源中的"素材 \CH14\ 三维实体边编辑 .dwg"文件，如图 14-1 所示。

（2）选择"修改"→"实体编辑"→"圆角边"命令，在绘图区域中选择需要圆角的边，如图 14-2 所示。

（3）在命令行提示下输入"R"并按"Enter"键确认，继续输入"3"并按"Enter"键以指定圆角半径，连续按"Enter"键结束该命令，结果如图 14-3 所示。

图 14-1 素材文件

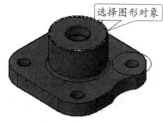
选择图形对象
图 14-2 选择图形对象

图 14-3 圆角边

14.1.2 倒角边

利用倒角边功能可以为选定的三维实体对象的边进行倒角，倒角距离可由用户自行设定，但不允许超过可倒角的最大距离值。

【执行方式】

● 命令行：CHAMFEREDGE。

● 菜单栏：选择菜单栏中的"修改"→"实体编辑"→"倒角边"命令。

● 功能区：单击"实体"选项卡"实体编辑"面板中的"倒角边"按钮。

【操作步骤】

执行上述操作后命令行会进行如下提示。

命令：_chamferedge

距离 1 = 1.0000，距离 2 = 1.0000

选择一条边或 [环 (L)/ 距离 (D)]:

🔍 重点——对三维实体对象进行倒角边操作

素材文件：素材 \CH14\ 三维实体边编辑 .dwg

结果文件：结果 \CH14\ 倒角边 .dwg

利用"倒角边"命令创建如图 14-6 所示的倒角边对象。

【操作步骤】

（1）打开随书配套资源中的"素材 \CH14\ 三维实体边编辑 .dwg"文件，如图 14-4 所示。

（2）选择"修改"→"实体编辑"→"倒角边"命令，在绘图区域中选择需要倒角的边，如图 14-5 所示。

（3）在命令行提示下输入"D"并按"Enter"键，将两个倒角距离都设置为"5"，连续按"Enter"键结束该命令，结果如图 14-6 所示。

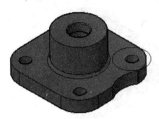

图 14-4 素材文件　　　　　图 14-5 选择图形对象　　　　　图 14-6 倒角边

14.1.3　复制边

复制边功能可以对三维实体对象的各个边进行复制，所复制的边将被生成为直线、圆弧、圆、椭圆或样条曲线。

【执行方式】

- 菜单栏：选择菜单栏中的"修改"→"实体编辑"→"复制边"命令。
- 功能区：单击"常用"选项卡"实体编辑"面板中的"复制边"按钮。

【操作步骤】

执行上述操作后命令行会进行如下提示。

> 命令：_solidedit
> 实体编辑自动检查：SOLIDCHECK=1
> 输入实体编辑选项 [面 (F)/ 边 (E)/ 体 (B)/ 放弃 (U)/ 退出 (X)] < 退出 >：_edge
> 输入边编辑选项 [复制 (C)/ 着色 (L)/ 放弃 (U)/ 退出 (X)] < 退出 >：_copy
> 选择边或 [放弃 (U)/ 删除 (R)]：

练一练——对三维实体对象进行复制边操作

素材文件：素材 \CH14\ 三维实体边编辑 .dwg

结果文件：结果 \CH14\ 复制边 .dwg

利用"复制边"命令创建如图 14-10 所示的复制边对象。

【操作步骤】

（1）打开随书配套资源中的"素材 \CH14\ 三维实体边编辑 .dwg"文件，如图 14-7 所示。

（2）选择"修改"→"实体编辑"→"复制边"命令，在绘图区域中选择需要复制的边并按"Enter"键确认，如图 14-8 所示。

图 14-7 素材文件

选择图形对象

图 14-8 选择图形对象

（3）在绘图区域单击指定位移基点，拖动鼠标在绘图区域单击指定位移点，如图 14-9 所示。

（4）连续按"Enter"键结束该命令，结果如图 14-10 所示。

图 14-9 指定位移点

图 14-10 复制边

14.1.4　偏移边

"偏移边"命令可以偏移三维实体或曲面上平整面的边。其结果会产生闭合多段线或样条曲线，位于与选定的面或曲面相同的面上，而且可以是原始边的内侧或外侧。

【执行方式】

● 命令行：OFFSETEDGE。

● 功能区：单击"实体"选项卡"实体编辑"面板中的"偏移边"按钮 ⬚，或者单击"曲面"选项卡"编辑"面板中的"偏移边"按钮 ⬚。

【操作步骤】

执行上述操作后命令行会进行如下提示。

命令：_offsetedge 角点 = 锐化

选择面：

练一练——对三维实体对象进行偏移边操作

素材文件：素材 \CH14\ 三维实体边编辑 .dwg

结果文件：结果 \CH14\ 偏移边 .dwg

利用"偏移边"命令创建如图 14-14 所示的偏移边对象。

【操作步骤】

（1）打开随书配套资源中的"素材 \CH14\ 三维实体边编辑 .dwg"文件，如图 14-11 所示。

（2）单击"实体"选项卡"实体编辑"面板中的"偏移边"按钮，在绘图区域中选择需要偏移边的面，如图 14-12 所示。

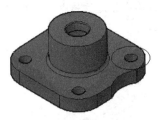

图 14-11 素材文件

图 14-12 选择图形对象

（3）在命令行提示下输入"D"并按"Enter"键确认，输入"30"并按"Enter"键，在如图 14-13 所示位置单击以指定偏移方向。

（4）按"Enter"键结束该命令，结果如图 14-14 所示。

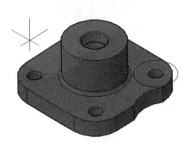

图 14-13 指定偏移方向

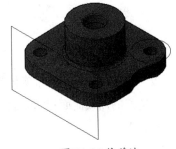

图 14-14 偏移边

14.1.5 压印边

通过"压印边"命令可以压印三维实体或曲面上的二维几何图形，从而在平面上创建其他边。被压印的对象必须与选定对象的一个或多个面相交，才可以完成压印。"压印"选项仅限于对以下对象执行：圆弧、圆、直线、二维和三维多段线、椭圆、样条曲线、面域、体和三维实体。

【执行方式】

● 命令行：IMPRINT。

● 菜单栏：选择菜单栏中的"修改"→"实体编辑"→"压印边"命令。

● 功能区：单击"常用"选项卡"实体编辑"面板中的"压印"按钮，或者单击"实体"选项卡"实体编辑"面板中的"压印"按钮。

【操作步骤】

执行上述操作后命令行会进行如下提示。

命令：_imprint

选择三维实体或曲面：

练一练——对三维实体对象进行压印边操作

素材文件：素材 \CH14\ 三维实体边编辑 .dwg

结果文件：结果 \CH14\ 压印边 .dwg

利用"压印边"命令创建如图 14-19 所示的压印边对象。

【操作步骤】

（1）打开随书配套资源中的"素材 \CH14\ 三维实体边编辑 .dwg"文件，如图 14-15 所示。

（2）选择"修改"→"实体编辑"→"压印边"命令，在绘图区域中选择三维实体对象，如图 14-16 所示。

（3）在绘图区域选择圆形作为要压印的对象，如图 14-17 所示。

图 14-15 素材文件　　　　图 14-16 选择图形对象　　　　图 14-17 选择图形对象

（4）在命令行提示下输入"N"并按"Enter"键以确定不删除源对象，再按"Enter"键结束该命令，结果如图 14-18 所示。

（5）选择圆形，按"Delete"键将其删除，结果如图 14-19 所示。

图 14-18 结束"压印边"命令　　　　图 14-19 压印边

14.1.6 着色边

利用"着色边"功能可以为选定的三维实体对象的边进行着色，着色颜色可由用户自行选定，默认情况下着色边操作完成后，三维实体对象在选定状态下会以最新指定颜色显示。

【执行方式】

- 菜单栏：选择菜单栏中的"修改"→"实体编辑"→"着色边"命令。

- 功能区：单击"常用"选项卡"实体编辑"面板中的"着色边"按钮🟦。

【操作步骤】

执行上述操作后命令行会进行如下提示。

命令：_solidedit

实体编辑自动检查：SOLIDCHECK=1

输入实体编辑选项 [面 (F)/ 边 (E)/ 体 (B)/ 放弃 (U)/ 退出 (X)] < 退出 >：_edge

输入边编辑选项 [复制 (C)/ 着色 (L)/ 放弃 (U)/ 退出 (X)] < 退出 >：_color

选择边或 [放弃 (U)/ 删除 (R)]：

练一练——对三维实体对象进行着色边操作

素材文件：素材 \CH14\ 三维实体边编辑 .dwg

结果文件：结果 \CH14\ 着色边 .dwg

利用"着色边"命令创建如图 14-23 所示的着色边对象。

【操作步骤】

（1）打开随书配套资源中的"素材 \CH14\ 三维实体边编辑 .dwg"文件，如图 14-20 所示。

（2）选择"修改"→"实体编辑"→"着色边"命令，在绘图区域中选择需要着色的边，按"Enter"键确认，如图 14-21 所示。

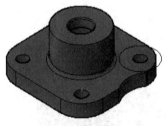

图 14-20 素材文件

图 14-21 选择图形对象

（3）弹出"选择颜色"对话框，选择"蓝色"选项，单击"确定"按钮，如图 14-22 所示。

（4）连续按"Enter"键结束该命令，将当前视觉样式切换为"隐藏"，结果如图 14-23 所示。

图 14-22 "选择颜色"对话框

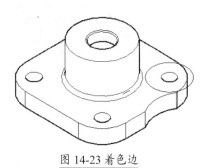

图 14-23 着色边

14.1.7 提取边

"提取边"命令可以从实体或曲面提取线框对象。通过"提取边"命令可以提取所有边，创建线框的几何体有三维实体、三维实体历史记录子对象、网格、面域、曲面、子对象（边和面）。

【执行方式】

● 命令行：XEDGES。

● 菜单栏：选择菜单栏中的"修改"→"三维操作"→"提取边"命令。

● 功能区：单击"常用"选项卡"实体编辑"面板中的"提取边"按钮 🔳，或者单击"实体"选项卡"实体编辑"面板中的"提取边"按钮 🔳。

【操作步骤】

执行上述操作后命令行会进行如下提示。

命令：_xedges

选择对象：

🐭 练一练——对三维实体对象进行提取边操作

素材文件：素材 \CH14\ 三维实体边编辑 .dwg

结果文件：结果 \CH14\ 提取边 .dwg

利用"提取边"命令创建如图 14-26 所示的提取边对象。

【操作步骤】

（1）打开随书配套资源中的"素材 \CH14\ 三维实体边编辑 .dwg"文件，如图 14-24 所示。

（2）选择"修改"→"三维操作"→"提取边"命令，在绘图区域中选择三维实体对象作为需要提取边的对象，按"Enter"键确认，如图 14-25 所示。

图 14-24 素材文件

图 14-25 选择图形对象

（3）选择"修改"→"移动"命令，在绘图区域中将三维实体对象移至其他位置，结果如
图 14-26 所示。

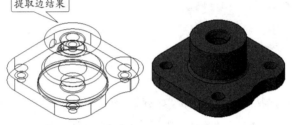

图 14-26 提取边

14.1.8 提取素线

通常将在 U 和 V 方向、曲面、三维实体或三维实体的面上创建曲线。曲线可以基于直线、
多段线、圆弧或样条曲线，具体取决于曲面或三维实体的形状。

【执行方式】

♦ 命令行：SURFEXTRACTCURVE。

♦ 菜单栏：选择菜单栏中的"修改"→"三维操作"→"提取素线"命令。

♦ 功能区：单击"曲面"选项卡"曲线"面板中的"提取素线"按钮。

【操作步骤】

执行上述操作后命令行会进行如下提示。

命令：_surfextractcurve

链 = 否

选择曲面、实体或面：

练一练——对三维实体对象进行提取素线操作

素材文件：素材 \CH14\ 三维实体边编辑 .dwg

结果文件：结果 \CH14\ 提取素线 .dwg

利用"提取素线"命令创建如图 14-30 所示的提取素线对象。

【操作步骤】

（1）打开随书配套资源中的"素材\CH14\三维实体边编辑.dwg"文件，如图14-27所示。

（2）选择"修改"→"三维操作"→"提取素线"命令，在绘图区域中选择三维实体对象作
为需要提取素线的对象，如图14-28所示。

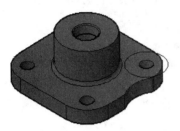

图14-27 素材文件

图14-28 选择图形对象

（3）在绘图区域中适当的位置单击以指定提取素线的位置，如图14-29所示。

（4）按"Enter"键结束该命令，结果如图14-30所示。

图14-29 指定提取素线的位置

图14-30 提取素线

14.2 三维实体面编辑

前面介绍了三维实体边编辑，本节介绍三维实体面编辑。

14.2.1 拉伸面

"拉伸面"命令可以根据指定的距离拉伸平面，或者将平面沿着指定的路径进行拉伸。"拉
伸面"命令只能拉伸平面，对球体表面、圆柱体或圆锥体的曲面均无效。

【执行方式】

● 菜单栏：选择菜单栏中的"修改"→"实体编辑"→"拉伸面"命令。

● 功能区：单击"常用"选项卡"实体编辑"面板中的"拉伸面"按钮，或者单击"实
体"选项卡"实体编辑"面板中的"拉伸面"按钮。

【操作步骤】

执行上述操作后命令行会进行如下提示。

命令：_solidedit

实体编辑自动检查：SOLIDCHECK=1

输入实体编辑选项 [面 (F)/ 边 (E)/ 体 (B)/ 放弃 (U)/ 退出 (X)] < 退出 >：_face

输入面编辑选项

[拉伸 (E)/ 移动 (M)/ 旋转 (R)/ 偏移 (O)/ 倾斜 (T)/ 删除 (D)/ 复制 (C)/ 颜色 (L)/ 材质 (A)/ 放弃 (U)/ 退出 (X)] < 退出 >：_extrude

选择面或 [放弃 (U)/ 删除 (R)]：

🔍 重点——对三维实体对象进行拉伸面操作

素材文件：素材 \CH14\ 三维实体面编辑 .dwg

结果文件：结果 \CH14\ 拉伸面 .dwg

利用"拉伸面"命令创建如图 14-33 所示的拉伸面对象。

【操作步骤】

（1）打开随书配套资源中的"素材 \CH14\ 三维实体面编辑 .dwg"文件，如图 14-31 所示。

（2）选择"修改"→"实体编辑"→"拉伸面"命令，在绘图区域中选择需要拉伸的面，按"Enter"键确认，如图 14-32 所示。

（3）在命令行提示下指定拉伸高度为"10"、倾斜角度为"0"，连续按"Enter"键结束该命令，结果如图 14-33 所示。

图 14-31 素材文件

图 14-32 选择对象

图 14-33 拉伸面

14.2.2 复制面

"复制面"命令可以将实体中的平面和曲面分别复制生成面域和曲面模型。

【执行方式】

🔹 菜单栏：选择菜单栏中的"修改"→"实体编辑"→"复制面"命令。

♦ 功能区：单击"常用"选项卡"实体编辑"面板中的"复制面"按钮 🗊 。

【操作步骤】

执行上述操作后命令行会进行如下提示。

命令：_solidedit

实体编辑自动检查：SOLIDCHECK=1

输入实体编辑选项 [面 (F)/ 边 (E)/ 体 (B)/ 放弃 (U)/ 退出 (X)] < 退出 >：_face

输入面编辑选项

[拉伸 (E)/ 移动 (M)/ 旋转 (R)/ 偏移 (O)/ 倾斜 (T)/ 删除 (D)/ 复制 (C)/ 颜色 (L)/ 材质 (A)/ 放弃 (U)/ 退出 (X)] < 退出 >：_copy

选择面或 [放弃 (U)/ 删除 (R)]：

🔍 重点——对三维实体对象进行复制面操作

素材文件：素材 \CH14\ 三维实体面编辑 .dwg

结果文件：结果 \CH14\ 复制面 .dwg

利用"复制面"命令创建如图 14-36 所示的复制面对象。

【操作步骤】

（1）打开随书配套资源中的"素材 \CH14\ 三维实体面编辑 .dwg"文件，如图 14-34 所示。

（2）选择"修改"→"实体编辑"→"复制面"命令，在绘图区域中选择需要复制的面，按"Enter"键确认，如图 14-35 所示。

（3）在绘图区域中单击任意一点作为移动基点，在命令行提示下输入"@0,0,30"并按"Enter"键确认，连续按"Enter"键结束该命令，结果如图 14-36 所示。

图 14-34 素材文件

图 14-35 选择对象

图 14-36 复制面

14.2.3 移动面

"移动面"命令可以在保持面的法线方向不变的前提下移动面的位置，从而修改实体的尺寸或更改实体中槽和孔的位置。

【执行方式】

● 菜单栏：选择菜单栏中的"修改"→"实体编辑"→"移动面"命令。

● 功能区：单击"常用"选项卡"实体编辑"面板中的"移动面"按钮⁜。

【操作步骤】

执行上述操作后命令行会进行如下提示。

命令：_solidedit

实体编辑自动检查：SOLIDCHECK=1

输入实体编辑选项 [面 (F)/ 边 (E)/ 体 (B)/ 放弃 (U)/ 退出 (X)] < 退出 >：_face

输入面编辑选项

[拉伸 (E)/ 移动 (M)/ 旋转 (R)/ 偏移 (O)/ 倾斜 (T)/ 删除 (D)/ 复制 (C)/ 颜色 (L)/ 材质 (A)/ 放弃 (U)/ 退出 (X)] < 退出 >：_move

选择面或 [放弃 (U)/ 删除 (R)]：

🔍 重点——对三维实体对象进行移动面操作

素材文件：素材 \CH14\ 三维实体面编辑 .dwg

结果文件：结果 \CH14\ 移动面 .dwg

利用"移动面"命令创建如图 14-39 所示的移动面对象。

【操作步骤】

（1）打开随书配套资源中的"素材 \CH14\ 三维实体面编辑 .dwg"文件，如图 14-37 所示。

（2）选择"修改"→"实体编辑"→"移动面"命令，在绘图区域中选择所有小圆孔作为需要移动的面，按"Enter"键确认，如图 14-38 所示。

（3）在绘图区域中单击任意一点作为移动基点，在命令行提示下输入"@3000,0,0"并按"Enter"键确认，连续按"Enter"键结束该命令，结果如图 14-39 所示。

图 14-37 素材文件

图 14-38 选择对象

图 14-39 移动面

14.2.4 旋转面

"旋转面"命令可以将选择的面沿着指定的旋转轴和方向进行旋转，从而改变实体的形状。

【执行方式】

● 菜单栏：选择菜单栏中的"修改"→"实体编辑"→"旋转面"命令。

● 功能区：单击"常用"选项卡"实体编辑"面板中的"旋转面"按钮🔄。

【操作步骤】

执行上述操作后命令行会进行如下提示。

命令：_solidedit

实体编辑自动检查：SOLIDCHECK=1

输入实体编辑选项 [面 (F)/ 边 (E)/ 体 (B)/ 放弃 (U)/ 退出 (X)] < 退出 >: _face

输入面编辑选项

[拉伸 (E)/ 移动 (M)/ 旋转 (R)/ 偏移 (O)/ 倾斜 (T)/ 删除 (D)/ 复制 (C)/ 颜色 (L)/ 材质 (A)/ 放弃 (U)/ 退出 (X)] < 退出 >: _rotate

选择面或 [放弃 (U)/ 删除 (R)]:

🔍 重点——对三维实体对象进行旋转面操作

素材文件：素材 \CH14\ 三维实体面编辑 .dwg

结果文件：结果 \CH14\ 旋转面 .dwg

利用"旋转面"命令创建如图 14-44 所示的旋转面对象。

【操作步骤】

（1）打开随书配套资源中的"素材 \CH14\ 三维实体面编辑 .dwg"文件，如图 14-40 所示。

（2）选择"修改"→"实体编辑"→"旋转面"命令，在绘图区域中选择需要旋转的面，按"Enter"键确认，如图 14-41 所示。

（3）在绘图区域中单击以指定轴点，如图 14-42 所示。

图 14-40 素材文件

图 14-41 选择对象

图 14-42 指定轴点

（4）在绘图区域中拖动鼠标并单击以指定旋转轴上的另一个点，如图 14-43 所示。

（5）在命令行提示下输入"30"并按"Enter"键，以指定旋转角度，连续按"Enter"键结束该命令，结果如图 14-44 所示。

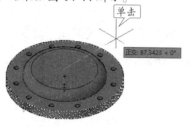

图 14-43 指定旋转轴的点

图 14-44 旋转面

14.2.5 偏移面

"偏移面"命令不具备复制功能，它只能按照指定的距离或通过点均匀地偏移实体表面。在偏移面时，如果偏移面是实体轴，则正偏移值使得轴变大；如果偏移面是一个孔，则正偏移值将使得孔变小，因为它最终将使得实体体积变大。

【执行方式】

● 菜单栏：选择菜单栏中的"修改"→"实体编辑"→"偏移面"命令。

● 功能区：单击"常用"选项卡"实体编辑"面板中的"偏移面"按钮🔲，或者单击"实体"选项卡"实体编辑"面板中的"偏移面"按钮🔲。

【操作步骤】

执行上述操作后命令行会进行如下提示。

命令：_solidedit

实体编辑自动检查：SOLIDCHECK=1

输入实体编辑选项 [面 (F)/ 边 (E)/ 体 (B)/ 放弃 (U)/ 退出 (X)] < 退出 >:_face

输入面编辑选项

[拉伸 (E)/ 移动 (M)/ 旋转 (R)/ 偏移 (O)/ 倾斜 (T)/ 删除 (D)/ 复制 (C)/ 颜色 (L)/ 材质 (A)/ 放弃 (U)/ 退出 (X)] < 退出 >:_offset

选择面或 [放弃 (U)/ 删除 (R)]:

🐭 练一练——对三维实体对象进行偏移面操作

素材文件：素材 \CH14\ 三维实体面编辑 .dwg

结果文件：结果 \CH14\ 偏移面 .dwg

利用"偏移面"命令创建如图 14-47 所示的偏移面对象。

【操作步骤】

（1）打开随书配套资源中的"素材\CH14\三维实体面编辑.dwg"文件，如图14-45所示。

（2）选择"修改"→"实体编辑"→"偏移面"命令，在绘图区域中选择需要偏移的面，按"Enter"键确认，如图14-46所示。

（3）在命令行提示下输入"10"并按"Enter"键确认，以指定偏移距离，连续按"Enter"键结束该命令，结果如图14-47所示。

图14-45 素材文件

选择面

图14-46 选择对象

图14-47 偏移面

14.2.6 着色面

"着色面"命令可以对三维实体的选定面进行相应颜色的指定。

【执行方式】

● 菜单栏：选择菜单栏中的"修改"→"实体编辑"→"着色面"命令。

● 功能区：单击"常用"选项卡"实体编辑"面板中的"着色面"按钮。

【操作步骤】

执行上述操作后命令行会进行如下提示。

命令：_solidedit

实体编辑自动检查：SOLIDCHECK=1

输入实体编辑选项 [面 (F)/ 边 (E)/ 体 (B)/ 放弃 (U)/ 退出 (X)] < 退出 >:_face

输入面编辑选项

[拉伸 (E)/ 移动 (M)/ 旋转 (R)/ 偏移 (O)/ 倾斜 (T)/ 删除 (D)/ 复制 (C)/ 颜色 (L)/ 材质 (A)/ 放弃 (U)/ 退出 (X)] < 退出 >:_color

选择面或 [放弃 (U)/ 删除 (R)]:

练一练——对三维实体对象进行着色面操作

素材文件：素材 \CH14\ 三维实体面编辑 .dwg

结果文件：结果 \CH14\ 着色面 .dwg

利用"着色面"命令创建如图14-50所示的着色面对象。

【操作步骤】

（1）打开随书配套资源中的"素材\CH14\三维实体面编辑.dwg"文件，如图 14-48 所示。

（2）选择"修改"→"实体编辑"→"着色面"命令，在绘图区域中选择需要着色的面，按 "Enter"键确认，如图 14-49 所示。

（3）弹出"选择颜色"对话框，选择"蓝色"选项，单击"确定"按钮，连续按"Enter"键 结束该命令，结果如图 14-50 所示。

图 14-48 素材文件

图 14-49 选择对象

图 14-50 着色面

14.2.7　倾斜面

使用"倾斜面"命令可以使实体表面产生倾斜和锥化效果。

【执行方式】

- 菜单栏：选择菜单栏中的"修改"→"实体编辑"→"倾斜面"命令。

- 功能区：单击"常用"选项卡"实体编辑"面板中的"倾斜面"按钮，或者单击"实 体"选项卡"实体编辑"面板中的"倾斜面"按钮。

【操作步骤】

执行上述操作后命令行会进行如下提示。

> 命令：_solidedit
>
> 实体编辑自动检查：SOLIDCHECK=1
>
> 输入实体编辑选项 [面 (F)/ 边 (E)/ 体 (B)/ 放弃 (U)/ 退出 (X)]< 退出 >:_face
>
> 输入面编辑选项
>
> [拉伸 (E)/ 移动 (M)/ 旋转 (R)/ 偏移 (O)/ 倾斜 (T)/ 删除 (D)/ 复制 (C)/ 颜色 (L)/ 材质 (A)/ 放 弃 (U)/ 退出 (X)]< 退出 >:_taper
>
> 选择面或 [放弃 (U)/ 删除 (R)]:

🔍 重点——对三维实体对象进行倾斜面操作

素材文件：素材\CH14\三维实体面编辑.dwg

结果文件：结果\CH14\倾斜面.dwg

利用"倾斜面"命令创建如图 14-55 所示的倾斜面对象。

【操作步骤】

（1）打开随书配套资源中的"素材 \CH14\ 三维实体面编辑 .dwg"文件，如图 14-51 所示。

（2）选择"修改"→ "实体编辑" →"倾斜面"命令，在绘图区域中选择需要倾斜的面，按 "Enter"键确认，如图 14-52 所示。

（3）在绘图区域中单击以指定倾斜基点，如图 14-53 所示。

图 14-51 素材文件

图 14-52 选择对象

图 14-53 指定倾斜基点

（4）在绘图区域中拖动鼠标并单击以指定沿倾斜轴的另一个点，如图 14-54 所示。

（5）在命令行提示下输入"10"并按"Enter"键确认，以指定倾斜角度，连续按"Enter"键 结束该命令，结果如图 14-55 所示。

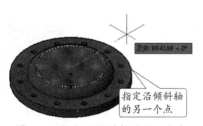

图 14-54 指定沿倾斜轴的另一个点

图 14-55 倾斜面

14.2.8 删除面

使用"删除面"命令可以从选择集中删除以前选择的面。

【执行方式】

● 菜单栏：选择菜单栏中的"修改"→ "实体编辑" →"删除面"命令。

● 功能区：单击"常用"选项卡"实体编辑"面板中的"删除面"按钮。

【操作步骤】

执行上述操作后命令行会进行如下提示。

命令：_solidedit
实体编辑自动检查：SOLIDCHECK=1

输入实体编辑选项 [面 (F)/ 边 (E)/ 体 (B)/ 放弃 (U)/ 退出 (X)] < 退出 >: _face

输入面编辑选项

[拉伸 (E)/ 移动 (M)/ 旋转 (R)/ 偏移 (O)/ 倾斜 (T)/ 删除 (D)/ 复制 (C)/ 颜色 (L)/ 材质 (A)/ 放弃 (U)/ 退出 (X)] < 退出 >: _delete

选择面或 [放弃 (U)/ 删除 (R)]:

练一练——对三维实体对象进行删除面操作

素材文件：素材 \CH14\ 三维实体面编辑 .dwg

结果文件：结果 \CH14\ 删除面 .dwg

利用"删除面"命令创建如图 14-58 所示的删除面对象。

【操作步骤】

（1）打开随书配套资源中的"素材 \CH14\ 三维实体面编辑 .dwg"文件，如图 14-56 所示。

（2）选择"修改"→"实体编辑"→"删除面"命令，在绘图区域中选择需要删除的面，按 "Enter"键确认，如图 14-57 所示。

（3）连续按"Enter"键结束该命令，结果如图 14-58 所示。

图 14-56 素材文件

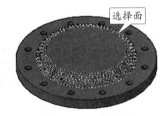

选择面

图 14-57 选择对象

图 14-58 删除面

14.3 三维实体体编辑

前面介绍了三维实体边编辑和面编辑，本节介绍三维实体体编辑。

14.3.1 剖切

为了发现模型内部结构的问题，经常用"剖切"命令沿一个平面或曲面将实体剖切成两部分，可以删除剖切实体的一部分，也可以两者都保留。

【执行方式】

● 命令行：SLICE/SL。

● 菜单栏：选择菜单栏中的"修改"→"三维操作"→"剖切"命令。

● 功能区：单击"常用"选项卡"实体编辑"面板中的"剖切"按钮🔲，或者单击"实体"
选项卡"实体编辑"面板中的"剖切"按钮🔲。

【操作步骤】

执行上述操作后命令行会进行如下提示。

命令：_slice

选择要剖切的对象：

🔍 重点——对三维实体对象进行剖切操作

素材文件：素材 \CH14\ 剖切对象 .dwg

结果文件：结果 \CH14\ 剖切对象 .dwg

利用"剖切"命令创建如图 14-63 所示的剖切对象。

【操作步骤】

（1）打开随书配套资源中的"素材 \CH14\ 剖切对象 .dwg"文件，如图 14-59 所示。

（2）选择"修改"→"三维操作"→"剖切"命令，在绘图区域中选择整个三维实体对象作
为需要剖切的对象，按"Enter"键确认，单击捕捉剖切平面的中点，如图 14-60 所示。

（3）在绘图区域中拖动鼠标并单击指定剖切平面的第二个点，如图 14-61 所示。

图 14-59 素材文件

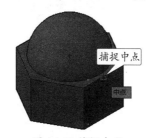

图 14-60 捕捉中点

图 14-61 指定剖切平面的第二个点

（4）在命令行提示下输入"B"并按"Enter"键确认，结果如图 14-62 所示。

（5）在绘图区域中将剖切后的两个三维实体对象中的任意一个删除，结果如图 14-63 所示。

图 14-62 确认剖切

图 14-63 剖切对象

14.3.2 分割

"分割"命令可以将不相连的组合实体分割成独立的实体。虽然分离后的三维实体看起来没有什么变化,但实际上它们已是各自独立的三维实体了。

【执行方式】

◆ 菜单栏:选择菜单栏中的"修改"→"实体编辑"→"分割"命令。

◆ 功能区:单击"常用"选项卡"实体编辑"面板中的"分割"按钮 ▮▮,或者单击"实体"选项卡"实体编辑"面板中的"分割"按钮 ▮▮。

【操作步骤】

执行上述操作后命令行会进行如下提示。

命令: _solidedit

实体编辑自动检查: SOLIDCHECK=1

输入实体编辑选项 [面 (F)/ 边 (E)/ 体 (B)/ 放弃 (U)/ 退出 (X)] < 退出 >:_body

输入体编辑选项

[压印 (I)/ 分割实体 (P)/ 抽壳 (S)/ 清除 (L)/ 检查 (C)/ 放弃 (U)/ 退出 (X)] < 退出 >:_separate

选择三维实体:

练一练——对三维实体对象进行分割操作

素材文件: 素材 \CH14\ 分割对象 .dwg

结果文件: 结果 \CH14\ 分割对象 .dwg

利用"分割"命令创建如图 14-65 所示的分割对象。

【操作步骤】

(1)打开随书配套资源中的"素材 \CH14\ 分割对象 .dwg"文件,如图 14-64 所示。

(2)选择"修改"→"实体编辑"→"分割"命令,在绘图区域中选择整个三维实体对象作为需要分割的对象,连续按"Enter"键结束该命令,视图中的三维实体对象被分割成了两个独立的实体,如图 14-65 所示。

图 14-64 素材文件

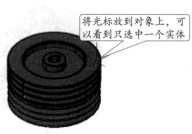

图 14-65 分割对象

14.3.3 加厚

"加厚"命令可以加厚曲面，从而把它转换成实体。该命令只能将由平移、拉伸、扫掠、放样或旋转命令创建的曲面通过加厚转换成实体。

【执行方式】

- 命令行：THICKEN。
- 菜单栏：选择菜单栏中的"修改"→"三维操作"→"加厚"命令。
- 功能区：单击"常用"选项卡"实体编辑"面板中的"加厚"按钮，或者单击"实体"选项卡"实体编辑"面板中的"加厚"按钮。

【操作步骤】

执行上述操作后命令行会进行如下提示。

命令：_Thicken

选择要加厚的曲面：

🔍 重点——对三维实体对象进行加厚操作

素材文件：素材 \CH14\ 加厚对象 .dwg

结果文件：结果 \CH14\ 加厚对象 .dwg

利用"加厚"命令创建如图 14-68 所示的加厚对象。

【操作步骤】

（1）打开随书配套资源中的"素材 \CH14\ 加厚对象 .dwg"文件，如图 14-66 所示。

（2）选择"修改"→"三维操作"→"加厚"命令，在绘图区域中选择需要加厚的对象，按"Enter"键确认，如图 14-67 所示。

（3）在命令行提示下输入"50"并按"Enter"键确认，以指定厚度，结果如图 14-68 所示。

图 14-66 素材文件

图 14-67 选择图形对象

图 14-68 加厚对象

14.3.4 抽壳

"抽壳"命令通过偏移被选中的三维实体的面，将原始面与偏移面之外的删除。也可以在抽壳的三维实体内通过挤压创建一个开口。该命令对一个特殊的三维实体只能执行一次。

【执行方式】

● 菜单栏：选择菜单栏中的"修改"→"实体编辑"→"抽壳"命令。

● 功能区：单击"常用"选项卡"实体编辑"面板中的"抽壳"按钮，或者单击"实体"选项卡"实体编辑"面板中的"抽壳"按钮。

【操作步骤】

执行上述操作后命令行会进行如下提示。

```
命令：_solidedit
实体编辑自动检查：SOLIDCHECK=1
输入实体编辑选项 [ 面 (F)/ 边 (E)/ 体 (B)/ 放弃 (U)/ 退出 (X)] < 退出 >：_body
输入体编辑选项
[ 压印 (I)/ 分割实体 (P)/ 抽壳 (S)/ 清除 (L)/ 检查 (C)/ 放弃 (U)/ 退出 (X)] < 退出 >：_shell
选择三维实体：
```

练一练——对三维实体对象进行抽壳操作

素材文件：素材 \CH14\ 抽壳 .dwg

结果文件：结果 \CH14\ 抽壳 .dwg

利用"抽壳"命令创建如图 14-71 所示的抽壳对象。

【操作步骤】

（1）打开随书配套资源中的"素材 \CH14\ 抽壳 .dwg"文件，如图 14-69 所示。

（2）选择"修改"→"实体编辑"→"抽壳"命令，在绘图区域中选择整个三维实体对象作为需要抽壳的对象，在命令行提示下选择三维实体对象的上表面，以指定删除面，按"Enter"键确认，如图 14-70 所示。

（3）在命令行提示下输入"2"并按"Enter"键确认，以指定抽壳距离，连续按"Enter"键结束该命令，结果如图 14-71 所示。

图 14-69 素材文件

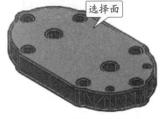
14-70 指定删除面

图 14-71 抽壳对象

14.4 布尔运算和干涉检查

布尔运算就是对多个面域和三维实体进行并集、差集和交集运算。

干涉检查是指把实体保留下来，并用两组实体的交集生成一个新的实体。

14.4.1 并集运算

并集运算可以在图形中选择两个或两个以上的三维实体，系统将自动删除实体相交的部分，并将不相交部分保留下来合并成一个新的组合体。

【执行方式】

◆ 命令行：UNION/UNI。

◆ 菜单栏：选择菜单栏中的"修改"→"实体编辑"→"并集"命令。

◆ 功能区：单击"常用"选项卡"实体编辑"面板中的"实体，并集"按钮，或者单击"实体"选项卡"布尔值"面板中的"并集"按钮。

【操作步骤】

执行上述操作后命令行会进行如下提示。

命令：_union
选择对象：

🔍 重点——对三维模型进行并集运算

素材文件：素材 \CH14\ 并集运算 .dwg

结果文件：结果 \CH14\ 并集运算 .dwg

利用"并集"命令创建如图 14-73 所示的并集运算对象。

【操作步骤】

（1）打开随书配套资源中的"素材 \CH14\ 并集运算 .dwg"文件，如图 14-72 所示。

（2）选择"修改"→"实体编辑"→"并集"命令，在绘图区域中选择全部对象作为需要进行并集运算的对象，按"Enter"键确认，结果如图 14-73 所示。

图 14-72 素材文件

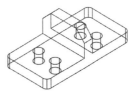

图 14-73 并集运算

练一练——圆珠笔建模

素材文件：素材 \CH14\ 圆珠笔 .dwg

结果文件：结果 \CH14\ 圆珠笔 .dwg

利用"并集"命令对圆珠笔进行建模，结果如图 14-77 所示。

【操作步骤】

（1）打开随书配套资源中的"素材 \CH014\ 圆珠笔 .dwg"文件，如图 14-74 所示。

（2）利用旋转建模的方式对素材图形进行旋转，旋转轴为 Z 轴，旋转角度为 360°，将视觉样式切换为"概念"，如图 14-75 所示。

（3）绘制一个大小和位置适当的圆角长方体，如图 14-76 所示。

（4）利用并集运算将所有对象合并，如图 14-77 所示。

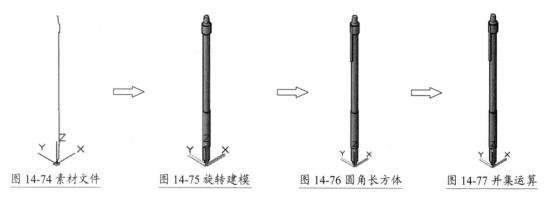

图 14-74 素材文件　　　　图 14-75 旋转建模　　　　图 14-76 圆角长方体　　　　图 14-77 并集运算

14.4.2 差集运算

通过差集运算可以从一个对象中减去一个重叠面域或三维实体来创建新对象。

【执行方式】

- 命令行：SUBTRACT/SU。
- 菜单栏：选择菜单栏中的"修改"→"实体编辑"→"差集"命令。
- 功能区：单击"常用"选项卡"实体编辑"面板中的"实体，差集"按钮，或者单击"实体"选项卡"布尔值"面板中的"差集"按钮。

【操作步骤】

执行上述操作后命令行会进行如下提示。

命令：_subtract 选择要从中减去的实体、曲面和面域 ...

选择对象：

重点——对三维模型进行差集运算

素材文件：素材 \CH14\ 差集运算 .dwg

结果文件：结果 \CH14\ 差集运算 .dwg

利用"差集"命令创建如图 14-79 所示的差集运算对象。

【操作步骤】

（1）打开随书配套资源中的"素材 \CH14\ 差集运算 .dwg"文件，如图 14-78 所示。

（2）选择"修改"→"实体编辑"→"差集"命令，在绘图区域中选择圆锥体并按"Enter"
键确认，然后选择圆柱体，按"Enter"键确认，结果如图 14-79 所示。

图 14-78 素材文件

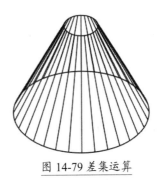

图 14-79 差集运算

14.4.3 交集运算

交集运算可以对两个或两组实体进行相交运算。当对多个实体进行交集运算后，会删除实
体不相交的部分，并将相交部分保留下来生成一个新的实体。

【执行方式】

● 命令行：INTERSECT/IN。

● 菜单栏：选择菜单栏中的"修改"→"实体编辑"→"交集"命令。

● 功能区：单击"常用"选项卡"实体编辑"面板中的"实体，交集"按钮，或者单击"实
体"选项卡"布尔值"面板中的"交集"按钮。

【操作步骤】

执行上述操作后命令行会进行如下提示。

命令：_intersect

选择对象：

🔍 重点——对三维模型进行交集运算

素材文件：素材 \CH14\ 交集运算 .dwg

结果文件：结果 \CH14\ 交集运算 .dwg

利用"交集"命令创建如图 14-81 所示的交集运算对象。

【操作步骤】

（1）打开随书配套资源中的"素材 \CH14\ 交集运算 .dwg"文件，如图 14-80 所示。

（2）选择"修改"→"实体编辑"→"交集"命令，在绘图区域中选择圆锥体和长方体，按
"Enter"键确认，结果如图 14-81 所示。

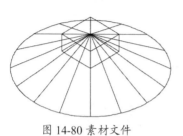

图 14-80 素材文件　　　　　　　　　　图 14-81 交集运算

14.4.4　干涉检查

下面将对干涉检查的运用方法进行介绍。

【执行方式】

● 命令行：INTERFERE。

● 菜单栏：选择菜单栏中的"修改"→"三维操作"→"干涉检查"命令。

● 功能区：单击"常用"选项卡"实体编辑"面板中的"干涉"按钮，或者单击"实体"
选项卡"实体编辑"面板中的"干涉"按钮。

【操作步骤】

执行上述操作后命令行会进行如下提示。

命令：_interfere
选择第一组对象或 [嵌套选择 (N)/ 设置 (S)]:

🔍 重点——对三维模型进行干涉检查

素材文件：素材 \CH14\ 干涉检查 .dwg

结果文件：结果 \CH14\ 干涉检查 .dwg

利用"干涉检查"命令为三维模型进行干涉检查，如图 14-84 所示。

【操作步骤】

（1）打开随书配套资源中的"素材 \CH14\ 干涉检查 .dwg"文件，如图 14-82 所示。

（2）选择"修改"→"三维操作"→"干涉检查"命令，在绘图区域中选择任意一个长方体
作为第一组对象，按"Enter"键确认，然后选择另一个长方体作为第二组对象，按"Enter"

键确认，弹出"干涉检查"对话框，如图 14-83 所示。

（3）将"干涉检查"对话框移动到其他位置，结果如图 14-84 所示。

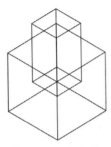

图 14-82 素材文件

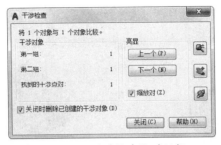

图 14-83 "干涉检查"对话框

图 14-84 干涉检查

14.5 三维图形的操作

在三维空间中编辑对象时，除了直接使用二维空间中的"移动""镜像""阵列"等编辑命令外，AutoCAD 还提供了专门用于编辑三维图形的命令。

14.5.1 三维旋转

"三维旋转"命令可以使指定对象绕预定义轴，按指定基点和角度旋转三维对象。

【执行方式】

● 命令行：3DROTATE/3R。

● 菜单栏：选择菜单栏中的"修改"→"三维操作"→"三维旋转"命令。

● 功能区：单击"常用"选项卡"修改"面板中的"三维旋转"按钮。

【操作步骤】

执行上述操作后命令行会进行如下提示。

命令：_3drotate

UCS 当前的正角方向：ANGDIR= 逆时针 ANGBASE=0

选择对象：

🔎 重点——对三维模型进行三维旋转操作

素材文件：素材 \CH14\ 三维旋转 .dwg

结果文件：结果 \CH14\ 三维旋转 .dwg

利用"三维旋转"命令为三维模型进行三维旋转操作，如图 14-88 所示。

【操作步骤】

（1）打开随书配套资源中的"素材\CH14\三维旋转.dwg"文件，如图14-85所示。

（2）选择"修改"→"三维操作"→"三维旋转"命令，在绘图区域中选择接线片模型作为
需要旋转的对象，按"Enter"键确认，单击指定旋转基点，如图14-86所示。

图14-85 素材文件   图14-86 指定旋转基点

（3）将光标移动到蓝色的圆环处，当出现蓝色轴线（Z轴）时单击，选择Z轴为旋转轴，如
图14-87所示。

（4）在命令行提示下输入旋转角度"-90"，按"Enter"键确认，结果如图14-88所示。

图14-87 选择旋转轴   图14-88 三维旋转

Tips

AutoCAD中默认X轴为红色，Y轴为绿色，Z轴为蓝色。

14.5.2 三维对齐

三维对齐可以在二维和三维空间中将目标对象与其他对象对齐。

【执行方式】

♦ 命令行：3DALIGN/3AL。

♦ 菜单栏：选择菜单栏中的"修改"→"三维操作"→"三维对齐"命令。

♦ 功能区：单击"常用"选项卡"修改"面板中的"三维对齐"按钮 。

【操作步骤】

执行上述操作后命令行会进行如下提示。

命令：_3dalign

选择对象：

🔍 重点——对三维模型进行三维对齐操作

素材文件：素材 \CH14\ 三维对齐 .dwg

结果文件：结果 \CH14\ 三维对齐 .dwg

利用"三维对齐"命令为三维模型进行三维对齐操作，如图 14-97 所示。

【操作步骤】

（1）打开随书配套资源中的"素材 \CH14\ 三维对齐 .dwg"文件，如图 14-89 所示。

（2）选择"修改"→"三维操作"→"三维对齐"命令，在绘图区域中选择如图 14-90 所示的图形对象作为需要对齐的对象，按"Enter"键确认。

（3）在绘图区域中捕捉如图 14-91 所示的端点作为基点。

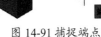

图 14-89 素材文件   图 14-90 选择图形对象   图 14-91 捕捉端点

（4）在绘图区域中拖动鼠标捕捉如图 14-92 所示的端点作为第二个点。

（5）在绘图区域中拖动鼠标捕捉如图 14-93 所示的端点作为第三个点。

（6）在绘图区域中拖动鼠标捕捉如图 14-94 所示的端点作为第一个目标点。

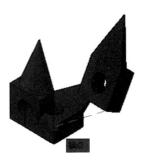

图 14-92 捕捉端点   图 14-93 捕捉端点   图 14-94 捕捉端点

（7）在绘图区域中拖动鼠标捕捉如图 14-95 所示的端点作为第二个目标点。

（8）在绘图区域中拖动鼠标捕捉如图 14-96 所示的端点作为第三个目标点。

（9）结果如图 14-97 所示。

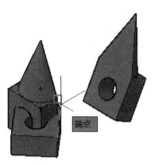
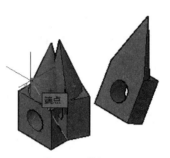

图 14-95 捕捉端点　　　　　图 14-96 捕捉端点　　　　　图 14-97 三维对齐

14.5.3 三维镜像

三维镜像是将三维实体模型按照指定的平面进行对称复制，选择的镜像平面可以是对象的面、三点创建的面，也可以是坐标系的 3 个基准平面。三维镜像与二维镜像的区别在于，二维镜像以直线为镜像参考，而三维镜像则以平面为镜像参考。

【执行方式】

◆ 命令行：MIRROR3D。

◆ 菜单栏：选择菜单栏中的"修改"→"三维操作"→"三维镜像"命令。

◆ 功能区：单击"常用"选项卡"修改"面板中的"三维镜像"按钮 。

【操作步骤】

执行上述操作后命令行会进行如下提示。

```
命令：_mirror3d
选择对象：
```

🔍 重点——对三维模型进行三维镜像操作

素材文件：素材 \CH14\ 三维镜像 .dwg

结果文件：结果 \CH14\ 三维镜像 .dwg

利用"三维镜像"命令为三维模型进行三维镜像操作，如图 14-102 所示。

【操作步骤】

（1）打开随书配套资源中的"素材 \CH14\ 三维镜像 .dwg"文件，如图 14-98 所示。

（2）选择"修改"→"三维操作"→"三维镜像"命令，在绘图区域中选择全部图形对象作为需要镜像的对象，按"Enter"键确认，单击指定镜像平面的第一个点，如图14-99所示。

（3）在绘图区域中单击指定镜像平面的第二个点，如图14-100所示。

图14-98 素材文件　　　　　　　图14-99 捕捉端点　　　　　　图14-100 捕捉端点

（4）在绘图区域中单击指定镜像平面的第三个点，如图14-101所示。

（5）按"Enter"键确认不删除源对象，结果如图14-102所示。

图14-101 捕捉端点　　　　　　　　　图14-102 三维镜像

14.6 实例——插卡音响建模

下面将介绍插卡音响模型的绘制，主要应用"长方体""圆角""复制""圆柱体""布尔运算""镜像"等命令。

（1）打开随书配套资源中的"素材\CH14\插卡音响.dwg"文件，如图14-103所示。

（2）选择"绘图"→"建模"→"长方体"命令，第一个角点可以任意单击指定，第二个角点指定为"@10,100,40"，如图14-104所示。

（3）选择"修改"→"圆角"命令，圆角半径设置为"3"，将长方体的所有边进行圆角操作，如图14-105所示。

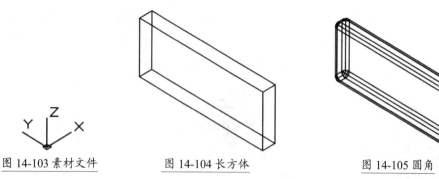

图 14-103 素材文件　　　　　图 14-104 长方体　　　　　　图 14-105 圆角

（4）调用"长方体"命令，在命令行提示下输入"fro"并按"Enter"键，捕捉如图 14-106 所示的中点作为基点。

（5）在命令行提示下输入"@–1,10,0""@2,3,2"，分别按"Enter"键确认，如图 14-107 所示。

（6）调用"圆角"命令，圆角半径设置为"0.5"，将刚才绘制的长方体的部分边进行圆角操作，如图 14-108 所示。

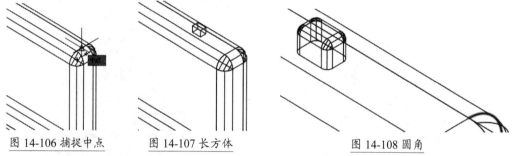

图 14-106 捕捉中点　　　　　图 14-107 长方体　　　　　　　图 14-108 圆角

（7）选择"修改"→"复制"命令，将刚才圆角的长方体进行复制操作，单击任意一点作为复制基点，复制第二点分别指定为"@0,10,0""@0,20,0""@0,30,0"，如图 14-109 所示。

（8）将坐标系绕 X 轴旋转 $90°$，如图 14-110 所示。调用"长方体"命令，捕捉如图 14-111 所示的中点作为第一个角点，"@10,–40,10"作为第二个角点，结果如图 14-112 所示。

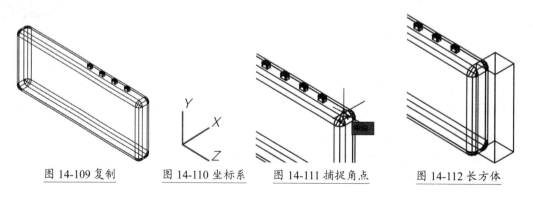

图 14-109 复制　　　图 14-110 坐标系　　　图 14-111 捕捉角点　　　图 14-112 长方体

（9）选择"修改"→"实体编辑"→"差集"命令，选择步骤（3）中得到的圆角长方体并按"Enter"键，继续选择步骤（8）中得到的圆角长方体按"Enter"键，如图14-113所示。

（10）选择"绘图"→"建模"→"圆柱体"命令，在命令行提示下输入"fro"并按"Enter"键，捕捉如图14-114所示的端点作为基点，底面中心点指定为"@0,-10,0"，底面半径指定为"1"，高度指定为"-10"，结果如图14-115所示。

图14-113 差集运算

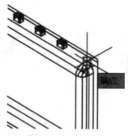

图14-114 捕捉端点

图14-115 圆柱体

（11）调用"圆柱体"命令，在命令行提示下输入"fro"并按"Enter"键，捕捉如图14-116所示的端点作为基点，底面中心点指定为"@0,-20,0"，底面半径指定为"0.5"，高度指定为"-5"，结果如图14-117所示。

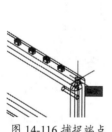

图14-116 捕捉端点

图14-117 圆柱体

（12）调用"长方体"命令，在命令行提示下输入"fro"并按"Enter"键，捕捉如图14-118所示的端点作为基点，在命令行中输入"@-0.5,-25,0""@1,-10,-10"，分别按"Enter"键确认，结果如图14-119所示。

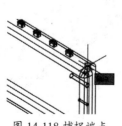

图14-118 捕捉端点

图14-119 长方体

（13）调用"差集"命令，选择步骤（9）中得到的对象并按"Enter"键，继续选择步骤（10）~
（12）中得到的 3 个对象并按"Enter"键，如图 14-120 所示。

（14）将坐标系移动到如图 14-121 所示的中点位置处，可以进行适当旋转调整。

图 14-120 差集运算

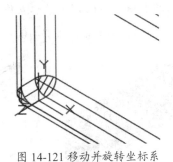

图 14-121 移动并旋转坐标系

（15）调用"圆柱体"命令，底面中心点指定为"@25,20,5"，底面半径指定为"15"，高度
指定为"1"，结果如图 14-122 所示。

（16）调用"圆角"命令，半径指定为"1"，将刚才绘制的圆柱体的部分边进行圆角操作，
结果如图 14-123 所示。

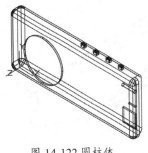

图 14-122 圆柱体

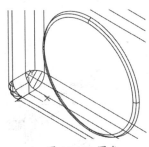

图 14-123 圆角

（17）选择"修改"→"镜像"命令，选择步骤（16）中得到的圆角圆柱体并按"Enter"键，
捕捉如图 14-124 所示的中点作为镜像线第一个点，在垂直方向指定镜像线第二个点，保
留源对象，结果如图 14-125 所示。

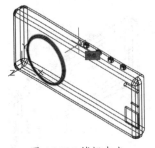

图 14-124 捕捉中点

图 14-125 镜像

（18）将坐标系调整为世界坐标系，视觉样式切换为"概念"，如图 14-126 所示。

图 14-126 概念视觉样式

◎◎ 技 巧

1. 可用于三维空间的二维编辑命令

很多二维编辑命令都可以在三维绘图中使用，具体如表 14-1 所示。

表 14-1　二维编辑命令在三维绘图中的用法

命令	在三维绘图中的用法	命令	在三维绘图中的用法
删除（E）	与二维绘图相同	缩放（SC）	可用于三维对象
复制（CO）	与二维绘图相同	拉伸（S）	在三维空间可用于二维对象、线框和曲面
镜像（MI）	镜像线在二维平面上时，可以用于三维对象	拉长（LEN）	在三维空间只能用于二维对象
偏移（O）	在三维中也只能用于二维对象	修剪（TR）	有专门的三维选项
阵列（AR）	与二维绘图相同	延伸（EX）	有专门的三维选项
移动（M）	与二维绘图相同	打断（BR）	在三维空间只能用于二维对象
旋转（RO）	可用于 XY 平面上的三维对象	倒角（CHA）	有专门的三维选项
对齐（AL）	可用于三维对象	圆角（F）	有专门的三维选项
分解（X）	与二维绘图相同		

2. 设置光标颜色

AutoCAD 2019 中默认光标颜色为彩色，如图 14-127 所示。调用"选项"对话框，选择"绘图"选项卡，单击"颜色"按钮，在"上下文"列表框中选择"三维平行投影"选项，在"界面元素"列表框中选择"十字光标"选项，在"颜色"选项区域中取消选中"为 X、Y、Z 轴染色"复选框，如图 14-128 所示。光标不再以彩色显示，如图 14-129 所示。

图 14-127 彩色光标　　图 14-128 参数设置　　图 14-129 光标不再以彩色显示

3."分割"命令的注意事项

在使用"分割"命令时需要注意，分割不用设置分割面，分割不能将一个三维实体分解恢复到它的原始状态，也不能分割相连的实体。

4.通过布局空间向模型空间绘制图形

由于工作需要，经常需要在"布局"空间与"模型"空间之间进行切换，某些时候为了避免这种烦琐的情况出现，可以直接在"布局"空间中向"模型"空间绘图。

（1）在"布局"视口中双击，使其激活，如图 14-30 所示。

（2）可以与"模型"空间一样绘制图形，如图 14-131 所示。

（3）切换到"模型"空间可以看到绘制结果，如图 14-132 所示。

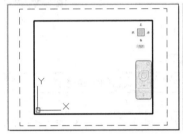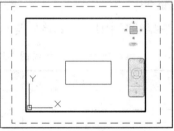

图 14-130 激活"布局"视口　　　　图 14-131 绘制图形　　　　图 14-132 绘制结果

第 15 章

渲染

内容简介

AutoCAD 为用户提供了更加强大的渲染功能，渲染图除了具有消隐图所具有的逼真感之外，还提供了调解光源、在模型表面附着材质等功能，使三维图形更加形象逼真，更加符合视觉效果。

内容要点

- 渲染的基本概念
- 材质
- 创建光源

案例效果

15.1 渲染的基本概念

在 AutoCAD 中，三维模型对象可以对物体整体进行有效表达，使其更加直观，结构更加明朗。但是在视觉效果上面却与真实物体存在着很大差距，渲染功能有效地弥补了这一缺陷，使三维模型对象表现得更加完美，更加真实。

15.1.1 渲染的功能

AutoCAD 的渲染模块基于一个名为 Acrender.arx 的文件，该文件在使用渲染命令时自动加载。AutoCAD 的渲染模块具有如下功能。

（1）支持 3 种类型的光源：聚光源、点光源和平行光源。另外，还可以支持色彩并能产生阴影效果。

（2）支持透明和反射材质。

（3）可以在曲面上加上位图图像来帮助创建真实感的渲染。

（4）可以加上人物、树木和其他类型的位图图像进行渲染。

（5）可以完全控制渲染的背景。

（6）可以对远距离对象进行明暗处理来增强距离感。

渲染相对于其他视觉样式有更直观的表达，如圆锥体曲面模型的线框图、消隐图及渲染图的视觉效果对比，如图 15-1 所示。

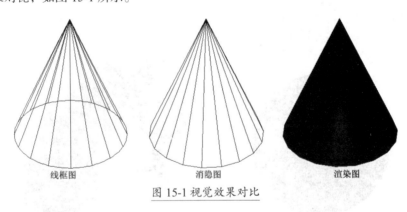

线框图　　　　　　　　　消隐图　　　　　　　　　渲染图

图 15-1 视觉效果对比

15.1.2 窗口渲染

渲染可以在窗口、视口和面域中进行，AutoCAD 2019 默认是在窗口中进行中等质量的渲染。

【执行方式】

● 命令行：RENDER/RR。

◆ 功能区：单击"可视化"选项卡"渲染"面板中的"渲染"按钮 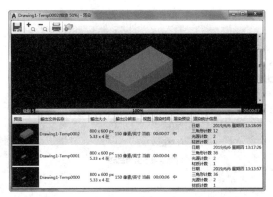。

【操作步骤】

执行上述操作后会打开"渲染"窗口，如图 15-2 所示。

图 15-2 "渲染"窗口

【选项说明】

"渲染"窗口分为"图像"窗格、"历史记录"窗格和"信息统计"窗格。所有图形的渲染始终显示在其相应的"渲染"窗口中。

在渲染窗口可以执行的操作有将图像保存为文件、将图像的副本保存为文件、监视当前渲染的进度、追踪模型的渲染历史记录、删除渲染历史记录中的图像，以及放大渲染图像的某个部分，平移图像，然后再将其缩小。

"图像"窗格：渲染器的主输出目标。显示当前渲染的进度和当前渲染操作完成后的最终渲染图像。

缩放比例：缩放比例范围为 1% ~ 6400%。可以单击"放大"和"缩小"按钮，或者滚动鼠标滚轮来更改当前的缩放比例。

进度条：进度条显示完成的层数、当前迭代的进度及总体渲染时间。通过单击位于"渲染"窗口顶部的"取消"按钮或按"Esc"键，可以取消渲染。

"历史记录"窗格：位于"渲染"窗口底部，默认情况下处于折叠状态。可以访问当前模型最近渲染的图像，以及用于创建渲染图像的对象的统计信息。

预览：已完成渲染的图像的小缩略图。

输出文件名称：渲染图像的文件名。

输出尺寸：渲染图像的宽度和高度（以像素为单位）。

输出分辨率：渲染图像的分辨率，以每英寸点数 (DPI) 为单位。

视图：所渲染的视图名称的名称。如果没有任何命名视图是当前的，则将视图存储为当前。

渲染时间：测得的渲染时间（采用"时：分：秒"格式）。

渲染预设：用于渲染的渲染预设名称。

渲染统计信息：创建渲染图像的日期和时间，以及渲染视图中的对象数。对象计数包括几何图形、光源和材质。

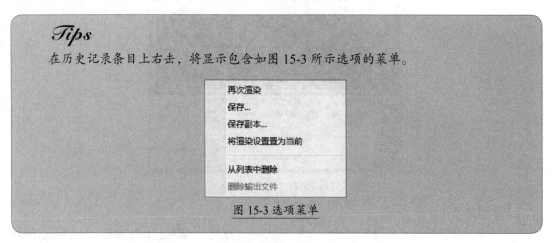

Tips

在历史记录条目上右击，将显示包含如图 15-3 所示选项的菜单。

> 再次渲染
> 保存…
> 保存副本…
> 将渲染设置置为当前
>
> 从列表中删除
> 删除输出文件

图 15-3 选项菜单

再次渲染：为选定的历史记录条目重新启动渲染器。

保存：显示"渲染输出文件"对话框，通过此对话框可以将渲染图像保存到磁盘。

保存副本：将图像保存到新位置而不会影响已存储在条目中的位置。将显示"渲染输出文件"对话框。

将渲染设置为当前：将与选定历史记录条目相关联的渲染预设置为当前。

从列表中删除：从历史记录中删除条目，而仍在"图像"窗格中保留所有关联的图像文件。

删除输出文件：从磁盘中删除与选定的历史记录条目相关联的图像文件。

选项列表：选项列表包括保存、放大、缩小、打印和取消 5 个选项，如图 15-4 所示。

图 15-4 选项列表

保存：将图像保存为光栅图像文件。当渲染到"渲染"窗口时，不能使用 SAVEIMG 命令，此命令仅适用于在视口中进行渲染。

放大：放大"图像"窗格中的渲染图像。放大后，可以平移图像。

缩小：缩小"图像"窗格中的渲染图像。

打印：将渲染图像文件发送到系统指定的打印机。

取消：终止当前渲染。

练一练——为三维模型进行窗口渲染

素材文件：素材 \CH15\ 电机 .dwg

结果文件：无

利用"渲染"命令为三维模型进行如图 15-6 所示的窗口渲染。

【操作步骤】

（1）打开随书配套资源中的"素材 \CH15\ 电机 .dwg"文件，如图 15-5 所示。

（2）调用"渲染"命令，系统默认的窗口中等质量渲染结果如图 15-6 所示。

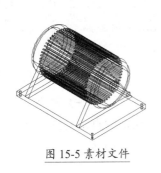

图 15-5 素材文件

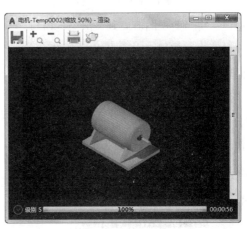

图 15-6 窗口渲染

15.1.3 高级渲染设置

高级渲染设置可以控制许多处理渲染任务的设置，尤其是在进行较高质量渲染时。

【执行方式】

● 命令行：RPREF/RPR。

● 菜单栏：选择菜单栏中的"视图"→
"渲染"→"高级渲染设置"命令。

● 功能区：单击"可视化"选项卡"渲染"
面板右下角的按钮 。

【操作步骤】

执行上述操作后会打开"渲染预设管
理器"面板，如图 15-7 所示。

图 15-7 "渲染预设管理器"面板

【选项说明】

渲染位置：确定渲染器显示渲染图像的位置，单击列表的下拉按钮，弹出窗口、视口和面域等选项，如图 15-8 所示。

图 15-8 选项

窗口：将当前视图渲染到"渲染"窗口。

视口：在当前视口中渲染当前视图。

面域：在当前视口中渲染指定区域。

"渲染尺寸"：指定渲染图像的输出尺寸和分辨率。选择"更多输出设置"以显示"'渲染到尺寸'输出设置"对话框并指定自定义输出尺寸。"渲染尺寸"下拉列表的选项如图 15-9 所示。

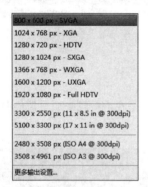

图 15-9 选项

Tips

仅当从"渲染位置"下拉列表中选择"窗口"选项时，此选项才可用。

渲染 📷：创建三维实体或曲面模型的真实照片级图像或真实着色图像。

当前预设：指定渲染视图或区域时要使用的渲染预设。AutoCAD 2019 有 6 种预设，默认为"中"，如图 15-10 所示。

图 15-10 预设

Tips

修改标准渲染预设的设置时会导致创建新的自定义渲染预设。

创建副本 ⚙：复制选定的渲染预设。将复制的渲染预设名称及后缀"- CopyN"附加到该名称，以便为该新的自定义渲染预设创建唯一名称。N 所表示的数字会递增，直到创建唯一名称。

删除 ✖：从图形的"当前预设"下拉列表中，删除选定的自定义渲染预设。在删除选定的渲染预设后，将另一个渲染预设置为当前。

预设信息：显示选定渲染预设的名称和说明。

名称：指定选定渲染预设的名称。可以重命名自定义渲染预设而非标准渲染预设。

说明：指定选定渲染预设的说明。

渲染持续时间：控制渲染器为创建最终渲染输出而执行的迭代时间或层级数。增加时间或层级数可提高渲染图像的质量。（RENDERTARGET 系统变量）

直到满意：渲染将继续，直到取消为止。

按级别渲染：指定渲染引擎为创建渲染图像而执行的层级数或迭代数。（RENDERLEVEL 系统变量）

按时间渲染：指定渲染引擎用于反复细化渲染图像的分钟数。（RENDERTIME 系统变量）

光源和材质：控制用于渲染图像的光源和材质计算的准确度。（RENDERLIGHTCALC 系统变量）

低：简化光源模型，最快但最不真实。全局照明、反射和折射处于禁用状态。

草稿：基本光源模型，平衡性能和真实感。全局照明处于启用状态，反射和折射处于禁用状态。

高：高级光源模型，较慢但最真实。全局照明、反射和折射处于启用状态。

15.2 材质

材质能够详细描述对象如何反射或透射灯光，可使场景更加具有真实感。

15.2.1 材质浏览器

用户可以使用材质浏览器导航和管理材质。

【执行方式】

- 命令行：MATBROWSEROPEN/MAT。
- 菜单栏：选择菜单栏中的"视图"→"渲染"→"材质浏览器"命令。
- 功能区：单击"可视化"选项卡"材质"面板中的"材质浏览器"按钮🌐。

【操作步骤】

执行上述操作后会打开"材质浏览器"面板，如图 15-11 所示。

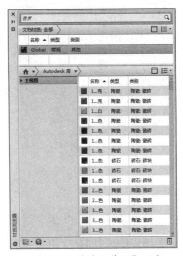

图 15-11 "材质浏览器"面板

【选项说明】

创建材质🌐：在图形中创建新材质，单击该下拉按钮，弹出如图 15-12 所示的材质。

图 15-12 创建材质

文档材质：描述图形中所有应用材质。单击下拉按钮后如图 15-13 所示。

图 15-13 文档材质

Autodesk 库：包含了 Autodesk 提供的所有材质，如图 15-14 所示。

图 15-14 Autodesk 库

管理：单击下拉按钮如图 15-15 所示。

图 15-15 管理

重点——附着材质

素材文件：素材 \CH15\ 附着材质 .dwg

结果文件：结果 \CH15\ 附着材质 .dwg

利用材质浏览器为三维模型附着材质，如图 15-19 所示。

【操作步骤】

（1）打开随书配套资源中的"素材 \CH15\ 附着材质 .dwg"文件，如图 15-16 所示。

（2）选择"视图"→"渲染"→"材质浏览器"命令，在弹出的"材质浏览器"面板上选择"12英寸顺砌-紫红色"材质选项，如图15-17所示。

图15-16 素材文件

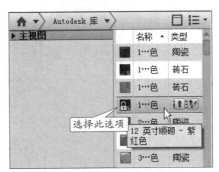

图15-17 选择材质

（3）将"12英寸顺砌-紫红色"材质拖动到三维建模空间中的三维模型上面，如图15-18所示。

（4）命令行输入"RENDER/RR"命令并按"Space"键，结果如图15-19所示。

图15-18 附着材质

图15-19 渲染

15.2.2 材质编辑器

用于编辑在"材质浏览器"面板中选定的材质。

【执行方式】

◆ 命令行：MATEDITOROPEN。

◆ 菜单栏：选择菜单栏中的"视图"→"渲染"→"材质编辑器"命令。

◆ 功能区：单击"可视化"选项卡"材质"面板右下角的按钮 ↘。

【操作步骤】

执行上述操作后会打开"材质编辑器"面板，选择"外观"选项卡，如图15-20所示。选择"信息"选项卡，如图15-21所示。

图 15-20 "外观"选项卡

图 15-21 "信息"选项卡

【选项说明】

材质预览：预览选定的材质。

"选项"下拉菜单：提供用于更改缩略图预览的形状和渲染质量的选项。

名称：指定材质的名称。

"显示材质浏览器"按钮▤：显示材质浏览器。

"创建材质"按钮▣ ▾：创建或复制材质。

信息：指定材质的常规说明。

关于：显示材质的类型、版本和位置。

15.2.3 设置贴图

将贴图频道和贴图类型添加到材质后，用户可以通过修改相关的贴图特性优化材质。可以使用贴图控件来调整贴图的特性。

【执行方式】

- 命令行：MATERIALMAP，在命令行提示下输入一种适当的选项按"Space"键确认。
- 菜单栏：选择菜单栏中的"视图"→"渲染"→"贴图"命令，选择一种适当的贴图方式。
- 功能区：单击"可视化"选项卡"材质"面板中的"材质贴图"按钮，选择一种适当的贴图方式。

【选项说明】

平面贴图：将图像映射到对象上，就像将其从幻灯片投影器投影到二维曲面上一样。图像不会失真，但是会被缩放以适应对象。该贴图最常用于面。

长方体贴图：将图像映射到类似长方体的实体上。该图像将在对象的每个面上都使用。

柱面贴图：在水平和垂直两个方向上同时使图像弯曲。纹理贴图的顶边在球体的"北极"压缩为一个点。同样，底边在"南极"压缩为一个点。

球面贴图：将图像映射到圆柱形对象上，水平边将一起弯曲，但顶边和底边不会弯曲。图像的高度将沿圆柱体的轴进行缩放。

15.3 创建光源

AutoCAD 提供了 3 种光源单位：标准（常规）、国际（国际标准）和美制。

场景中没有光源时，将使用默认光源对场景进行着色或渲染。来回移动模型时，默认光源来自视点后面的两个平行光源。模型中所有的面均被照亮，以使其可见。可以控制亮度和对比度，但不需要自己创建或放置光源。

插入自定义光源或启用阳光时，将会为用户提供禁用默认光源的选项。另外，用户可以仅将默认光源应用到视口，同时将自定义光源应用到渲染。

15.3.1 点光源

法线点光源不以某个对象为目标，而是照亮它周围的所有对象。使用类似点光源来获得基本照明效果。

目标点光源具有其他目标特性，因此它可以定向到对象，也可以将点光源的目标特性从"否"更改为"是"，从点光源创建目标点光源。

在标准光源工作流中可以手动设定点光源，使其强度随距离线性衰减（与距离的平方成反比）或者不衰减。默认情况下，衰减设定为"无"。

【执行方式】

- 命令行：POINTLIGHT。
- 菜单栏：选择菜单栏中的"视图"→"渲染"→"光源"→"新建点光源"命令。
- 功能区：单击"可视化"选项卡"光源"面板"创建光源"下拉列表中的"点"按钮。

【操作步骤】

执行上述操作后会打开"光源 - 视口光源模式"对话框，如图 15-22 所示。

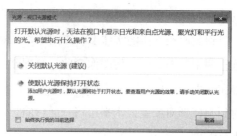

图 15-22 "光源 - 视口光源模式"对话框

🔍 重点——新建点光源

素材文件：素材 \CH15\ 新建光源 .dwg

结果文件：结果 \CH15\ 新建点光源 .dwg

利用"新建点光源"命令创建如图 15-24 所示的点光源。

【操作步骤】

（1）打开随书配套资源中的"素材 \CH15\ 新建光源 .dwg"文件，如图 15-23 所示。

（2）选择"视图"→"渲染"→"光源"→"新建点光源"命令，弹出"光源 - 视口光源模式"对话框，选择"关闭默认光源（建议）"选项，在命令提示下指定新建点光源的位置及强度因子，命令行提示如下。

命令：_pointlight

指定源位置 <0,0,0>: 0,0,50

输入要更改的选项 [名称 (N)/ 强度因子 (I)/ 状态 (S)/ 光度 (P)/ 阴影 (W)/ 衰减 (A)/ 过滤颜色 (C)/ 退出 (X)] < 退出 >: i

输入强度 (0.00 - 最大浮点数) <1>: 0.01

输入要更改的选项 [名称 (N)/ 强度因子 (I)/ 状态 (S)/ 光度 (P)/ 阴影 (W)/ 衰减 (A)/ 过滤颜色 (C)/ 退出 (X)] < 退出 >:

（3）结果如图 15-24 所示。

图 15-23 素材文件

图 15-24 新建点光源

15.3.2 平行光

下面将对创建平行光的方法进行介绍。

【执行方式】

● 命令行：DISTANTLIGHT。

● 菜单栏：选择菜单栏中的"视图"→"渲染"→"光源"→"新建平行光"命令。

● 功能区：单击"可视化"选项卡"光源"面板"创建光源"下拉列表中的"平行光"
按钮。

【操作步骤】

执行上述操作后会打开"光源 - 视口光源模式"对话框，参见 15.3.1 节，选择"关闭默认
光源（建议）"选项，弹出"光源 - 光度控制平行光"对话框，如图 15-25 所示。

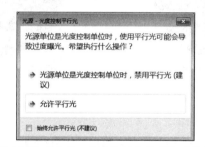

图 15-25 "光源 - 光度控制平行光"对话框

🔍 重点——新建平行光

素材文件：素材 \CH15\ 新建光源 .dwg

结果文件：结果 \CH15\ 新建平行光 .dwg

利用"新建平行光"命令创建如图 15-27 所示的平行光源。

【操作步骤】

（1）打开随书配套资源中的"素材 \CH15\ 新建光源 .dwg"文件，如图 15-26 所示。

（2）选择"视图"→"渲染"→"光源"→"新建平行光"命令，弹出"光源 - 视口光源模式"
对话框，选择"关闭默认光源（建议）"选项，弹出"光源 - 光度控制平行光"对话框，
选择"允许平行光"选项，在命令行提示下指定新建平行光的光源来向、光源去向及强
度因子，命令行提示如下。

命令：_distantlight

指定光源来向 <0,0,0> 或 [矢量 (V)]: 0,0,130

指定光源去向 <1,1,1>: 0,0,70

输入要更改的选项 [名称 (N)/ 强度因子 (I)/ 状态 (S)/ 光度 (P)/ 阴影 (W)/ 过滤颜色 (C)/ 退出 (X)] < 退出 >: i

输入强度 (0.00 - 最大浮点数) <1>: 2

输入要更改的选项 [名称 (N)/ 强度因子 (I)/ 状态 (S)/ 光度 (P)/ 阴影 (W)/ 过滤颜色 (C)/ 退出 (X)] < 退出 >:

（3）结果如图 15-27 所示。

图 15-26 素材文件　　　　　　　　图 15-27 新建平行光

15.3.3 聚光灯

聚光灯（如闪光灯、剧场中的跟踪聚光灯或前灯）分布投射一个聚焦光束。聚光灯发射定向锥形光，可以控制光源的方向和圆锥体的尺寸。像点光源一样，聚光灯也可以手动设定为强度随距离增加而衰减，但是，聚光灯的强度始终还是根据相对于聚光灯的目标矢量的角度衰减的，此衰减由聚光灯的聚光角角度和照射角角度控制。可以用聚光灯亮显模型中的特定特征和区域。

【执行方式】

● 命令行：SPOTLIGHT。

● 菜单栏：选择菜单栏中的"视图"→"渲染"→"光源"→"新建聚光灯"命令。

● 功能区：单击"可视化"选项卡"光源"面板"创建光源"下拉列表中的"聚光灯"按钮。

【操作步骤】

执行上述操作后会打开"光源 - 视口光源模式"询问对话框，参见 15.3.1 节。

🔍 重点——新建聚光灯

素材文件：素材 \CH15\ 新建光源 .dwg

结果文件：结果 \CH15\ 新建聚光灯 .dwg

利用"新建聚光灯"命令创建如图 15-29 所示的聚光灯光源。

【操作步骤】

（1）打开随书配套资源中的"素材 \CH15\ 新建光源 .dwg"文件，如图 15-28 所示。

（2）选择"视图"→"渲染"→"光源"→"新建聚光灯"命令，弹出"光源 - 视口光源模式"询问对话框，选择"关闭默认光源（建议）"选项，在命令行提示下指定新建聚光灯的位置及强度因子，命令行提示如下。

命令：_spotlight

指定源位置 <0,0,0>: –120,0,0

指定目标位置 <0,0,–10>: –90,0,0

输入要更改的选项 [名称 (N)/ 强度因子 (I)/ 状态 (S)/ 光度 (P)/ 聚光角 (H)/ 照射角 (F)/ 阴影 (W)/ 衰减 (A)/ 过滤颜色 (C)/ 退出 (X)] < 退出 >:i

输入强度 (0.00 - 最大浮点数) <1>: 0.03

输入要更改的选项 [名称 (N)/ 强度因子 (I)/ 状态 (S)/ 光度 (P)/ 聚光角 (H)/ 照射角 (F)/ 阴影 (W)/ 衰减 (A)/ 过滤颜色 (C)/ 退出 (X)] < 退出 >:

（3）结果如图 15-29 所示。

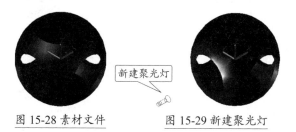

图 15-28 素材文件   图 15-29 新建聚光灯

15.3.4 光域网灯光

光域网灯光（光域）是光源的光强度分布的三维表示。光域网灯光可用于表示各向异性（非统一）光分布，此分布来源于现实中的光源制造商提供的数据。与聚光灯和点光源相比，光域提供了更加精确的渲染光源表示。

使用光度控制数据的 IES LM-63-1991 标准文件格式将定向光分布信息以 IES 格式存储在光度控制数据文件中。

若要描述光源发出的光的方向分布，则需要使用置于光源的光度控制中心的点光源近似光源。使用此近似，将仅分布描述为发出方向的功能。系统提供用于水平角度和垂直角度预定组的光源的照度，并且系统可以通过插值计算沿任意方向的照度。

【执行方式】

● 命令行：WEBLIGHT。

● 功能区：单击"可视化"选项卡"光源"面板"创建光源"下拉列表中的"光域网灯光"
按钮。

【操作步骤】

执行上述操作后会打开"光源 - 视口光源模式"询问对话框，参见 15.3.1 节。

🔍 重点——新建光域网灯光

素材文件：素材 \CH15\ 新建光源 .dwg

结果文件：结果 \CH15\ 新建光域网灯光 .dwg

利用"光域网灯光"命令创建如图 15-31 所示的光域网灯光。

【操作步骤】

（1）打开随书配套资源中的"素材 \CH15\ 新建光源 .dwg"文件，如图 15-30 所示。

（2）单击"可视化"选项卡"光源"面板"创建光源"下拉列表中的"光域网灯光"按钮，
弹出"光源 - 视口光源模式"对话框，选择"关闭默认光源（建议）"选项，在命令行
提示下指定新建光域网灯光的源位置、目标位置及强度因子，命令行提示如下。

> 命令：_WEBLIGHT
> 指定源位置 <0,0,0>: -30,0,130
> 指定目标位置 <0,0,-10>: 0,0,0
> 输入要更改的选项 [名称 (N)/ 强度因子 (I)/ 状态 (S)/ 光度 (P)/ 光域网 (B)/ 阴影 (W)/ 过滤
> 颜色 (C)/ 退出 (X)] < 退出 >: i
> 输入强度 (0.00 - 最大浮点数) <1>: 0.1
> 输入要更改的选项 [名称 (N)/ 强度因子 (I)/ 状态 (S)/ 光度 (P)/ 光域网 (B)/ 阴影 (W)/ 过滤
> 颜色 (C)/ 退出 (X)] < 退出 >:

（3）结果如图 15-31 所示。

图 15-30 素材文件　　　　图 15-31 新建光域网灯光

15.4 实例——渲染书桌模型

书桌在家庭中较为常见，通常摆放在书房，有很高的实用价值。本实例将为书桌模型附着材质及添加灯光，具体操作步骤如下。

1. 为书桌模型添加材质

（1）打开随书配套资源中的"素材\CH15\书桌模型.dwg"文件，如图15-32所示。

（2）选择"视图"→"渲染"→"材质浏览器"命令，弹出"材质浏览器"面板，在"Autodesk库"中"漆木"材质上右击，在弹出的快捷菜单中选择"添加到"→"文档材质"选项，如图15-33所示。

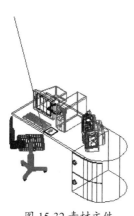

图15-32 素材文件

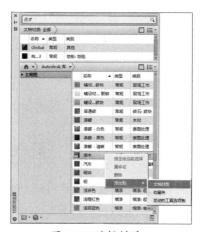

图15-33 选择材质

（3）在"文档材质：全部"选项区域中单击"漆木"材质的编辑按钮，如图15-34所示。

（4）弹出"材质编辑器"面板，如图15-35所示。

图15-34 单击编辑按钮

图15-35 "材质编辑器"面板

（5）在"材质编辑器"面板中取消选中"凹凸"复选框，在"常规"卷展栏中对"图像褪色"
　　及"光泽度"的参数进行调整，如图 15-36 所示。

（6）在"文档材质：全部"选项区域中右击"漆木"选项，在弹出的快捷菜单中选择"选择
　　要应用到的对象"选项，如图 15-37 所示。

（7）在绘图区域中选择书桌模型，如图 15-38 所示。

图 15-36 参数设置

图 15-37 快捷菜单

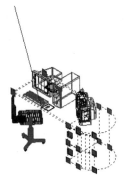
图 15-38 选择对象

（8）将"材质编辑器"面板关闭。

2. 为书桌模型添加灯光

（1）选择"视图"→"渲染"→"光源"→"新建平行光"命令，弹出"光源-视口光源模式"
　　询问对话框，选择"关闭默认光源（建议）"选项。

（2）弹出"光源-光度控制平行光"询问对话框，选择"允许平行光"选项，在绘图区域中
　　捕捉如图 15-39 所示的端点，以指定光源来向。

（3）在绘图区域中拖动鼠标捕捉如图 15-40 所示的端点，以指定光源去向。

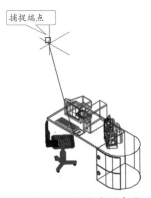
图 15-39 指定光源来向

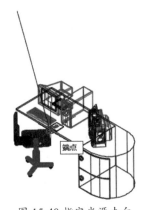
图 15-40 指定光源去向

（4）按"Space"键确认，在绘图区域中选择如图 15-41 所示的直线段，按"Delete"键将其删除。

（5）直线删除后结果如图 15-42 所示。

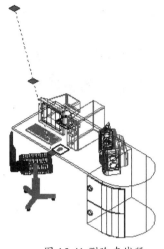

图 15-41 删除直线段

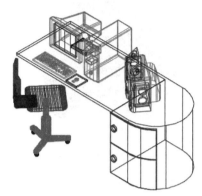

图 15-42 删除结果

3. 渲染书桌模型

调用"渲染"命令，结果如图 15-43 所示。

图 15-43 渲染

技 巧

1. 渲染背景色的设置方法

AutoCAD 默认以黑色作为背景对模型进行渲染，用户可以根据实际需求对其进行更改，具体操作步骤如下。

（1）打开随书配套资源中的"素材\CH15\设置渲染的背景色.dwg"文件，如图 15-44 所示。

（2）在命令行输入"BACKGROUND"命令并按"Space"键确认，弹出"背景"对话框，将"类型"设置为"纯色"，如图 15-45 所示。

图 15-44 素材文件

图 15-45 "背景"对话框

（3）在"纯色"选项区域中的"颜色"位置单击，弹出"选择颜色"对话框，将颜色设置为"白色"，如图 15-46 所示。

（4）单击"确定"按钮，返回"背景"对话框，如图 15-47 所示。

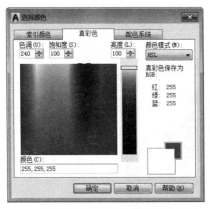

图 15-46 "选择颜色"对话框

图 15-47 "背景"对话框

（5）单击"确定"按钮，调用渲染命令，结果如图 15-48 所示。

图 15-48 渲染

2.渲染时计算机"假死"的解决方法

某些情况下计算机在进行渲染时，会出现类似于死机的现象，画面会卡住不动，系统会提示"无响应"，这是由于渲染非常消耗计算机资源，如果计算机配置过低，需要渲染的文件较大，便会出现这种情况。此时，在不降低渲染效果的前提下通常会采取两种方法进行处理：第一种方法是耐心等待渲染完成，不要急于其他的操作，操作越多，计算机反应越慢；第二种方法是保存好当前文件的所有重要数据，退出软件，对计算机进行垃圾清理，同时也可以关闭某些暂时不用的软件，减轻计算机的工作压力，然后重新进行渲染。除了这两种方法之外，提高计算机配置才是最重要的。

3.渲染环境和曝光

渲染环境和曝光用于基于图像的照明的使用并控制要在渲染时应用的曝光设置。

单击"可视化"选项卡"渲染"面板下拉列表中的"渲染环境和曝光"按钮，弹出"渲染环境和曝光"面板，如图 15-49 所示。

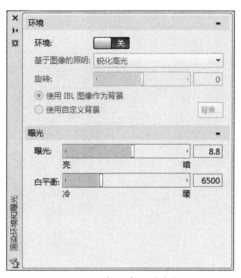

图 15-49 "渲染环境和曝光"面板

环境：控制渲染时基于图像的照明的使用及设置。

基于图像的照明：指定要应用的图像照明贴图。

旋转：指定图像照明贴图的旋转角度。

使用 IBL 图像作为背景：指定的图像照明贴图将影响场景的亮度和背景。

使用自定义背景：指定的图像照明贴图仅影响场景的亮度，可选的自定义背景可以应用到场景中。

"背景"按钮：显示"基于图像的照明背景"对话框，并指定自定义的背景。

曝光：控制渲染时要应用的摄影曝光设置。

曝光（亮度）：设置渲染的全局亮度级别，减小该值可使渲染的图像变亮，增加该值可使渲染的图像变暗。

白平衡：设置渲染时全局照明的开尔文色温值。低（冷温度）值会产生蓝色光，而高（暖温度）值会产生黄色光或红色光。

4. 如何清楚了解各材质的用途

AutoCAD中提供了多种材质，对材质进行相应的参数设置，便可以得到用户想要的效果。但因为材质种类繁多，想在短时间内对所有材质进行全面了解是非常困难的。通常可以先做一个简单的模型，然后将不熟悉的材质附着在上面，通过调节不同的参数观察效果的变化，对于比较满意或经常能用到的效果参数可以保存下来，久而久之便会对材质更加熟悉。

4

第 4 篇
拓展篇

第 16 章

3D 打印

内容简介

3D 打印技术最早出现在 20 世纪 90 年代中期，它与普通打印工作原理基本相同，打印机内装有液体或粉末等"打印材料"，与计算机连接后，通过计算机控制把"打印材料"一层一层地叠加起来，最终把计算机上的蓝图变成实物。

内容要点

- 3D 打印机的定义
- 3D 打印材料的选择

案例效果

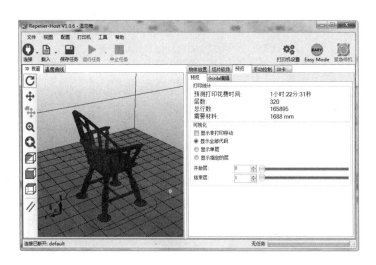

16.1 3D 打印的定义

3D 打印（3DP）是快速成型技术的一种，是一种以数字模型文件为基础，运用粉末状金属或塑料等可黏合材料，通过逐层打印的方式来构造实体的技术。

16.1.1 3D 打印与普通打印的区别

3D 打印与普通打印的工作原理相同，但又有着实实在在的区别，3D 打印与普通打印的区别如表 16-1 所示。

表 16-1 3D 打印与普通打印的区别

区别项	普通打印	3D 打印
打印材料	由传统的墨水和纸张组成	主要是由工程塑料、树脂或石膏粉末组成的，这些成型材料都是经过特殊处理的，但是不同技术与材料的成型速度和模型强度，以及分辨率、模型可测试性、细节精度都有很大区别
计算机模板	需要的是能构造各种平面图形的模板，如 Word、Powerpoint、PDF、Photoshop 等作为基础的模板	以三维的图形为基础
打印机结构	两轴移动架	三轴移动架
打印速度	很快	很慢

相对于普通打印机，3D 打印机有以下优缺点。

1. 优点

- 节省工艺成本：制造一些复杂的模具不需要增加太大成本，只需量身定做，进行多样化小批量生产即可。
- 节省流程费用：有些零件一次成型，无须组装。
- 设计空间无限：设计空间可以无限扩大，只有想不到的，没有打印不出来的模型。
- 节省运输和库存：零时间交付，甚至省去了库存和运输成本，只要家里有打印机和材料，直接下载 3D 模型文件即可完成生产。
- 减少浪费：减少测试材料的浪费，直接在计算机上测试模型即可。
- 精确复制：材料可以任意组合，并且可以精确地复制实体。

2. 缺点

- 打印机成本高：普通打印机只需要几百元或几千元，3D 打印机则需上万元甚至几百万元。
- 材料昂贵：3D 打印机虽然在多材料打印上取得了一定的进展，但目前昂贵的材料价格依然会是 3D 打印的一大障碍。
- 存在科技伦理问题：2012 年 11 月，苏格兰科学家利用人体细胞首次用 3D 打印机打印出人造肝脏组织，如同克隆技术一样。我们在惊喜之余不禁要问，这是否有违科技伦理？我们又该如何处理呢？如果无法尽快找到解决办法，在不久的将来恐怕会遇到极大的科技伦理挑战。

16.1.2 3D 打印的成型方式

3D 打印最大的特点是小型化和易操作，多用于商业、办公、科研和个人工作室等环境。而根据打印方式的不同，3D 打印技术又可以分为热爆式 3D 打印、压电式 3D 打印和 DLP 投影式 3D 打印等。

1. 热爆式 3D 打印

热爆式 3D 打印（图 16-1）工艺的原理是由储存桶送出一定分量的粉末，再以滚筒将送出的粉末在加工平台上铺上一层很薄的原料，打印头依照 3D 计算机模型切片后获得的二维层片信息喷出黏着剂黏住粉末。做完一层，加工平台自动下降一点，储存桶上升一点，刮刀由升高了的储存桶把粉末推至工作平台并把粉末推平，如此循环便可得到所要的形状。

热爆式 3D 打印的特点是速度快 (是其他工艺的 6 倍)、成本低 (是其他工艺的 1/6)，缺点是精度低和表面较粗糙。Zprinter 系列产品是全球唯一能够打印全彩色零件的三维打印设备。

图 16-1 热爆式 3D 打印

2. 压电式 3D 打印

类似于传统的二维喷墨打印，压电式 3D 打印（图 16-2）可以打印超高精细度的样件，适用于小型精细零件的快速成型。相对来说，压电式 3D 打印设备维护更加简单，表面质量好，Z 轴精度高。

图 16-2 压电式 3D 打印

3.DLP 投影式 3D 打印

DLP 投影式 3D 打印（图 16-3）的成型原理是利用直接照灯成型技术 (DLPR) 使感光树脂

成型，AutoCAD 的数据由计算机软件进行分层及建立支撑，再输出黑白色的 Bitmap 档。每一层的 Bitmap 档会由 DLPR 投影机投射到感光树脂，使其固化成型，所述的感光树脂位于工作台上面。

DLP 投影式 3D 打印的优点是利用机器出厂时配备的软件，可以自动生成支撑结构并打印出完美的三维样件。

图 16-3 DLP 投影式 3D 打印

16.2 3D 打印材料的选择

据了解，目前可用的 3D 打印材料已超过 200 种，但对应现实中纷繁复杂的产品还是远远不够的。如果把这些打印材料进行归类，可分为石化类产品、生物类产品、金属类产品、石灰混凝土类产品等。在业内比较常用的有以下几种。

1. 工业塑料

这里的工业塑料（图 16-4）是指用于工业零件或外壳材料的工业用塑料，是强度、耐冲击性、耐热性、硬度及抗老化性均优的塑料。

- PC 材料：是真正的热塑性材料，具备工程塑料的所有特性（高强度、耐高温、抗冲击、抗弯曲），可以作为最终零部件使用，应用于交通工具及家电行业。

- PC - ISO 材料：是一种"生物兼容的 FDM"热塑性材料，广泛应用于药品及医疗器械行业，可以用于手术模拟、颅骨修复、口腔医学等专业领域。

- PC - ABS 材料：是一种应用最广泛的热塑性工程塑料，应用于汽车、家电及通信行业。

2. 树脂

这里的树脂（图 16-5）是指 UV 树脂，由聚合物单体与预聚体组成，其中加有光（紫外光）引发剂（或称光敏剂）。在一定波长的紫外光（250～300 纳米）照射下引起聚合反应完成固化。一般为液态，用于制作高强度、耐高温、防水材料等。

- Somos 19120 材料：为粉红色材质，是铸造专用材料。成型后直接代替精密铸造的蜡膜原型，避免了开模具的风险，大大缩短了生产周期。

- Somos 11122 材料：为半透明材质，类似 ABS 材料。抛光后能做到近似透明的效果，广泛用于医学研究、工艺品制作和工业设计等领域。

- Somos Next 材料：为白色材质，类似 PC 新材料。材料韧性较好，精度和表面质量更佳，制作的产品拥有最优的刚性和韧性结合特性。

图 16-4 工业塑料材料打印成型

图 16-5 树脂材料打印成型

3. 尼龙铝粉材料

尼龙铝粉材料（图 16-6）是在尼龙的粉末中参杂了铝粉，利用 SLS 技术进行打印，其成品有金属光泽，经常用于装饰品和首饰的创意产品打印。

4. 陶瓷

陶瓷（图 16-7）粉末采用 SLS 技术进行烧结，上釉陶瓷产品可以用来盛食物，很多人用它来打印个性化的杯子。当然 3D 打印并不能完成陶瓷的高温烧制，这道工序需要在打印完成之后进行。

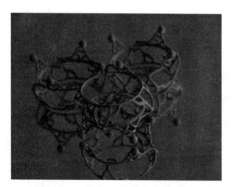

图 16-6 尼龙铝粉材料打印成型

图 16-7 陶瓷材料打印成型

5. 不锈钢

不锈钢（图 16-8）坚硬，具有优异的强韧性。不锈钢粉末采用 SLS 技术进行 3D 烧结，可以选择银色、古铜色及白色等颜色。不锈钢可以制作模型、现代艺术品及很多功能性和装饰性用品。

6. 有机玻璃

有机玻璃（图 16-9）材料表面粗糙度小，可以打印出透明或半透明的产品，目前利用有机玻璃材质，可以打印出牙齿模型，用于牙齿矫形。

图 16-8 不锈钢材料打印成型

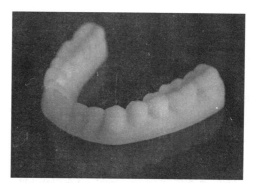

图 16-9 有机玻璃材料打印成型

7. 石膏

石膏（图 16-10）粉末是一种优质复合材料，颗粒均匀细腻，颜色超白，这种材料打印的模型可进行磨光、钻孔、攻螺纹、上色及电镀，有更高的灵活性。打印模型的应用行业包括运输、能源、消费品、娱乐、医疗保健、教育等。

图 16-10 石膏材料打印成型

练一练——安装 3D 打印软件

素材文件：无

结果文件：无

3D 打印软件有很多种，这里主要介绍后面要用到的 Repetier Host — V1.06 的安装。

【操作步骤】

（1）打开放置安装程序文件夹或光盘，然后双击 setupRepetierHost_1_0_6.exe 文件，弹出语言
选择对话框，选择语言后单击"OK"按钮，如图 16-11 所示。

（2）进入安装欢迎界面，单击"Next"按钮，如图 16-12 所示。

图 16-11 选择语言

图 16-12 安装欢迎界面

（3）进入安装条款界面，选中"I accept the agreement"单选按钮，然后单击"Next"按钮，
如图 16-13 所示。

（4）在弹出的安装路径界面中，单击"Browse"按钮选择程序要放置的位置，然后单击"Next"
按钮，如图 16-14 所示。

图 16-13 安装条款界面

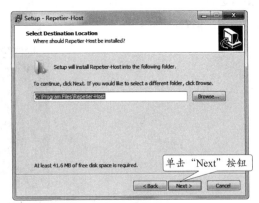

图 16-14 安装路径界面

（5）在弹出的界面中选择切片程序，这里选择默认的程序即可，然后单击"Next"按钮，如
图 16-15 所示。

（6）在弹出的界面中选择开始程序存储的位置，选择默认位置即可，如图 16-16 所示。

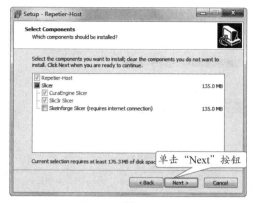

图 16-15 选择切片程序

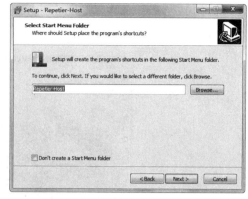

图 16-16 选择开始程序存储的位置

（7）在弹出的界面中选中"Create a desk icon"复选框，然后单击"Next"按钮，如图 16-17 所示。

（8）在弹出的准备安装界面中单击"Install"按钮，如图 16-18 所示。

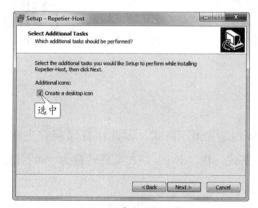

图 16-17 单击"Next"按钮

图 16-18 单击"Install"按钮

（9）程序按照指定的安装位置进行安装，如图 16-19 所示。

（10）安装完成后，弹出安装完成界面，如图 16-20 所示。

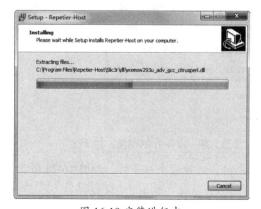

图 16-19 安装进行中

图 16-20 安装完成界面

（11）第（10）步如果选中了"Launch Repetier-Host"复选框，则再单击"Finish"按钮会弹出程序界面，如图 16-21 所示。

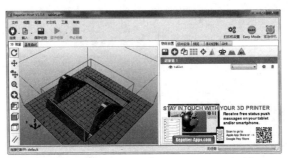

图 16-21 程序界面

16.3 实例——打印温莎椅模型

本节主要介绍将"dwg"格式的 3D 图转换为 3D 打印机的"stl"格式，然后在 Repetier — Host V1.0.6 打印软件中进行打印设置。

16.3.1 将 dwg 格式转换为 stl 格式

设计软件和打印机之间协作的标准文件格式是"stl"格式，因此在打印前首先应将 AutoCAD 生成的"dwg"格式文件转换为"stl"格式。将"dwg"格式文件转换为"stl"格式的具体操作步骤如下。

（1）打开随书配套资源中的"素材 \CH16\ 温莎椅 .dwg"文件，如图 16-22 所示。

（2）单击应用程序菜单，选择"发布"→"发送到三维打印服务"选项，AutoCAD 弹出"三维打印 - 准备打印模型"对话框，如图 16-23 所示。

图 16-22 素材文件

图 16-23 "三维打印 - 准备打印模型"对话框

（3）单击"继续"按钮，当十字光标变成选择状态时，选择整个温莎椅，如图 16-24 所示。

（4）按"Space"键结束，然后弹出"三维打印选项"对话框，如图 16-25 所示。

图 16-24 选择对象

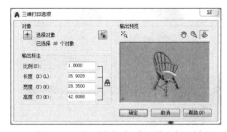

图 16-25 "三维打印选项"对话框

（5）单击"确定"按钮，在弹出的"创建
　　　STL 文件"对话框中选择合适的保存位
　　　置，将图形对象保存为"温莎椅 .stl"，
　　　如图 16-26 所示。

图 16-26 保存设置

16.3.2　Repetier Host 打印设置

将"dwg"文件转换为"stl"文件后，再将转换后的 3D 模型载入 Repetier —Host 中，然
后进行切片并生成代码，最后运行任务打印即可完成温莎椅模型的 3D 打印。

1. 载入模型

（1）启动 Repetier - Host V1.0.6，如图 16-27 所示。

（2）单击"载入"按钮 📄，在弹出的"导入 Gcode 文件"对话框中选择上节转换的"stl"文件，
　　　如图 16-28 所示。

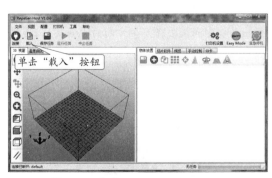

图 16-27 启动 Repetier — Host V1.0.6

图 16-28 选择文件

（3）将"温莎椅 .stl"文件导入后，结果如图 16-29 所示。

（4）按"F4"键将视图调整为"适合打印体积"视图，如图 16-30 所示。

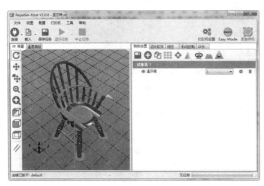

图 16-29 导入文件

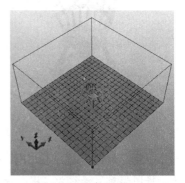

图 16-30 调整视图

Tips

　　左侧窗口辅助平面上有一个框，这个加上框的辅助平面，形成了一个立方体，即 3D 打印机所能打印的最大范围。如果 3D 打印机的设置是正确的，那么就代表只要 3D 模型在这个框里面，就不用担心 3D 模型超出可打印范围而出问题了。

　　如果需要近距离观察模型的话，则按 "F5" 键，即可回到 "适合对象" 视图，如图 16-31 所示。

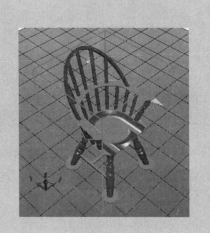

图 16-31 "适合对象" 视图

（5）单击左侧工具栏中的"旋转"按钮 C，然后按住鼠标左键拖动就可以对模型进行旋转，多方位观察模型，如图 16-32 所示。

（6）单击右侧工具栏中的"缩放物体"按钮 ▲，在弹出的控制面板中将 X 轴方向的比例改为 1.5 倍，如图 16-33 所示。

图 16-32 观察模型

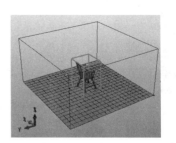

图 16-33 设置比例

📺 **教你一招**

单击✥按钮可以不以盒子的中心为中心进行平移，而是以模型的中心为中心进行平移。单击✥按钮，可以让模型在 $X-Y$ 平面上移动，而不会在 Z 轴上改变模型的位置。

2. 切片配置向导设置（首次进入切片才会出现）

（1）在右侧窗口选择"切片软件"选项卡，Repetier—Host V1.0.6 有两个切片软件，即 Slic3r 和 CuraEngine，这里选择默认的 Slic3r，单击"配置"按钮。如图 16-34 所示。

（2）稍等几秒钟后会弹出配置向导窗口（首次进入 Slic3r 会弹出该窗口），第一页是欢迎窗口，直接单击"Next"按钮，如图 16-35 所示。

图 16-34 选择"切片软件"选项卡

图 16-35 配置向导窗口

（3）进入第二个页面，选择和上位机硬件相同风格的 G-code，单击"Next"按钮，如图 16-36 所示。

（4）进入第三个页面，按照热床的实际尺寸进行填写，单击"Next"按钮，如 16-37 图所示。

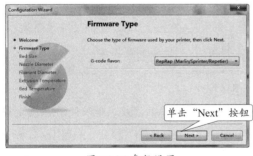

图 16-36 参数设置

图 16-37 参数设置

（5）进入第四个页面，设置加热挤出头的喷头直径，将喷头直径设置为使用 3D 打印机加热挤出头的直径，单击"Next"按钮，如图 16-38 所示。

图 16-38 参数设置

（6）进入第五个页面，设置塑料丝的直径尺寸，单击"Next"按钮，如图 16-39 所示。

图 16-39 参数设置

（7）进入第六个页面，设置挤出头加热温度，单击"Next"按钮，如图 16-40 所示。

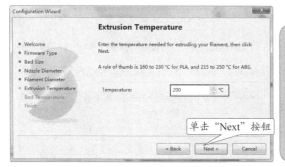

图 16-40 参数设置

（8）进入第七个页面，设置热床温度，根据使用的材料填入相应的温度，如果使用 PLA 材料，就填入"60"；如果使用的是 ABS，就填入"110"，单击"Next"按钮，如图 16-41 所示。

（9）进入最后一页，单击"Finish"按钮结束整个设置后，自动回到切片主窗口设置，如图 16-42 所示。

图 16-41 参数设置　　　　　　　　图 16-42 结束设置

3. 切片主窗口设置

（1）切片配置向导设置完毕后回到切片主窗口设置，选择"Print Settings"选项卡下的"Layers and perimeters"选项，在这里对层高和第一层的层高进行设置，如图 16-43 所示。

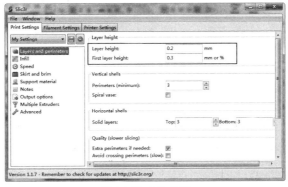

图 16-43 参数设置

> **Tips**
>
> 为了达到最好的效果，层高值不应该超过挤出头喷嘴直径的 80%。由于我们使用了 Slic3r 向导设置了喷嘴的直径为 0.3mm，这里最大可以设定为 0.24mm。
>
> 如果使用一个非常小的层高值（小于 0.1mm），那么第一层的层高就应该单独设置。由于一个比较大的层高值，能使第一层更容易黏在加热板上，因此有助于提高整体 3D 打印的质量。

（2）层和周长设置完毕后，选择"Infill（填充）"选项，在该选项界面可以设置填充密度、填充图样等，如图 16-44 所示。

（3）填充设置完毕后，选择"Filament Settings"选项卡，在该选项卡下可以查看设置向导中设置的耗材的相关参数，如图 16-45 所示。

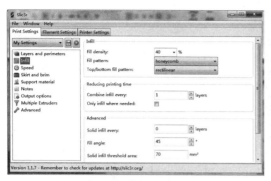

图 16-44 参数设置　　　　　　　　　　　图 16-45 耗材的相关参数

（4）选择"Printer Settings"选项卡，查看关于打印机的硬件参数，如图 16-46 所示。

（5）在左侧窗口中选择"Extruder 1"选项，可以查看挤出头的参数设置，如图 16-47 所示。

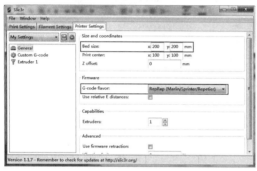

图 16-46 打印机的硬件参数　　　　　　　图 16-47 挤出头的参数设置

4. 生成切片

（1）所有关于 Slic3r 的基础设定都完成后，关闭 Slic3r 的配置窗口，回到 Repetier-Host V1.0.6 主窗口，单击"开始切片 Slic3r"按钮，之后可以看到生成切片的进度条，如图 16-48 所示。

（2）代码生成过程完成后，窗口会自动切换到预览标签页。可以看到，左侧是完成切片后的模型 3D 效果，右侧是一些统计信息，如图 16-49 所示。

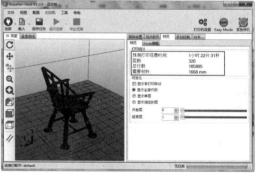

图 16-48 进度条　　　　　　　　　　　　图 16-49 预览标签页

（3）在预览中可以查看每一层 3D 打印的情况，如将结束层设置为"50"，然后选中"显示指定的层"单选按钮，就可以查看第 50 层的打印情况了，如图 16-50 所示。

（4）单击"Gcode"编辑标签，可以直接观察、编辑 G-code 代码，如图 16-51 所示。

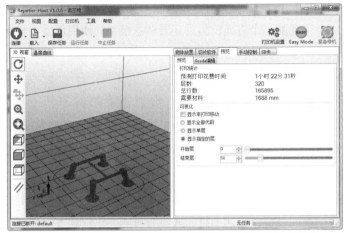

图 16-50 预览打印情况

图 16-51 G-code 代码

5. 运行任务

运行任务本身很简单，首先确定 Repetier-Host 已经和 3D 打印机连接，然后单击"运行任务"按钮，任务就开始运行了。打印最开始的阶段，实际上是在加热热床和挤出头，除了状态栏上有些基础信息之外，没什么变化，挤出头可能也不会移动。

⚙ 技 巧

1. 如何让 3D 打印机发挥更好的性能

3D 打印机同其他机器一样，只有合理使用才能使其发挥更好的性能。

打印质量：对于同一个模型，不同的人对其处理后打印出来的效果是不一样的，打印质量和参数设置的关系非常紧密，需要根据实际情况确定打印机的参数设置最佳值。

打印速度：一般情况下，3D 打印机的打印速度和打印质量成反比，所以打印速度不宜过快，以保证打印质量。

模型摆放：模型摆放的位置非常重要，特别是悬臂结构比较复杂的模型，模型摆放的位置和其需要的支撑紧密相关。

温度差异：一般情况下，不同颜色的材料需要加热的温度有一定的差别。

机器维护：合理的维护可以使打印机的性能和使用寿命得到有效提升，特别需要注意挤出头堵塞。

2. 如何让 3D 打印模型更逼真

3D 打印并非是在计算机上设计一个模型便可以完美地打印出来的，要想让打印出来的模型更加理想化，尤其是复杂模型，则需要做大量的工作。例如，需要了解模型结构方面的知识，做到精确计算、合理设计，并根据具体情况进行调整，这样才能保证打印出来的模型不会变形，后期的工序也会少一些。结构只是需要考虑的一个方面，另外还要注意模型的使用环境、材料的选择等。

3. 使用 3D 打印机的注意事项

使用 3D 打印机时应该注意下面几个方面。

45 度法则：一般情况下，倾斜超过 45° 的突出物都需要额外的支撑材料来完成模型打印，由于支撑材料去除后容易在模型上留下印记，并且去除的过程有些烦琐，因此应该尽量设计没有支撑材料的模型，以便于直接进行 3D 打印。

打印底座：尽量自己设计打印底座，并且尽量不要使用软体内建的打印底座，以免拖累打印速度。另外，根据不同软件或者打印机的设定，内建的打印底座有可能会比较难去除，还有可能损坏模型的底部。

打印机极限：需要了解模型的细节，尤其是线宽，线宽是由打印机喷头的直径决定的。

适当的公差：可以为拥有多个连接处的模型设计适当的公差。

适当的使用外壳：不要过多地使用外壳，尤其是精度要求比较高的模型，过多的外壳会让细节处模糊。

善于利用线宽：对于一些可以弯曲或者比较薄的模型而言，可以适当利用线宽来帮助完成操作。

打印方向：以可行的最佳分辨率方向作为模型的打印方向，必要情况下，可以将模型切成几个区块来打印，然后再组装。

4.3D 打印取小模型的技巧

对于非常小而且很薄的模型，想完美地取下来是有一定难度的，这种情况下可以借助一些外部小工具，如美纹纸、胶水、铲刀等，在取的时候切记不要用蛮力，防止划伤或直接损坏模型。对于特别难取的模型，可以考虑在平台上面做一些个性化的处理，如可以找一块平整、不掉色、耐高温的平板固定在平台上，协助取模型。

第 17 章

中望 CAD 2018

内容简介

中望 CAD 是以 AutoCAD 为平台开发的国产 CAD 软件，中望 CAD 的界面风格和操作习惯与 AutoCAD 高度一致，兼容 dgw 最新版本格式文件。在使用方面，中望 CAD 运行速度更快，系统稳定性高，而且更符合国人的使用习惯。

内容要点

- 中望 CAD 软件特色
- 中望 CAD 2018 的工作界面

案例效果

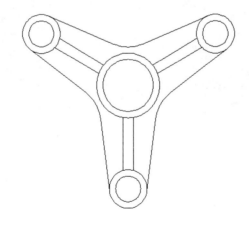

17.1 中望 CAD 软件特色

中望 CAD 是广州中望数字化设计软件有限责任公司自主研发的全新一代二维 CAD 平台软件，在推出的多个版本中，中望 CAD2018 是功能比较完善的版本。

中望 CAD 通过独创的内存管理机制和高效的运算逻辑技术，使软件可以在长时间的设计工作中快速稳定运行；动态块、光栅图像、关联标注、最大化视口、CUI 定制 Ribbon 界面等系列实用功能，手势精灵、智能语音、Google 地球等独创智能功能最大限度地提升了生产设计效率；强大的 API 接口为 CAD 应用带来无限可能，可满足不同专业应用的二次开发需求。

练一练——中望 CAD 2018 的安装

素材文件：无

结果文件：无

中望 CAD 2018 的安装步骤如下。

【操作步骤】

（1）双击中望 CAD 2018 的安装程序，弹出安装向导界面，如图 17-1 所示。

（2）单击"安装"按钮，开始安装，安装进度如图 17-2 所示。

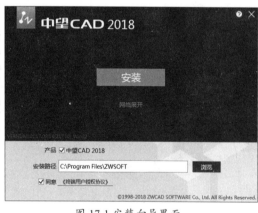

图 17-1 安装向导界面

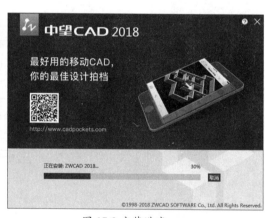

图 17-2 安装进度

（3）安装结束后，弹出"安装成功"界面，单击"完成"按钮即可完成安装，如图 17-3 所示。

图 17-3 安装成功界面

17.2 中望 CAD 2018 的工作界面

中望 CAD 2018 与 AutoCAD 2019 的工作界面非常相似，由功能选项按钮、标题栏、快速访问工具栏、绘图窗口、命令窗口和状态托盘等组成，如图 17-4 所示。

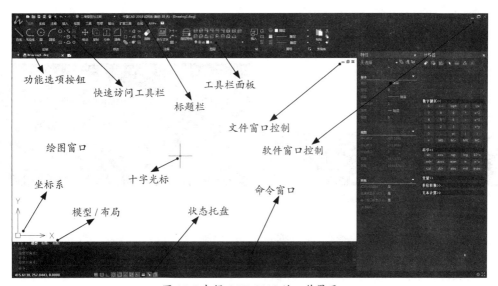

图 17-4 中望 CAD 2018 的工作界面

中望 CAD 2018 的工作界面大部分显示与 AutoCAD 2019 相似，功能也相同，只有少部分显示不同，如菜单栏、三维窗口的调用等。

Tips

中望 CAD 2018 提供了 "二维草图与注释" 与 "ZWCAD 经典" 工作空间。图 17-4 是二维草图与注释界面，单击右下角的 "" 下拉按钮，可以切换工作空间，如图 17-5 所示。

图 17-5 切换工作空间

练一练——功能区的显示与隐藏

素材文件：无

结果文件：无

中望 CAD 2018 的功能区可以根据需要选择显示或隐藏，具体操作步骤如下。

【操作步骤】

（1）功能区显示的情况下，单击功能区右侧的"最小化为选项卡"按钮▼，功能区被完全隐藏，如图 17-6 所示。

（2）功能区隐藏的情况下，单击功能区右侧的"展开完整的功能区"按钮▼，功能区恢复显示，如图 17-7 所示。

图 17-6 隐藏功能区

图 17-7 显示功能区

练一练——更改视口显示

素材文件：素材 \CH17\ 视口显示 .dwg

结果文件：结果 \CH17\ 视口显示 .dwg

中望 CAD 2018 与 AutoCAD 2019 类似，也可以根据需求选择视口是单个显示还是多个同时显示。

【操作步骤】

（1）打开随书配套资源中的"素材 \CH17\ 视口显示 .dwg"文件，如图 17-8 所示。

（2）选择"视图"选项卡"视口"面板中的"四个：相等"选项，如图 17-9 所示。

图 17-8 素材文件

图 17-9 选择"四个：相等"

（3）结果如图 17-10 所示。

（4）选择"视图"选项卡"视口"面板中的"两个：水平"选项，结果如图 17-11 所示。

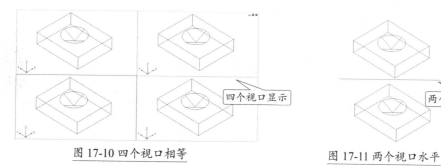

图 17-10 四个视口相等　　　　　图 17-11 两个视口水平

练一练——显示三维图形

素材文件：素材 \CH17\ 显示三维图形 .dwg

结果文件：结果 \CH17\ 显示三维图形 .dwg

中望 CAD 2018 没有三维建模窗口和三维基础窗口，但并不是说就不能创建和显示三维图形。

【操作步骤】

（1）打开随书配套资源中的"素材 \CH17\ 显示三维图形 .dwg"文件，如图 17-12 所示。

（2）选择"视图"选项卡"视图"面板中的"西南等轴测"选项，如图 17-13 所示。

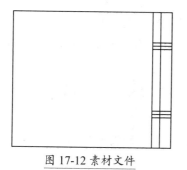

图 17-12 素材文件

图 17-13 西南等轴测

（3）结果如图 17-14 所示。

（4）单击"视图"选项卡"视觉样式"面板中的"消隐"按钮，结果如图 17-15 所示。

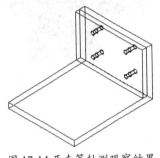

图 17-14 西南等轴测观察结果

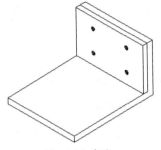

图 17-15 消隐

17.3 实例——绘制三角支架图形

本实例是一个三角支架图形，绘制过程中主要会应用到"圆形""直线""修剪""阵列"等命令，具体操作步骤如下。

（1）打开随书配套资源中的"素材\CH17\三角支架.dwg"文件，如图 17-16 所示。

（2）单击"常用"选项卡"绘制"面板"圆"中的"中心点，半径"按钮，在绘图区域中的任意空白位置绘制一个半径为"10"的圆形，如图 17-17 所示。

（3）重复调用"中心点，半径"命令绘制圆形的方式，捕捉如图 17-18 所示的中心点。

（4）圆形的半径设置为"12.5"，结果如图 17-19 所示。

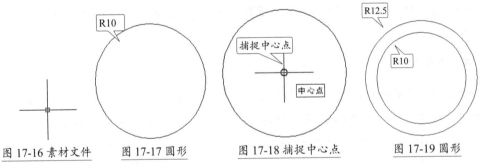

图 17-16 素材文件　　图 17-17 圆形　　图 17-18 捕捉中心点　　图 17-19 圆形

（5）重复调用"中心点，半径"命令绘制圆形的方式，在命令行提示下输入"fro"并按"Enter"键确认，捕捉如图 17-20 所示的中心点作为基点。

（6）在命令行提示下输入"@0,-40"并按"Enter"键确认，圆的半径指定为"5"，结果如图 17-21 所示。

（7）重复调用"中心点，半径"命令绘制圆形的方式，捕捉如图 17-22 所示的中心点。

（8）圆形的半径设置为"7.5"，结果如图 17-23 所示。

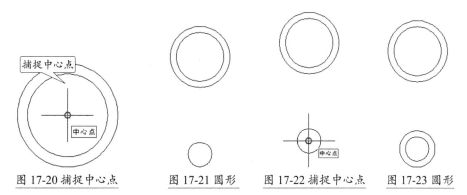

图 17-20 捕捉中心点　　图 17-21 圆形　　图 17-22 捕捉中心点　　图 17-23 圆形

（9）单击"常用"选项卡"绘制"面板中的"直线"按钮，捕捉如图 17-24 所示的切点作为直线的起始点。

（10）捕捉如图 17-25 所示的切点作为直线的下一点。

（11）按"Enter"键结束"直线"命令，结果如图 17-26 所示。

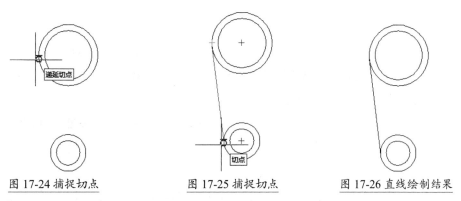

图 17-24 捕捉切点　　图 17-25 捕捉切点　　图 17-26 直线绘制结果

（12）重复调用"直线"命令，捕捉如图 17-27 所示的切点作为直线的起始点。

（13）捕捉如图 17-28 所示的切点作为直线的下一点。

（14）按"Enter"键结束"直线"命令，结果如图 17-29 所示。

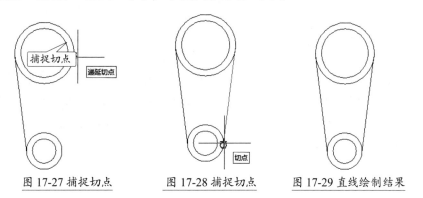

图 17-27 捕捉切点　　图 17-28 捕捉切点　　图 17-29 直线绘制结果

（15）重复调用"直线"命令，捕捉如图 17-30 所示的中心点作为直线的起始点。

（16）捕捉如图 17-31 所示的中心点作为直线的下一点。

（17）按"Enter"键结束"直线"命令，结果如图 17-32 所示。

（18）单击"常用"选项卡"修改"面板中的"偏移"按钮▨，偏移距离设置为"2"，捕捉如图 17-33 所示的直线段作为需要偏移的对象。

 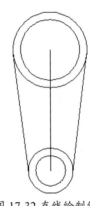 

图 17-30 捕捉中心点　　图 17-31 捕捉中心点　　图 17-32 直线绘制结果　　图 17-33 捕捉直线段

（19）分别向两侧进行偏移，按"Enter"键结束该命令，结果如图 17-34 所示。

（20）单击"常用"选项卡"修改"面板中的"修剪"按钮▬，选择如图 17-35 所示的两个圆形作为修剪的边界，按"Enter"键确认。

（21）对直线对象进行修剪，修剪完成后按"Enter"键结束该命令，如图 17-36 所示。

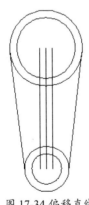 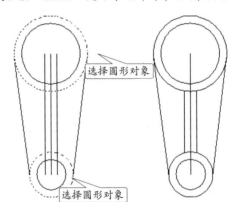

图 17-34 偏移直线　　图 17-35 选择两个圆形　　图 17-36 修剪直线

（22）选择如图 17-37 所示的直线对象，按"Delete"键将其删除，结果如图 17-38 所示。

（23）单击"常用"选项卡"修改"面板中的"阵列"按钮➕，弹出"阵列"对话框，如图 17-39 所示。

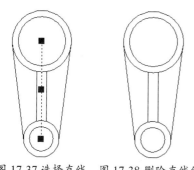

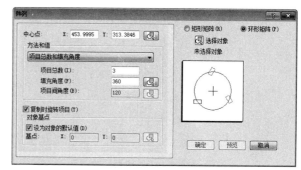

图 17-37 选择直线　图 17-38 删除直线结果　　　　图 17-39 "阵列"对话框

（24）阵列方式设置为"环形矩阵"，单击中心点中的"拾取"按钮，在绘图区域中捕捉如图 17-40 所示的中心点作为阵列中心点。

（25）返回"阵列"对话框，单击"选择对象"按钮，在绘图区域中选择如图 17-41 所示的对象作为需要阵列的对象。

（26）按"Enter"键返回"阵列"对话框，项目总数设置为"3"，填充角度设置为"360"，如图 17-42 所示，单击"确定"按钮。

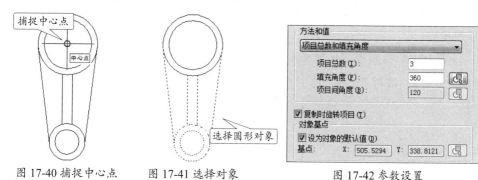

图 17-40 捕捉中心点　　图 17-41 选择对象　　　　图 17-42 参数设置

（27）阵列结果如图 17-43 所示。

（28）单击"常用"选项卡"修改"面板中的"圆角"按钮，圆角半径设置为"15"，选择如图 17-44 所示的两条直线进行圆角操作。

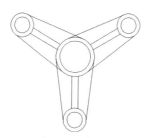

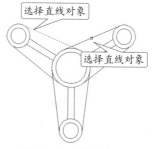

图 17-43 阵列结果　　　　图 17-44 选择直线

（29）圆角结果如图 17-45 所示。

449

（30）对另两个相交位置进行同样的圆角操作，结果如图 17-46 所示。

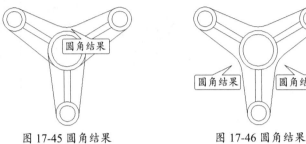

图 17-45 圆角结果　　　　　　图 17-46 圆角结果

⚙ 技 巧

1. 删除重复对象及合并相连对象

如果图纸中存在很多重复线，那么不仅影响捕捉准确度，减慢绘图速度，打印时还会把每条线都打印一遍，使得细线变粗线，影响打印效果。不仅如此，如果是线切割加工，这些重复的线则会严重影响加工的流畅。下面就来介绍一下如何删除这些重复的对象。

（1）打开随书配套资源中的"素材 \CH17\ 删除重复对象及合并相连对象 .dwg"文件，如图 17-47 所示。

（2）单击"扩展工具"选项卡"编辑工具"面板中的"删除重复对象"按钮 🧹，然后选择所有对象，如图 17-48 所示。

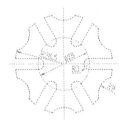

图 17-47 素材文件　　　　　　图 17-48 选择对象

（3）命令行提示找到的对象个数为 67 个。

> 命令：_overkill
>
> 选择对象：指定对角点：找到 67 个

（4）按"Space"键，弹出如图 17-49 所示的"删除重复对象"对话框，并选中删除重复的内容。

（5）单击"确定"按钮后，命令行提示如下。

> 12 个重复实体被删除
>
> 0 个重叠实体被删除

（6）选择图 17-50 中的圆弧，可以看出圆弧不是一个整体。

图 17-49 "删除重复对象"对话框

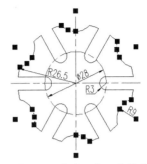

图 17-50 圆弧不是一个整体

（7）选择整个对象，然后重复步骤（2），按"Space"键后，弹出如图 17-51 所示的"删除重复对象"对话框，并选中要合并的对象属性。

（8）单击"确定"按钮后，再次选择图 17-52 中的 R9 圆弧，可以看出圆弧已经合为一个整体。

图 17-51 "删除重复对象"对话框

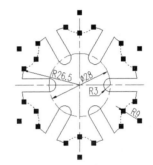

图 17-52 圆弧合并为一个整体

2. 自定义符合标准的标题栏

一张完整的图纸都应该有标题栏，且应符合国家和企业要求，CAD 软件通常有默认的标题栏样式，用户可以根据自己的行业需求选用专业的 CAD 软件标题栏样式，稍加改动便可以成为符合自己需求的标准标题栏。改动的过程中改动文字是必不可少的，对于固定不变的文字可以使用 text 命令进行创建，而对于经常需要改动的文字则可以通过 att 命令进行创建。

3. 单行文字与多行文字的互转操作

在中望 CAD 2018 中不仅可以输入单行文字和多行文字，而且还可以轻松地在这两种文字之间互相转换。

中望 CAD 2018 中单行、多行文字互转的具体操作步骤如下。

（1）打开随书配套资源中的"素材 \CH17\ 单行多行文字互转 .dwg"文件，如图 17-53 所示。

（2）在命令行输入"PR"并按"Space"键调用"特性"面板，然后选择上边的文字，"特性"面板提示是"多行文字"，如图 17-54 所示。

图 17-53 素材文件   图 17-54 多行文字

（3）取消多行文字的选择，然后选择下边的文字，"特性"面板提示为 3 行单行文字，如图 17-55 所示。

（4）单击"扩展工具"选项卡"文本工具"面板中的"合并成段"按钮，然后选择所有的单行文字对象，按"Space"键后将所有单行文字转换为多行文字，再选择转换后的文字，"特性"面板显示如图 17-56 所示。

图 17-55 单行文字   图 17-56 转换后的文字

（5）单击"扩展工具"选项卡"文本工具"面板中的"多行转单"按钮，然后选择前面的多行文字对象，按"Space"键后将多行文字转换为单行文字，再选择转换后的文字，"特性"面板显示如图 17-57 所示。

图 17-57 转换后的文字

教你一招

在中望 CAD 2018 中可以用分解命令将多行文字分解为单行文字。

4. 快速统计工程图中的材料

专业设计过程中，统计 CAD 图纸中的零部件材料是设计师经常需要做的工作，传统的人工统计方法不仅费时费力，而且容易出错，一个很小的遗漏或错误就有可能影响整个工程的进度和质量。为此，用户可以根据自己的需求选择专业的 CAD 软件，因为专业的 CAD 软件中提供相应的智能统计功能，只需要一个命令便可以快速、准确地完成所有零部件的统计，并自动生成清晰的材料表，可帮助设计师轻松地完成烦琐的统计工作。

第 18 章

AutoCAD 2019 与 Photo-shop 的配合使用

内容简介

　　本章介绍 AutoCAD 2019 与 Photoshop 的配合使用方法。用户可以根据实际需求在 AutoCAD 2019 中绘制相应的二维或三维图形，然后将其转换为图片用 Photoshop 进行编辑，利用 Photoshop 出色的图片处理功能使 AutoCAD 2019 绘制出来的图形更加具备真实感、色彩感。

内容要点

- AutoCAD 与 Photoshop 的配合使用
- Photoshop 常用功能介绍

案例效果

18.1 AutoCAD 与 Photoshop 的配合使用

AutoCAD 和 Photoshop 是两款非常具有代表性的软件，虽然两款软件不论是在功能还是在应用领域方面都有着本质的不同，但在实际应用过程中却有着千丝万缕的联系。AutoCAD 在工程中应用较多，主要用于创建结构图，其二维功能的强大与方便是不言而喻的，但色彩处理方面却很单调，只能做一些基本的色彩变化。Photoshop 在广告行业应用比较多，是一款强大的图片处理软件，在色彩处理、图片合成等方面具有突出功能，但不具备准确创建及编辑结构图的功能，优点仅体现于色彩斑斓的视觉效果上。将 AutoCAD 与 Photoshop 配合使用，可以有效地弥补两款软件自身的不足，将精确的结构与绚丽的色彩在一张图片中体现出来。

18.2 Photoshop 常用功能介绍

在结合使用 AutoCAD 和 Photoshop 软件之前，首先要了解 Photoshop 的常用功能，如创建图层、选区的创建与编辑、自由变换、移动等。

18.2.1 创建新图层

Photoshop 中的图层与 AutoCAD 中的图层作用相似。

【执行方式】

- 菜单栏：选择菜单栏中的"图层"→"新建"→"图层"命令。
- 按钮方式：单击"图层"控制面板中的"创建新图层"按钮，如图 18-1 所示。
- 快捷键：Shift+Ctrl+N 组合键。

【操作步骤】

执行上述操作后会打开"新图层"对话框，如图 18-2 所示。

图 18-1 单击"创建新图层"按钮

图 18-2 "新图层"对话框

练一练——创建新图层

素材文件：无

结果文件：结果 \CH18\ 新图层 .psd

利用"新图层"命令创建如图 18-6 所示的新图层。

【操作步骤】

（1）启动 Photoshop CS6，选择"文件"→"新建"命令，弹出"新建"对话框，如图 18-3 所示。

（2）单击"确定"按钮完成新文件的创建，选择"图层"→"新建"→"图层"命令，如图
18-4 所示。

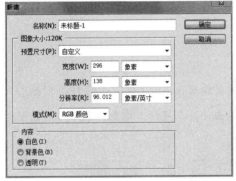

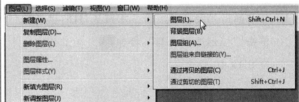

图 18-3 "新建"对话框   图 18-4 新建图层命令

（3）弹出"新建图层"对话框，将图层名称设置为"蓝天"，如图 18-5 所示。

（4）单击"确定"按钮，完成新图层的创建，如图 18-6 所示。

图 18-5 "新建图层"对话框   图 18-6 创建新图层

18.2.2 矩形选框工具

利用 Photoshop 编辑局部图片之前，首先需要建立相应的选区，然后就可以对选区中的内容进行相应编辑操作了。下面将对矩形选框工具进行介绍。

【执行方式】

◆ 按钮方式：单击工具箱中的"矩形选框工具"按钮▇，如图 18-7 所示。

◆ 快捷键：M 键。

【操作步骤】

执行上述操作后光标形状会变为"十"字形，如图 18-8 所示。

图 18-7 单击"矩形选框工具"按钮   图 18-8 光标形状

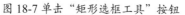 练一练——矩形选框工具

素材文件：素材 \CH18\ 选区的创建与编辑 .psd

结果文件：结果 \CH18\ 矩形选框工具 .psd

利用矩形选框工具创建选区并编辑，如图 18-11 所示。

【操作步骤】

（1）打开随书配套资源中的"素材 \CH18\ 选区的创建与编辑 .psd"文件，如图 18-9 所示。

（2）单击"矩形选框工具"按钮，在工作窗口中单击并拖动鼠标，拖出一个矩形选择框，
如图 18-10 所示。

图 18-9 素材文件   图 18-10 矩形选择框

（3）按"Delete"键，编辑结果如图 18-11 所示。

图 18-11 编辑结果

18.2.3 魔棒工具

魔棒工具可以自动识别图片中的类似特征，从而进行选区的创建。下面将对魔棒工具进行详细介绍。

【执行方式】

● 按钮方式：单击工具箱中的"魔棒工具"按钮，如图 18-12 所示。

● 快捷键：W 键。

【操作步骤】

执行上述操作后光标形状会变为如图 18-13 所示的形状。

图 18-12 单击"魔棒工具"按钮　　　　　图 18-13 光标形状

练一练——魔棒工具

素材文件：素材 \CH18\ 选区的创建与编辑 .psd

结果文件：结果 \CH18\ 魔棒工具 .psd

利用魔棒工具创建选区并编辑，如图 18-16 所示。

【操作步骤】

（1）打开随书配套资源中的"素材 \CH18\ 选区的创建与编辑 .psd"文件，如图 18-14 所示。

（2）单击"魔棒工具"按钮，在工作窗口中单击出现选区，如图 18-15 所示。

图 18-14 素材文件

图 18-15 创建选区

（3）按"Delete"键，编辑结果如图 18-16 所示。

图 18-16 编辑结果

18.2.4 移动选区

利用移动功能可以对 Photoshop 中的图片对象进行位置的移动操作，具体介绍如下。

【执行方式】

● 按钮方式：单击工具箱中的"移动工具"按钮，如图 18-17 所示。

● 快捷键：V 键。

【操作步骤】

执行上述操作后光标形状会变为如图 18-18 所示的形状。

图 18-17 单击"移动工具"按钮

图 18-18 光标形状

练一练——移动选区

素材文件：素材 \CH18\ 移动选区 .psd

结果文件：结果 \CH18\ 移动选区 .psd

利用移动工具对选区中的内容进行移动操作，如图 18-21 所示。

【操作步骤】

（1）打开随书配套资源中的"素材 \CH18\ 移动选区 .psd"文件，如图 18-19 所示。

（2）单击"矩形选框工具"按钮，在工作窗口中进行如图 18-20 所示的区域选取。

（3）单击"移动工具"按钮，在工作窗口中拖动鼠标对所选区域进行位置移动，如图 18-21 所示。

图 18-19 素材文件

图 18-20 矩形选区

图 18-21 移动选区

18.3　实例——网络机顶盒效果图设计

本节将结合使用 AutoCAD 和 Photoshop 软件进行网络机顶盒效果图的设计，AutoCAD 主要用于模型的创建，而最后的整体效果处理则依赖于 Photoshop 软件。

18.3.1　网络机顶盒效果图设计思路

网络机顶盒效果图包含网络机顶盒模型、背景图片及宣传文字。在整个设计过程中可以考虑利用 AutoCAD 软件绘制网络机顶盒模型，并对模型的颜色进行相应的设置，然后将模型转换为图片，再利用 Photoshop 对图片进行编辑。在 Photoshop 中可以将模型图片与效果图背景图片、宣传文字相结合，通过适当地处理达到完美结合的目的。

18.3.2　使用 AutoCAD 2019 绘制网络机顶盒模型

下面将进行网络机顶盒模型绘制，具体操作步骤如下。

1. 绘制网络机顶盒整体造型

（1）打开随书配套资源中的"素材 \CH18\ 网络机顶盒 .dwg"文件，如图 18-22 所示。

（2）在命令行输入"UCS"，绕 X 轴旋转"90"，如图 18-23 所示。

（3）选择"绘图"→"直线"命令，在绘图区域中绘制如图 18-24 所示的图形。

图 18-22 素材文件

图 18-23 坐标系

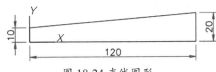
图 18-24 直线图形

（4）选择"修改"→"圆角"命令，圆角半径设置为"10"，对绘图区域中的图形进行圆角操作，如图 18-25 所示。

（5）选择"修改"→"对象"→"多段线"命令，将绘图区域中的所有图形对象合并为一个整体，如图 18-26 所示。

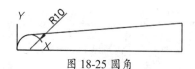

图 18-25 圆角

图 18-26 合并对象

（6）选择"绘图"→"建模"→"拉伸"命令，高度设置为"200"，为绘图区域中的对象执行高度拉伸操作，如图 18-27 所示。

（7）在命令行输入"UCS"，绕 Y 轴旋转"–90"，如图 18-28 所示。

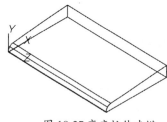

图 18-27 高度拉伸建模

图 18-28 旋转坐标系

（8）选择"绘图"→"多段线"命令，命令行提示如下。

命令：_pline

指定起点：　　　// 在绘图区域中的空白位置处任意单击即可

当前线宽为 0.0000

指定下一个点或 [圆弧 (A)/ 半宽 (H)/ 长度 (L)/ 放弃 (U)/ 宽度 (W)]：@10,0

指定下一点或 [圆弧 (A)/ 闭合 (C)/ 半宽 (H)/ 长度 (L)/ 放弃 (U)/ 宽度 (W)]：@0,7

指定下一点或 [圆弧 (A)/ 闭合 (C)/ 半宽 (H)/ 长度 (L)/ 放弃 (U)/ 宽度 (W)]：@–3.5,0

指定下一点或 [圆弧 (A)/ 闭合 (C)/ 半宽 (H)/ 长度 (L)/ 放弃 (U)/ 宽度 (W)]：@0,1

指定下一点或 [圆弧 (A)/ 闭合 (C)/ 半宽 (H)/ 长度 (L)/ 放弃 (U)/ 宽度 (W)]：@–3,0

指定下一点或 [圆弧 (A)/ 闭合 (C)/ 半宽 (H)/ 长度 (L)/ 放弃 (U)/ 宽度 (W)]：@0,–1

指定下一点或 [圆弧 (A)/ 闭合 (C)/ 半宽 (H)/ 长度 (L)/ 放弃 (U)/ 宽度 (W)]：@–3.5,0

指定下一点或 [圆弧 (A)/ 闭合 (C)/ 半宽 (H)/ 长度 (L)/ 放弃 (U)/ 宽度 (W)]：c

（9）结果如图 18-29 所示。

（10）选择"绘图"→"多段线"命令，命令行提示如下。

命令：_pline

指定起点：fro

基点：　　　// 捕捉如图 18-30 所示的端点

＜偏移＞：@10,2.5

当前线宽为 0.0000

指定下一个点或 [圆弧 (A)/ 半宽 (H)/ 长度 (L)/ 放弃 (U)/ 宽度 (W)]: @10,0

指定下一点或 [圆弧 (A)/ 闭合 (C)/ 半宽 (H)/ 长度 (L)/ 放弃 (U)/ 宽度 (W)]: @0,2

指定下一点或 [圆弧 (A)/ 闭合 (C)/ 半宽 (H)/ 长度 (L)/ 放弃 (U)/ 宽度 (W)]: @–1,1

指定下一点或 [圆弧 (A)/ 闭合 (C)/ 半宽 (H)/ 长度 (L)/ 放弃 (U)/ 宽度 (W)]: @–8,0

指定下一点或 [圆弧 (A)/ 闭合 (C)/ 半宽 (H)/ 长度 (L)/ 放弃 (U)/ 宽度 (W)]: @–1,–1

指定下一点或 [圆弧 (A)/ 闭合 (C)/ 半宽 (H)/ 长度 (L)/ 放弃 (U)/ 宽度 (W)]: c

（11）结果如图 18-31 所示。

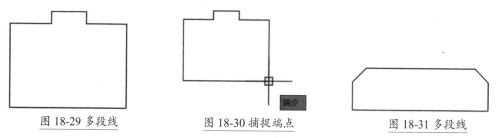

图 18-29 多段线　　　　图 18-30 捕捉端点　　　　图 18-31 多段线

（12）选择"绘图"→"圆"→"圆心、半径"命令，命令行提示如下。

命令：_circle

指定圆的圆心或 [三点 (3P)/ 两点 (2P)/ 切点、切点、半径 (T)]: fro

基点：　// 捕捉如图 18-32 所示的中心点

< 偏移 >: @30,0

指定圆的半径或 [直径 (D)]: 1.5

（13）结果如图 18-33 所示。

（14）选择"绘图"→"圆"→"圆心、半径"命令，命令行提示如下。

命令：_circle

指定圆的圆心或 [三点 (3P)/ 两点 (2P)/ 切点、切点、半径 (T)]: fro

基点：　// 捕捉如图 18-34 所示的中心点

< 偏移 >: @40,0

指定圆的半径或 [直径 (D)]: 1

（15）结果如图 18-35 所示。

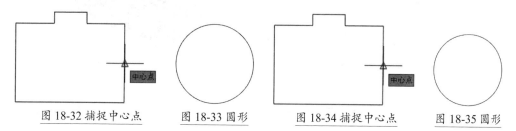

图 18-32 捕捉中心点　　　图 18-33 圆形　　　图 18-34 捕捉中心点　　　图 18-35 圆形

（16）选择"修改"→"移动"命令，命令行提示如下。

> 命令：_move
>
> 选择对象： // 选择步骤（8）~（15）绘制的图形，共计 4 个
>
> 选择对象： // 按"Enter"键确认
>
> 指定基点或 [位移 (D)] < 位移 >： // 捕捉如图 18-36 所示的端点
>
> 指定第二个点或 < 使用第一个点作为位移 >：fro
>
> 基点： // 捕捉如图 18-37 所示的中心点
>
> < 偏移 >：@10,6

（17）结果如图 18-38 所示。

图 18-36 捕捉端点

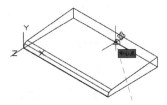

图 18-37 捕捉中心点

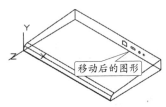

图 18-38 移动结果

（18）选择"绘图"→"建模"→"拉伸"命令，对步骤（17）中移动过的 4 个对象执行高度拉伸操作，拉伸高度统一设置为"10"，结果如图 18-39 所示。

（19）选择"修改"→"实体编辑"→"差集"命令，命令行提示如下。

> 命令：_subtract 选择要从中减去的实体、曲面和面域 …
>
> 选择对象： // 选择除步骤（18）拉伸之外的对象
>
> 选择对象：
>
> 选择要减去的实体、曲面和面域 …
>
> 选择对象： // 选择步骤（18）拉伸得到的对象，共计 4 个
>
> 选择对象： // 按"Enter"键确认

（20）切换为"概念"视觉样式，如图 18-40 所示。

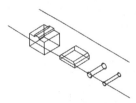

图 18-39 高度拉伸建模

图 18-40 "概念"视觉样式

2. 绘制天线

（1）切换为"二维线框"视觉样式，选择"绘图"→"建模"→"圆柱体"命令，命令行提

示如下。

命令：_cylinder

指定底面的中心点或 [三点 (3P)/ 两点 (2P)/ 切点、切点、半径 (T)/ 椭圆 (E)]: fro

基点： // 捕捉如图 18-41 所示的端点

<偏移>: @–20,10

指定底面半径或 [直径 (D)]: 2.5

指定高度或 [两点 (2P)/ 轴端点 (A)] <10.0000>: –7

（2）结果如图 18-42 所示。

图 18-41 捕捉端点

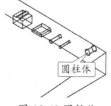

图 18-42 圆柱体

（3）将坐标系调整为世界坐标系，选择"绘图"→"圆"→"圆心、半径"命令，命令行提示如下。

命令：_circle

指定圆的圆心或 [三点 (3P)/ 两点 (2P)/ 切点、切点、半径 (T)]: fro

基点： // 捕捉如图 18-43 所示的圆心

<偏移>: @0,0,–7

指定圆的半径或 [直径 (D)] <1.0000>: 4

（4）结果如图 18-44 所示。

（5）选择"绘图"→"建模"→"拉伸"命令，命令行提示如下。

命令：_extrude

当前线框密度：ISOLINES=4，闭合轮廓创建模式 = 实体

选择要拉伸的对象或 [模式 (MO)]: _MO 闭合轮廓创建模式 [实体 (SO)/ 曲面 (SU)] < 实体 >: _SO

选择要拉伸的对象或 [模式 (MO)]: // 选择如图 18-44 所示的圆形

选择要拉伸的对象或 [模式 (MO)]: // 按 "Enter" 键确认

指定拉伸的高度或 [方向 (D)/ 路径 (P)/ 倾斜角 (T)/ 表达式 (E)] <130.0000>: t

指定拉伸的倾斜角度或 [表达式 (E)] <2>: 0.5

指定拉伸的高度或 [方向 (D)/ 路径 (P)/ 倾斜角 (T)/ 表达式 (E)] <130.0000>: 130

（6）结果如图 18-45 所示。

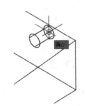
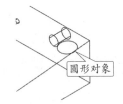
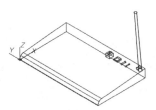

图 18-43 捕捉圆心　　　图 18-44 圆形　　　图 18-45 高度拉伸建模

（7）选择"修改"→"圆角"命令，半径设置为"2"，对步骤（6）中拉伸得到的模型的上端面边缘进行圆角操作，结果如图 18-46 所示。

（8）选择"修改"→"三维操作"→"三维镜像"命令，命令行提示如下。

> 命令：_mirror3d
>
> 选择对象：　//选择步骤（1）～（6）得到的两个模型
>
> 选择对象：　//按"Enter"键确认
>
> 指定镜像平面 (三点) 的第一个点或
>
> [对象 (O)/ 最近的 (L)/Z 轴 (Z)/ 视图 (V)/XY 平面 (XY)/YZ 平面 (YZ)/ZX 平面 (ZX)/ 三点 (3)]
>
> < 三点 >: // 捕捉如图 18-47 所示的中心点
>
> 在镜像平面上指定第二个点：　// 在 X 轴方向上任意指定一点
>
> 在镜像平面上指定第三个点：　// 在 Z 轴方向上任意指定一点
>
> 是否删除源对象？ [是 (Y)/ 否 (N)] < 否 >:　// 按"Enter"键确认

（9）结果如图 18-48 所示。

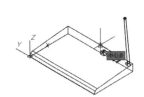

图 18-46 圆角　　　图 18-47 捕捉中心点　　　图 18-48 三维镜像

（10）选择"修改"→"实体编辑"→"并集"命令，通过并集运算将所有模型合并为一个整体，结果如图 18-49 所示。

图 18-49 并集运算

3. 将网络机顶盒模型转换为图片

（1）将模型颜色调整为"绿色"，切换视觉样式为"真实"，如图 18-50 所示。

（2）选择"文件"→"打印"命令，弹出"打印 - 模型"对话框，进行如图 18-51 所示的设置。

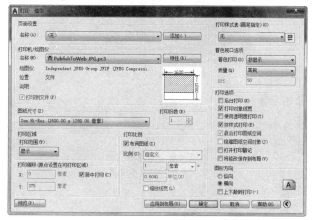

图 18-50 设置视觉样式　　　　图 18-51 打印设置

（3）打印范围选择"窗口"，在绘图区域中选择网络机顶盒模型作为打印对象，如图 18-52 所示。

（4）单击"确定"按钮，弹出"浏览打印文件"对话框，对保存路径及文件名进行设置后，单击"保存"按钮，结果如图 18-53 所示。

图 18-52 选择对象　　　　　　图 18-53 模型输出结果

18.3.3 使用 Photoshop 制作网络机顶盒效果图

下面将绘制网络机顶盒效果图，具体操作步骤如下。

（1）打开随书配套资源中的"素材 \CH18\ 网络机顶盒 .psd"文件，如图 18-54 所示。

（2）选择"文件"→"打开"命令，弹出"打开"对话框，选择前面绘制的"网络机顶盒 .psd"文件，单击"打开"按钮，结果如图 18-55 所示。

图 18-54 素材文件

图 18-55 网络机顶盒

（3）单击"魔棒工具"按钮 ，在工作窗口中的空白位置单击，如图 18-56 所示。

（4）选区创建结果如图 18-57 所示。

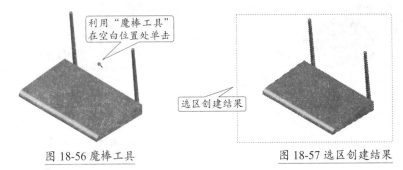

利用"魔棒工具"
在空白位置处单击

选区创建结果

图 18-56 魔棒工具

图 18-57 选区创建结果

（5）选择"选择"→"反向"命令，反向选择结果如图 18-58 所示。

（6）按"Ctrl+C"组合键，将当前图形文件切换到"网络机顶盒.psd"，按"Ctrl+V"组合键，结果如图 18-59 所示。

图 18-58 反向选择结果

图 18-59 复制并粘贴选区结果

（7）选择"编辑"→"自由变换"命令，对网络机顶盒模型图片的大小及位置进行适当调整，结果如图 18-60 所示。

（8）单击"横排文字工具"按钮 ，字体设置为"华文楷体"，字号设置为"70"，颜色设置为"红色"，在工作窗口中的适当位置输入文字内容，如图 18-61 所示。

图 18-60 自由变换结果

图 18-61 输入文字

⚙ 技 巧

1. 精准光标的获取方法

按一下"Caps Lock"键可以使画笔和磁性工具的光标显示为精确十字线，如图 18-62 所示（画笔工具光标）；再按一下"Caps Lock"键可以使光标恢复原状，如图 18-63 所示（画笔工具光标）。

图 18-62 画笔工具光标

图 18-63 画笔工具光标

2. 快速改变部分图形颜色

首先需要新建一个透明图层，利用画笔工具涂抹需要更改颜色的部分，该图层的混合模式会更改颜色，经过涂抹的部分会变为自己想要的颜色。对于金属或有光泽的物体，该操作会保留其特殊质感。

3. 设置画布颜色的快捷方法

选择油漆桶工具并按住"Shift"键单击画布边缘，即可设置画布底色为当前选择的前景色，如果要还原到默认的颜色，如 25% 灰度，则可以将前景色设置为"R:192，G:192，B:192"，再次按住"Shift"键单击画布边缘。

4. 快速定位中心点

可以通过下面的方法精确定位画布中心点。

（1）新建一张画布，如图 18-64 所示。

（2）按"Ctrl+A"组合键全选画布，再按"Ctrl+T"组合键可以看到画布的中心点，如图

18-65 所示。

图 18-64 新建画布　　　　　　　　　图 18-65 画布中心点

（3）选择"视图"→"标尺"命令，画布的上方和左侧会出现标尺，如图 18-66 所示。

（4）拖动标尺到画布中心点的位置，如图 18-67 所示。

图 18-66 标尺　　　　　　　　　图 18-67 拖动标尺到中心点位置

（5）按"Enter"键确认，按"Ctrl+D"组合键取消选区，如图 18-68 所示。

（6）选择"视图"→"标尺"命令，将标尺隐藏，画布上面仅保留定位中心线，如图 18-69 所示。

图 18-68 取消选区　　　　　　　　　图 18-69 隐藏标尺

5

第 5 篇
案例篇

第 19 章

小区居民住宅平面布置图

内容简介

平面布置图可以用一种简洁的图解形式表达出住宅的布置方案，体现房间的布局。

内容要点

- 设置绘图环境
- 绘制墙体
- 绘制门窗
- 布置房间

案例效果

19.1 设置绘图环境

在绘制图形前，首先要设置绘图环境，如图层、文字样式、标注样式、多线样式等。

1. 设置图层

（1）打开随书配套资源中的"素材 \CH19\ 住宅平面图 .dwg"文件，如图 19-1 所示。

（2）选择"格式"→"图层"命令，弹出"图层特性管理器"对话框，新建一个名为"轴线"的图层，如图 19-2 所示。

（3）单击"轴线"图层的颜色按钮，弹出"选择颜色"对话框，选择"蓝色"选项，单击"确定"按钮，如图 19-3 所示。

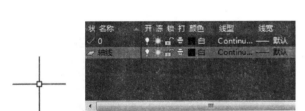

图 19-1 素材文件　　图 19-2 新建图层　　图 19-3 选择颜色

（4）返回"图层特性管理器"对话框，"轴线"图层颜色变为"蓝"，如图 19-4 所示。

（5）单击"轴线"图层的"线型"按钮，弹出"选择线型"对话框，单击"加载"按钮，弹出"加载或重载线型"对话框，选择"CENTER"线型，单击"确定"按钮，如图 19-5 所示。

图 19-4 轴线颜色　　　　　图 19-5 选择线型

（6）返回"选择线型"对话框，选择刚才加载的"CENTER"线型，单击"确定"按钮，如

图 19-6 所示。

（7）返回"图层特性管理器"对话框，"轴线"图层线型变为"CENTER"，如图 19-7 所示。

图 19-6 选择线型

图 19-7 轴线线型

（8）单击"轴线"图层的"线宽"按钮，弹出"线宽"对话框，选择"0.13mm"选项，单击"确定"按钮，如图 19-8 所示。

（9）返回"图层特性管理器"对话框，"轴线"图层线宽变为"0.13mm"，如图 19-9 所示。

图 19-8 选择线宽

图 19-9 轴线线宽

（10）重复上述步骤，继续创建其他图层，如图 19-10 所示。

图 19-10 创建其他图层

2. 设置文字样式

（1）选择"格式"→"文字样式"命令，弹出"文字样式"对话框，新建一个名为"标注样式"的文字样式，字体设置为"simplex.shx"，如图 19-11 所示。

（2）继续新建一个名为"文本样式"的文字样式，字体设置为"宋体"，将其置为当前，如
图 19-12 所示。

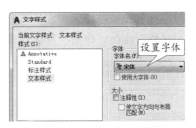

图 19-11 新建文字样式　　　　　　　　图 19-12 新建文字样式

3. 设置标注样式

（1）选择"格式"→"标注样式"命令，弹出"创建新标注样式"对话框，新建一个名为"建
筑标注"的标注样式，单击"继续"按钮，如图 19-13 所示。

（2）在"线"选项卡中进行如图 19-14 所示的设置。

图 19-13 新建标注样式　　　　　　　图 19-14 参数设置

（3）在"符号和箭头"选项卡中进行如图 19-15 所示的设置。

（4）在"文字"选项卡中进行如图 19-16 所示的设置。

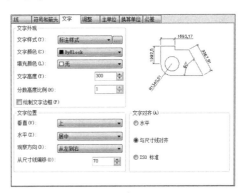

图 19-15 参数设置　　　　　　　　图 19-16 参数设置

（5）单击"确定"按钮，返回"创建新标注样式"对话框，将"建筑标注"标注样式置为当前。

4. 设置多线样式

（1）选择"格式"→"多线样式"命令，弹出"创建新的多线样式"对话框，新建一个名为"墙线"的多线样式，如图 19-17 所示。

（2）单击"继续"按钮，弹出"新建多线样式：墙线"对话框，进行如图 19-18 所示的设置。

图 19-17 新建多线样式

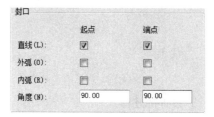

图 19-18 参数设置

（3）单击"确定"按钮，返回"创建新的多线样式"对话框，将"墙线"多线样式置为当前。

19.2 绘制墙体

墙体由墙线和门窗构成，可以先绘制墙线，再绘制门窗。

19.2.1 绘制墙线

墙线可以使用多线进行绘制，绘制墙线之前应先绘制轴线，具体操作步骤如下。

（1）将"轴线"图层置为当前，选择"绘图"→"直线"命令，绘制一条长度为"9100"的水平直线段，如图 19-19 所示。

（2）调用"直线"命令，在命令行提示下输入"fro"，捕捉如图 19-20 所示的端点作为基点。

图 19-19 绘制水平直线段

图 19-20 捕捉端点

（3）在命令行提示下输入坐标值"@500,–500/@0,9200"，分别按"Enter"键确认，绘制一条竖直直线段，如图 19-21 所示。

（4）选择"修改"→"偏移"命令，偏移距离如图 19-22 所示。

图 19-21 绘制竖直直线段

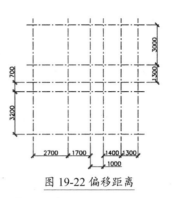
图 19-22 偏移距离

（5）将"墙线"图层置为当前，选择"绘图"→"多线"命令，比例设置为"240"，对正方式设置为"无"，绘制如图 19-23 所示的多线对象。

（6）继续绘制其他多线对象，比例及对正方式不变，如图 19-24 所示。

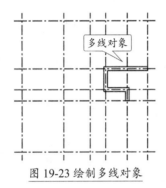
图 19-23 绘制多线对象

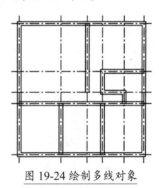
图 19-24 绘制多线对象

（7）选择"修改"→"对象"→"多线"命令，弹出"多线编辑工具"对话框，选择"T 开打开"，对多线进行编辑操作，如图 19-25 所示。

（8）关闭"轴线"层，选择"修改"→"分解"命令，将多线对象全部分解，如图 19-26 所示。

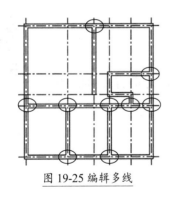
图 19-25 编辑多线

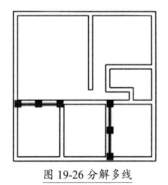
图 19-26 分解多线

19.2.2 绘制门洞及窗洞

门洞及窗洞可以通过修剪的方式进行创建，具体操作步骤如下。

（1）选择"绘图"→"直线"命令，捕捉端点绘制一条水平直线段，如图 19-27 所示。

（2）选择"修改"→"偏移"命令，将刚绘制的水平直线段向上偏移"100"，将偏移得到的直线段继续向上偏移"1000"，如图 19-28 所示。

（3）选择"修改"→"修剪"命令，对偏移得到的直线段进行修剪操作，将步骤（1）中绘制的水平直线段删除，如图 19-29 所示。

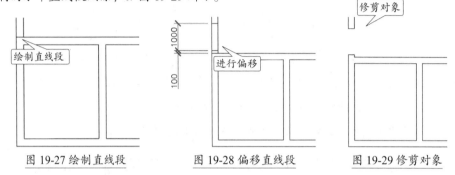

| 图 19-27 绘制直线段 | 图 19-28 偏移直线段 | 图 19-29 修剪对象 |

（4）采用同样的方法修剪其他门洞，如图 19-30 所示。

（5）采用同样的方法修剪窗洞，如图 19-31 所示。

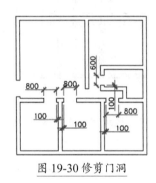

图 19-30 修剪门洞

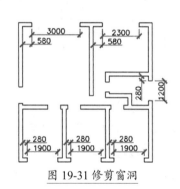

图 19-31 修剪窗洞

19.3 绘制门窗

可以将单个门窗图形创建为图块，再以插入图块的形式进行门窗的绘制。

19.3.1 绘制门

下面对门的绘制方法进行介绍，具体操作步骤如下。

（1）将"门窗"图层置为当前，选择"绘图"→"矩形"命令，在空白位置处绘制一个 1000×50 的矩形，如图 19-32 所示。

（2）选择"绘图"→"圆弧"→"起点、圆心、角度"命令，捕捉如图 19-33 所示的端点作为起点。

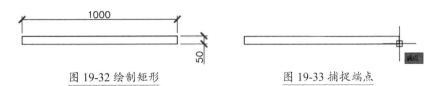

图 19-32 绘制矩形　　　　　　　　　　　图 19-33 捕捉端点

（3）捕捉如图 19-34 所示的端点作为圆心。

（4）角度设置为"90"，结果如图 19-35 所示。

图 19-34 捕捉端点　　　　　　　　　　　图 19-35 绘制圆弧

（5）选择"绘图"→"块"→"创建"命令，弹出"块定义"对话框，单击"拾取点"按钮，
　　　在绘图区域中捕捉如图 19-36 所示的端点作为插入基点。

（6）返回"块定义"对话框，单击"选择对象"按钮，在绘图区域中选择门图形对象，按"Enter"
　　　键确认，如图 19-37 所示。

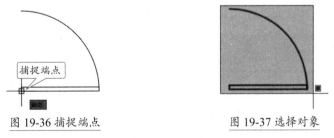

图 19-36 捕捉端点　　　　　　　　　　　图 19-37 选择对象

（7）返回"块定义"对话框，进行相应参数设置，单击"确定"按钮，如图 19-38 所示。

（8）选择"插入"→"块"命令，弹出"插入"对话框，"名称"设置为"门"，其他参数不变，
　　　单击"确定"按钮，捕捉如图 19-39 所示的中心点作为插入点。

图 19-38 参数设置

图 19-39 捕捉中心点

（9）结果如图 19-40 所示。

（10）采用相同的方法插入其他门图块，如图 19-41 所示。

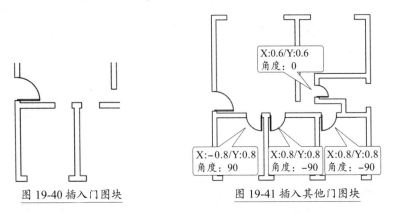

图 19-40 插入门图块   图 19-41 插入其他门图块

19.3.2 绘制窗

下面对窗的绘制方法进行介绍，具体操作步骤如下。

（1）选择"绘图"→"矩形"命令，在空白位置处绘制一个 1000×240 的矩形，如图 19-42 所示。

（2）选择"修改"→"分解"命令，将刚绘制的矩形对象分解，如图 19-43 所示。

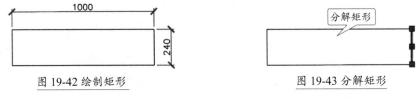

图 19-42 绘制矩形   图 19-43 分解矩形

（3）选择"修改"→"偏移"命令，偏移距离设置为"80"，选择如图 19-44 所示的直线作为偏移对象。

（4）向内侧进行偏移，结果如图 19-45 所示。

图 19-44 选择对象   图 19-45 偏移直线结果

（5）不退出"偏移"命令的情况下，选择如图 19-46 所示的直线作为偏移对象。

（6）向内侧进行偏移，按"Enter"键结束"偏移"命令，结果如图 19-47 所示。

图 19-46 选择对象   图 19-47 偏移直线结果

（7）选择"绘图"→"块"→"创建"命令，弹出"块定义"对话框，单击"拾取点"按钮，在绘图区域中捕捉如图19-48所示的端点作为插入基点。

（8）返回"块定义"对话框，单击"选择对象"按钮，在绘图区域中选择窗图形，按"Enter"键确认，如图19-49所示。

图19-48 捕捉端点

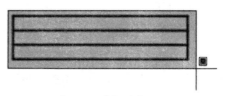

图19-49 选择对象

（9）返回"块定义"对话框，进行相应参数设置，单击"确定"按钮，如图19-50所示。

（10）选择"插入"→"块"命令，弹出"插入"对话框，"名称"设置为"窗"，比例设置为"X:3，Y:1"，其他参数不变，单击"确定"按钮，捕捉如图19-51所示的端点作为插入点。

图19-50 参数设置

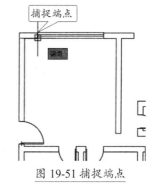

图19-51 捕捉端点

（11）结果如图19-52所示。

（12）采用相同的方法插入其他窗图块，如图19-53所示。

图19-52 插入窗图块

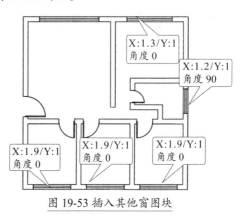

图19-53 插入其他窗图块

19.4 布置房间

房间内物品的摆设可以通过插入图块的方式进行创建。

1. 布置客厅

（1）将"家具"图层置为当前，选择"绘图"→"矩形"命令，在命令行提示下输入"fro"并按"Enter"键确认，捕捉如图 19-54 所示的端点作为基点。

（2）在命令行提示下输入"@0,–580""@–450，–2500"，分别按"Enter"键确认，如图 19-55 所示。

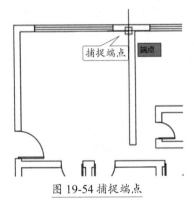

图 19-54 捕捉端点

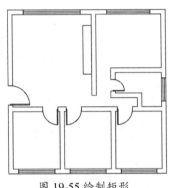

图 19-55 绘制矩形

（3）选择"插入"→"块"命令，弹出"插入"对话框，单击"浏览"按钮，弹出"选择图形文件"对话框，浏览到随书配套资源中的"素材 \CH19\ 电视机 .dwg"文件，如图 19-56 所示。

（4）单击"打开"按钮，返回"插入"对话框，角度设置为"–90"，其他参数不变，单击"确定"按钮，在绘图区域中单击指定图块插入点，如图 19-57 所示。

图 19-56 选择文件

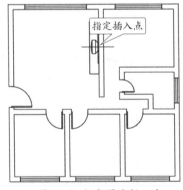

图 19-57 指定图块插入点

（5）结果如图19-58所示。

（6）调用插入图块命令，弹出"插入"对话框，单击"浏览"按钮，弹出"选择图形文件"对话框，浏览到随书配套资源中的"素材\CH19\盆景.dwg"文件，如图19-59所示。

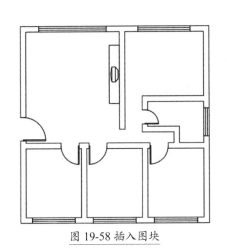

图 19-58 插入图块

图 19-59 选择文件

（7）单击"打开"按钮，返回"插入"对话框，统一比例设置为"0.02"，其他参数不变，单击"确定"按钮，在绘图区域中单击指定图块插入点，如图19-60所示。

（8）结果如图19-61所示。

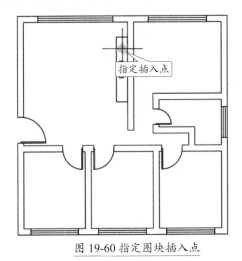

图 19-60 指定图块插入点

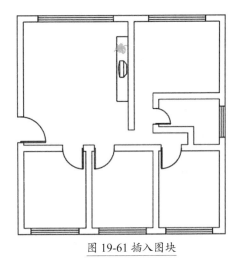

图 19-61 插入图块

（9）按照相同参数再次插入"盆景"图块，如图19-62所示。

（10）调用插入图块命令，弹出"插入"对话框，单击"浏览"按钮，弹出"选择图形文件"对话框，浏览到随书配套资源中的"素材\CH19\沙发.dwg"文件，单击"打开"按钮，返回"插入"对话框，进行相应参数设置，如图19-63所示。

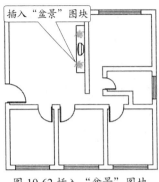

图 19-62 插入 "盆景" 图块

图 19-63 参数设置

（11）单击 "确定" 按钮，在绘图区域中单击指定图块插入点，如图 19-64 所示。

（12）结果如图 19-65 所示。

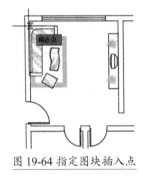

图 19-64 指定图块插入点

图 19-65 插入图块

（13）调用插入图块命令，弹出 "插入" 对话框，单击 "浏览" 按钮，弹出 "选择图形文件" 对话框，浏览到随书配套资源中的 "素材\CH19\茶几.dwg" 文件，单击 "打开" 按钮，返回 "插入" 对话框，进行相应参数设置，如图 19-66 所示。

（14）单击 "确定" 按钮，在绘图区域中单击指定图块插入点，如图 19-67 所示。

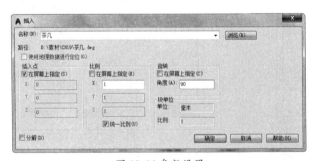

图 19-66 参数设置

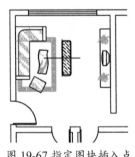

图 19-67 指定图块插入点

（15）结果如图 19-68 所示。

（16）选择 "修改" → "复制" 命令，将电视机旁边的盆景图块复制到茶几上面，位置适当即可，如图 19-69 所示。

图 19-68 插入图块

图 19-69 复制"盆景"图块

2. 布置卧室

（1）选择"插入"→"块"命令，弹出"插入"对话框，单击"浏览"按钮，弹出"选择图形文件"对话框，浏览到随书配套资源中的"素材 \CH19\ 双人床 .dwg"文件，单击"打开"按钮，返回"插入"对话框，进行相应参数设置，如图 19-70 所示。

（2）单击"确定"按钮，在绘图区域中单击指定图块插入点，如图 19-71 所示。

图 19-70 参数设置

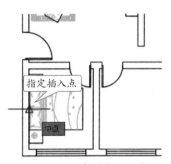

图 19-71 指定图块插入点

（3）结果如图 19-72 所示。

（4）调用插入图块命令，弹出"插入"对话框，单击"浏览"按钮，弹出"选择图形文件"对话框，浏览到随书配套资源中的"素材 \CH19\ 单人床 .dwg"文件，单击"打开"按钮，返回"插入"对话框，进行相应参数设置，如图 19-73 所示。

图 19-72 插入图块

图 19-73 参数设置

（5）单击"确定"按钮，在绘图区域中单击指定图块插入点，如图 19-74 所示。

（6）结果如图 19-75 所示。

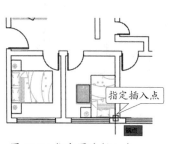

图 19-74 指定图块插入点

图 19-75 插入图块

（7）调用插入图块命令，重复插入"单人床"图块，参数设置同步骤（4），在绘图区域中单击指定图块插入点，如图 19-76 所示。

（8）结果如图 19-77 所示。

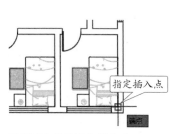

图 19-76 指定图块插入点

图 19-77 插入图块

3. 布置厨房

（1）选择"绘图"→"直线"命令，在命令行提示下输入"fro"并按"Enter"键，捕捉如图 19-78 所示的端点作为基点。

（2）在命令行提示下输入"@0,–2260""@–600,0""@0,1660""@–2360,0""@0,600"，分别按"Enter"键确认，如图 19-79 所示。

图 19-78 捕捉端点

图 19-79 绘制直线

（3）选择"插入"→"块"命令，弹出"插入"对话框，单击"浏览"按钮，弹出"选择图形文件"对话框，浏览到随书配套资源中的"素材\CH19\燃气灶.dwg"文件，单击"打开"按钮，返回"插入"对话框，进行相应参数设置，如图19-80所示。

（4）单击"确定"按钮，在绘图区域中单击指定图块插入点，如图19-81所示。

图 19-80 参数设置　　　　　　图 19-81 指定图块插入点

（5）结果如图19-82所示。

（6）调用插入图块命令，弹出"插入"对话框，单击"浏览"按钮，弹出"选择图形文件"对话框，浏览到随书配套资源中的"素材\CH19\洗涤盆.dwg"文件，单击"打开"按钮，返回"插入"对话框，进行相应参数设置，如图19-83所示。

图 19-82 插入图块　　　　　　　图 19-83 参数设置

（7）单击"确定"按钮，在绘图区域中单击指定图块插入点，如图19-84所示。

（8）结果如图19-85所示。

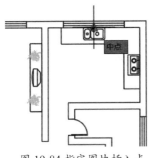

图 19-84 指定图块插入点　　　　　图 19-85 插入图块

4. 布置卫生间

（1）选择"绘图"→"椭圆"→"圆心"命令，在命令行提示下输入"fro"并按"Enter 键确认，在绘图区域中捕捉如图 19-86 所示的中心点作为基点。

（2）在命令行提示下输入"@0,–250""@265,0""200"，分别按"Enter"键确认，如图 19-87 所示。

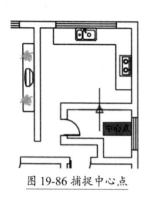

图 19-86 捕捉中心点

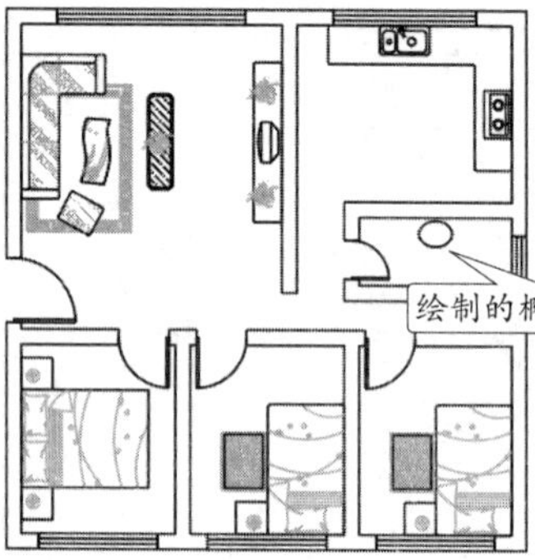

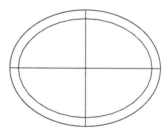

图 19-87 绘制椭圆形

（3）选择"修改"→"偏移"命令，将刚才绘制的椭圆形向内侧偏移"30"，如图 19-88 所示。

（4）选择"绘图"→"直线"命令，连接椭圆形象限点绘制两条直线段，如图 19-89 所示。

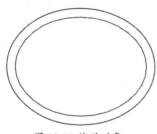

图 19-88 偏移对象

图 19-89 绘制直线

（5）选择"修改"→"偏移"命令，将刚才绘制的水平直线段分别向上、下两侧各偏移"110""90"，如图 19-90 所示。

（6）选择"修改"→"圆角"命令，圆角半径设置为"25"，选择中间的水平直线，并在小椭圆形上侧单击，对洗脸盆的两侧进行圆角操作，结果如图 19-91 所示。

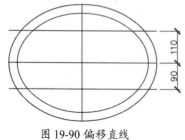

图 19-90 偏移直线

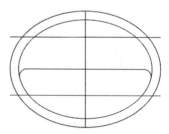

图 19-91 圆角操作

（7）选择"绘图"→"圆环"命令，分别以最下面的直线与小椭圆形的交点为圆环的中心点，绘制两个内径为0、外径为20的圆环，结果如图19-92所示。

（8）选择"绘图"→"圆"→"圆心、半径"命令，以最上面的水平直线与竖直直线的交点为圆心，绘制一个半径为"15"的圆形，结果如图19-93所示。

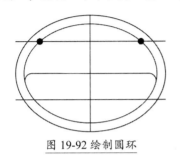

图19-92 绘制圆环

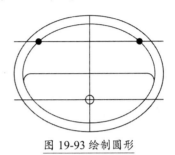

图19-93 绘制圆形

（9）选择"修改"→"修剪"命令，修剪掉多余的线段，结果如图19-94所示。

（10）选择"绘图"→"直线"命令，在命令行提示下输入"fro"并按"Enter"键确认，在绘图区域中捕捉如图19-95所示的中心点作为基点。

（11）在命令行提示下输入"@365,140""@0,–350"，分别按"Enter"键确认，如图19-96所示。

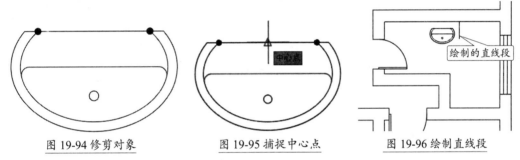

图19-94 修剪对象　　　　　图19-95 捕捉中心点　　　　　图19-96 绘制直线段

（12）调用"直线"命令，在命令行提示下输入"fro"并按"Enter"键确认，在绘图区域中捕捉如图19-97所示的中心点作为基点。

（13）在命令行提示下输入"@–365,140""@0,–350"，分别按"Enter"键确认，如图19-98所示。

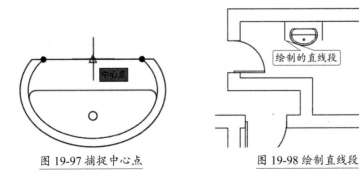

图19-97 捕捉中心点　　　　　图19-98 绘制直线段

（14）选择"绘图"→"圆弧"→"起点、端点、半径"命令，捕捉如图 19-99 所示的端点作为圆弧起点。

（15）捕捉如图 19-100 所示的端点作为圆弧端点。

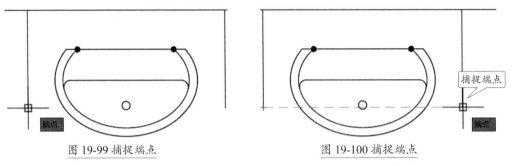

图 19-99 捕捉端点　　　　　　　　图 19-100 捕捉端点

（16）圆弧半径指定为"520"，如图 19-101 所示。

（17）选择"插入"→"块"命令，弹出"插入"对话框，单击"浏览"按钮，弹出"选择图形文件"对话框，浏览到随书配套资源中的"素材\CH19\坐便器.dwg"文件，单击"打开"按钮，返回"插入"对话框，进行相应参数设置，如图 19-102 所示。

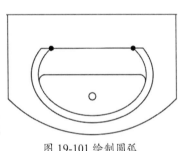

图 19-101 绘制圆弧　　　　　　　图 19-102 参数设置

（18）单击"确定"按钮，在绘图区域中单击指定图块插入点，如图 19-103 所示。

（19）结果如图 19-104 所示。

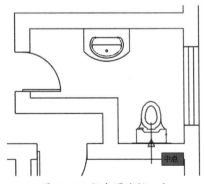

图 19-103 指定图块插入点　　　　　图 19-104 插入图块

19.5 添加文字注释

可以为住宅平面布置图添加文字说明及标注,同时还可以进行图案填充,具体操作步骤如下。

（1）将"填充"图层置为当前,用直线将门洞连接起来,选择"绘图"→"图案填充"命令,填充图案设置为"NET",填充比例设置为"100",填充角度设置为"0",对客厅进行填充,如图 19-105 所示。

（2）调用"图案填充"命令,填充图案设置为"DOLMIT",填充比例设置为"30",填充角度设置为"0",对卧室进行填充,如图 19-106 所示。

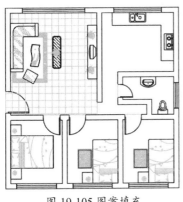

图 19-105 图案填充

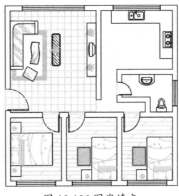

图 19-106 图案填充

（3）调用"图案填充"命令,填充图案设置为"ANGLE",填充比例设置为"30",填充角度设置为"0",对厨房和卫生间进行填充,如图 19-107 所示。

（4）将"文字"图层置为当前,选择"绘图"→"文字"→"单行文字"命令,文字高度设置为"400",角度设置为"0",分别在适当的位置创建单行文字对象,如图 19-108 所示。

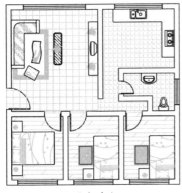

图 19-107 图案填充

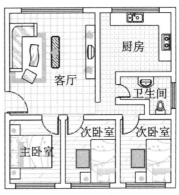

图 19-108 创建单行文字对象

（5）将"轴线"图层打开，如图 19-109 所示。

（6）将"标注"图层置为当前，选择"标注"→"线性"命令，创建线性标注对象，如图
19-110 所示。

图 19-109 打开"轴线"图层

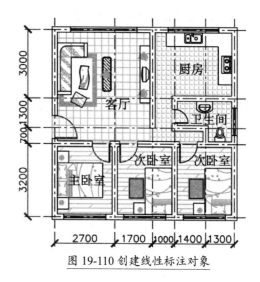

图 19-110 创建线性标注对象

第 20 章

电气施工平面图

内容简介

电气施工平面图一般是采用统一的符号绘制而成的，线路中的各种设备、元器件通过导线连接成为一个整体。

内容要点

- 设置绘图环境
- 绘制电气符号
- 完善细节

案例效果

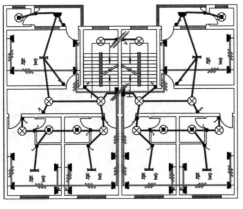

设计说明：

一、工程概况

本工程为住宅楼，防火等级为二级。

二、供电方式

本工程拟由室外配电房引来380V/220V三相四线电源至一层总配电箱，再由电表箱分配至各户开关箱，接地系统为TN-C-S系统，电源在进户处做重复接地。

三、照明系统

本工程灯具仅预留灯头盒，灯具安装由住户自定。未注明照明分支线均采用BV-500V-2X1.5mm²铜芯线，未注明插座配线回路分支线选用BV-500V-2.5mm²铜芯线。

20.1 设置绘图环境

在绘制图形前，首先要设置绘图环境，如图层、文字样式、草图设置等。

1. 设置图层

（1）打开随书配套资源中的"素材\CH20\电气施工平面图.dwg"文件，如图20-1所示。

（2）选择"格式"→"图层"命令，弹出"图层特性管理器"对话框，新建一个名为"照明线路"的图层，如图20-2所示。

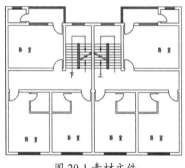

图 20-1 素材文件

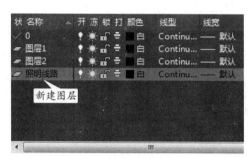

图 20-2 新建图层

（3）单击"照明线路"图层的"颜色"按钮，弹出"选择颜色"对话框，选择"蓝"选项，单击"确定"按钮，如图20-3所示。

（4）返回"图层特性管理器"对话框，"照明线路"图层颜色变为"蓝"，如图20-4所示。

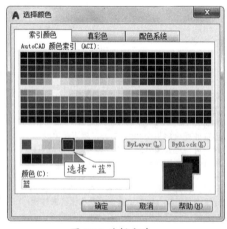

图 20-3 选择颜色

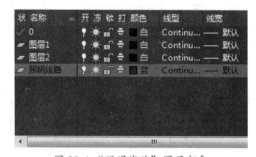

图 20-4 "照明线路"图层颜色

（5）单击"照明线路"图层的"线宽"按钮，弹出"线宽"对话框，选择"0.30mm"选项，单击"确定"按钮，如图20-5所示。

（6）返回"图层特性管理器"对话框，"照明线路"图层线宽变为"0.30mm"，如图20-6所示。

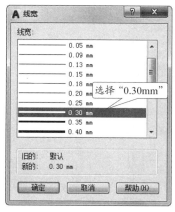

图 20-5 选择线宽

图 20-6 "照明线路"图层线宽

（7）重复上述步骤，继续创建其他图层，如图 20-7 所示。

图 20-7 创建其他图层

2. 设置文字样式

（1）选择"格式"→"文字样式"命令，弹出"文字样式"对话框，新建一个名为"注释样式"的文字样式，如图 20-8 所示。

（2）"注释样式"的字体设置为"宋体"，将其置为当前，如图 20-9 所示。

图 20-8 新建文字样式

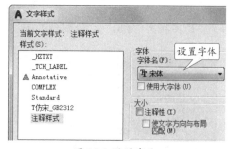

图 20-9 设置字体

3. 草图设置

选择"工具"→"绘图设置"命令，弹出"草图设置"对话框，选择"对象捕捉"选项卡，进行相关参数设置，如图 20-10 所示。

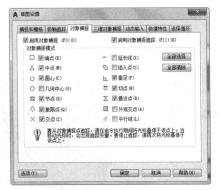

图 20-10 对象捕捉参数设置

20.2 绘制电气符号

电气符号有很多种，对于经常用到的电气符号，可以先绘制其中一个，将其创建为图块，然后采用插入图块的方式进行绘制。

20.2.1 绘制灯具符号

下面将对各种灯具符号分别进行绘制，具体操作步骤如下。

1. 绘制防水防尘灯

（1）在绘图区域中选择所有的文字对象，将其放置到"文字"图层，按"Esc"键取消对文字对象的选择，如图 20-11 所示。

（2）将"照明设备"图层置为当前，选择"绘图"→"圆"→"圆心、半径"命令，在空白区域位置绘制一个半径为"300"的圆形，如图 20-12 所示。

（3）调用"圆心、半径"命令绘制圆的方式，在命令行提示下捕捉如图 20-13 所示的圆心。

（4）圆的半径为"120"，绘制结果如图 20-14 所示。

图 20-11 选择图层

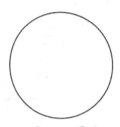
图 20-12 圆形

图 20-13 捕捉圆心

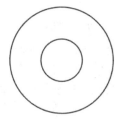
图 20-14 圆形

（5）选择"绘图"→"直线"命令，分别捕捉大圆形的象限点作为直线的起点和终点，绘制两条直线段，如图 20-15 所示。

（6）选择"修改"→"旋转"命令，选择两条直线作为旋转对象，捕捉两条直线的交点作为旋转的基点，旋转角度设置为"45"，如图20-16所示。

（7）选择"修改"→"修剪"命令，以小圆形作为边界对多余直线进行修剪，如图20-17所示。

（8）选择"绘图"→"图案填充"命令，填充图案设置为"SOLID"，对小圆形进行填充，如图20-18所示。

 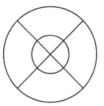  

图20-15 绘制直线　　图20-16 旋转直线　　图20-17 修剪直线　　图20-18 图案填充

（9）选择"绘图"→"块"→"创建"命令，弹出"块定义"对话框，单击"拾取点"按钮，在绘图区域中捕捉如图20-19所示的圆心作为插入基点。

（10）返回"块定义"对话框，单击"选择对象"按钮，在绘图区域中选择如图20-20所示的图形，按"Enter"键确认。

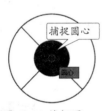

图20-19 捕捉圆心

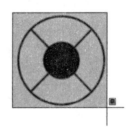

图20-20 选择对象

（11）返回"块定义"对话框，进行相应参数设置，单击"确定"按钮，如图20-21所示。

（12）选择"插入"→"块"命令，弹出"插入"对话框，"名称"设置为"防水防尘灯"，其他参数不变，单击"确定"按钮，在适当的位置单击指定插入点，如图20-22所示。

图20-21 参数设置

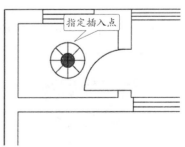

图20-22 指定插入点

（13）结果如图 20-23 所示。

（14）在其他位置插入"防水防尘灯"图块，结果如图 20-24 所示。

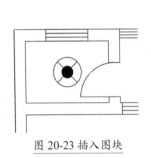

图 20-23 插入图块

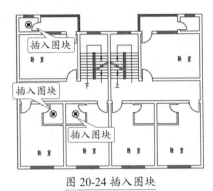

图 20-24 插入图块

2. 绘制天棚灯

（1）选择"绘图"→"圆"→"圆心、半径"命令，在空白区域绘制一个半径为"300"的圆形，如图 20-25 所示。

（2）选择"绘图"→"直线"命令，分别捕捉圆形的象限点作为直线的起点和终点，绘制一条水平直线段，如图 20-26 所示。

（3）选择"修改"→"修剪"命令，以直线作为边界对圆形进行修剪，如图 20-27 所示。

（4）选择"绘图"→"图案填充"命令，填充图案设置为"SOLID"，对修剪后的圆形进行填充，如图 20-28 所示。

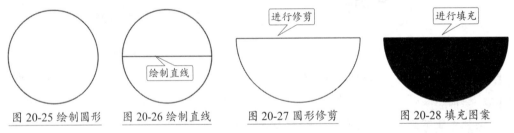

图 20-25 绘制圆形　　图 20-26 绘制直线　　图 20-27 圆形修剪　　图 20-28 填充图案

（5）选择"绘图"→"块"→"创建"命令，弹出"块定义"对话框，单击"拾取点"按钮，在绘图区域中捕捉如图 20-29 所示的中心点作为插入基点。

（6）返回"块定义"对话框，单击"选择对象"按钮，在绘图区域中选择如图 20-30 所示的图形，按"Enter"键确认。

图 20-29 捕捉中心点

图 20-30 选择对象

（7）返回"块定义"对话框，进行相应参数设置，单击"确定"按钮，如图 20-31 所示。

（8）选择"插入"→"块"命令，弹出"插入"对话框，"名称"设置为"天棚灯"，其他参数不变，单击"确定"按钮，在适当的位置单击指定插入点，如图 20-32 所示。

图 20-31 参数设置

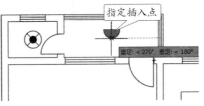

图 20-32 指定插入点

（9）结果如图 20-33 所示。

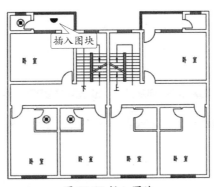

图 20-33 插入图块

3. 绘制荧光灯

（1）选择"绘图"→"直线"命令，在绘图区域的空白位置绘制一条长度为"208"的竖直直线段，如图 20-34 所示。

（2）选择"绘图"→"多段线"命令，命令行提示如下，输入"fro"并按"Enter"键确认，在绘图区域中捕捉图 20-35 所示的端点作为基点。

```
命令：_pline
指定起点：fro
基点：捕捉如图 20-35 所示的端点
<偏移>：@0,63
当前线宽为 0.0000
指定下一个点或 [ 圆弧 (A)/ 半宽 (H)/ 长度 (L)/ 放弃 (U)/ 宽度 (W)]：w
```

指定起点宽度 <0.0000>: 25

指定端点宽度 <25.0000>: 25

指定下一个点或 [圆弧 (A)/ 半宽 (H)/ 长度 (L)/ 放弃 (U)/ 宽度 (W)]: @600,0

指定下一点或 [圆弧 (A)/ 闭合 (C)/ 半宽 (H)/ 长度 (L)/ 放弃 (U)/ 宽度 (W)]:

（3）结果如图 20-36 所示。

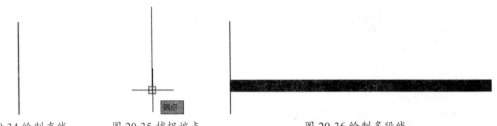

图 20-34 绘制直线　　　　图 20-35 捕捉端点　　　　　　　图 20-36 绘制多段线

（4）选择"修改"→"偏移"命令，将竖直直线段向右侧偏移"600"，水平多段线线段向
　　　上方偏移"83"，如图 20-37 所示。

（5）选择"绘图"→"块"→"创建"命令，弹出"块定义"对话框，单击"拾取点"按钮，
　　　在绘图区域中捕捉如图 20-38 所示的交点作为插入基点。

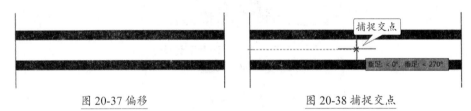

图 20-37 偏移　　　　　　　　　　　图 20-38 捕捉交点

（6）返回"块定义"对话框，单击"选择对象"按钮，在绘图区域中选择如图 20-39 所示的图形，
　　　按"Enter"键确认。

（7）返回"块定义"对话框，进行相应参数设置，单击"确定"按钮，如图 20-40 所示。

图 20-39 选择对象　　　　　　　　　　图 20-40 参数设置

（8）选择"插入"→"块"命令，弹出"插入"对话框，"名称"设置为"荧光灯"，其他
　　参数不变，单击"确定"按钮，在适当的位置单击指定插入点，如图 20-41 所示。

（9）结果如图 20-42 所示。

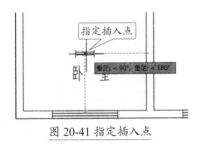

图 20-41 指定插入点

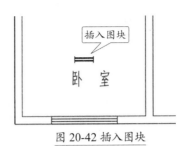

图 20-42 插入图块

（10）在其他位置插入"荧光灯"图块，结果如图 20-43 所示。

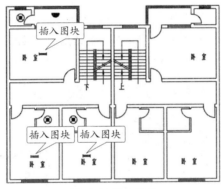

图 20-43 插入图块

4. 绘制普通灯

（1）选择"绘图"→"圆"→"圆心、半径"命令，在空白区域绘制一个半径为"300"的圆形，
　　如图 20-44 所示。

（2）选择"绘图"→"直线"命令，分别捕捉圆形的象限点作为直线的起点和终点，绘制两
　　条直线段，如图 20-45 所示。

（3）选择"修改"→"旋转"命令，选择两条直线作为旋转对象，捕捉两条直线的交点作为
　　旋转的基点，旋转角度设置为"45"，如图 20-46 所示。

图 20-44 绘制圆形

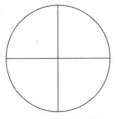

图 20-45 绘制直线

图 20-46 旋转直线

（4）选择"绘图"→"块"→"创建"命令，弹出"块定义"对话框，单击"拾取点"按钮，在绘图区域中捕捉如图 20-47 所示的中心点作为插入基点。

（5）返回"块定义"对话框，单击"选择对象"按钮，在绘图区域中选择如图 20-48 所示的图形，按"Enter"键确认。

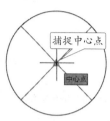

图 20-47 捕捉中心点

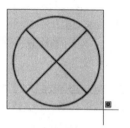

图 20-48 选择对象

（6）返回"块定义"对话框，进行相应参数设置，单击"确定"按钮，如图 20-49 所示。

（7）选择"插入"→"块"命令，弹出"插入"对话框，"名称"设置为"普通灯"，其他参数不变，单击"确定"按钮，在适当的位置单击指定插入点，如图 20-50 所示。

图 20-49 参数设置

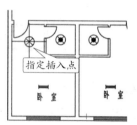

图 20-50 指定插入点

（8）结果如图 20-51 所示。

（9）在其他位置插入"普通灯"图块，结果如图 20-52 所示。

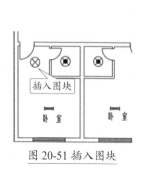

图 20-51 插入图块

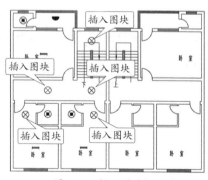

图 20-52 插入图块

20.2.2 绘制插座符号

下面将对各种插座符号分别进行绘制，具体操作步骤如下。

1. 绘制带保护接点暗装插座

（1）将"插座"图层置为当前，选择"绘图"→"圆"→"圆心、半径"命令，在空白区域绘制一个半径为"250"的圆形，如图20-53所示。

（2）选择"绘图"→"直线"命令，捕捉圆形的象限点作为直线的起点和终点，绘制一条竖直直线段，如图20-54所示。

（3）选择"修改"→"修剪"命令，以直线作为边界对圆形进行修剪，如图20-55所示。

（4）调用"直线"命令，分别捕捉端点作为直线的起点，绘制两条长度为"25"的水平直线段，如图20-56所示。

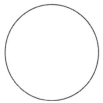
图20-53 绘制圆形

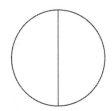
图20-54 绘制直线

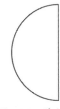
图20-55 进行修剪

图20-56 绘制水平直线段

（5）调用"直线"命令，捕捉如图20-57所示的中心点作为直线的起点，绘制一条长度为"250"的水平直线段，结果如图20-58所示。

（6）调用"直线"命令，在命令行提示下输入"fro"，并按"Enter"键确认，捕捉如图20-59所示的端点作为基点，在命令行提示下输入"@0,-250""@0,500"，分别按"Enter"键确认，结束"直线"命令，结果如图20-60所示。

图20-57 捕捉中心点

图20-58 绘制直线段

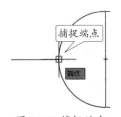
图20-59 捕捉端点

图20-60 绘制直线

（7）选择"绘图"→"图案填充"命令，填充图案设置为"SOLID"，对圆弧内部区域进行填充，如图20-61所示。

（8）选择"绘图"→"块"→"创建"命令，弹出"块定义"对话框，单击"拾取点"按钮，在绘图区域中捕捉如图20-62所示的端点作为插入基点。

（9）返回"块定义"对话框，单击"选择对象"按钮，在绘图区域中选择如图20-63所示的图形，按"Enter"键确认。

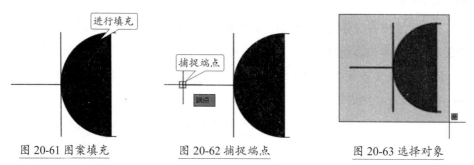

图 20-61 图案填充 　　　　图 20-62 捕捉端点 　　　　图 20-63 选择对象

（10）返回"块定义"对话框，进行相应参数设置，单击"确定"按钮，如图 20-64 所示。

（11）选择"插入"→"块"命令，弹出"插入"对话框，"名称"设置为"带保护接点暗装插座"，其他参数不变，单击"确定"按钮，在适当的位置单击指定插入点，如图 20-65 所示。

 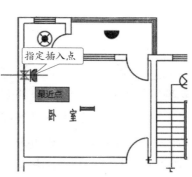

图 20-64 参数设置 　　　　　　　图 20-65 指定插入点

（12）结果如图 20-66 所示。

（13）在其他位置插入"带保护接点暗装插座"图块，结果如图 20-67 所示。

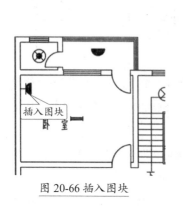 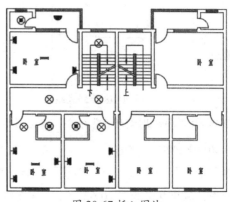

图 20-66 插入图块 　　　　　　　图 20-67 插入图块

2. 绘制空调插座

（1）选择"插入"→"块"命令，弹出"插入"对话框，在绘图区域的空白位置插入一个"带保护接点暗装插座"图块，采用默认参数，如图20-68所示。

（2）选择"绘图"→"块"→"定义属性"命令，弹出"属性定义"对话框，进行相关参数设置，单击"确定"按钮，如图20-69所示。

图 20-68 插入图块　　　　　　图 20-69 定义属性

（3）将文字放置到一个合适的位置，如图20-70所示。

（4）选择"绘图"→"块"→"创建"命令，弹出"块定义"对话框，单击"拾取点"按钮，在绘图区域中捕捉如图20-71所示的端点作为插入基点。

（5）返回"块定义"对话框，单击"选择对象"按钮，在绘图区域中选择如图20-72所示的图形，按"Enter"键确认。

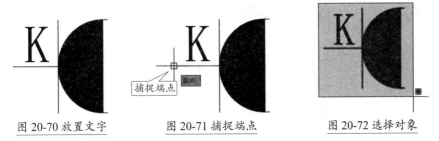

图 20-70 放置文字　　　图 20-71 捕捉端点　　　图 20-72 选择对象

（6）返回"块定义"对话框，进行相应参数设置，单击"确定"按钮，如图20-73所示。

（7）选择"插入"→"块"命令，弹出"插入"对话框，"名称"设置为"空调插座"，其他参数不变，单击"确定"按钮，在适当的位置单击指定插入点，如图20-74所示。

图 20-73 参数设置

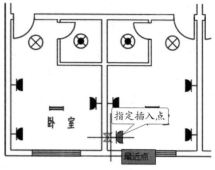

图 20-74 指定插入点

（8）在"编辑属性"对话框的"输入设备名称"框中输入"K"，单击"确定"按钮，如图 20-75 所示。

（9）结果如图 20-76 所示。

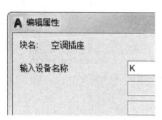

图 20-75 输入设备名称

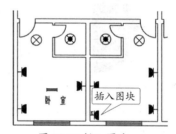

图 20-76 插入图块

（10）在其他位置插入"空调插座"图块，结果如图 20-77 所示。

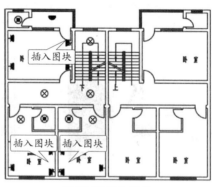

图 20-77 插入图块

20.2.3 绘制开关符号

下面将分别绘制各种开关符号，具体操作步骤如下。

1. 绘制暗装单极开关

（1）将"开关"图层置为当前，选择"绘图"→"圆"→"圆心、半径"命令，在空白区域绘制一个半径为"104"的圆形,如图 20-78 所示。

(2)选择"绘图"→"直线"命令,命令行提示如下。

命令:_line

指定第一个点:捕捉如图 20-79 所示的象限点

指定下一点或 [放弃 (U)]: @0,341

指定下一点或 [放弃 (U)]: @−100,0

指定下一点或 [闭合 (C)/放弃 (U)]:

(3)结果如图 20-80 所示。

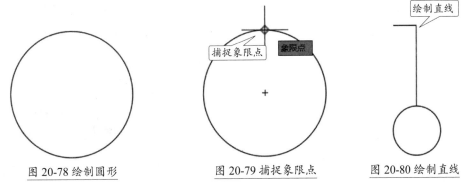

图 20-78 绘制圆形   图 20-79 捕捉象限点   图 20-80 绘制直线

(4)选择"修改"→"旋转"命令,选择两条直线作为旋转对象,捕捉如图 20-81 所示的圆心作为旋转的基点,旋转角度设置为"−45"。

(5)结果如图 20-82 所示。

(6)选择"绘图"→"图案填充"命令,填充图案设置为"SOLID",对圆形内部区域进行填充,如图 20-83 所示。

图 20-81 捕捉圆心   图 20-82 直线旋转   图 20-83 图案填充

(7)选择"绘图"→"块"→"创建"命令,弹出"块定义"对话框,单击"拾取点"按钮,在绘图区域中捕捉如图 20-84 所示的象限点作为插入点。

(8)返回"块定义"对话框,单击"选择对象"按钮,在绘图区域中选择如图 20-85 所示的图形,按"Enter"键确认。

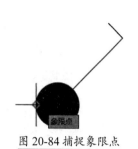

图 20-84 捕捉象限点

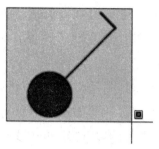

图 20-85 选择对象

（9）返回"块定义"对话框，进行相应参数设置，单击"确定"按钮，如图 20-86 所示。

（10）选择"插入"→"块"命令，弹出"插入"对话框，"名称"设置为"暗装单极开关"，其他参数不变，单击"确定"按钮，在适当的位置单击指定插入点，如图 20-87 所示。

图 20-86 参数设置　　　　　　　　　　图 20-87 指定插入点

（11）结果如图 20-88 所示。

（12）在其他位置插入"暗装单极开关"图块，结果如图 20-89 所示。

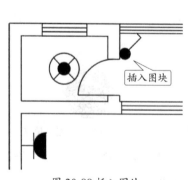

图 20-88 插入图块

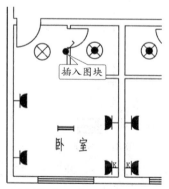

图 20-89 插入图块

（13）在其他位置插入"暗装单极开关"图块，旋转角度设置为"90"，结果如图 20-90 所示。

（14）在其他位置插入"暗装单极开关"图块，旋转角度设置为"–90"，结果如图 20-91 所示。

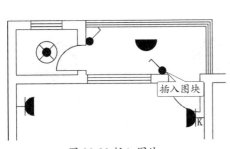

图 20-90 插入图块

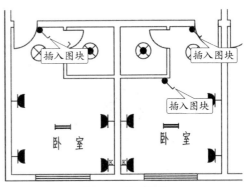

图 20-91 插入图块

（15）在其他位置插入"暗装单极开关"图块，旋转角度设置为"−180"，结果如图 20-92 所示。

（16）在其他位置插入"暗装单极开关"图块，比例设置为"X:−1，Y:1"，旋转角度设置为"−270"，结果如图 20-93 所示。

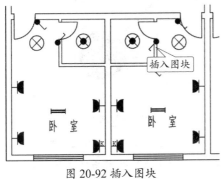

图 20-92 插入图块

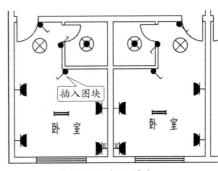

图 20-93 插入图块

2. 绘制暗装双极开关

（1）选择"插入"→"块"命令，弹出"插入"对话框，"名称"设置为"暗装单极开关"，旋转角度设置为"90"，其他参数不变，单击"确定"按钮，在绘图区域的空白位置单击指定插入点，结果如图 20-94 所示。

（2）选择"绘图"→"直线"命令，命令行提示如下。

```
命令：_line
指定第一个点：fro
基点： //捕捉如图 29-95 所示的端点
<偏移>：@80<−45
指定下一点或 [放弃 (U)]：@−100<45
指定下一点或 [放弃 (U)]：
```

（3）结果如图 20-96 所示。

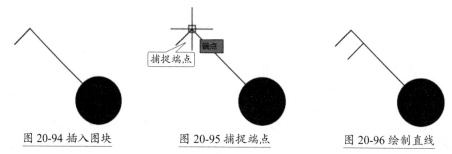

图 20-94 插入图块　　　　图 20-95 捕捉端点　　　　图 20-96 绘制直线

（4）选择"绘图"→"块"→"创建"命令，弹出"块定义"对话框，单击"拾取点"按钮，在绘图区域中捕捉如图 20-97 所示的象限点作为插入点。

（5）返回"块定义"对话框，单击"选择对象"按钮，在绘图区域中选择如图 20-98 所示的图形，按"Enter"键确认。

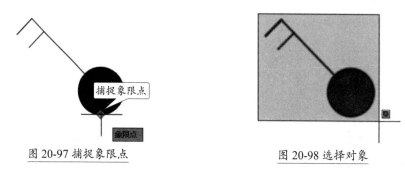

图 20-97 捕捉象限点　　　　　　　　图 20-98 选择对象

（6）返回"块定义"对话框，进行相应参数设置，单击"确定"按钮，如图 20-99 所示。

（7）选择"插入"→"块"命令，弹出"插入"对话框，"名称"设置为"暗装双极开关"，其他参数不变，单击"确定"按钮，在适当的位置单击指定插入点，如图 20-100 所示。

图 20-99 参数设置

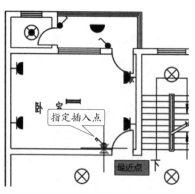

图 20-100 指定插入点

（8）结果如图 20-101 所示。

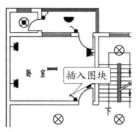

图 20-101 插入图块

3. 绘制暗装单极限时开关

（1）选择"插入"→"块"命令，弹出"插入"对话框，"名称"设置为"暗装单极开关"，旋转角度设置为"90"，其他参数不变，单击"确定"按钮，在绘图区域的空白位置单击指定插入点，结果如图 20-102 所示。

（2）选择"绘图"→"块"→"定义属性"命令，弹出"属性定义"对话框，进行相关参数设置，单击"确定"按钮，如图 20-103 所示。

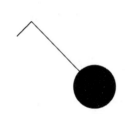

图 20-102 插入图块

图 20-103 定义属性

（3）将文字放置到一个合适的位置，如图 20-104 所示。

（4）选择"绘图"→"块"→"创建"命令，弹出"块定义"对话框，单击"拾取点"按钮，在绘图区域中捕捉如图 20-105 所示的象限点作为插入基点。

（5）返回"块定义"对话框，单击"选择对象"按钮，在绘图区域中选择如图 20-106 所示的图形，按"Enter"键确认。

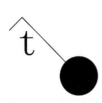

图 20-104 放置文字

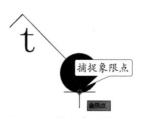

图 20-105 捕捉象限点

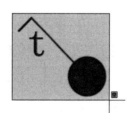

图 20-106 选择对象

（6）返回"块定义"对话框，进行相应参数设置，单击"确定"按钮，如图 20-107 所示。

（7）选择"插入"→"块"命令，弹出"插入"对话框，"名称"设置为"暗装单极限时开关"，其他参数不变，单击"确定"按钮，在适当的位置单击指定插入点，如图 20-108 所示。

图 20-107 参数设置

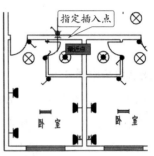

图 20-108 指定插入点

（8）在"编辑属性"对话框的"输入设备名称"框中输入"t"，单击"确定"按钮，如图 20-109 所示。

（9）结果如图 20-110 所示。

图 20-109 输入设备名称

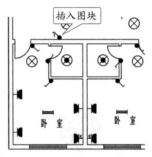

图 20-110 插入图块

（10）在其他位置插入"暗装单极限时开关"图块，旋转角度设置为"–90"，结果如图 20-111 所示。

（11）在其他位置插入"暗装单极限时开关"图块，旋转角度设置为"90"，结果如图 20-112 所示。

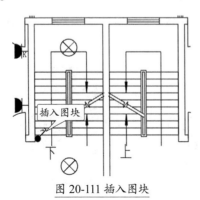

图 20-111 插入图块

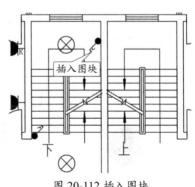

图 20-112 插入图块

（12）选择"修改"→"镜像"命令，选择所有的灯具符号、插座符号、开关符号作为需要镜像的对象，捕捉如图 20-113 所示的中心点作为镜像线第一个点，在垂直方向指定镜像线第二个点。

（13）结果如图 20-114 所示。

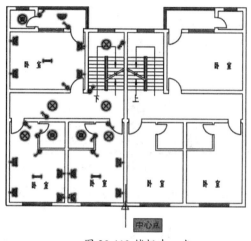

图 20-113 捕捉中心点

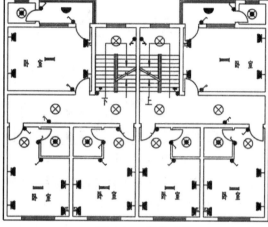

图 20-114 镜像对象

20.3 完善细节

电气符号绘制完成后，用导线将其相互连接，还可以添加文字说明。

（1）将"插座线路"图层置为当前，选择"插入"→"块"命令，在绘图区域的适当位置插入 2 个"照明配电箱"图块，结果如图 20-115 所示。

（2）在绘图区域的适当位置插入 5 个"引上符号"图块，结果如图 20-116 所示。

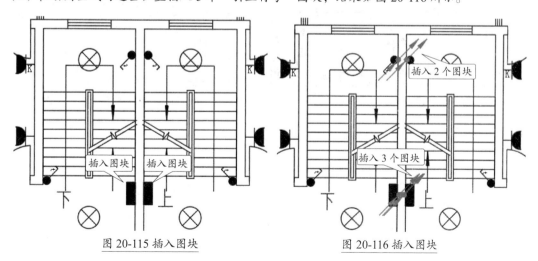

图 20-115 插入图块

图 20-116 插入图块

（3）选择"绘图"→"直线"命令，将插座符号连接起来，结果如图 20-117 所示。

（4）调用"直线"命令，在适当的位置处分别绘制 3 条斜线，结果如图 20-118 所示。

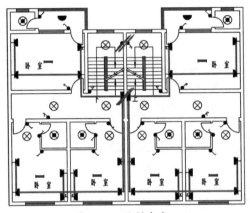

图 20-117 绘制直线 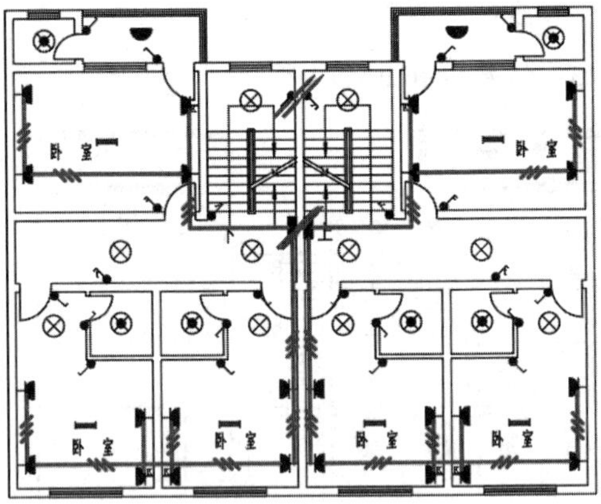　　　　　　　　　　图 20-118 绘制斜线

（5）将"照明线路"图层置为当前，选择"绘图"→"直线"命令，将灯具及开关符号连接起来，
结果如图 20-119 所示。

（6）将"文字"图层置为当前，选择"绘图"→"文字"→"多行文字"命令，文字高度设
置为"500"，输入文字内容，结果如图 20-120 所示。

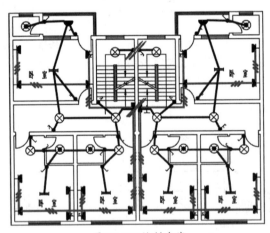

图 20-119 绘制直线

设计说明：
一、工程概况
本工程为住宅楼，防火等级为二级。
二、供电方式
本工程拟由室外配电房引来380V/220V三相四线电源至一
层总配电箱，再由电表箱分配至各户开关箱，接地系统
为TN-C-S系统，电源在进户处做重复接地。
三、照明系统
本工程灯具仅预留灯头盒，灯具安装由住户自定。未注
明照明分支线均采用BV-500V-2X1.5mm²铜芯线，未注明
插座配线回路分支线选用BV-500V-2.5mm²铜芯线。

图 20-120 输入文字内容

第 21 章

别墅绿化平面图

内容简介

别墅设计通常是个性化整体设计，简约而不失大气，而绿化在别墅设计中起着非常重要的作用，不仅可以美化环境，还可以为人们的生活带来更多情趣，提高生活品质。

内容要点

- 设置绘图环境
- 绘制别墅绿化平面图

案例效果

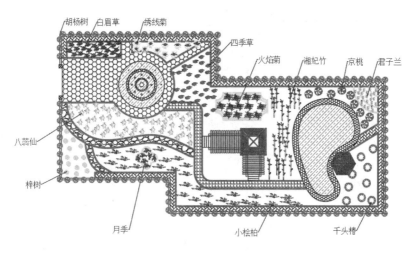

21.1 设置绘图环境

在绘制图形之前，首先要设置绘图环境，如图层、多线样式等。

1. 设置图层

参见前面章节的图层设置方法，设置如图 21-1 所示的图层。

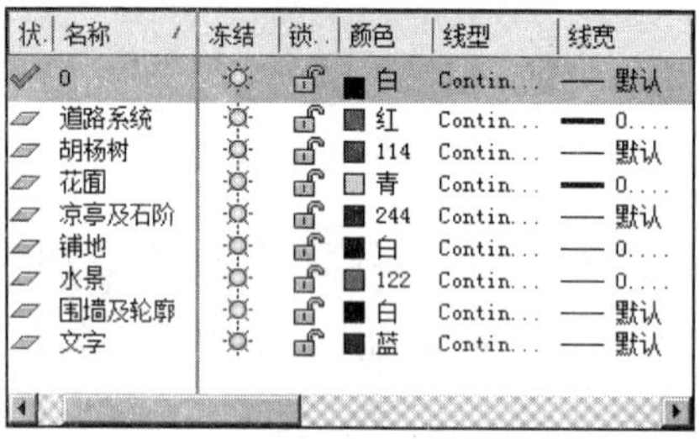

状	名称	冻结	锁	颜色	线型	线宽
✓	0	☼	🔓	■白	Contin...	—— 默认
◢	道路系统	☼	🔓	■红	Contin...	—— 0...
◢	胡杨树	☼	🔓	■114	Contin...	—— 默认
◢	花面	☼	🔓	□青	Contin...	—— 0...
◢	京亭及石阶	☼	🔓	■244	Contin...	—— 默认
◢	铺地	☼	🔓	□白	Contin...	—— 0...
◢	水景	☼	🔓	■122	Contin...	—— 默认
◢	围墙及轮廓	☼	🔓	■白	Contin...	—— 默认
◢	文字	☼	🔓	■蓝	Contin...	—— 默认

图 21-1 设置图层

2. 设置多线样式

（1）选择"格式"→"多线样式"命令，弹出"多线样式"对话框，如图 21-2 所示。

（2）单击"新建"按钮，在弹出的"创建新的多线样式"对话框中输入新样式名"围墙"。
如图 21-3 所示。

图 21-2 "多线样式"对话框

图 21-3 指定新样式名

（3）单击"继续"按钮，弹出"新建多线样式：围墙"对话框，在封口区域选中直线后面的"起
点"和"端点"复选框，如图 21-4 所示。

（4）选中图元"0.5"，在偏移输入框中输入"7.5"，再选中图元"-0.5"，将它改为"-7.5"，
如图 21-5 所示。

图 21-4 参数设置

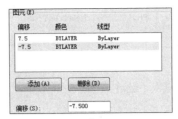

图 21-5 参数设置

（5）单击"确定"按钮，返回"多线样式"对话框后选择"围墙"多线样式，单击"置为当前"
按钮，如图 21-6 所示。

图 21-6 设置多线样式

21.2 绘制别墅绿化平面图

本节将以 1:20 的比例绘制别墅绿化平面图。

21.2.1 绘制围墙

下面将对围墙进行绘制，主要会应用到"多线""矩形""复制""直线"等命令，具体
操作步骤如下。

（1）将"围墙及轮廓线"图层置为当前，在命令行输入"ML"并按"Space"键，调用"多线"
命令，根据命令行提示进行如下操作。

> 命令：MLINE
> 当前设置：对正＝上，比例＝20.00，样式＝围墙
> 指定起点或 [对正 (J)/ 比例 (S)/ 样式 (ST)]：s
> 输入多线比例 <20.00>：1
> 当前设置：对正＝上，比例＝1.00，样式＝围墙

指定起点或 [对正 (J)/ 比例 (S)/ 样式 (ST)]:

　　　　　　　// 任意单击一点作为起点

指定下一点：@0,270

指定下一点或 [放弃 (U)]: @1450,0

指定下一点或 [闭合 (C)/ 放弃 (U)]: @0,−400

指定下一点或 [闭合 (C)/ 放弃 (U)]: @ 1550,0

指定下一点或 [闭合 (C)/ 放弃 (U)]: @0,−1200

指定下一点或 [闭合 (C)/ 放弃 (U)]: @−2000,0

指定下一点或 [闭合 (C)/ 放弃 (U)]: @0, 300

指定下一点或 [闭合 (C)/ 放弃 (U)]: @−1000,0

指定下一点或 [闭合 (C)/ 放弃 (U)]: @0,720

指定下一点或 [闭合 (C)/ 放弃 (U)]:　// 按 "Space" 键结束该命令

（2）围墙绘制完成后结果如图 21-7 所示。

（3）选择 "绘图" → "矩形" 命令，AutoCAD 命令行提示如下。

命令：_rectang

指定第一个角点或 [倒角 (C)/ 标高 (E)/ 圆角 (F)/ 厚度 (T)/ 宽度 (W)]: fro 基点：

// 捕捉围墙起点多线的中心点

< 偏移 >: @−15,0

指定另一个角点或 [面积 (A)/ 尺寸 (D)/ 旋转 (R)]: @30,−30

（4）大门立柱绘制完成后结果如图 21-8 所示。

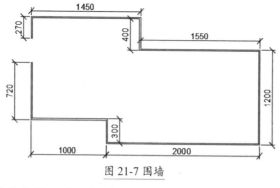

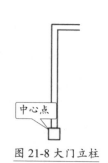

图 21-7 围墙　　　　　　　　　　　　　图 21-8 大门立柱

（5）在命令行输入 "CO" 并按 "Space" 键，调用 "复制" 命令，将绘制好的立柱复制到大门的另一侧，如图 21-9 所示。

（6）在命令行输入 "L" 并按 "Space" 键，调用 "直线" 命令，完善大门立柱并将它们连接起来，结果如图 21-10 所示。

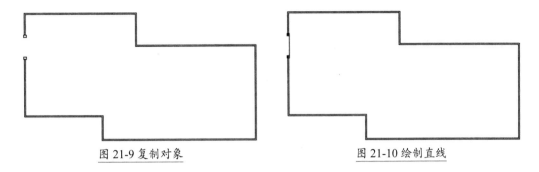

图 21-9 复制对象　　　　　　　　　　　　　　　图 21-10 绘制直线

21.2.2 绘制水景

该别墅绿化平面图中有两处水景，即喷泉和人工湖。下面将分别进行绘制，具体操作步骤如下。

1. 绘制喷泉

（1）在命令行输入"C"并按"Space"键，调用"圆"命令，命令行提示如下。

> 命令：CIRCLE
>
> 指定圆的圆心或 [三点 (3P)/ 两点 (2P)/ 切点、切点、半径 (T)]: fro 基点：　　// 捕捉立柱连线的中点
>
> ＜偏移 ＞: @730,–25
>
> 指定圆的半径或 [直径 (D)]: 50

（2）圆形绘制完成后结果如图 21-11 所示。

（3）在命令行输入"O"并按"Space"键，调用"偏移"命令，将上步绘制的圆形分别向外偏移 10、40、70、90、125 和 160，结果如图 21-12 所示。

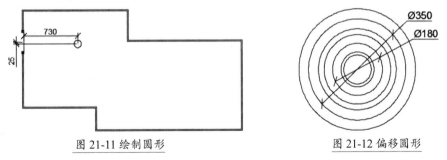

图 21-11 绘制圆形　　　　　　　　　　　　　　　图 21-12 偏移圆形

（4）重复"圆"命令，在直径为"350"的圆形的象限点绘制一个半径为"4"的圆形，如图 21-13 所示。

（5）选择"绘图"→"多边形"命令，命令行提示如下。

> 命令：_polygon 输入侧面数 <4>:6
>
> 指定正多边形的中心点或 [边 (E)]:

517

// 捕捉直径为 "180" 的圆形的象限点

输入选项 [内接于圆 (I)/ 外切于圆 (C)] <I>: c

指定圆的半径 : 6

（6）多边形绘制完成后结果如图 21-14 所示。

（7）选择 "修改" → "阵列" → "环形阵列" 命令，选择刚绘制的半径为 "4" 的圆形和正
六边形为阵列对象，捕捉同心圆的圆心为阵列中心，在弹出的 "阵列创建" 选项卡下进
行如图 21-15 所示的设置。

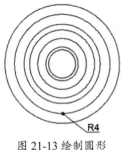

图 21-13 绘制圆形

图 21-14 绘制多边形

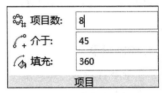

图 21-15 参数设置

（8）阵列完成后结果如图 21-16 所示。

（9）阵列完成后将直径为 "180" 和 "360" 的两个圆形删除，结果如图 21-17 所示。

（10）重复步骤（5），调用 "多边形" 命令，在同心圆的圆心绘制一个外切于圆形的正六边形，
圆形的半径为 "17.5"，如图 21-18 所示。

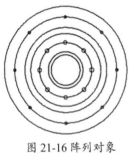

图 21-16 阵列对象

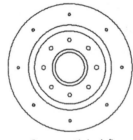

图 21-17 删除对象

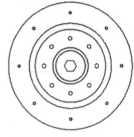

图 21-18 绘制正六边形

2. 绘制人工湖并对水景进行填充

（1）选择 "绘图" → "样条曲线" → "拟合点" 命令，绘制湖的外轮廓，如形状、大小及位
置，如图 21-19 所示。

（2）在命令行输入 "O" 并按 "Space" 键，调用 "偏移" 命令，将上步中绘制的湖的外轮廓
向内侧偏移 "50"，如图 21-20 所示。

（3）将 "铺地" 图层置为当前，在命令行输入 "H" 并按 "Space" 键，调用 "填充" 命令，在
弹出的 "图案填充创建" 选项卡的 "图案" 面板上选择 "HONEY" 图案，如图 21-21 所示。

图 21-19 绘制样条曲线

图 21-20 偏移

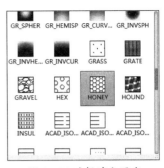

图 21-21 选择填充图案

（4）在"特性"面板上将比例改为"4"，如图 21-22 所示。

（5）对喷泉的底部进行填充，如图 21-23 所示。

（6）重复步骤（3）～（5）对人工湖的底部进行填充，如图 21-24 所示。

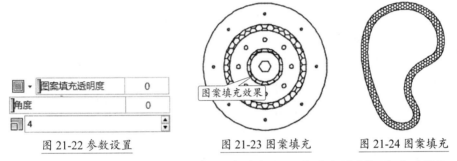

图 21-22 参数设置　　　图 21-23 图案填充　　　图 21-24 图案填充

（7）将"水景"图层置为当前，调用"填充"命令，在弹出的"图案填充创建"面板上选择"TRANS"

　　图案，角度设置为"45"，比例设置为"6"，对喷泉的池水进行填充，如图 21-25 所示。

（8）重复步骤（7），对人工湖的湖水进行填充，如图 21-26 所示。

（9）绘制完成后，两个水景在整幅图中的布局如图 21-27 所示。

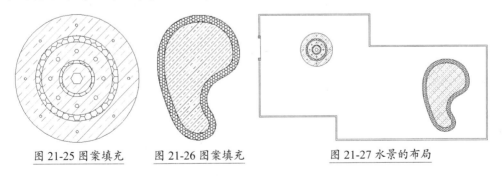

图 21-25 图案填充　　　图 21-26 图案填充　　　图 21-27 水景的布局

21.2.3 绘制道路系统及铺地

下面将绘制别墅绿化平面图中的道路系统及铺地，具体操作步骤如下。

1. 道路系统及铺地（一）

（1）将"道路系统"图层置为当前，在命令行输入"L"并按"Space"键，调用"直线"命令，
绘制围墙旁边的甬路，命令行提示如下。

命令：_line

指定第一个点：fro 基点：// 捕捉图中 A 点

<偏移>：@0,–195

指定下一点或 [放弃 (U)]：@50,50

指定下一点或 [放弃 (U)]：@0,145

指定下一点或 [闭合 (C)/ 放弃 (U)]：@1320,0

指定下一点或 [闭合 (C)/ 放弃 (U)]：@0,–400

指定下一点或 [闭合 (C)/ 放弃 (U)]：@ 1550,0

指定下一点或 [闭合 (C)/ 放弃 (U)]：@0,–1070

指定下一点或 [闭合 (C)/ 放弃 (U)]：@–1870,0

指定下一点或 [闭合 (C)/ 放弃 (U)]：@0,300

指定下一点或 [闭合 (C)/ 放弃 (U)]：@–740,0

指定下一点或 [闭合 (C)/ 放弃 (U)]： // 捕捉垂足 B 点

指定下一点或 [闭合 (C)/ 放弃 (U)]： // 按"Space"键结束该命令

（2）直线绘制完成后结果如图 21-28 所示。

（3）在命令行输入"C"并按"Space"键，调用"圆"命令，以喷泉的同心圆的圆心为圆心，
绘制一个半径为"300"的圆形，如图 21-29 所示。

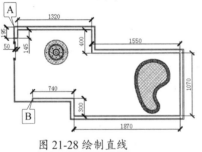

图 21-28 绘制直线

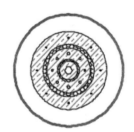

图 21-29 绘制圆形

（4）在命令行输入"L"并按"Space"键，调用"直线"命令，绘制喷泉的入口道路，命令
行提示如下。

命令：_line

指定第一个点：fro 基点： // 捕捉两条垂直线的交点

<偏移>：@0,–40

指定下一点或 [放弃 (U)]：<30

角度替代：30

指定下一点或 [放弃 (U)]：　　// 拖动鼠标在合适的位置单击

指定下一点或 [放弃 (U)]：　　// 按 "Space" 键结束该命令

命令：LINE

指定第一个点：fro 基点：　　// 捕捉两条垂直线的交点

< 偏移 >：@–70,0

指定下一点或 [放弃 (U)]：<30

角度替代：30

指定下一点或 [放弃 (U)]：　　// 拖动鼠标在合适的位置单击

指定下一点或 [放弃 (U)]：　　// 按 "Space" 键结束该命令

（5）直线绘制完成后结果如图 21-30 所示。

（6）在命令行输入 "TR" 并按 "Space" 键，调用 "修剪" 命令，对图形进行修剪，结果如
　　图 21-31 所示。

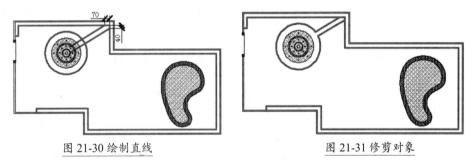

图 21-30 绘制直线　　　　　　　　　　图 21-31 修剪对象

（7）在命令行输入 "O" 并按 "Space" 键，调用 "偏移" 命令，将竖直线向左偏移 "720" 和
　　"820"，将水平线向下偏移 "145" 和 "545"，如图 21-32 所示。

（8）在命令行输入 "TR" 并按 "Space" 键，调用 "修剪" 命令，对图形进行修剪及延伸，
　　结果如图 21-33 所示。

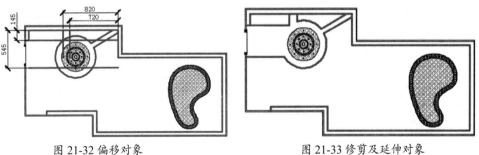

图 21-32 偏移对象　　　　　　　　　　图 21-33 修剪及延伸对象

2. 道路系统及铺地（二）

（1）在命令行输入 "O" 并按 "Space" 键，调用 "偏移" 命令，将最右侧竖直线向左偏移 "1630"，

将最上方水平线向下偏移"545",将最下方水平直线向上偏移"225",如图 21-34 所示。

（2）在命令行输入"F"并按"Space"键,调用"圆角"命令,对步骤（1）中绘制的通道进行圆角操作,圆角半径为"80",结果如图 21-35 所示。

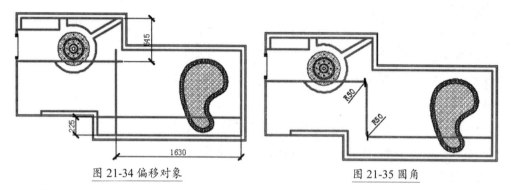

图 21-34 偏移对象　　　　　　　　　　图 21-35 圆角

（3）在命令行输入"O"并按"Space"键,调用"偏移"命令,将修剪后的直线和圆角向左和下方偏移"70",结果如图 21-36 所示。

（4）在命令行输入"TR"并按"Space"键,调用"修剪"命令,对新绘制的通道进行修剪,结果如图 21-37 所示。

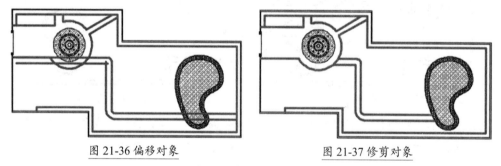

图 21-36 偏移对象　　　　　　　　　　图 21-37 修剪对象

（5）选择"绘图"→"样条曲线"→"拟合点"命令,绘制从大门进入的一条石子铺成的园路,如图 21-38 所示。

（6）在命令行输入"O"并按"Space"键,调用"偏移"命令,将步骤（5）中绘制的园路向下方偏移"70",如图 21-39 所示。

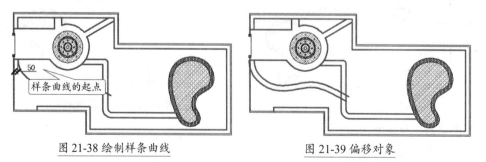

图 21-38 绘制样条曲线　　　　　　　　图 21-39 偏移对象

（7）在命令行输入"TR"并按"Space"键，调用"修剪"命令，对图形进行修剪，结果如图 21-40 所示。

（8）重复步骤（5）绘制另一条园路，如图 21-41 所示。

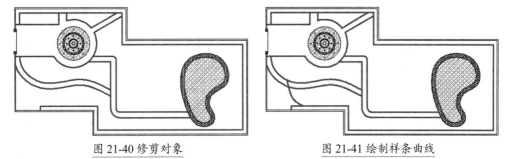

图 21-40 修剪对象　　　　　　　　图 21-41 绘制样条曲线

（9）重复步骤（6）将绘制的样条曲线向左侧偏移"60"，如图 21-42 所示。

（10）重复步骤（7），对刚绘制的园路进行修剪，结果如图 21-43 所示。

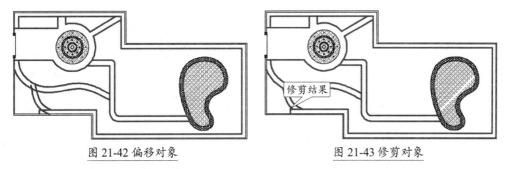

图 21-42 偏移对象　　　　　　　　图 21-43 修剪对象

3. 道路系统及铺地（三）

（1）在命令行输入"L"并按"Space"键，调用"直线"命令，绘制喷泉的入口道路，命令行提示如下。

```
命令：_line
指定第一个点：fro 基点：//捕捉两条垂直线的交点
<偏移>: @0,–335
指定下一点或 [ 放弃 (U)]: <30
角度替代：30
指定下一点或 [ 放弃 (U)]:　//拖动鼠标在合适的位置单击
指定下一点或 [ 放弃 (U)]:　//按"Space"键结束该命令
```

（2）直线绘制完成后结果如图 21-44 所示。

（3）在命令行输入"O"并按"Space"键，调用"偏移"命令，将步骤（2）中绘制的园路向下偏移"70"，如图 21-45 所示。

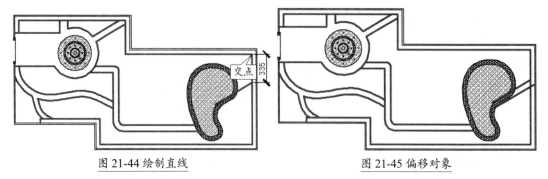

图 21-44 绘制直线　　　　　　　　　图 21-45 偏移对象

（4）在命令行输入"TR"并按"Space"键，调用"修剪"命令，对图形进行修剪，结果如图 21-46 所示。

（5）将"铺地"图层置为当前，在命令行输入"H"并按"Space"键，调用"填充"命令，在弹出的"图案填充创建"选项卡的"图案"面板上选择"HONEY"图案，在"特性"面板上设置比例为"8"，对大门到喷泉的铺地进行填充，如图 21-47 所示。

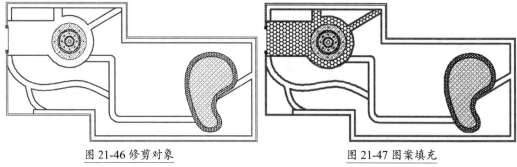

图 21-46 修剪对象　　　　　　　　　图 21-47 图案填充

（6）重复执行"图案填充"命令，选择"GRAVEL"图案，比例设置为"4"，对大门到围墙园路的铺地进行填充，如图 21-48 所示。

（7）重复执行"图案填充"命令，选择"ANGLE"图案，比例设置为"4"，对两处水景通道的铺地进行填充，如图 21-49 所示。

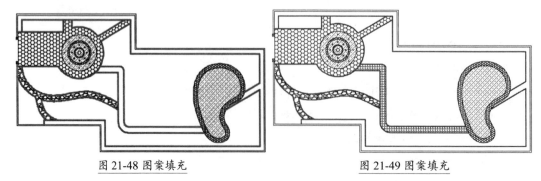

图 21-48 图案填充　　　　　　　　　图 21-49 图案填充

（8）重复执行"图案填充"命令，选择"AR-HBONE"图案，比例设置为"0.2"，对围墙边的甬路和从甬路进入人工湖的园路进行填充，如图 21-50 所示。

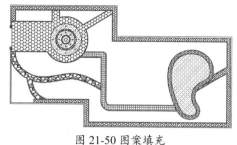

图 21-50 图案填充

21.2.4 绘制花围平面图

下面将绘制别墅绿化平面图中的花围平面图，具体操作步骤如下。

1. 绘制火焰菊花围池平面图

（1）将"花围"图层置为当前，选择"绘图"→"矩形"命令，命令行提示如下。

命令：_rectang

指定第一个角点或 [倒角 (C)/ 标高 (E)/ 圆角 (F)/ 厚度 (T)/ 宽度 (W)]: fro 基点： // 捕捉如图 21-51 所示的交点

< 偏移 >: @50,–60

指定另一个角点或 [面积 (A)/ 尺寸 (D)/ 旋转 (R)]: @470,–240

（2）方形花围外轮廓绘制完成后，结果如图 21-51 所示。

（3）在命令行输入"O"并按"Space"键，调用"偏移"命令，将上步绘制的矩形向内侧偏移"15"，如图 21-52 所示。

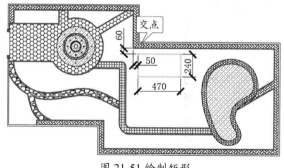

图 21-51 绘制矩形

图 21-52 偏移对象

（4）在命令行输入"C"并按"Space"键，调用"圆"命令，以大矩形顶点为圆心，绘制一个半径为"65"的圆形，如图 21-53 所示。

（5）选择"修改"→"阵列"→"矩形阵列"命令，选择上步绘制的圆形为阵列对象，在弹出的"阵列创建"面板上进行如图 21-54 所示的设置。

图 21-53 绘制圆形

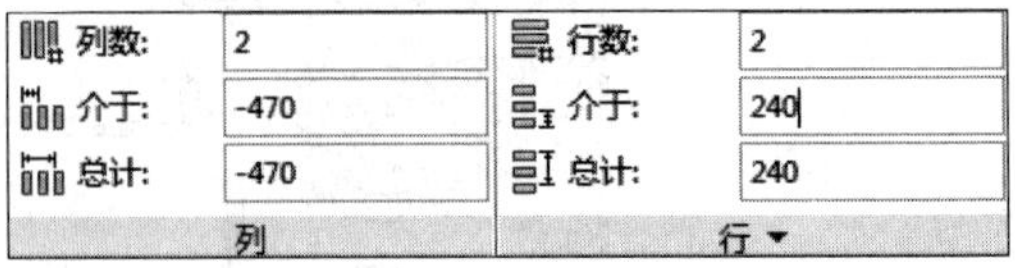

	列数:	2		行数:	2
	介于:	-470		介于:	240
	总计:	-470		总计:	240
	列			行 ▼	

图 21-54 参数设置

（6）阵列后结果如图 21-55 所示。

（7）在命令行输入"TR"并按"Space"键，调用"修剪"命令，对圆形和矩形相交部分进行修剪，结果如图 21-56 所示。

图 21-55 阵列对象

图 21-56 修剪对象

（8）重复步骤（4）～（7），在内侧矩形的顶点处也绘制 4 个半径为"65"的圆形，然后对图形进行修剪，结果如图 21-57 所示。

图 21-57 修剪对象

2. 绘制君子兰和月季的花圃池平面图

（1）在命令行输入"C"并按"Space"键，调用"圆"命令，绘制君子兰阶梯型花圃的 4 个同心圆，半径分别为"25""85""185"和"235"，如图 21-58 所示。

（2）在命令行输入"TR"并按"Space"键，调用"修剪"命令，对阶梯型花圃进行修剪，如图 21-59 所示。

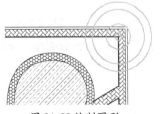

图 21-58 绘制圆形

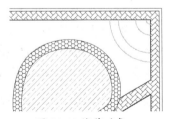

图 21-59 修剪对象

（3）选择"绘图"→"椭圆"→"圆心"命令，命令行提示如下。

> 命令：_ellipse
>
> 指定椭圆形的轴端点或 [圆弧 (A)/ 中心点 (C)]：_c
>
> 指定椭圆形的中心点：fro 基点： // 捕捉图 21-60 中所示的交点
>
> < 偏移 >：@–270,130
>
> 指定轴的端点：@100,0
>
> 指定另一条半轴长度或 [旋转 (R)]：50

（4）椭圆绘制完成后结果如图 21-60 所示。

（5）在命令行输入"RO"并按"Space"键，调用"旋转"命令，选择步骤（4）绘制的椭圆
　　形为旋转对象，命令行提示如下。

> 命令：_rotate
>
> UCS 当前的正角方向：ANGDIR= 逆时针 ANGBASE=0
>
> 选择对象：找到 1 个　// 选择椭圆形
>
> 选择对象：　// 按"Space"键结束该选择
>
> 指定基点：　// 捕捉椭圆形的圆心
>
> 指定旋转角度或 [复制 (C)/ 参照 (R)] <0>：c
>
> 旋转一组选定对象
>
> 指定旋转角度或 [复制 (C)/ 参照 (R)] <0>：90

（6）旋转完成后结果如图 21-61 所示。

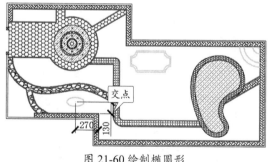

图 21-60 绘制椭圆形

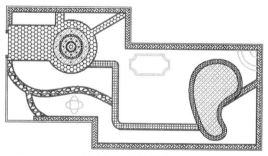

图 21-61 旋转对象

（7）在命令行输入"TR"并按"Space"键，调用"修剪"命令，将两个椭圆形相交部分修剪掉，
　　修剪完成后整个花圃在别墅绿化平面图中的布置如图 21-62 所示。

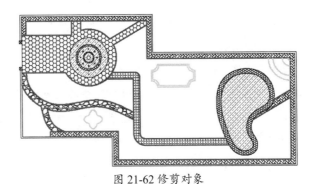

图 21-62 修剪对象

21.2.5 绘制凉亭

下面将绘制别墅绿化平面图中的凉亭平面图，具体操作步骤如下。

1. 绘制四角凉亭

（1）将"凉亭及石阶"图层置为当前，在命令行输入"O"并按"Space"键，调用"偏移"命令，将图中的水平直线向上偏移"350"，将竖直直线向右偏移"470"，如图 21-63 所示。

（2）选择"绘图"→"多边形"命令，命令行提示如下。

命令：_polygon 输入侧面数 <4>：4

指定正多边形的中心点或 [边 (E)]:　　//捕捉偏移后的两条直线的交点

输入选项 [内接于圆 (I)/ 外切于圆 (C)] <I>: c

指定圆的半径：120

（3）多边形绘制完成后将偏移的两条直线删除，结果如图 21-64 所示。

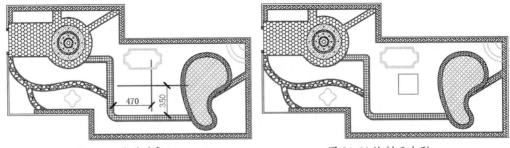

图 21-63 偏移对象　　　　　　　　　　图 21-64 绘制正方形

（4）在命令行输入"O"并按"Space"键，调用"偏移"命令，将绘制的正方形向内侧偏移"6""66"和"72"，如图 21-65 所示。

（5）在命令行输入"L"并按"Space"键，调用"直线"命令，绘制外侧正方形的对角线，如图 21-66 所示。

（6）在命令行输入"O"并按"Space"键，调用"偏移"命令，将步骤（5）中绘制的正方形对角线向两侧各偏移"3"，如图 21-67 所示。

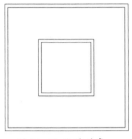

图 21-65 偏移对象

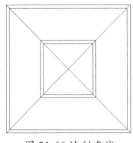

图 21-66 绘制直线

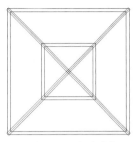

图 21-67 偏移对象

（7）重复调用"直线"命令，连接偏移后直线的端点，并将对角线删除，如图 21-68 所示。

（8）在命令行输入"TR"并按"Space"键，调用"修剪"命令，对正方形和直线相交的部分进行修剪，如图 21-69 所示。

（9）在命令行输入"H"并按"Space"键，调用"填充"命令，选择"STEEL"图案，填充角度设置为"45"，比例设置为"2.5"，对凉亭顶部进行填充，如图 21-70 所示。

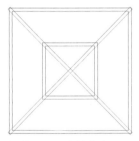

图 21-68 绘制直线

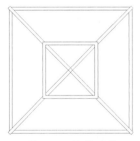

图 21-69 修剪对象

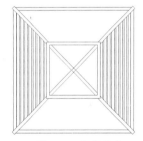

图 21-70 图案填充

（10）重复执行"图案填充"命令，选择"STEEL"图案，填充角度设置为"135"，比例设置为"2.5"，对凉亭顶部进行填充，如图 21-71 所示。

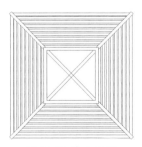

图 21-71 填充图案

2. 绘制六角凉亭

（1）将"凉亭及石阶"图层置为当前，在命令行输入"O"并按"Space"键，调用"偏移"命令，将图中的水平直线向上偏移"380"，将竖直直线向左偏移"330"，如图 21-72 所示。

（2）选择"绘图"→"多边形"命令，命令行提示如下。

命令： _polygon 输入侧面数 <4>: 6

指定正多边形的中心点或 [边 (E)]:   // 捕捉偏移后的两条直线的交点

输入选项 [内接于圆 (I)/ 外切于圆 (C)] <I>: c

指定圆的半径：100

（3）多边形绘制完成后将偏移的两条直线删除，结果如图 21-73 所示。

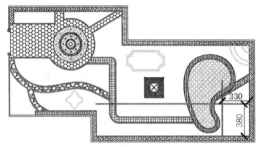

图 21-72 偏移对象   图 21-73 绘制正六边形

（4）在命令行输入"O"并按"Space"键，调用"偏移"命令，将上步中绘制的正六边形向
　　　内侧偏移"6"，如图 21-74 所示。

（5）在命令行输入"L"并按"Space"键，调用"直线"命令，绘制外侧正六边形的对角线，
　　　如图 21-75 所示。

（6）在命令行输入"O"并按"Space"键，调用"偏移"命令，将上步中绘制的正六边形对
　　　角线向两侧各偏移"3"，如图 21-76 所示。

 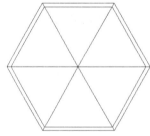 

图 21-74 偏移对象　　　　　图 21-75 绘制直线　　　　　图 21-76 偏移对象

（7）在命令行输入"L"并按"Space"键，调用"直线"命令，连接偏移后直线的端点，并
　　　将对角线删除，如图 21-77 所示。

（8）在命令行输入"TR"并按"Space"键，调用"修剪"命令，对正六边形和直线相交的
　　　部分进行修剪，如图 21-78 所示。

（9）在命令行输入"H"并按"Space"键，调用"填充"命令，选择"STEEL"图案，填充
　　　角度设置为"45"，比例设置为"2.5"，对凉亭顶部进行填充，如图 21-79 所示。

图 21-77 绘制直线

图 21-78 修剪对象

图 21-79 图案填充

（10）重复执行"图案填充"命令，选择"STEEL"图案，填充角度设置为"105"，比例设置为"2.5"，对凉亭顶部进行填充，如图 21-80 所示。

（11）继续执行"图案填充"命令，选择"STEEL"图案，填充角度设置为"345"，比例设置为"2.5"，对凉亭顶部进行填充，如图 21-81 所示。

图 21-80 图案填充

图 21-81 图案填充

（12）填充完成后，两个凉亭在别墅绿化平面图中的布置如图 21-82 所示。

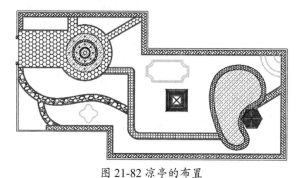

图 21-82 凉亭的布置

21.2.6 绘制石阶

下面将绘制别墅绿化平面图中通向凉亭的石阶平面图，具体操作步骤如下。

1. 绘制石阶（一）

（1）选择"绘图"→"矩形"命令，命令行提示如下。

> 命令：_rectang
>
> 指定第一个角点或 [倒角 (C)/ 标高 (E)/ 圆角 (F)/ 厚度 (T)/ 宽度 (W)]: fro 基点： // 捕捉如
> 图 21-83 所示的中心点
>
>   < 偏移 >: @-100,-12
>
> 指定另一个角点或 [面积 (A)/ 尺寸 (D)/ 旋转 (R)]: @200,12

（2）矩形绘制完成后结果如图 21-83 所示。

（3）选择"修改"→"阵列"→"矩形阵列"命令，选择刚绘制的矩形为阵列对象，在弹出
    的"创建阵列"面板上进行如图 21-84 所示的设置。

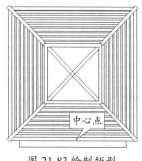

图 21-83 绘制矩形

图 21-84 参数设置

（4）阵列完成后结果如图 21-85 所示。

（5）选择"绘图"→"矩形"命令，命令行提示如下。

> 命令：_rectang
>
> 指定第一个角点或 [倒角 (C)/ 标高 (E)/ 圆角 (F)/ 厚度 (T)/ 宽度 (W)]: fro 基点： // 捕捉第 2
> 步图所示的中心点
>
>   < 偏移 >: @-70, 0
>
> 指定另一个角点或 [面积 (A)/ 尺寸 (D)/ 旋转 (R)]: @15,-190

（6）矩形绘制完成后结果如图 21-86 所示。

（7）在命令行输入"CO"并按"Space"键，调用"复制"命令，把刚绘制的矩形向右复制"125"，
    如图 21-87 所示。

（8）重复执行"矩形"命令，命令行提示如下。

> 命令：_rectang
>
> 指定第一个角点或 [倒角 (C)/ 标高 (E)/ 圆角 (F)/ 厚度 (T)/ 宽度 (W)]: fro 基点： // 捕捉如
> 图 21-88 所示的中心点
>
>   < 偏移 >: @-50, 0
>
> 指定另一个角点或 [面积 (A)/ 尺寸 (D)/ 旋转 (R)]: @100,-19

（9）矩形绘制完成后结果如图 21-88 所示。

（10）在命令行输入 "CO" 并按 "Space" 键，调用 "复制" 命令，把步骤（9）绘制的矩形
向下复制，结果如图 21-89 所示。

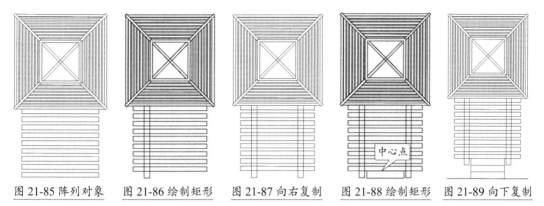

图 21-85 阵列对象　　图 21-86 绘制矩形　　图 21-87 向右复制　　图 21-88 绘制矩形　　图 21-89 向下复制

2. 绘制台阶（二）

（1）选择 "绘图" → "矩形" 命令，命令行提示如下。

命令：_rectang

指定第一个角点或 [倒角 (C)/ 标高 (E)/ 圆角 (F)/ 厚度 (T)/ 宽度 (W)]: fro 基点： // 捕捉如

图 21-90 所示的中心点

< 偏移 >: @-12,100

指定另一个角点或 [面积 (A)/ 尺寸 (D)/ 旋转 (R)]: @12,-200

（2）矩形绘制完成后结果如图 21-90 所示。

（3）选择 "修改" → "阵列" → "矩形阵列" 命令，选择步骤（3）绘制的矩形为阵列对象，
在弹出的 "阵列创建" 选项卡上进行如图 21-91 所示的设置。

图 21-90 绘制矩形

	列数：	14		行数：	1
	介于：	-20		介于：	300
	总计：	-260		总计：	300
	列			行 ▼	

图 21-91 参数设置

（4）阵列完成后结果如图 21-92 所示。

（5）重复执行"矩形"命令，命令行提示如下。

> 命令：_rectang
>
> 指定第一个角点或 [倒角 (C)/ 标高 (E)/ 圆角 (F)/ 厚度 (T)/ 宽度 (W)]: fro 基点： // 捕捉步
> 骤（2）（图 21-90）中所示的中心点
>
> <偏移 >: @0,70
>
> 指定另一个角点或 [面积 (A)/ 尺寸 (D)/ 旋转 (R)]: @-290,-15

（6）矩形绘制完成后结果如图 21-93 所示。

（7）在命令行输入 "CO" 并按 "Space" 键，调用 "复制" 命令，把步骤（6）绘制的矩形向
    下复制 "125"，如图 21-94 所示。

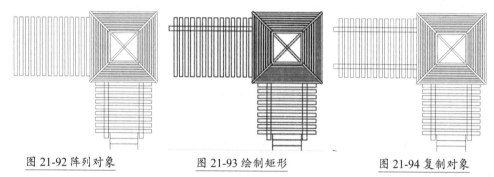

图 21-92 阵列对象　　　　　　　图 21-93 绘制矩形　　　　　　　图 21-94 复制对象

（8）重复执行"矩形"命令，命令行提示如下。

> 命令：_rectang
>
> 指定第一个角点或 [倒角 (C)/ 标高 (E)/ 圆角 (F)/ 厚度 (T)/ 宽度 (W)]: fro 基点： // 捕捉
> 图 21-95 中
> 所示的中心点
>
> <偏移 >: @0, 50
>
> 指定另一个角点或 [面积 (A)/ 尺寸 (D)/ 旋转 (R)]: @-19,-100

（9）矩形绘制完成后结果如图 21-95 所示。

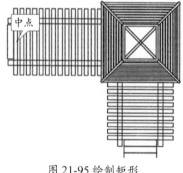

图 21-95 绘制矩形

（10）在命令行输入"CO"并按"Space"键，调用"复制"命令，把步骤（9）绘制的矩形
　　向左复制，结果如图 21-96 所示。

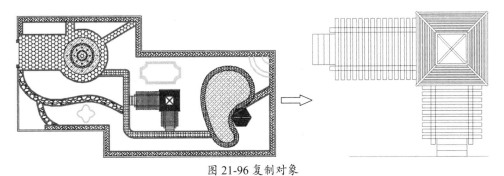

图 21-96 复制对象

21.2.7　插入植物图块

别墅绿化平面图中有很多植物都是通过绘制一个图块，然后将这些图块按照一定的排列格
式插入的。下面将对这些图块进行创建及插入，具体操作步骤如下。

1. 绘制胡杨木

（1）将"胡杨树"图层置为当前，在命令行输入"C"并按"Space"键，调用"圆"命令，
　　绘制一个半径为"25"的圆形，作为胡杨树的外轮廓，如图 21-97 所示。

（2）选择"绘图"→"多边形"命令，命令行提示如下。

命令：_polygon 输入侧面数 <4>:6

指定正多边形的中心点或 [边 (E)]：　// 捕捉步骤（1）绘制的圆形的圆心

输入选项 [内接于圆 (I)/ 外切于圆 (C)] <I>：　// 按"Space"键接受默认值

指定圆的半径：　// 拖动鼠标在多边形顶点与圆相交时单击，如图 21-98 所示

（3）绘制完成后结果如图 21-99 所示。

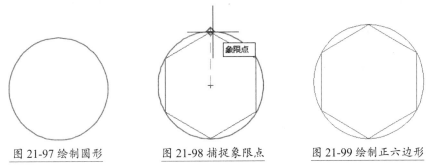

图 21-97 绘制圆形　　　　图 21-98 捕捉象限点　　　　图 21-99 绘制正六边形

（4）在命令行输入"L"并按"Space"键，调用"直线"命令，将正六边形的对角线连接起来，
　　如图 21-100 所示。

（5）选择"修改"→"阵列"→"环形阵列"命令，选择其中一条对角线为阵列对象，捕捉圆心为阵列中心，在弹出的"阵列创建"选项卡下进行如图 21-101 所示的设置。

（6）阵列结束后，结果如图 21-102 所示。

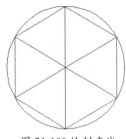

	项目数：	5
介于：	4
填充：	15

项目

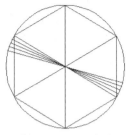

图 21-100 绘制直线　　　图 21-101 参数设置　　　图 21-102 环形阵列

（7）重复执行"环形阵列"命令，将另一条对角线也以圆心为基点进行环形阵列，阵列个数设置为"4"，填充的总角度设置为"15"，如图 21-103 所示。

（8）在命令行输入"MI"并按"Space"键，调用"镜像"命令，选择上步中阵列后的 3 条直线为阵列对象，然后选择阵列前的对角线为镜像线，如图 21-104 所示。

阵列结果

图 21-103 环形阵列

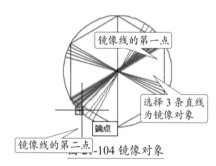

镜像线的第一点

选择 3 条直线
为镜像对象

端点

镜像线的第二点　　　图 21-104 镜像对象

（9）镜像完成后，结果如图 21-105 所示。

（10）重复步骤（7）～（9），将剩余的最后一条对角线以圆心为基点进行环形阵列，阵列个数设置为"3"，填充总角度设置为"15"，然后将阵列后的两条直线以对角线为镜像线进行镜像，结果如图 21-106 所示。

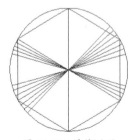

图 21-105 镜像结果

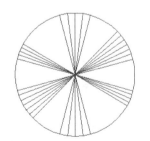

图 21-106 环形阵列及镜像对象

2. 创建胡杨木图块并将图块插入到图形中

（1）在命令行输入"X"并按"Space"键，调用"分解"命令，将多线围墙进行分解，分解后围墙隔断成独立的直线，如图 21-107 所示。

（2）在命令行输入"J"并按"Space"键，调用"合并"命令，选择围墙外围的直线（图 21-107），然后按"Space"键将选择的 9 条直线合并成 1 条多段线，如图 21-108 所示。

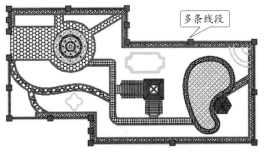

图 21-107 分解对象

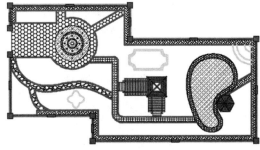

图 21-108 合并对象

（3）在命令行输入"B"并按"Space"键，调用"块定义"对话框，在弹出的"块定义"对话框中进行如图 21-109 所示的设置，单击"确定"后即可完成"胡杨木"图块的创建。

（4）在命令行输入"I"并按"Space"键，调用"插入"对话框，在弹出的"插入"对话框中选择刚创建的胡杨木为插入对象，如图 21-110 所示。

图 21-109 参数设置

图 21-110 插入图块

（5）将胡杨木图块插入到图大门的立柱处，如图 21-111 所示。

（6）选择"修改"→"阵列"→"路径阵列"命令，选择刚插入的胡杨木图块为阵列对象，然后选择合并后的围墙外轮廓为路径，阵列后结果如图 21-112 所示。

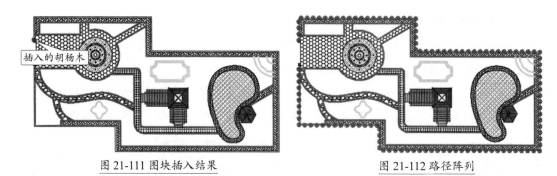

图 21-111 图块插入结果   图 21-112 路径阵列

（7）阵列后将第（5）步插入的胡杨木删除，结果如图 21-113 所示。

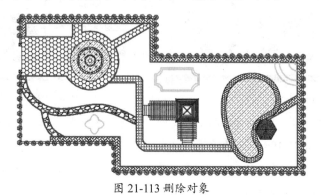

图 21-113 删除对象

3. 插入其他植物图块

（1）将"0"图层置为当前，在命令行输入"I"并按"Space"键，调用"插入"对话框，将随书配套资源中的"素材 \CH21\ 白眉草 .dwg"图块插入到图中位置，如图 21-114 所示。

（2）重复执行插入图块的操作，将随书配套资源中的"素材 \CH21\ 绣线菊 .dwg"图块插入到图 21-115 所示的位置。

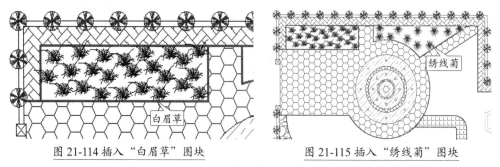

图 21-114 插入"白眉草"图块   图 21-115 插入"绣线菊"图块

（3）重复执行插入图块的操作，将随书配套资源中的"素材 \CH21\ 四季草 .dwg"图块插入到图 21-116 所示的位置。

（4）重复执行插入图块的操作，将随书配套资源中的"素材 \CH21\ 火焰菊 .dwg"图块插入到图 21-117 所示的位置。

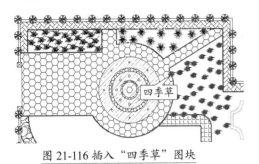

图 21-116 插入"四季草"图块　　图 21-117 插入"火焰菊"图块

（5）重复执行插入图块的操作，将随书配套资源中的"素材 \CH21\ 湘妃竹 .dwg"图块插入
　　　到图 21-118 所示的位置。

（6）重复执行插入图块的操作，将随书配套资源中的"素材 \CH21\ 京桃 .dwg"图块插入到
　　　图 21-119 所示的位置。

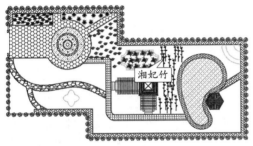
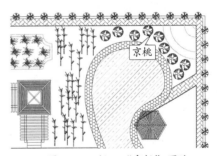

图 21-118 插入"湘妃竹"图块　　图 21-119 插入"京桃"图块

（7）重复执行插入图块的操作，将随书配套资源中的"素材 \CH21\ 君子兰 .dwg"图块插入
　　　到图 21-120 所示的位置。

（8）重复执行插入图块的操作，将随书配套资源中的"素材 \CH21\ 千头椿 .dwg"图块插入
　　　到图 21-121 所示的位置。

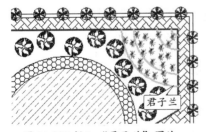
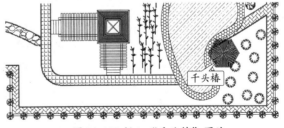

图 21-120 插入"君子兰"图块　　图 21-121 插入"千头椿"图块

（9）重复执行插入图块的操作，将随书配套资源中的"素材 \CH21\ 小桧柏 .dwg"图块插入
　　　到图 21-122 所示的位置。

（10）重复执行插入图块的操作，将随书配套资源中的"素材 \CH21\ 月季 .dwg"图块插入到图 21-123 所示的位置。

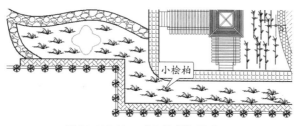

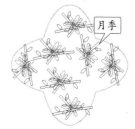

图 21-122 插入"小桧柏"图块

图 21-123 插入"月季"图块

（11）重复执行插入图块的操作，将随书配套资源中的"素材 \CH21\ 八蕊仙 .dwg"图块插入到图 21-124 所示的位置。

（12）重复执行插入图块的操作，将随书配套资源中的"素材 \CH21\ 梓树 .dwg"图块插入到图 21-125 所示的位置。

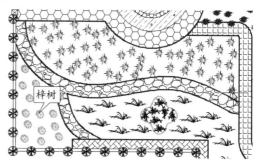

图 21-124 插入"八蕊仙"图块

图 21-125 插入"梓树"图块

（13）全部图块插入完成后，结果如图 21-126 所示。

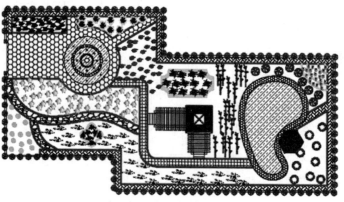

图 21-126 图块插入结果

21.2.8　创建文字注释

为了能使一幅图更准确地表达所绘制的内容，经常要在图形中添加一些文字注释以对图形进行解释。下面就通过添加植物名称来对插入的图块进行说明，具体操作步骤如下。

（1）将"文字"图层置为当前，在命令行输入"ST"并按"Space"键，调用"文字样式"对话框，新建一个名为"植物名称"的文字样式，字体设置为"宋体"，文字高度设置为"50"，如图21-127所示。

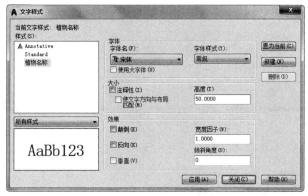

图 21-127 新建文字样式

（2）选择"格式"→"多重引线样式"命令，新建一个名为"植物注释"的多重引线样式，选择"引线格式"选项卡，将实心箭头改为空心箭头，箭头大小为"25"，具体设置如图21-128所示。

图 21-128 参数设置

（3）选择"内容"选项卡，将文字样式设置为"植物名称"，如图21-129所示，设置完成后将该样式设置为当前样式。

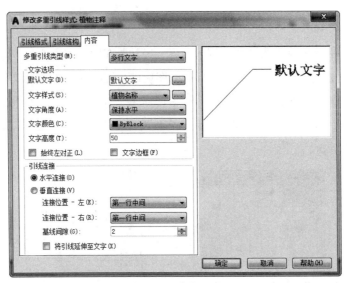

图 21-129 参数设置

（4）选择"标注"→"多重引线"命令，对植物进行名称注释，结果如图 21-130 所示。

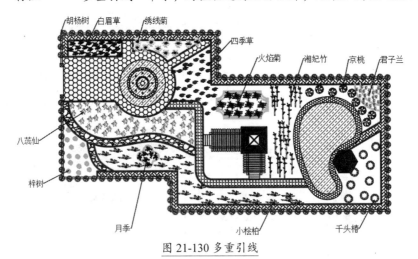

图 21-130 多重引线

第 22 章

智能机器人三维模型

内容简介

　　智能机器人具备各种各样的信息传感器，如视觉、听觉、触觉、嗅觉传感器等。此外，它还有效应器，使它可以像人类一样，自主控制手、脚等身体各部位的活动。

内容要点

- 绘制头部模型
- 绘制躯干模型
- 绘制四肢模型

案例效果

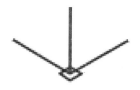

22.1 绘制头部模型

头部模型主要以规则的球体模型作为基础，再通过长方体、布尔运算、旋转建模等进行进一步编辑即可。

22.1.1 绘制头部整体模型

下面将对头部整体模型进行绘制，具体操作步骤如下。

（1）打开随书配套资源中的"素材 \CH22\ 机器人 .dwg"文件，如图 22-1 所示。

（2）选择"绘图"→"建模"→"球体"命令，命令行提示如下。

> 命令：_sphere
>
> 指定中心点或 [三点 (3P)/ 两点 (2P)/ 切点、切点、半径 (T)]: 500,0,0
>
> 指定半径或 [直径 (D)] <25.0000>: 25

（3）结果如图 22-2 所示。

（4）选择"绘图"→"建模"→"长方体"命令，命令行提示如下。

> 命令：_box
>
> 指定第一个角点或 [中心点 (C)]: 525,15.5,–25
>
> 指定其他角点或 [立方体 (C)/ 长度 (L)]: 475,14.5,25

（5）结果如图 22-3 所示。

（6）选择"修改"→"复制"命令，命令行提示如下。

> 命令：_copy
>
> 选择对象： // 选择长方体模型
>
> 选择对象： // 按"Enter"键确认
>
> 当前设置：复制模式 = 多个
>
> 指定基点或 [位移 (D)/ 模式 (O)] < 位移 >: // 单击任意一点即可
>
> 指定第二个点或 [阵列 (A)] < 使用第一个点作为位移 >: @0,–10
>
> 指定第二个点或 [阵列 (A)/ 退出 (E)/ 放弃 (U)] < 退出 >: @0,–20
>
> 指定第二个点或 [阵列 (A)/ 退出 (E)/ 放弃 (U)] < 退出 >: @0,–30
>
> 指定第二个点或 [阵列 (A)/ 退出 (E)/ 放弃 (U)] < 退出 >: // 按"Enter"键结束该命令

（7）结果如图 22-4 所示。

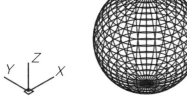
图 22-1 素材文件

图 22-2 球体模型

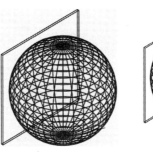
图 22-3 长方体模型

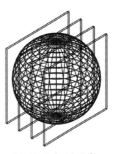
图 22-4 复制对象

（8）选择"修改"→"实体编辑"→"差集"命令，命令行提示如下。

命令：_subtract 选择要从中减去的实体、曲面和面域…

选择对象：// 选择球体模型

选择对象：// 按"Enter"键确认

选择要减去的实体、曲面和面域…

选择对象：// 选择 4 个长方体模型

选择对象：// 按"Enter"键结束该命令

（9）切换为"概念"视觉样式，如图 22-5 所示。

（10）切换为"二维线框"视觉样式，选择"绘图"→"矩形"命令，以原点作为第一个角点，绘制一个 50×5 的矩形，如图 22-6 所示。

图 22-5 差集运算

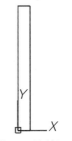
图 22-6 绘制矩形

（11）选择"绘图"→"圆"→"圆心、半径"命令，在矩形的两侧分别绘制一个圆形，矩形的边即为圆形的半径，如图 22-7 所示。

（12）选择"修改"→"修剪"命令，对矩形和圆形进行修剪及延伸操作，如图 22-8 所示。

（13）选择"修改"→"对象"→"多段线"命令，将步骤（12）中得到的图形合并为一个整体，如图 22-9 所示。

（14）选择"修改"→"移动"命令，命令行提示如下。

命令：_move

选择对象： //选择步骤（13）中合并得到的对象

选择对象： //按"Enter"键确认

指定基点或 [位移 (D)] <位移>： //单击任意一点即可

指定第二个点或 <使用第一个点作为位移>: @495,-25

（15）结果如图 22-10 所示。

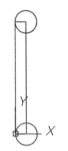   

图 22-7 绘制圆形　图 22-8 修剪及延伸对象　图 22-9 合并对象　　图 22-10 移动对象

（16）选择"绘图"→"建模"→"旋转"命令，命令行提示如下。

命令：_revolve

当前线框密度：ISOLINES=32，闭合轮廓创建模式 = 实体

选择要旋转的对象或 [模式 (MO)]：_MO 闭合轮廓创建模式 [实体 (SO)/曲面 (SU)] <实体>：_SO

选择要旋转的对象或 [模式 (MO)]： //选择多段线对象

选择要旋转的对象或 [模式 (MO)]： //按"Enter"键确认

指定轴起点或根据以下选项之一定义轴 [对象 (O)/X/Y/Z] <对象>： //捕捉如图 22-11 所示的端点

指定轴端点： //捕捉如图 22-12 所示的端点

指定旋转角度或 [起点角度 (ST)/反转 (R)/表达式 (EX)] <360>: 360

（17）切换为"概念"视觉样式，如图 22-13 所示。

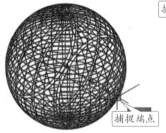 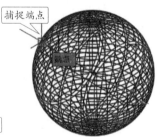 

图 22-11 捕捉端点　　　　图 22-12 捕捉端点　　　　图 22-13 旋转建模

22.1.2 绘制细节部分

下面将对头部模型的细节部分进行绘制，具体操作步骤如下。

（1）切换为"二维线框"视觉样式，选择"绘图"→"建模"→"长方体"命令，命令行提示如下。

命令：_box
指定第一个角点或 [中心点 (C)]: 500,14,–7
指定其他角点或 [立方体 (C)/ 长度 (L)]: 475,–14,7

（2）结果如图 22-14 所示。

（3）选择"修改"→"实体编辑"→"并集"命令，将所有对象进行并集操作，结果如图 22-15 所示。

（4）选择"绘图"→"建模"→"长方体"命令，命令行提示如下。

命令：_box
指定第一个角点或 [中心点 (C)]: fro
基点：　// 捕捉如图 22-16 所示的端点
< 偏移 >: @0,–2,2
指定其他角点或 [立方体 (C)/ 长度 (L)]: @1,–24,10

图 22-14 长方体模型

图 22-15 并集运算

图 22-16 捕捉端点

（5）结果如图 22-17 所示。

（6）选择"修改"→"实体编辑"→"差集"命令，命令行提示如下。

命令：_subtract 选择要从中减去的实体、曲面和面域 ...
选择对象：　// 选择除步骤（4）得到的长方体以外的所有对象
选择对象：　// 按 "Enter" 键确认
选择要减去的实体、曲面和面域 ...
选择对象：　// 选择步骤（4）得到的长方体模型
选择对象：　// 按 "Enter" 键确认

（7）切换为"概念"视觉样式，结果如图 22-18 所示。

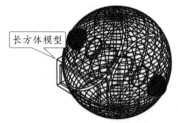

图 22-17 长方体模型

图 22-18 差集运算

22.2 绘制躯干模型

躯干模型主要会应用到旋转建模，具体操作步骤如下。

（1）切换为"二维线框"视觉样式，在命令行输入 UCS，绕 Y 轴旋转"–90"，结果如图 22-19 所示。

（2）选择"绘图"→"多段线"命令，在绘图区域的空白位置绘制如图 22-20 所示的等腰三角形。

（3）选择"修改"→"圆角"命令，圆角半径设置为"3"，对多段线进行圆角操作，结果如图 22-21 所示。

图 22-19 坐标系

图 22-20 多段线

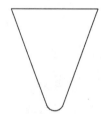

图 22-21 圆角操作

（4）选择"绘图"→"直线"命令，绘制一条竖直直线段，结果如图 22-22 所示。

（5）选择"修改"→"修剪"命令，对多段线和直线对象进行修剪操作，结果如图 22-23 所示。

（6）选择"修改"→"对象"→"多段线"命令，将步骤（5）中得到的图形对象进行合并操作，结果如图 22-24 所示。

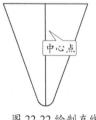

图 22-22 绘制直线

图 22-23 修剪对象

图 22-24 多段线合并操作

（7）选择"绘图"→"建模"→"旋转"命令，命令行提示如下。

命令：_revolve

当前线框密度：ISOLINES=32，闭合轮廓创建模式 = 实体

选择要旋转的对象或 [模式 (MO)]：_MO 闭合轮廓创建模式 [实体 (SO)/ 曲面 (SU)]＜实体＞：_SO

选择要旋转的对象或 [模式 (MO)]：　// 选择步骤（6）中得到的对象

选择要旋转的对象或 [模式 (MO)]：　// 按"Enter"键确认

指定轴起点或根据以下选项之一定义轴 [对象 (O)/X/Y/Z]＜对象＞：// 捕捉如图 22-25 所示的端点

指定轴端点：　// 捕捉如图 22-26 所示的端点

指定旋转角度或 [起点角度 (ST)/ 反转 (R)/ 表达式 (EX)] ＜360＞：360

（8）结果如图 22-27 所示。

（9）将坐标系调整为世界坐标系，选择"修改"→"移动"命令，命令行提示如下。

命令：_move

选择对象：　// 选择如图 22-27 所示的对象

选择对象：　// 按"Enter"键确认

指定基点或 [位移 (D)]＜位移＞：　// 捕捉如图 22-28 所示的圆心

指定第二个点或＜使用第一个点作为位移＞：0,0,0

命令：_move

选择对象：　// 选择如图 22-27 所示的对象

选择对象：　// 按"Enter"键确认

指定基点或 [位移 (D)]＜位移＞：　// 在绘图区域的空白位置任意单击一点即可

指定第二个点或＜使用第一个点作为位移＞：@500,0,−25

图 22-25 捕捉端点　　图 22-26 捕捉端点　　图 22-27 旋转建模　　图 22-28 捕捉圆心

（10）切换为"概念"视觉样式，如图 22-29 所示。

图 22-29 移动结果

22.3 绘制四肢模型

四肢模型主要会应用到"球体""长方体""拉伸"等命令。

22.3.1 绘制上肢模型

下面将对上肢模型进行绘制，具体操作步骤如下。

（1）选择"绘图"→"建模"→"球体"命令，在适当的位置绘制一个半径为"5"的球体，
如图 22-30 所示。

（2）切换为"二维线框"视觉样式，在命令行输入 UCS，绕 Y 轴旋转"-90"，结果如图 22-31 所示。

（3）选择"绘图"→"圆弧"→"三点"命令，在适当的位置绘制一个圆弧对象，大小适中
即可，如图 22-32 所示。

（4）在命令行输入"UCS"，调整为世界坐标系，结果如图 22-33 所示。

图 22-30 绘制球体　　　图 22-31 坐标系　　　图 22-32 绘制圆弧　　　图 22-33 坐标系

（5）选择"绘图"→"圆"→"圆心、半径"命令，捕捉如图 22-34 所示的端点作为圆形的圆心，
半径设置为"2.5"，结果如图 22-35 所示。

（6）选择"绘图"→"建模"→"拉伸"命令，以图 22-32 所示的圆弧作为路径，以图 22-35

所示的圆形作为截面，进行路径拉伸操作，结果如图22-36所示。

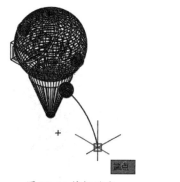

图 22-34 捕捉端点

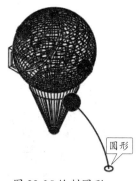
图 22-35 绘制圆形

图 22-36 路径拉伸建模

（7）在绘图区域中绘制如图22-37所示的闭合图形，大小和形状适中即可。

（8）选择"绘图"→"建模"→"拉伸"命令，对图22-37所示的对象进行高度拉伸操作，拉伸高度设置为"−5"，结果如图22-38所示。

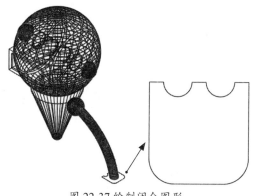
图 22-37 绘制闭合图形

图 22-38 高度拉伸建模

（9）选择"修改"→"实体编辑"→"并集"命令，对上肢模型进行并集运算操作，结果如图22-39所示。

（10）选择"修改"→"三维操作"→"三维旋转"命令，命令行提示如下。

```
命令：_3drotate
UCS 当前的正角方向：ANGDIR= 逆时针 ANGBASE=0
选择对象：  //选择并集运算后的上肢模型
选择对象：  //按"Enter"键确认
指定基点：  //捕捉如图 22-40 所示的圆心
INTERSECT 所选对象太多
拾取旋转轴：  //拾取 Y 轴
```

指定角的起点或输入角度：–60

正在重生成模型

（11）结果如图 22-41 所示。

图 22-39 并集运算

合并为一个整体

图 22-40 捕捉圆心

图 22-41 三维旋转

（12）选择"修改"→"三维操作"→"三维镜像"命令，命令行提示如下。

命令：_mirror3d

选择对象： // 选择三维旋转后的上肢模型

选择对象： // 按"Enter"键确认

指定镜像平面（三点）的第一个点或

[对象 (O)/ 最近的 (L)/Z 轴 (Z)/ 视图 (V)/XY 平面 (XY)/YZ 平面 (YZ)/ZX 平面 (ZX)/ 三点 (3)]

< 三点 >:ZX

指定 ZX 平面上的点 <0,0,0>: 0,0,0

是否删除源对象？ [是 (Y)/ 否 (N)] < 否 >: // 按"Enter"键确认

（13）结果如图 22-42 所示。

图 22-42 三维镜像

22.3.2 绘制下肢模型

下面将对下肢模型进行绘制，具体操作步骤如下。

（1）选择"绘图"→"建模"→"球体"命令，在适当的位置绘制一个半径为"3.5"的球体，切换为"概念"视觉样式，如图 22-43 所示。

（2）切换为"二维线框"视觉样式，在命令行输入"UCS"，绕 Y 轴旋转"-90"，结果如图 22-44 所示。

（3）选择"绘图"→"多段线"命令，在适当的位置绘制一个多段线对象，大小适中即可，如图 22-45 所示。

（4）在命令行输入"UCS"，调整为世界坐标系，结果如图 22-46 所示。

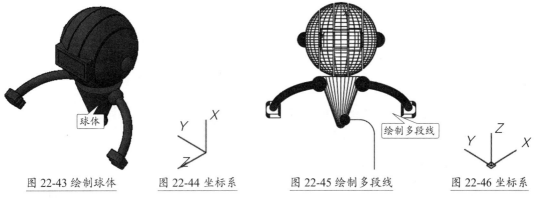

图 22-43 绘制球体　　图 22-44 坐标系　　图 22-45 绘制多段线　　图 22-46 坐标系

（5）选择"绘图"→"圆"→"圆心、半径"命令，捕捉如图 22-47 所示的端点作为圆形的圆心，半径设置为"2.5"，结果如图 22-48 所示。

（6）选择"绘图"→"建模"→"拉伸"命令，以图 22-45 所示的多段线作为路径，以图 22-48 所示的圆形作为截面，进行路径拉伸操作，结果如图 22-49 所示。

图 22-47 捕捉端点　　　图 22-48 绘制圆形　　　图 22-49 路径拉伸建模

（7）选择"修改"→"三维操作"→"三维镜像"命令，命令行提示如下。

> 命令：_mirror3d
>
> 选择对象： // 选择通过路径拉伸得到的下肢模型
>
> 选择对象： // 按"Enter"键确认
>
> 指定镜像平面 (三点) 的第一个点或
>
> [对象 (O)/ 最近的 (L)/Z 轴 (Z)/ 视图 (V)/XY 平面 (XY)/YZ 平面 (YZ)/ZX 平面 (ZX)/ 三点 (3)]
> < 三点 >: ZX
>
> 指定 ZX 平面上的点 <0,0,0>: 0,0,0
>
> 是否删除源对象？ [是 (Y)/ 否 (N)] < 否 >: // 按"Enter"键确认

（8）结果如图 22-50 所示。

（9）选择"绘图"→"建模"→"长方体"命令，大小适中即可，位置如图 22-51 所示。

（10）选择"绘图"→"建模"→"长方体"命令，命令行提示如下。

> 命令：_box
>
> 指定第一个角点或 [中心点 (C)]: fro
>
> 基点： // 捕捉如图 22-52 所示的端点解
>
> < 偏移 >: @0,–2,2
>
> 指定其他角点或 [立方体 (C)/ 长度 (L)]: @2,–66,16

图 22-50 三维镜像

绘制长方体

图 22-51 绘制长方体

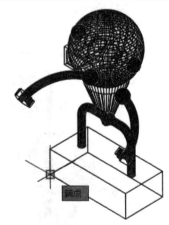

端点

图 22-52 捕捉端点

（11）结果如图 22-53 所示。

（12）选择"修改"→"实体编辑"→"差集"命令，命令行提示如下。

> 命令：_subtract 选择要从中减去的实体、曲面和面域 ...

选择对象： // 选择如图 22-51 所示的长方体模型

选择对象： // 按"Enter"键确认

选择要减去的实体、曲面和面域…

选择对象： // 选择如图 22-53 所示的长方体模型

选择对象： // 按"Enter"键确认

（13）切换为"概念"视觉样式，结果如图 22-54 所示。

图 22-53 长方体模型

图 22-54 差集运算

（14）切换为"二维线框"视觉样式，选择"绘图"→"建模"→"球体"命令，在模型的底部绘制两个半径为"5"的球体模型，位置适中即可，如图 22-55 所示。

（15）选择"修改"→"实体编辑"→"并集"命令，选择所有对象进行并集运算，如图 22-56 所示。

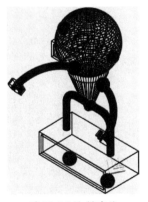

图 22-55 绘制球体

图 22-56 并集运算

（16）切换为"概念"视觉样式，如图 22-57 所示。

（17）选择"视图"→"动态观察"→"受约束的动态观察"命令，对模型进行动态观察，如图 22-58 所示。

图 22-57 "概念"视觉样式

图 22-58 动态观察